BIM 技术应用系列教材

Revit 机电综合设计应用

陈 红 胡亚夫 编著

机械工业出版社

本书以公共建筑机电系统综合设计项目为基础，以实例操作的方式，介绍如何利用BIM工具软件Revit创建中央空调、消防、给排水系统以及强电弱电线槽模型，由浅到深、循序渐进地介绍Revit基本功能、命令及操作。为了加强读者创建建筑机电系统信息化模型的工程实际应用意识，书中给出了案例图纸中涉及的建筑空调系统组成、消防水系统组成、图形符号、设计标准、施工规范等相关知识。

全书共10个项目，内容包括Revit简介、Revit基本操作、风管系统建模、压力管道系统建模、管线综合与碰撞检查、重力管道系统建模、弱电综合管线建模、工程量统计、视图与尺寸标注、创建族等。

本书由高校专业教师与企业BIM培训师联合编写，适合作为高职院校或普通高校暖通、给排水、建筑电气与智能化相关专业教学和从业人员培训教材，还可以作为Revit工程技术人员的参考书。

为便于教学，本书配有电子课件、CAD图纸、BIM模型与族文件、二维码视频。凡使用本书作为教材的教师，均可登录www.cmpedu.com下载使用，或加入机工社职教建筑QQ群（221010660）免费索取。如有疑问，请拨打编辑电话010-88379373。

图书在版编目（CIP）数据

Revit机电综合设计应用 / 陈红，胡亚夫编著. —北京：机械工业出版社，2020.12（2024.2重印）
BIM技术应用系列教材
ISBN 978-7-111-66768-1

Ⅰ.①R… Ⅱ.①陈… ②胡… Ⅲ.①房屋建筑设备-机电设备-计算机辅助设计-教材 Ⅳ.①TU85

中国版本图书馆CIP数据核字（2020）第196138号

机械工业出版社（北京市百万庄大街22号 邮政编码100037）
策划编辑：陈紫青 责任编辑：陈紫青
责任校对：梁 静 封面设计：马精明
责任印制：常天培
固安县铭成印刷有限公司印刷
2024年2月第1版第5次印刷
184mm×260mm · 18.5印张 · 452千字
标准书号：ISBN 978-7-111-66768-1
定价：59.90元

电话服务	网络服务
客服电话：010-88361066	机 工 官 网：www.cmpbook.com
010-88379833	机 工 官 博：weibo.com/cmp1952
010-68326294	金 书 网：www.golden-book.com
封底无防伪标均为盗版	机工教育服务网：www.cmpedu.com

前　言

随着 BIM（Building Information Modeling，即建筑信息模型）席卷全球，我国建设行业信息化也迅速发展。BIM 技术应用列入建筑业发展“十二五”规划，并列入住房和城乡建设部、科技部“十三五”相关规划。

BIM 技术的发展和应用引起了工程建设业界的广泛关注，BIM 正在引领建筑信息化的发展，必将引起整个建设行业及相关行业的重大变化。目前，国内 BIM 已从单纯的理论研究、BIM 建模和管线综合等的初级应用，上升为规划、设计、建造和运营等各个阶段的深入应用。

随着 BIM 技术在建筑行业的推广和迅速应用，市场上需要大量掌握 BIM 技术与技能的应用型人才。BIM 技术咨询与服务机构积极为建筑从业人员开展培训服务，一批高职院校的暖通、给排水、建筑电气与智能化等相关专业将 BIM 技术应用列为专业人才培养的关键职业能力目标。因此，出版适用的教材成为急迫需求。

本书以公共建筑机电系统综合设计项目为基础，以实例操作的方式，通过创建中央空调、消防、给排水系统以及强电弱电线槽三维信息化模型，由浅到深、循序渐进地介绍 Revit 工具的基本功能、命令及操作，并给出了案例图纸中涉及的空调系统组成、消防水系统组成、图形符号、设计标准、施工规范等相关知识。

本书编写致力于推广新技术的应用，助力建筑领域的信息化发展，注重技术技能型人才培养，尽量减少理论知识，以案例操作为主，使教材内容更加通俗易懂。此外，本书配套了丰富的数字资源，包括电子课件、微课视频、CAD 图纸、BIM 模型与族文件等，体现了教育数字化，将二十大精神落到实处。

全书共 10 个项目，项目 1 ~ 7 以及项目 10 的 10.1 ~ 10.3 由深圳职业技术学院陈红编写，项目 8、项目 9 和项目 10 的 10.4 由 BIM 培训师胡亚夫编写。

本书编写过程中得到了深圳市可视化建筑信息技术有限公司、深圳市毕美科技有限公司、深圳奥意建筑工程设计有限公司、深圳市异禀科技有限公司的大力支持。它们为培养行业急需的 BIM 技术应用人才，选择实际工程项目案例，选派 BIM 技术应用工程师，对深圳职业技术学院有志于从事 BIM 应用工作的学生进行培训，并指导毕业生在 BIM 应用岗位就业，为本书编写提供了良好的案例和教学示范，使得本书的编写能贴近工程应用实际，具有应用价值，在此表示衷心的感谢。

由于编者水平有限，书中难免有疏漏之处，恳请读者批评指正。

编　者

微课视频列表

序号	二维码	页码	序号	二维码	页码
1	新建（机械）项目	30	6	添加风管末端及其类型	71
2	复制建筑标高	37	7	新建风管过滤器	83
3	复制（结构）轴网	43	8	链接与识读喷淋 CAD 图	91
4	创建风管	64	9	新建湿式喷淋系统过滤器	93
5	添加风管设备	68	10	新建喷淋管道类型	96

（续）

序号	二维码	页码	序号	二维码	页码
11	喷淋管道建模	97	19	管线间距优化排布	121
12	添加喷头	100	20	净高分析	121
13	添加喷淋管道附件	103	21	空调机位置调整	123
14	链接与识读空调水管 CAD 图	105	22	碰撞检测修改与问题报告	129
15	新建冷冻水系统过滤器	106	23	新建冷凝水管道系统及过滤器	139
16	新建冷冻水管类型	108	24	新建冷凝水管道类型	141
17	冷冻水管道建模	112	25	冷凝水管道建模	144
18	开剖面，新建和应用视图样板	120	26	链接与识读弱电 CAD 图	152

（续）

序号	二维码	页码	序号	二维码	页码
27	新建桥架类型和过滤器	158	34	喷淋管网线性尺寸标注	188
28	弱电桥架配件载入与建模	158	35	按类别标记管道	194
29	从电气样板项目复制桥架和线管	161	36	按类别标记风管	198
30	新建线管类型和过滤器	162	37	机电系统出图	200
31	创建风管管道明细表	168	38	创建圆形风管弯头族 1：设置参照平面、参照线和参数	223
32	创建风管管件明细表	169	39	创建圆形风管弯头族 2：放样建模	228
33	生成平面视图	180	40	创建圆形风管弯头族 3：添加风管连接件，测试族参数	232

目　录

IX

项目 1

Revit 简介

建筑信息模型（Building Information Modeling，BIM）是在计算机辅助设计等技术基础上发展起来的多维模型信息集成技术，是用数字化的建筑组件表示真实世界中用来建造建筑物的构件，是对建筑工程物理特征和功能特性信息的数字化承载和可视化表达。BIM 能够应用于工程项目规划、勘察、设计、施工和运营维护等各阶段，实现建筑全寿命周期各参与方在同一多维建筑信息模型基础上的数据共享，为产业链贯通、建筑信息化和工业化提供技术保障。在一定范围内，建筑信息模型可以模拟实际的建筑工程建设行为，也就是人们常听到的3D模型、4D时间模拟施工、5D成本预算。BIM应用作为建筑业信息化的重要组成部分，正在极大地促进我国建筑领域生产方式的变革。

美国国家 BIM 标准对 BIM 的含义进行了如下四个层次的解释：一个设施（建设项目）物理和功能特性的数字表达；一个共享的知识资源；一个分享有关设施信息，为该设施从概念开始的全生命周期内所有决策提供可靠依据的过程；在项目不同阶段，不同利益相关方通过在 BIM 中插入、提取、更新和修改信息以支持和反映其各自职责的协同作业。

Revit 是一款建筑设计和文档系统管理平台软件，在应用 Revit 建立的建筑、结构、机电等各专业 3D 数字化 BIM 模型中，所有的二维视图、三维视图、明细表及图纸都是同一个 BIM 模型数据库信息的不同呈现形式。在图纸视图和明细表视图中操作时，Revit 将收集项目的相关信息，并在项目的其他表现形式中协调该信息。Revit 参数化修改引擎可自动协调任何时间并在项目中的任何位置（3D 模型视图、平面视图、剖面视图、明细表和图纸等）进行修改。

利用 Revit 建立的建筑、结构、机电等各专业 3D 数字化 BIM 模型，方案设计阶段能进行造型、体量和空间分析，使得初期方案决策更具有科学性；初期设计阶段能进行能耗、结构、声学、热工、日照等分析，进行各种干涉检查和规范检查，以及进行工程量统计；深化设计阶段能进行碰撞检查，直观地解决空间关系冲突，优化管线排布，优化设计，极大地减少在施工阶段可能存在的错误和返工，节省成本；施工阶段，施工人员可以利用碰撞优化后的方案，进行施工交底和施工模拟，提高施工质量。总之，应用 BIM 模型，能使设计工作重心前移（原来设计师 50% 以上的工作量用在施工图深化设计阶段，而 BIM 模型可以帮助设计师把主要工作放到方案和初期设计阶段，使得设计师的设计工作集中在创造性劳动上，使设计更高效)。

1.1 Revit 基本术语

1.1.1 项目

在 Revit 中，开始设计时需要新建一个“项目”，这里的“项目”是指单个设计信息数据库，即 BIM 模型。项目文件包含了建筑的所有设计信息（从几何图形数据到构造信息），包括用于设计模型的构件、项目视图和设计图纸。通过使用单个项目文件，Revit 不仅可以轻松地修改设计，还可以使修改反映在所有关联区域（平面视图、立面视图、剖面视图、明细表等）中，极大地方便了项目管理，而且设计和施工过程中仅需跟踪一个文件。

1.1.2 标高

标高是无限水平平面，用作屋顶、楼板和天花板等以层为主体的图元的参照。标高大多用于定义结构内的垂直高度或楼层，可为每个已知楼层或建筑的其他必需参照（如第二层、墙顶或基础底端）创建标高。要放置标高，必须处于剖面或立面视图中。

1.1.3 图元

在创建 BIM 模型时，需要向项目中添加 Revit 参数化图元（图形单元）。

1. 图元类型

在项目中，Revit 使用图元包含模型图元、基准图元和视图专有图元等三种类型，如图 1-1 所示。

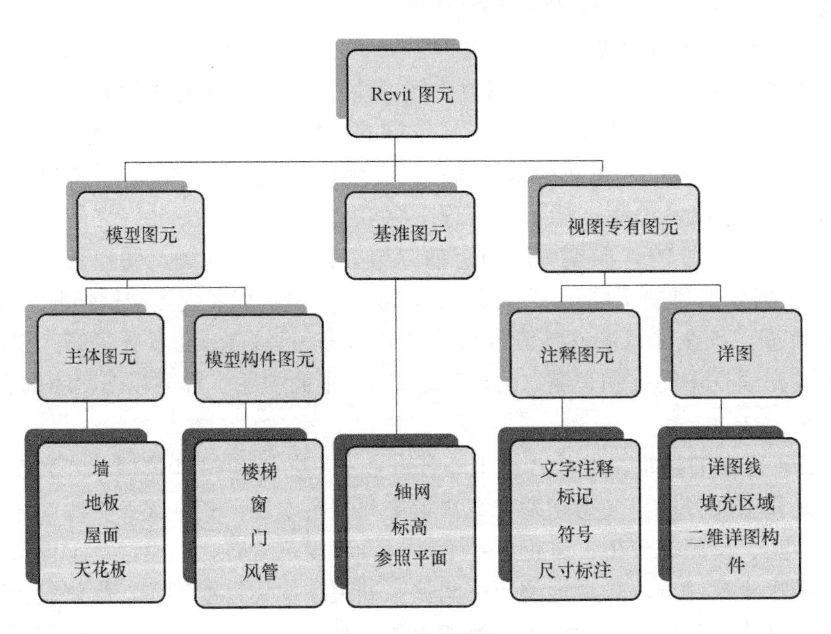

图 1-1 图元类型

(1) 模型图元 模型图元表示建筑及其设备的实际三维几何图形，它们显示在设计模型的相关视图中。模型图元又分为主体图元和模型构件图元两种。

① 主体图元通常是构造场地的主要构件，如柱、梁、墙和天花板等。

② 模型构件图元是指建筑模型中其他所有类型的图元，如门、窗、楼梯、风管、空调、喷水装置和配电盘等。

（2）基准图元　基准图元可帮助定义项目上下文，如轴网、标高和参照平面等。

（3）视图专有图元　视图专有图元只显示在放置这些图元的视图中，它们可帮助对设计进行描述或归档，如尺寸标注、标记和二维详图构件等。视图专有图元又有注释图元和详图两种类型。

① 注释图元是对模型进行归档，并在图纸上保持比例的二维构件，如尺寸标注、标记和注释记号等。

② 详图是在特定视图中提供有关建筑模型详细信息的二维项，如详图线、填充区域和二维详图构件。

2. 图元类别

Revit 按照类别、族和类型对图元进行分类，如图 1-2 所示。具体项目中的单个图元可称为实例。

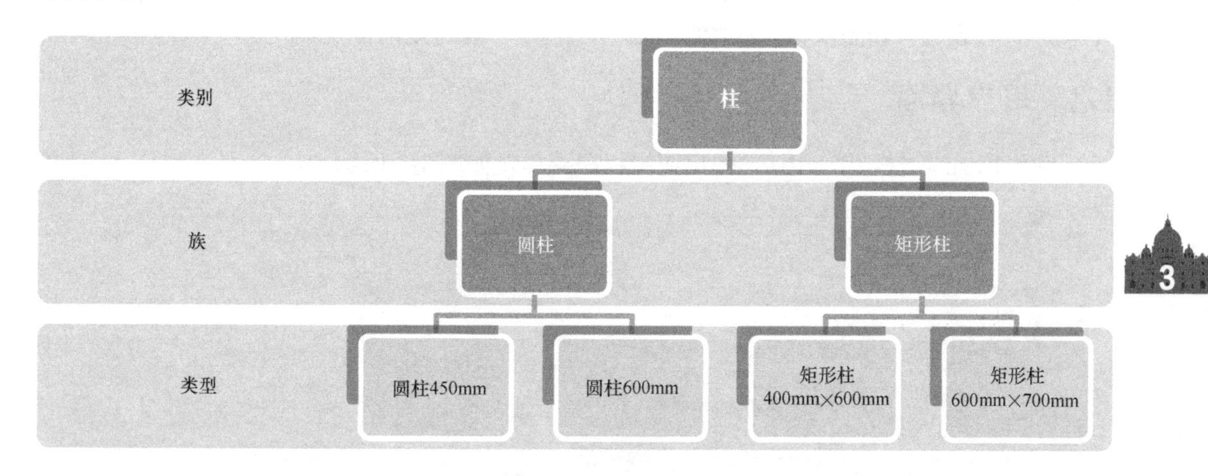

图 1-2　图元分类

（1）类别　类别是指以构件性质为基础，对建筑模型进行归类的一组图元。例如，模型图元的类别包括机械设备和风道末端，注释图元的类别包括标记和符号等。

（2）族　族是一个包含通用属性（称为参数）集和相关图形表示的图元组，是某一类别中图元的类。在 Revit 中，族是组成项目的构件，同时是参数信息的载体。同一个族中不同图元的部分或全部参数可能有不同的值，但是参数（其名称与含义）的集合是相同的。一个族中不同图元的部分或全部属性可能有不同的值，族的这些变体称为族类型或类型。例如，照明设备吊灯可以视为一个族，虽然构成此族的吊灯可能会有不同的尺寸和材质。族有三种：

① 可载入族，即使用族样板，在项目外部的 rfa 文件中进行创建，然后载入到项目中的族。可载入族具有高度可自定义的特征，因此是用户经常创建和修改的族。创建可载入族时，需要使用软件提供的族样板，样板中包含有关要创建的族的信息。

② 系统族，包括风管、管道和导线，它们不能作为单个文件载入或创建。Revit 预定义了系统族的属性设置及图形表示。可以在项目内使用预定义的类型（参数）生成属于此族的

新类型。例如，卫浴管件的类型在系统中进行预定义，但是，可以使用不同参数（属性）组合创建其他类型的管件。系统族可以在项目之间传递。系统族和标准构件族[一]是样板文件的重要组成部分，样板文件是设计的工作环境设置，对软件应用于建筑项目设计至关重要。

③ 内建族，是在项目的环境中创建的自定义族。如果项目需要不希望重复使用的独特几何图形或需要保持与项目中其他几何图形的众多关系之一，则可创建内建族。由于内建族在项目中的使用受到限制，因此每个内建族都只包含一种类型。在项目中可以创建多个内建族，并且可以将同一内建族图元的多个副本放置在项目中。与系统族和标准构件族不同，内建族不能通过复制其类型来创建多种类型。

（3）类型　类型用于表示同一族的不同参数值，族可以有多个类型。“类型”可以是族的特定尺寸，例如 A0 的标题栏。类型也可以是样式，例如尺寸标注的默认对齐样式或默认角度样式。在 Revit 项目（或样板）中，所有正在使用或可以使用的族都显示在“项目浏览器”中的“族”下，并按图元类别分组。

（4）实例　实例是放置在项目中的实际项（单个图元，族类型的所有属性参数都赋予具体值），在设计（模型实例）或图纸（注释实例）中有特定的位置。

1.2　用户界面

启动 Revit 软件，单击，弹出应用程序菜单，如图 1-3 所示。

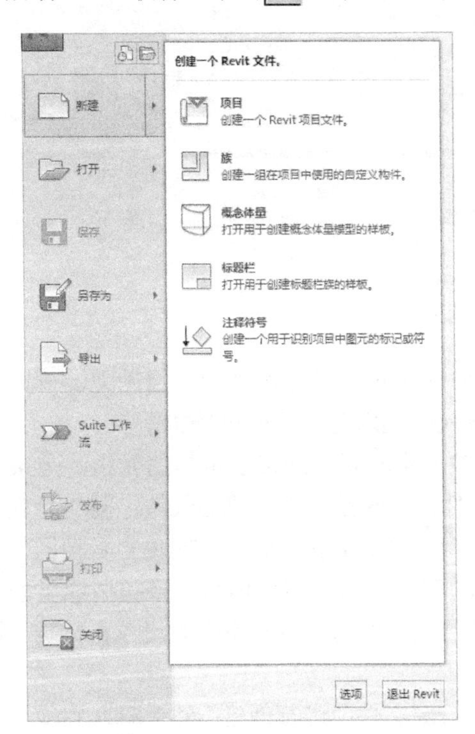

图 1-3　应用程序菜单

[一] 标准构件族并不是 Revit 软件的官方说法，只是人们希望用到的族能与现实中的规范和实际产品相吻合，于是就将基于规范或者实际产品创建的族称为标准构件族。

在应用程序菜单的下拉菜单中，单击“新建”→“项目”，在弹出的“新建项目”对话框中单击“浏览”，弹出“选择样板”对话框，如图 1-4 所示。选择软件自带的系统样板文件“Systems-DefaultCHSCHS.rte”，单击“打开”。

图 1-4 “选择样板”对话框

返回“新建项目”对话框，如图 1-5 所示，单击“确定”，进入 Revit 用户界面。

图 1-5 “新建项目”对话框

Revit 用户界面如图 1-6 所示，由应用程序菜单、快速访问工具栏、信息中心、功能区（包括选项卡、上下文选项卡、附加模块、当前选项卡的面板及其工具按钮）、选项栏、属性选项板（包括类型选择器）、状态栏、视图控制栏、绘图区域（带东、南、西、北标识）和项目浏览器等组成。

选项栏位于功能区下方，其内容根据当前命令或选定图元的变化而变化，选项栏可设置和编辑相关参数。

状态栏位于 Revit 应用程序框架的底部。使用某一命令时，状态栏会提供与要执行的操作有关的提示。图元或构件亮显时，状态栏会显示族和类型的名称。如果已启动一个命令（如“旋转”），但不确定要执行的后续操作，请查看状态栏。状态栏通常会显示有关当前命令的后续操作的提示。此外，光标旁边还会出现一个工具提示，其中会显示相同信息。状态栏的右侧会显示几个其他控件。

- 单击和拖曳：允许用户单击并拖曳图元，而无需先选择该图元。
- 仅可编辑：用于过滤所选内容，以便仅选择可编辑的工作共享构件。

信息中心提供了一套工具，使用户可以访问许多与产品相关的信息源。信息中心始终使用 Internet Explorer 浏览器，“登录”可以访问与 Autodesk Account 相同的服务（如 Autodesk 360 服务）。

图 1-6　Revit 用户界面

1.2.1　应用程序菜单

应用程序菜单具有新建、打开和保存 Revit 项目、族、样板和库等文件管理功能，并具有强大的数据导出、发布交换功能。

如图 1-3 所示，单击右下角的“选项”，可弹出“选项”对话框，如图 1-7 所示。“选项”对话框具有查看和修改 Revit 建模环境设置的功能。

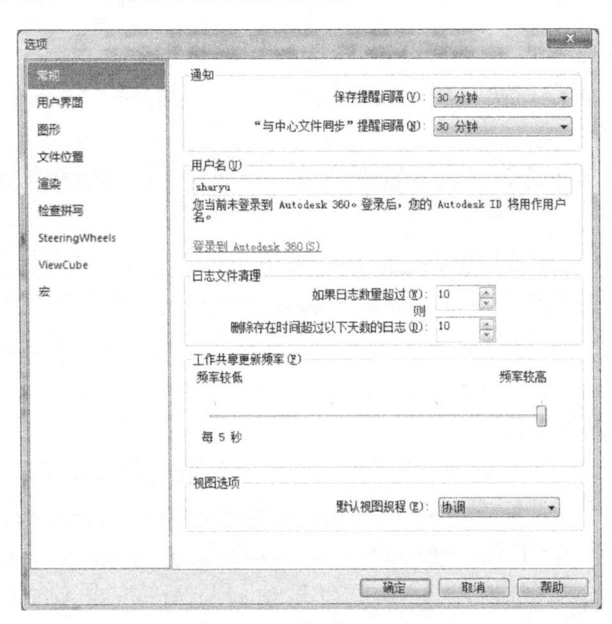

图 1-7　“选项”对话框

1. 常规

“常规”选项卡具有“保存提醒间隔”时间、“日志文件清理”数量和天数、“工作共享更新频率”和“视图选项”等查看与修改功能。

2. 用户界面

“用户界面”选项卡的设置如图 1-8 所示。

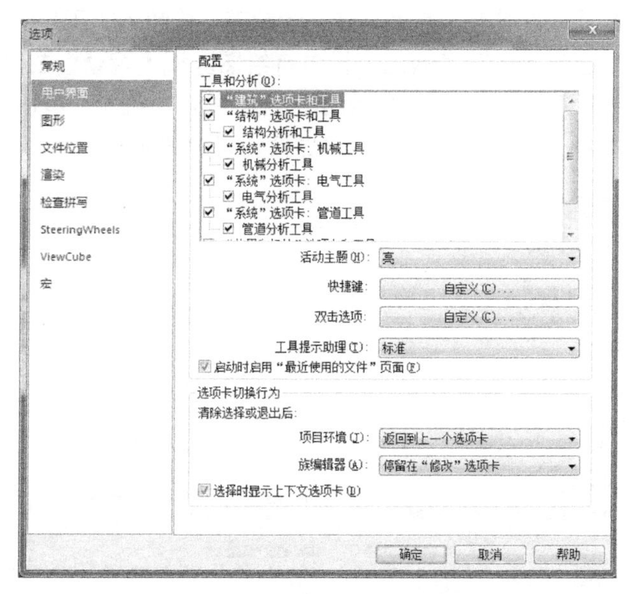

图 1-8 “用户界面”选项卡

3. 图形

单击“图形”选项卡，默认设置如图 1-9 所示。

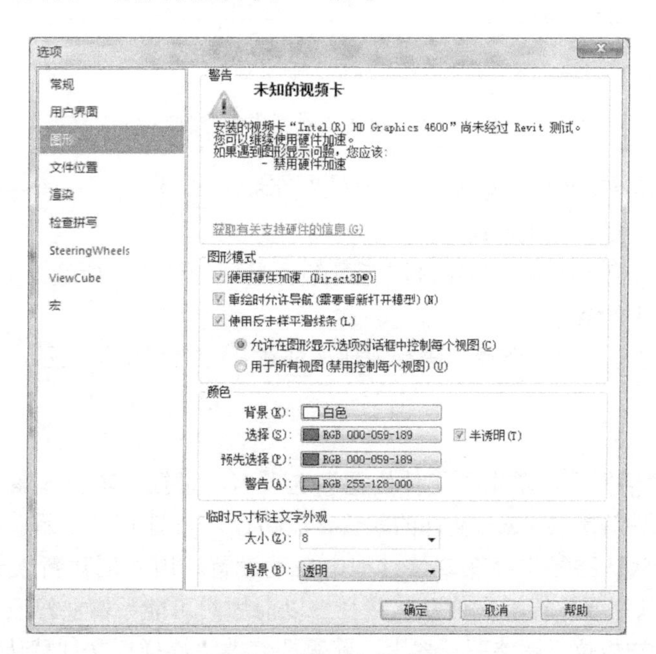

图 1-9 “图形”选项卡

【例 1-1】 在绘图区域中心绘制一段风管，观察图形设置效果。

【解】

1）单击“新建”→“项目”，选择“Systems-DefaultCHSCHS.rte”系统样板文件，新建项目；再单击“选项”，打开“选项”对话框，修改 Revit 建模环境。

2）单击“常规”选项卡，在“通知”栏中将“保存提醒间隔”修改为“15 分钟”。

3）单击“用户界面”选项卡，将“工具提示助理”修改为“无”。

4）单击“图形”选项卡，在“颜色”栏中将绘图区域“背景”的颜色修改为“黑色”，“选择”的颜色修改为“黄色”，如图 1-10 所示；然后单击“确定”（注意：也可以指定“警告”的颜色，如果发生错误，则用此颜色显示导致错误的图元）。

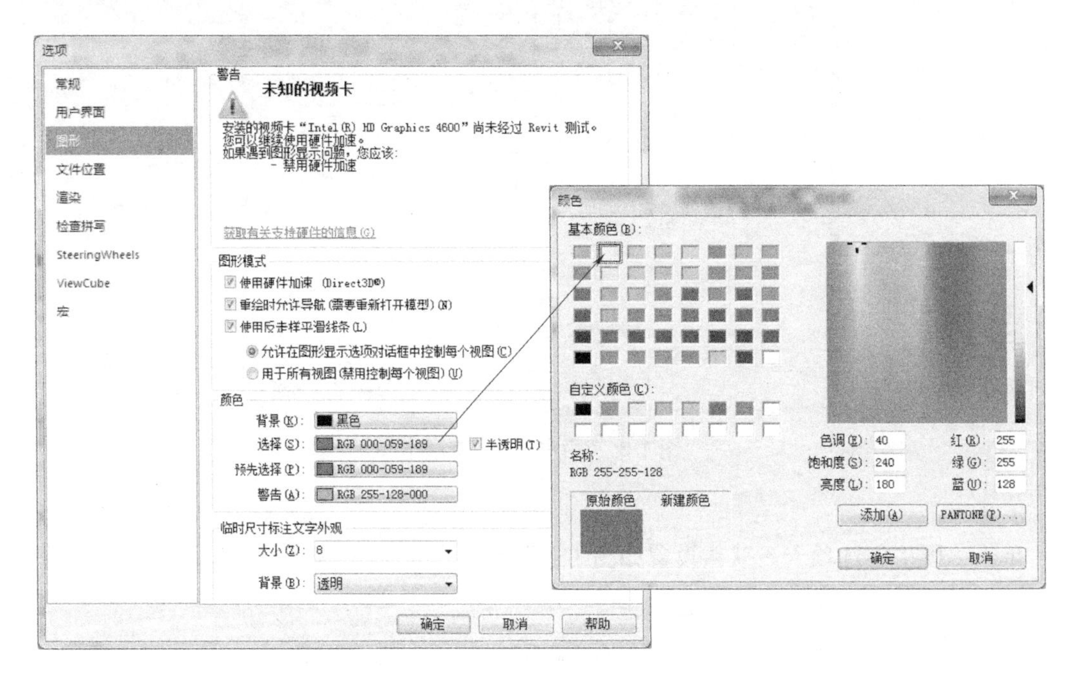

图 1-10 在“图形”选项卡中修改颜色

5）单击功能区“系统”选项卡→“HAVC”面板 →“风管”，在绘图区域中心绘制一段风管，按两次 <Esc> 键，结束此命令。

6）单击选中风管（注意：绘图区域背景颜色呈现为黑色，所选择的风管显示为黄色，而非默认白色背景中的蓝色）。

7）光标放风管上，但不选择，进行观察（注意：工具提示不显示，但状态栏会高亮显示图元的相关信息）。

4. 文件位置

在“选项”对话框中，单击“文件位置”选项卡，可指定项目（系统）样板文件、用户文件、族样板文件等重要 Revit 文件的默认存放路径，如图 1-11 所示。

“族样板文件默认路径”会在安装过程中自动设置，用于创建新族的族样板；单击其“浏览”按钮，可以修改族样板文件默认路径。以前用户可能不需要修改此路径，但是在大型公司中，自定义样板位于网络驱动器上，就需要修改“族样板文件默认路径”。

图 1-11 “文件位置”选项卡

单击“放置”，弹出“放置”对话框，如图 1-12 所示。“库名称”列表中的库文件，其路径为 Revit 安装期间指定的路径，每个“库路径”将 Revit 指向族文件夹。可以修改现有的库名称和库路径，也可以创建新库。

在“放置”对话框中单击“+”可添加新库，如图 1-13 所示。在新库的“库名称”字段文本框中单击，输入名称“My Library”。单击“My Library”对应的“库路径”字段，然后单击“浏览”按钮，定位到要在其中创建 Revit 项目、样板或族的个人库的文件夹，然后单击“打开”按钮打开新库文件。注意：可能需要先创建新库文件夹，然后通过浏览选择新库文件夹来指定“库路径”。

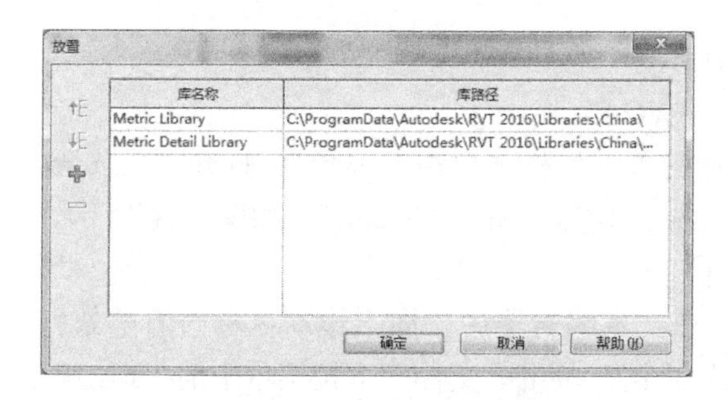

图 1-12 “放置”对话框

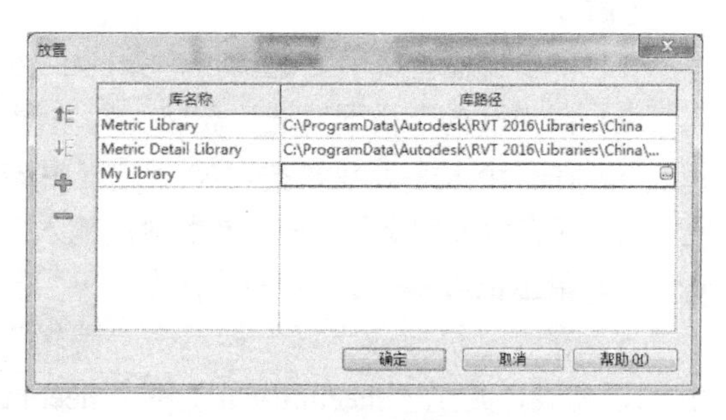

图 1-13 添加新库

在“库名称”下单击“My Library”，单击向上移动行箭头可将“My Library”移至列表首位。在大型办公室工作，可能需要在网络路径上设置办公库，以提高生产率，并维持办公标准。

5. 渲染

单击“渲染”选项卡，可指定渲染库位置，如图 1-14 所示。在“其他渲染外观路径”下，可以指定用于定义渲染外观的其他文件（如凹凸贴图、自定义颜色文件和贴花图像文件）的位置。在“ArchVision Content Manager 位置”下，可以指定渲染外观库的位置。此路径是在安装过程中确定的，如果需要重新定位此路径，请在此处指定新的位置。

图 1-14　指定渲染库位置

6. 拼写检查

【例 1-2】 使用默认样板创建一个新项目，输入文字“This is sheetmtl-Cu and SHTMTL-CU”，验证“检查拼写”选项。

【解】

1）单击“检查拼写”选项卡，如图 1-15 所示。

2）在“设置”栏下勾选“忽略大写单词（DWG）”。

3）在“个人字典包含拼写检查过程中添加的单词”栏下单击“编辑”，打开“Custom-记事本”（自定义字典）。在记事本中，输入“sheetmtl-Cu”和“sheetmtl”，如图 1-16 所示。

4）单击记事本“文件”→“保存”→“退出”。

5）在“建筑行业字典”栏单击“编辑”。在文本编辑器中，向下滚动鼠标查看建筑行业术语列表，并无“sheetmtl-Cu”和“sheetmtl”术语。单击“文件”下拉菜单中的“退出”。

6）返回“选项”对话框，单击“确定”，返回 Revit 用户界面。

7）单击“注释”选项卡→“文字”面板→“文字”。在绘图区域任意位置单击，并输入“This is sheetmtl-Cu and SHTMTL-CU”。

8）单击“注释”选项卡→“文字”面板→“拼写检查”，弹出对话框显示“拼写检查已完成”。

图 1-15　“检查拼写”选项卡

图 1-16　在自定义字典中添加单词

注意：拼写检查程序承认 sheetmtl-Cu，因为 sheetmtl-Cu 已被添加到自定义字典中。也承认 SHTMTL-CU，因为拼写检查选项已被设置为“忽略大写单词”。

9）在“选项”对话框中单击“检查拼写”选项卡，在“设置”栏下单击“恢复默认值”，可将拼写检查重设为其原始配置。

10）在“个人字典包含拼写检查过程中添加的单词”栏下单击“编辑”，打开“Custom- 记事本”。在记事本中，删除“sheetmtl-Cu”和“sheetmtl”，保存并退出。

1.2.2 功能区

功能区提供创建和编辑模型的所有工具和命令。这些工具和命令根据不同类别，分别放置在不同的选项卡中，如“建筑”“结构”“系统”“插入”“注释”“分析”“体量和场地”“协作”“视图”“管理”“修改”等；若安装了基于 Revit 的插件，则会增加“附加模块”选项卡。功能区的各个选项卡及其面板和命令按钮如图 1-17 所示。

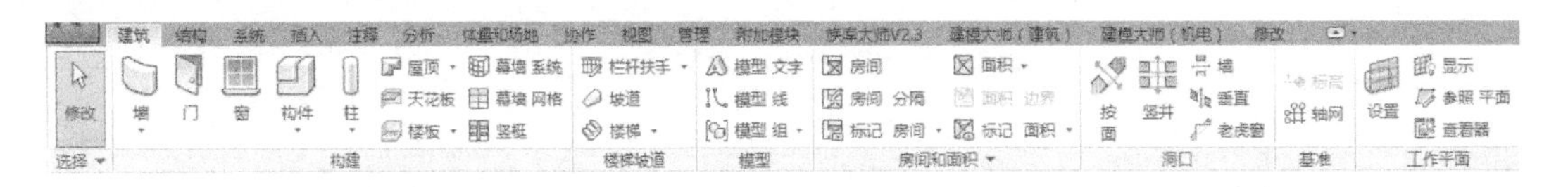

a)“建筑”选项卡

b)“结构”选项卡

c)“系统”选项卡

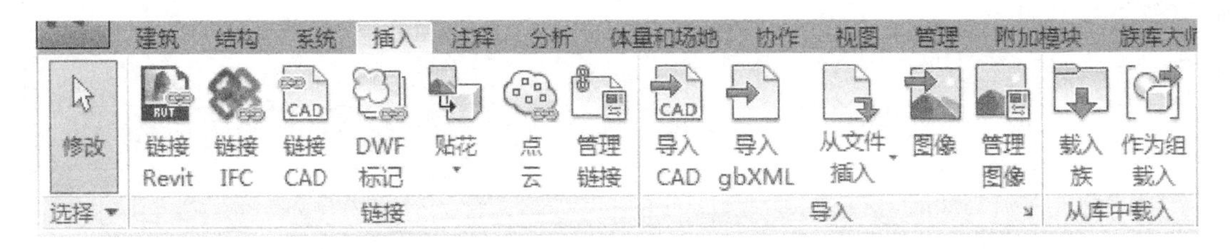

d)“插入”选项卡

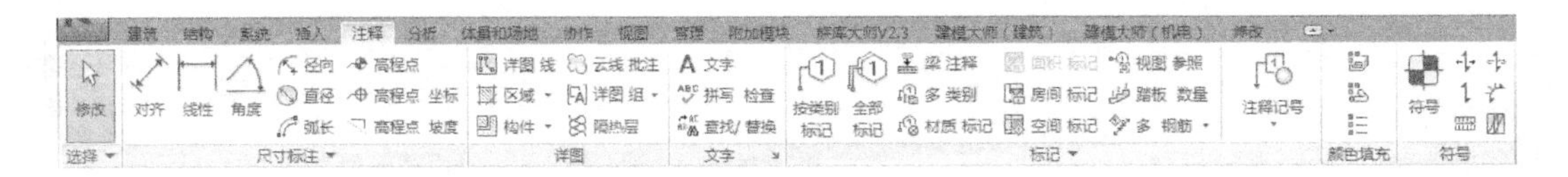

e)“注释”选项卡

图 1-17 功能区选项卡及其面板和按钮

f）“分析”选项卡

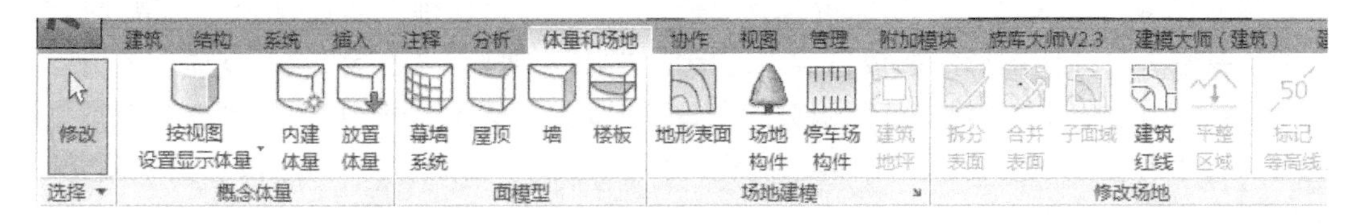

g）“体量和场地”选项卡

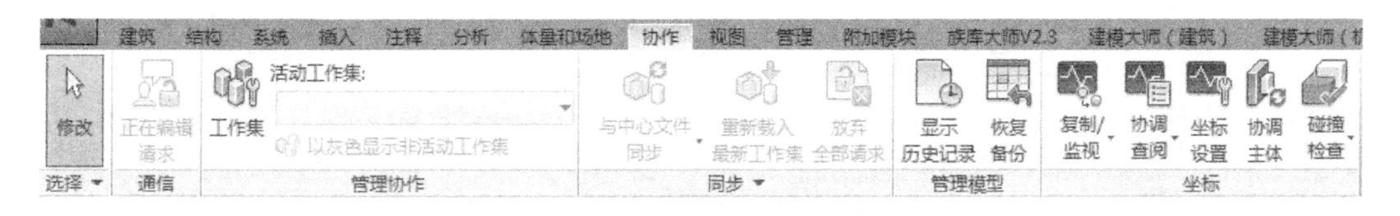

h）“协作”选项卡

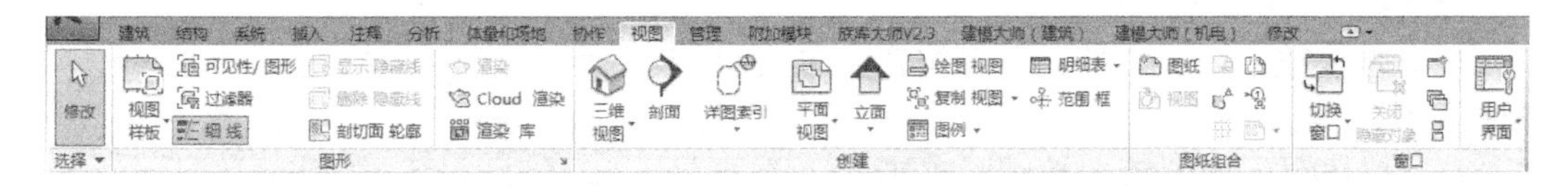

i）“视图”选项卡

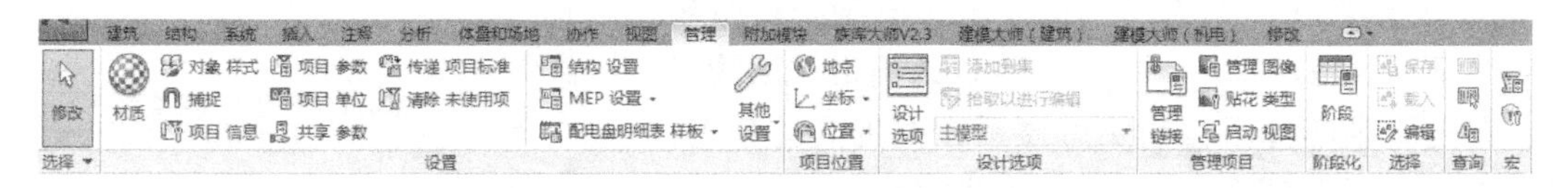

j）“管理”选项卡

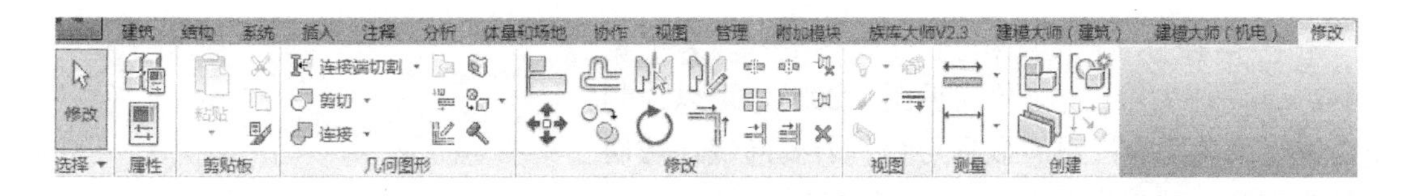

k）“修改”选项卡

l）“附加模块”选项卡

图 1-17　功能区选项卡及其面板和按钮（续）

1. 功能区的上下文选项卡

激活某些命令或者选择图元时，功能区会自动增加并切换到某个上下文选项卡，其中包含一组只与该命令或图元相关的上下文工具。

例如，单击“风管”（执行“风管”命令）时，将显示“修改 | 放置 风管”上下文选项卡，如图 1-18 所示。其“选择”面板包含“修改”工具，“属性”面板包含“类型选择器”和“图元属性”，“几何图形”面板包含“连接端切割”“剪切”“连接”等 3D 模型逻辑运算工具，“修改”面板包含“对齐”“偏移”“移动”“复制”等编辑修改工具，“放置工具”面板包含风管“对正”“自动连接”“继承高程”“继承大小”等工具。退出该工具或图元时，上下文选项卡即会关闭。

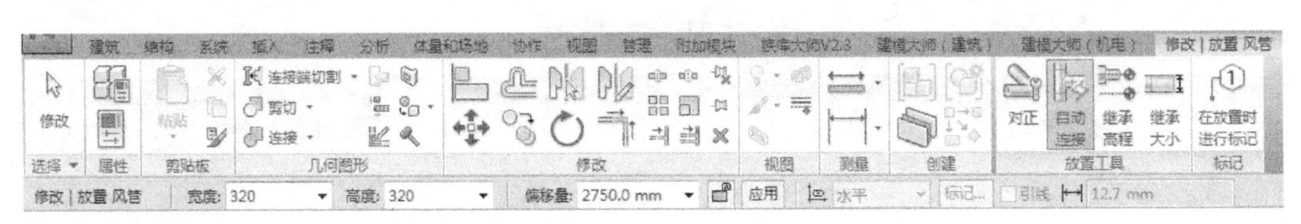

图 1-18　上下文选项卡

2. 功能区中的三类按钮

1）普通按钮。如 风管 管件按钮，单击可调用相关工具。

2）下拉按钮。如 机械 按钮，单击“ ”可显示下拉列表各项工具。

3）分割按钮。如果看到按钮上有一条线将按钮分割为两个区域，单击上半部分可以访问最常用的工具，单击下半部分下拉箭头可显示相关工具的列表，如图 1-19 所示，那么该按钮就是分割按钮。

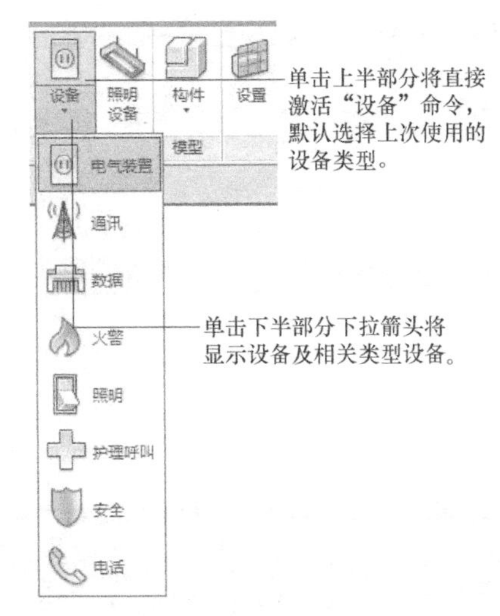

图 1-19　分割按钮

1.2.3　快速访问工具栏

单击快速访问工具栏后的向下箭头 （见图 1-20a），将弹出下拉菜单（见图 1-20b），可以控制快速访问工具栏中按钮的显示与否。若要向快速访问工具栏中添加功能区按钮，在功能区的按钮上右击，然后单击“添加到快速访问工具栏”（见图 1-20c），功能区按钮将会添加到快速访问工具栏中默认命令的右侧。

1.2.4　视图控制栏

视图控制栏位于底部状态栏的上方，如图 1-21 所示。通过它可以快速访问影响绘图区域的功能。

视图控制栏中的工具如下。

1）绘图比例尺：建筑制图常用 1 : 100。

2）详细程度：单击可选择“粗略”“中等”和“精细”三种程度。其中，机电建模常用“精细”。

a) 快速访问工具栏界面

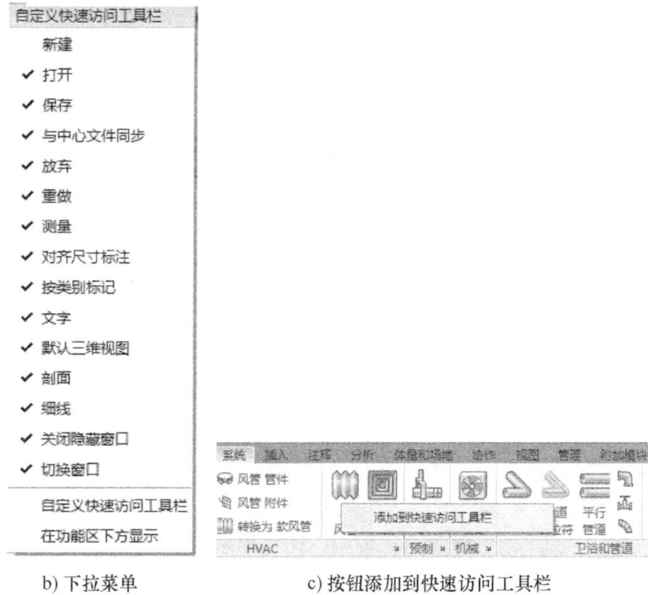

b) 下拉菜单　　　　　　　c) 按钮添加到快速访问工具栏

图 1-20　快速访问工具栏

1 : 100

图 1-21　视图控制栏

3）模型图形样式：单击可选择“线框”“隐藏线”“着色”“真实”等模式。机电建模常用“着色”；土建建模常用“真实”。

4）打开 / 关闭日光路径。

5）打开 / 关闭阴影。

6）打开 / 关闭裁剪区域。

7）显示 / 隐藏裁剪区域。

8）临时隐藏 / 隔离。

9）显示隐藏的图元。

10）临时视图属性。

11）隐藏 / 显示分析模型。

12）关闭 / 显示约束。

1.2.5　项目浏览器

“项目浏览器”列出了项目中包含的所有视图、族、图纸和组。可以在“项目浏览器”中自定义项目视图和图纸的组织结构，以将它们组合到文件夹中；也可以设置过滤器来确定所显示的视图和图纸的数量。此外，还可以指定视图和图纸在“项目浏览器”中的显示顺序。

开启“项目浏览器”的方式为：单击功能区“视图”选项卡→“窗口”面板→“用户界面”下拉列表，勾选“项目浏览器”选项，如图 1-22 所示。

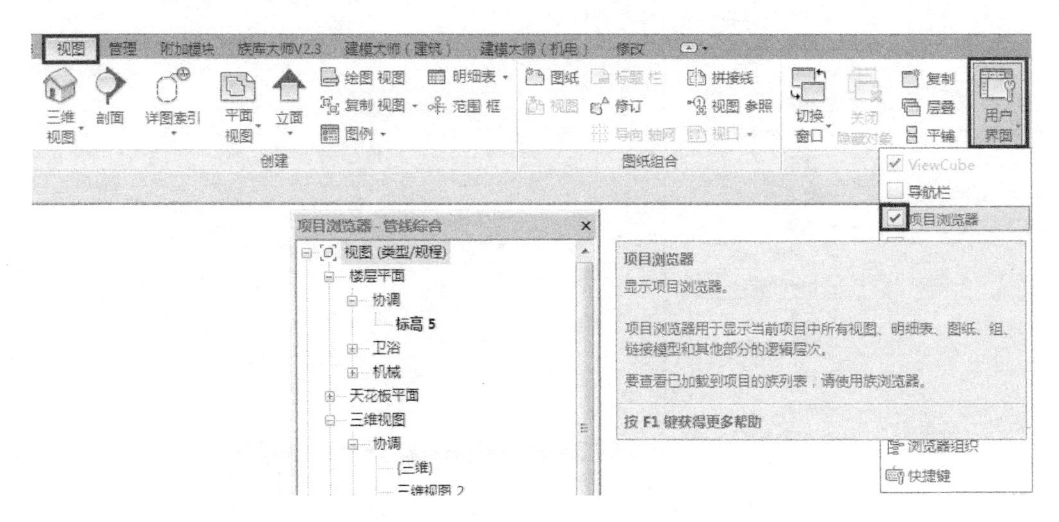

图 1-22　开启“项目浏览器”

选中“项目浏览器”的相关项后单击右键，弹出快捷菜单，可以进行“复制”“删除”“重命名”等相关操作，如图 1-23 所示。

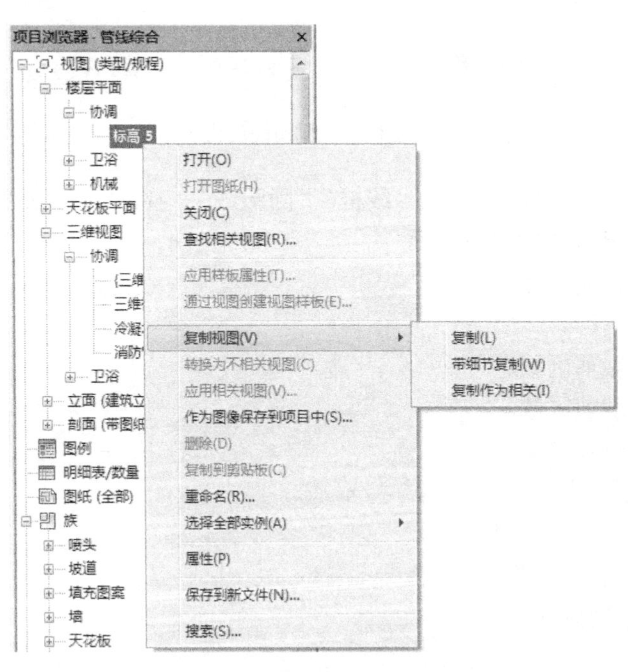

图 1-23　“项目浏览器”相关项的操作

1.2.6 “属性”选项板

1. 开启方式

“属性”选项板用于显示当前视图或图元的属性参数，其显示内容随着选定对象的不同而变化。“属性”选项板的开启方式有三种。

1）单击功能区“视图”选项卡→“窗口”面板→“用户界面”下拉列表，勾选“属性”，如图 1-24 所示。

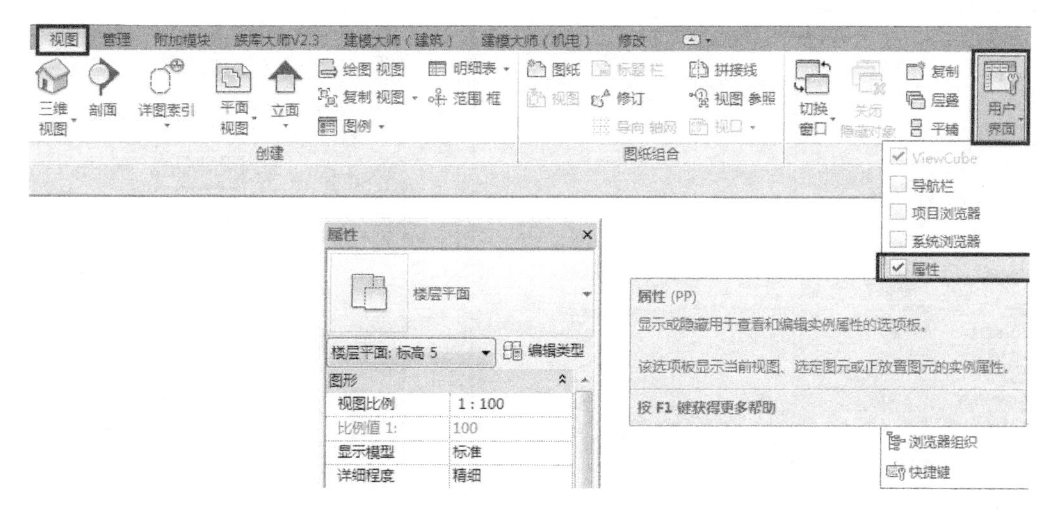

图 1-24　通过“视图”选项卡开启“属性”选项板

2）单击功能区“修改”选项卡→“属性”面板→“属性”，如图 1-25 所示。

图 1-25　通过“修改”选项卡开启“属性”选项板

3）右击绘图区域空白处，弹出快捷菜单，勾选“属性”，如图 1-26 所示。

2. 功能组成

“属性”选项板由类型选择器、“编辑类型”按钮和实例属性参数三个部分组成，如图 1-27 所示。

1）类型选择器。其内容随当前功能或选定图元而变化。在绘图区域放置图元时，使用

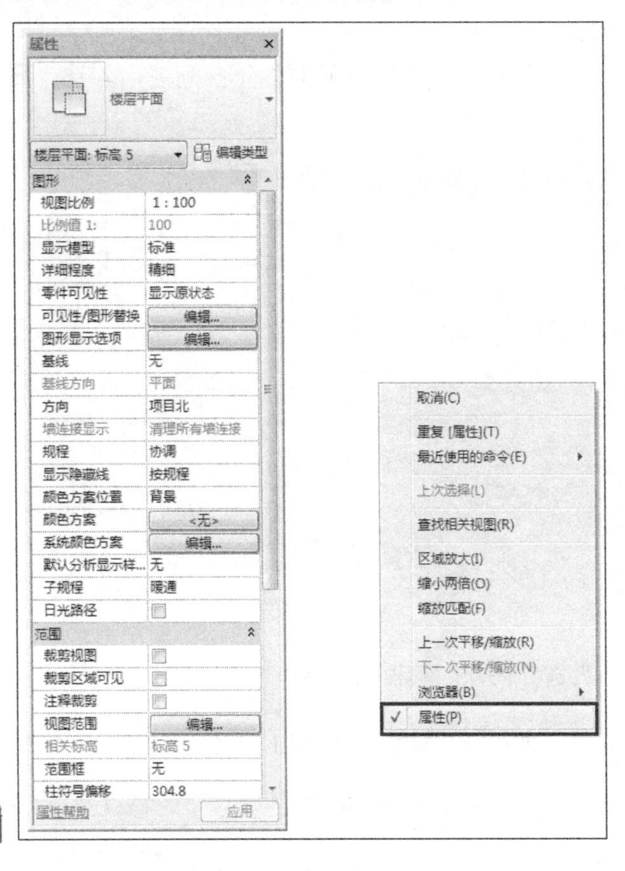

图 1-26　右击绘图区域勾选“属性”

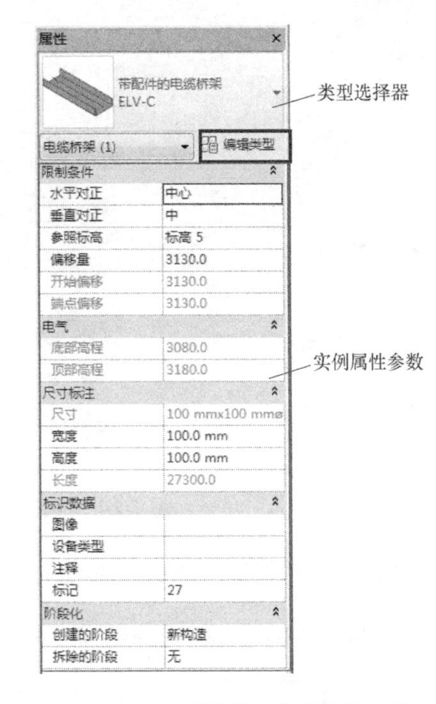

图 1-27　“属性”选项板的组成

“类型选择器”可以指定要添加的图元类型。单击“▼”打开下拉列表，可以选择已有的族类型来替代此时选中的图元类型，避免反复修改图元参数。

2）“编辑类型”按钮。单击“编辑类型”按钮，即可打开“类型属性”对话框，如图 1-28 所示。在“类型属性”对话框中，可对选定的族类型进行“复制”“重命名”等操作。“复制”命令主要是在当前族类型的基础上新建族类型，单击“复制”按钮，弹出“名称”对话框，输入新族类型名称，单击“确定”，即可新建族类型，并可根据需要对新族类型参数进行修改。

3）实例属性参数。选项板上显示当前视图或图元的各种限制条件类、图形类、标识数据类等实例参数及其数值。修改实例参数可以改变当前选定视图或图元的显示或外观尺寸。

3. 楼层平面的“属性”参数意义与设置

下面以楼层平面的“属性”选项板为例，详细介绍楼层平面视图显示各参数的意义与设置。

（1）详细程度　由于在建筑设计的图纸要求里，不同视图图纸比例的要求不相同，所以需要对视图进行详细程度的设置。

在楼层平面中右击绘图区域空白处，弹出快捷菜单，勾选“属性”，在弹出的楼层平面“属性”选项板中，单击“详细程度”右边的下拉列表，可选择“粗略”“中等”或“精细”

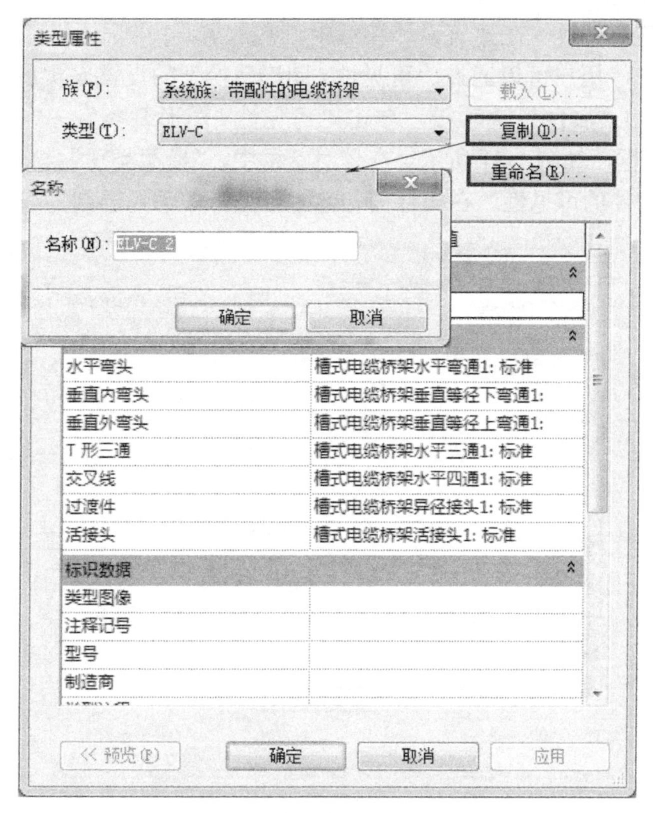

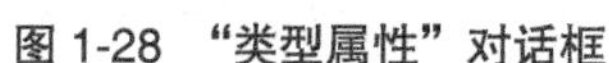

图 1-28 “类型属性”对话框

的详细程度，如图 1-29 所示。

通过预定义详细程度，可以影响不同视图比例下同一几何图形的显示。族几何图形随详细程度的变化而变化，此项可在族中自行设置。各构件随详细程度的变化而变化。以粗略程度显示时，它会显示为线。以中等和精细程度显示时，它会显示更多几何图形。

除上述方法外，还可直接在视图平面处于激活的状态下，在视图控制栏中直接调整详细程度，此方法适用于所有类型视图，如图 1-30 所示。

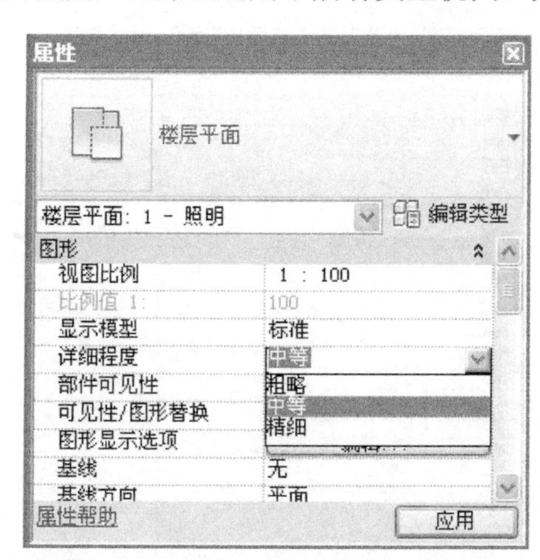

图 1-29 “属性”选项板的详细程度设置

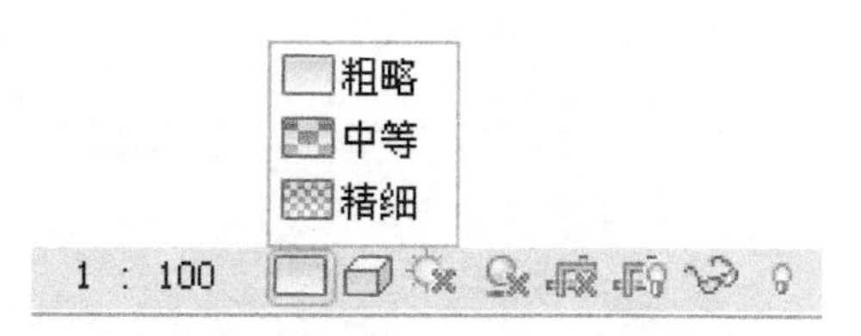

图 1-30 视图控制栏中的详细程度设置

（2）可见性 / 图形替换　在建筑设计图纸中，常常需要控制不同对象在各种视图中的显示——可见或不可见，用户可以通过“可见性 / 图形替换”的设置来实现上述要求。

打开楼层平面的“属性”选项板，单击“可见性 / 图形替换”→“编辑”，弹出“可见性 / 图形替换”对话框，如图 1-31 所示。在该对话框中，“模型类别”选项卡“可见性”栏的复选框可控制相关构件的可见性。在构件前勾选为可见；取消勾选则为隐藏，构件不可见。

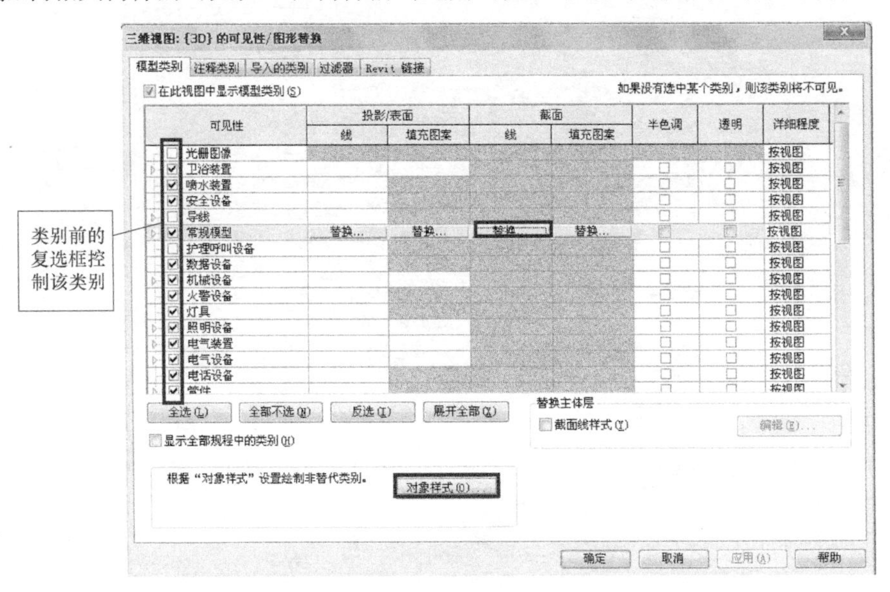

图 1-31　“可见性 / 图形替换”对话框

从“可见性 / 图形替换”对话框中，可以查看已应用于某个构件类别的替换。如果某个构件类别的图形显示已经替换了，单元格会显示“替换”；如果没有对任何构件类别显示进行替换，则单元格为空白，图元按照“对象样式”对话框中的设置进行显示。单击“对象样式”，弹出“对象样式”对话框，如图 1-32 所示。

对象样式

模型对象 | 注释对象 | 分析模型对象 | 导入对象

过滤器列表(F)：<全部显示>

类别	线宽 投影	线宽 截面	线颜色	线型图案	材质
HVAC 区	1		黑色		
专用设备	1		黑色	实线	
体量	1	2	黑色	实线	默认形状
停车场	1		黑色	实线	
卫浴装置	1		黑色	实线	
喷头	1		黑色	实线	
地形	1	6	黑色	实线	土壤
场地	1	2	黑色	实线	
坡道	1	3	黑色	实线	
墙	1	3	黑色	实线	默认墙
天花板	1	3	黑色	实线	
安全设备	4		黑色	实线	
家具	1		黑色	实线	
家具系统	1		黑色	实线	

全选(S)　不选(E)　反选(I)　修改子类别　新建(N)　删除(D)　重命名(R)

确定　取消　应用(A)　帮助

图 1-32　非替代类别的“对象样式”对话框

选择某构件类别，单击“投影 / 表面”或“截面”选项下的“替换”，将弹出对应选项的替换对话框（如“线图形”），如图 1-33 所示。图元的“投影 / 表面”和“截面”在替换“填充图案”时，均可调整其是否半色调、是否透明，及详细程度。

“注释类别”选项卡可以控制注释构件的可见性，可以调整“投影 / 表面”的线和填充图案，以及是否半色调显示构件。

“导入的类别”选项卡可以控制导入对象的可见性“投影 / 截面”的线和填充图案，以及是否半色调显示构件。

（3）图形显示选项　单击楼层平面“属性”选项板→“图形显示选项”→“编辑”，弹出“图形显示选项”对话框，可选择图形显示曲面样式：“线框”“隐藏线”“着色”“一致的颜色”“真实”，如图 1-34 所示。

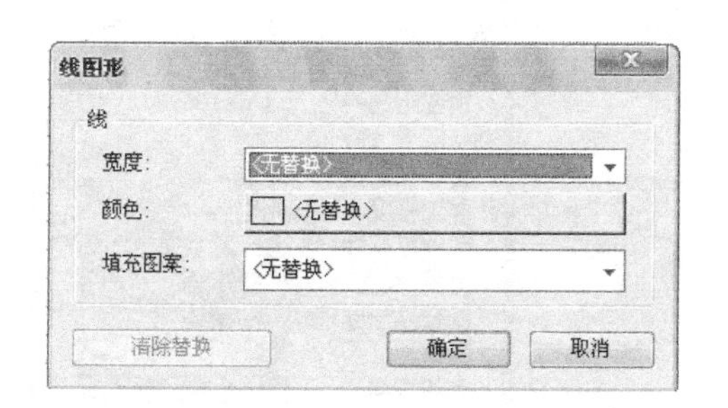

图 1-33　“线图形”替换对话框（线宽和颜色）

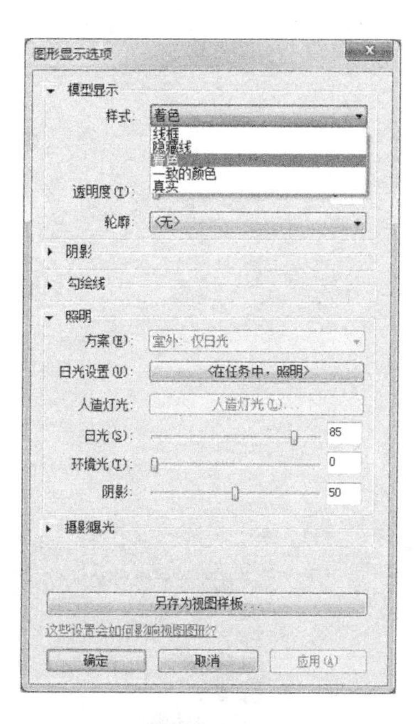

图 1-34　“图形显示选项”对话框

在“图形显示选项”对话框里，还可以设置真实的建筑地点，设置虚拟的或者是真实的日光位置，控制视图的阴影投射，实现建筑平立面轮廓加粗等功能。在“图形显示选项”对话框中，单击“日光设置”→“在任务中，照明”，可打开“日光设置”对话框，如图 1-35 所示。

除上述方法外，还可直接在视图平面处于激活的状态下，在视图控制栏中直接调整模型图形样式，此方法适用于所有类型视图，如图 1-36 所示。

（4）基线　基线在当前平面视图下显示另一个模型片段，该模型片段可从当前层上方或下方获取。

通过基线的设置可以看到建筑物内楼上或楼下各层的平面布置，作为设计参考。如需设置视图的“基线”，可打开楼层平面的“属性”选项板，如图 1-37 所示。

（5）“范围”相关设置　单击楼层平面“属性”选项板→“范围”，可对“范围”进行相应设置，如图 1-38 所示。

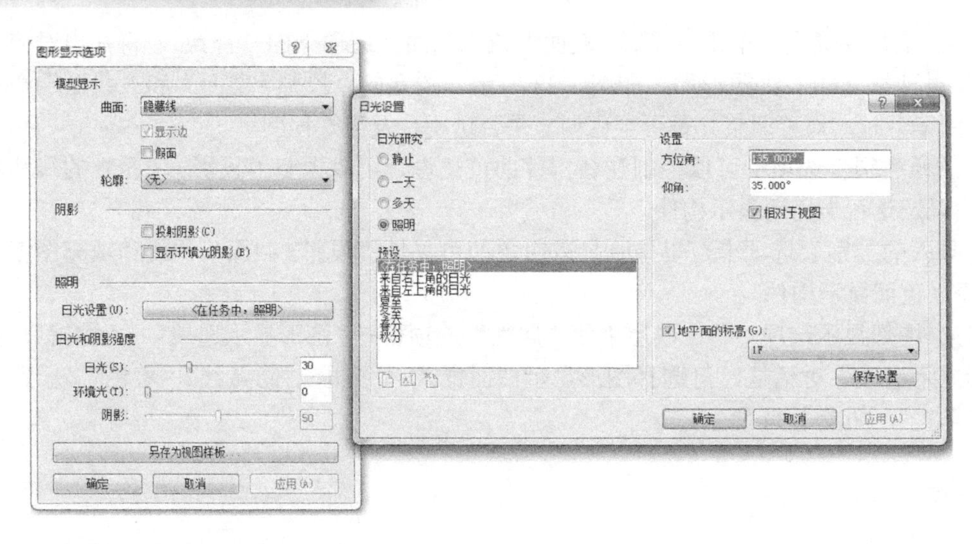

图 1-35 “日光设置”对话框

图 1-36 在视图控制栏中直接调整模型图形样式

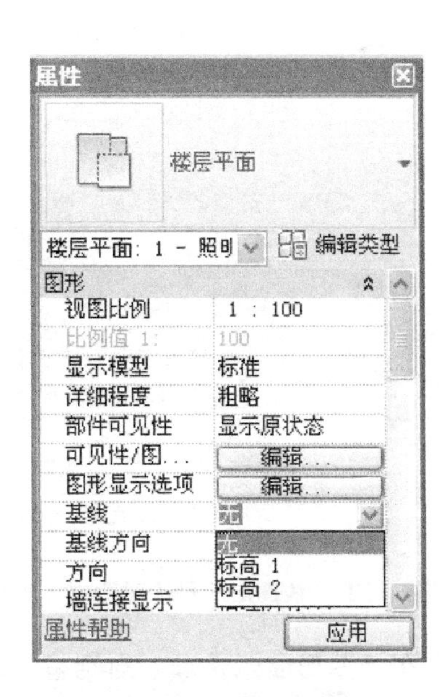

图 1-37 基线设置

1）裁剪视图。勾选该复选框即裁剪框有效，裁剪框范围内的模型构件可见，裁剪框外的模型构件不可见；取消勾选该复选框，则不论裁剪框是否可见，均不裁剪任何构件。

2）裁剪区域可见。勾选该复选框即裁剪框可见，取消勾选该复选框则裁剪框将被隐藏。

注意：两个选项均控制裁剪框，但不相互制约。

在视图控制栏，同样可以控制裁剪视图的开启 / 关闭和裁剪区域的显示 / 关闭，如图 1-39 所示。

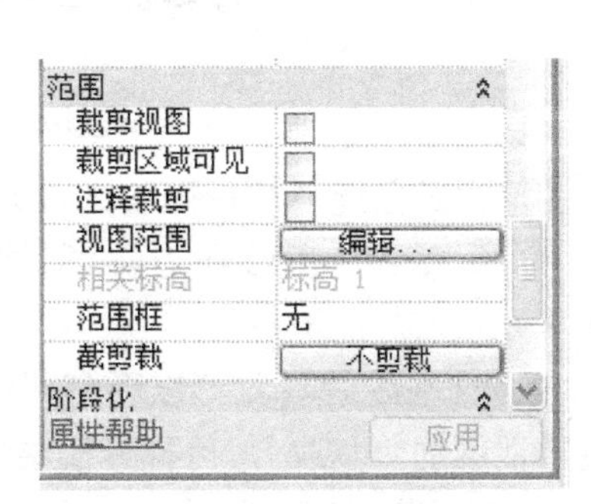

图 1-38 “范围”设置

1 : 100 显示裁剪区域

图 1-39 裁剪视图与裁剪区域显示控制

3）视图范围。单击“视图范围”右边的“编辑”，弹出“视图范围”对话框，如图 1-40 所示。

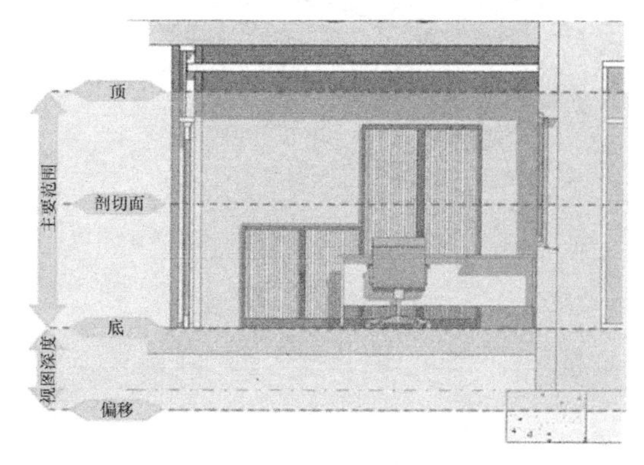

图 1-40 “视图范围”的设置

“视图范围”是可以控制视图中对象的可见性和外观的一组水平平面，分别为“顶”平面、“剖切面”和“底”平面。“顶”平面和“底”平面表示视图范围的最顶部和最底部的部分；“剖切面”则是确定视图中某些图元被剖切到而可视的高度平面。这三个平面可以定义视图的主要范围。

注意：默认情况下，视图深度与“底”平面重合。

4）截剪裁。“截剪裁”用于控制跨多个标高的图元，在平面图中“剖切面”以下图形的显示。单击“截剪裁”右边的“不剪裁”，弹出“截剪裁”对话框，如图 1-41 所示。如勾选“不剪裁”选项，那么平面视图将完整显示构件在“剖切面”以下的所有图形，而与视图深度无关。

如勾选“剪裁时无截面线”选项，或勾选“剪裁时有截面线”选项，则平面视图仅仅显示构件在“剖切面”以下到“视图深度”范围内的图形，如图 1-42 所示为构件模型的剖切面、视图深度以及使用“截剪裁”参数选项（“剪裁时有截面线”和“不剪裁”）后生成的平面视图。“截剪裁”参数是“视图范围”属性的一部分。

“截剪裁”可用于平面视图和场地视图，立面视图同样适用。如图 1-43 所示为土建模型的剖切面、视图深度以及使用“截剪裁”参数选项（“剪裁时无截面线”“剪裁时有截面线”和“不剪裁”）后生成的立面视图对比。

图 1-41 “截剪裁”对话框

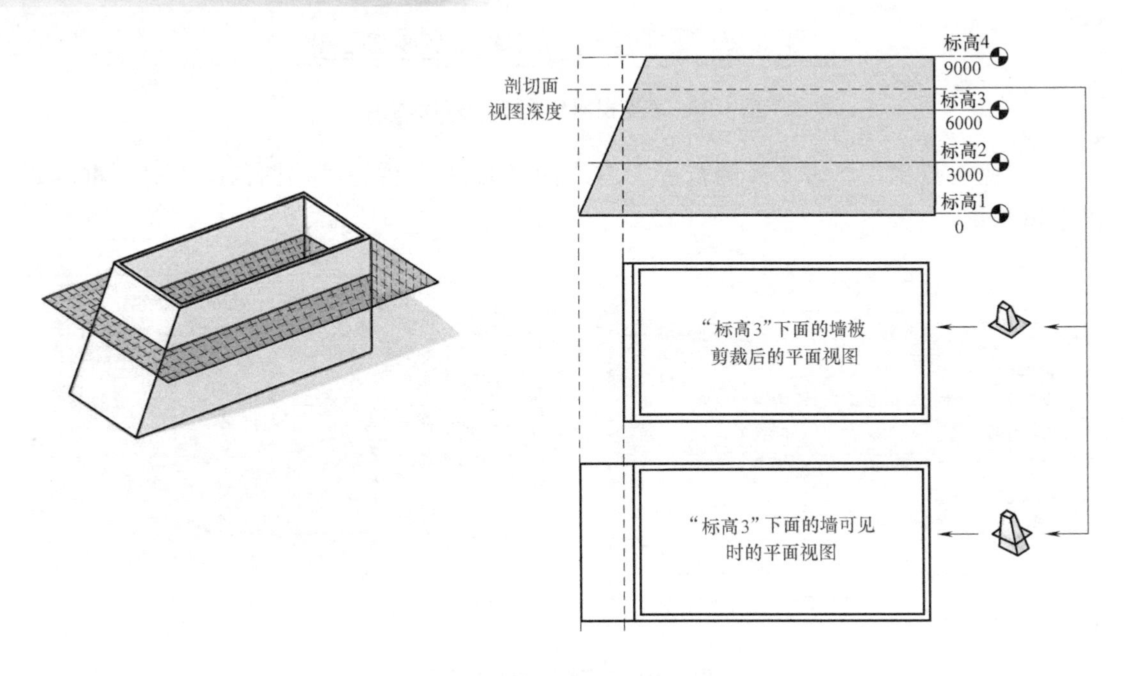

图 1-42 “截剪裁”参数与视图深度

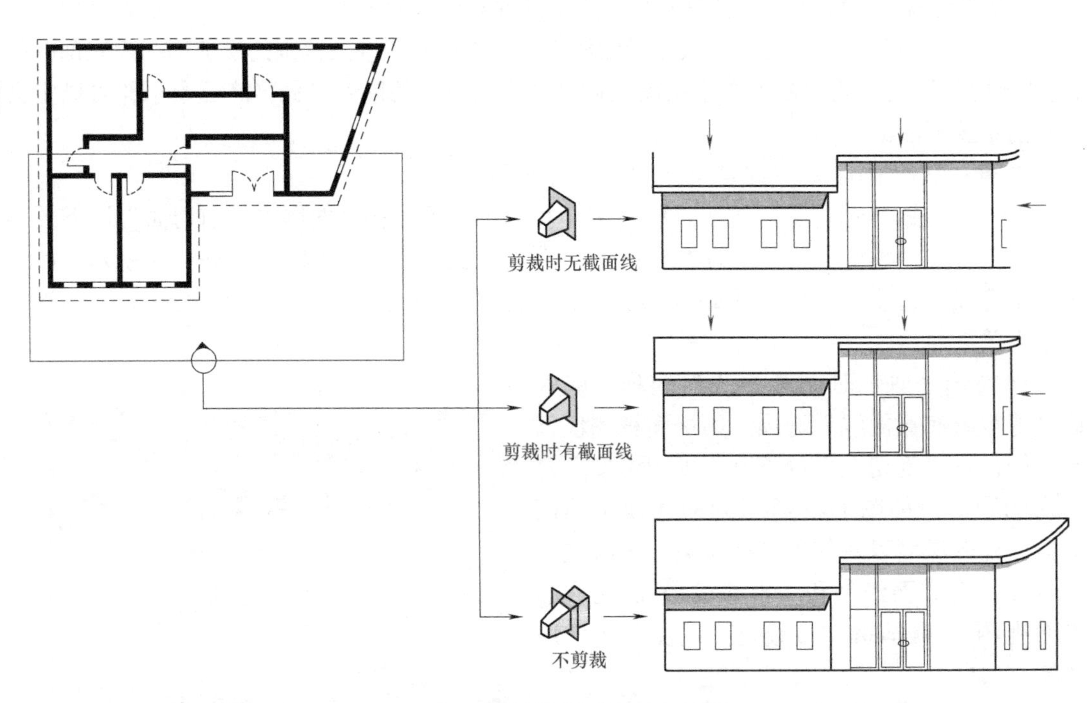

图 1-43 “截剪裁”参数与立面视图

（6）“默认视图样板”的设置 在楼层平面的“属性”选项板中，找到“默认视图样板”选项，如图 1-44 所示。在平面、立面、剖面、三维等各类视图的“属性”中均可指定“默认视图样板”。

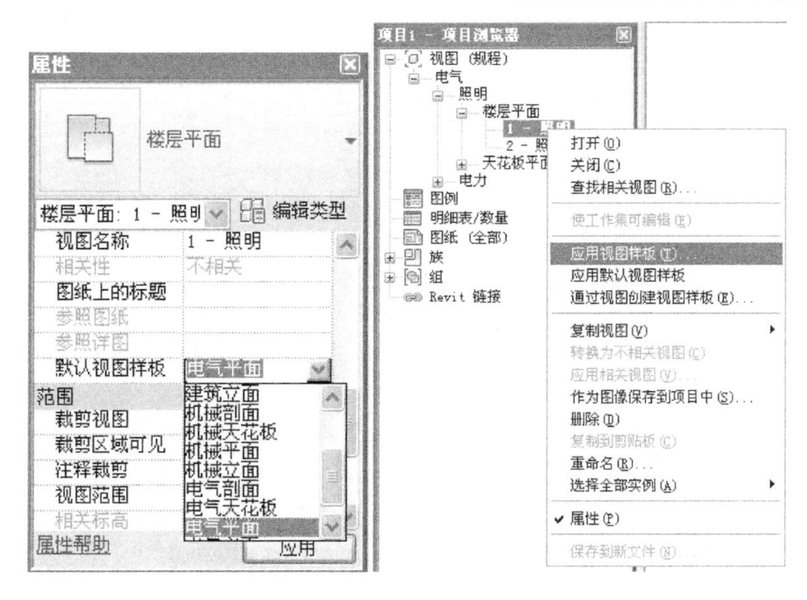

图 1-44 “默认视图样板”选项

注意：在各类视图的“属性”选项板中指定“默认视图样板”后，仍可以在视图打印或导出之前，在“项目浏览器”的图纸名称上右击，弹出快捷菜单，单击选择“将默认视图样板应用到所有视图”，重新指定视图样板，该图纸上所布置的视图将被默认视图样板中的设置所替代，而无需在所有视图中逐一调整。

此外，在“项目浏览器”中按 <Ctrl> 键多选图纸名称，或先选择第一张图纸名称，然后按住 <Shift> 键选择最后一张图纸名称实现全选，选择“将默认视图样板应用到所有视图”，可一次性实现所有布置在图纸上的视图默认样板的应用（每个视图的默认样板可以不同）。

1.2.7 导航工具

（1）ViewCube 三维导航工具 ViewCube 是一个三维导航工具，可指示模型的当前方向，并调整视点，如图 1-45 所示。主视图是随模型一同存储的特殊视图，可以方便地返回已知视图或熟悉的视图，用户可以将模型的任何视图定义为主视图。鼠标右键单击三维导航工具，弹出快捷菜单，单击选择“将当前视图设定为主视图”即可。

（2）全导航控制盘 将查看对象控制盘和巡视建筑的三维导航工具组合到一起，用户可以查看各个对象以及围绕模型进行漫游和导航。“全导航控制盘”和“全导航控制盘（小）”经优化后适合有经验的三维用户使用。单击功能区“视图”选项卡→“窗口”面板→“用户界面”，弹出下拉菜单，勾选导航栏，在绘图区右上角即出现导航栏，如图 1-46a 所示。单击导航栏中的第一个选项，移动鼠标可出现全导航控制盘，如图 1-46b 所示。

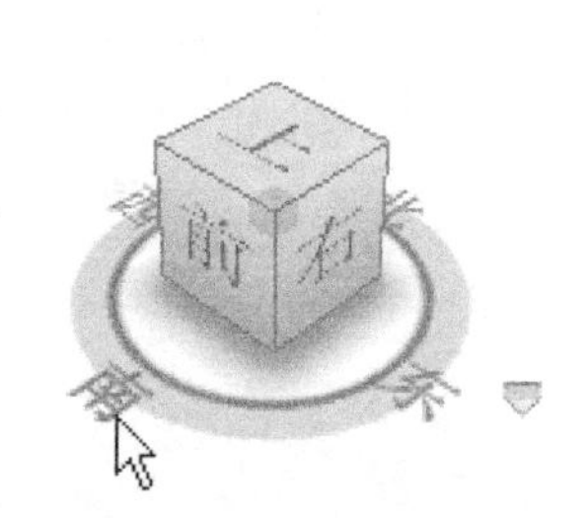

图 1-45 三维导航工具

选择导航控制盘样式。单击导航栏中的第一个选项下的“▼”箭头，弹出快捷菜单，可选择“全导航控制盘”或“全导航控制盘（小）”。

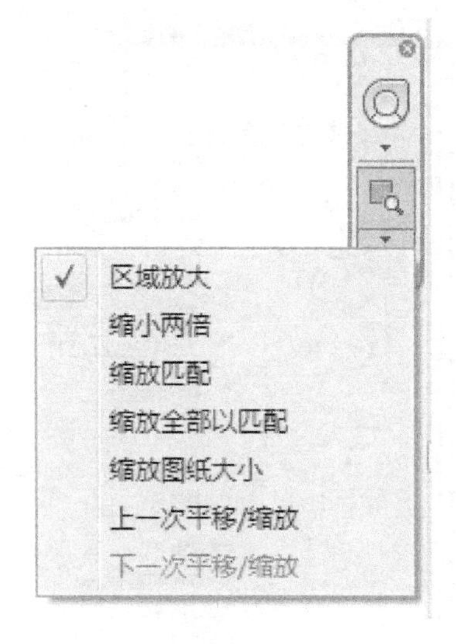

a) 导航栏

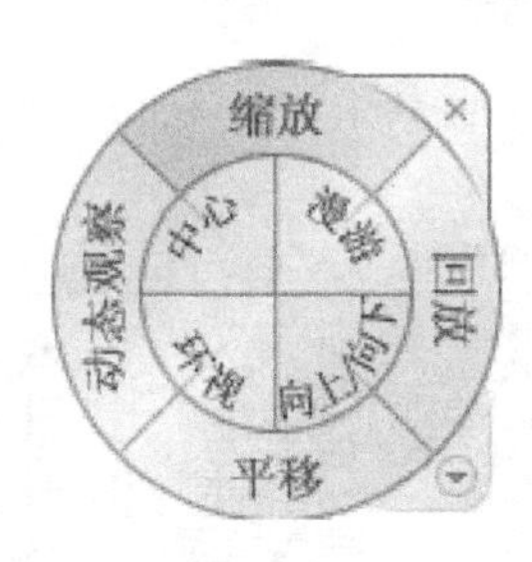

b) 全导航控制盘

图 1-46 “全导航控制盘”工具

注意：显示其中一个全导航控制盘时，按住鼠标中键可进行平移，滚动鼠标滚轮可进行放大和缩小，同时按住 <Shift> 键和鼠标中键可对模型进行动态观察。

练 习 题

启动 Revit 软件，单击 “应用程序菜单”，在下拉菜单中选择“新建”→“项目”，在弹出的“新建项目”对话框中，使用软件系统自带的机械样板文件“Mechanical-DefaultCHSCHS.rte”创建一个新项目。然后，以各位同学自己的“学号 + 姓名”命名，保存项目文件。注意项目文件存放路径，最好预备一个以自己学号冠名的“学号 +BIM 学习”文件夹。

项目 2

Revit 基本操作

某写字楼第 5 层的建筑平面图如图 2-1 所示，应用 Revit 创建该建筑的标高和轴网，为机电系统模型的定位做好准备工作。

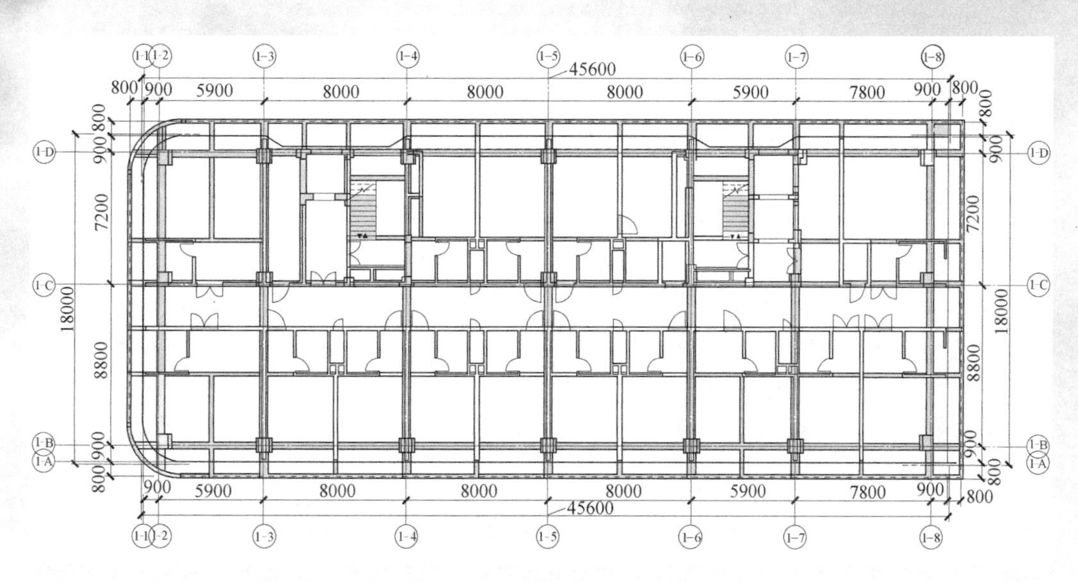

图 2-1　第 5 层建筑平面图

2.1　新建、显示项目

2.1.1　新建、保存项目

运行 Revit 应用程序软件，进入 Revit 应用程序界面，如图 2-2 所示。

单击“应用程序菜单”→“新建”→“项目”，如图 2-3 所示。

弹出“新建项目”对话框，如图 2-4 所示。

单击“浏览”，弹出“选择样板”对话框，如图 2-5 所示。选择“Mechanical-DefaultCHSCHS.rte”样板，单击“打开”，返回“新建项目”对话框。

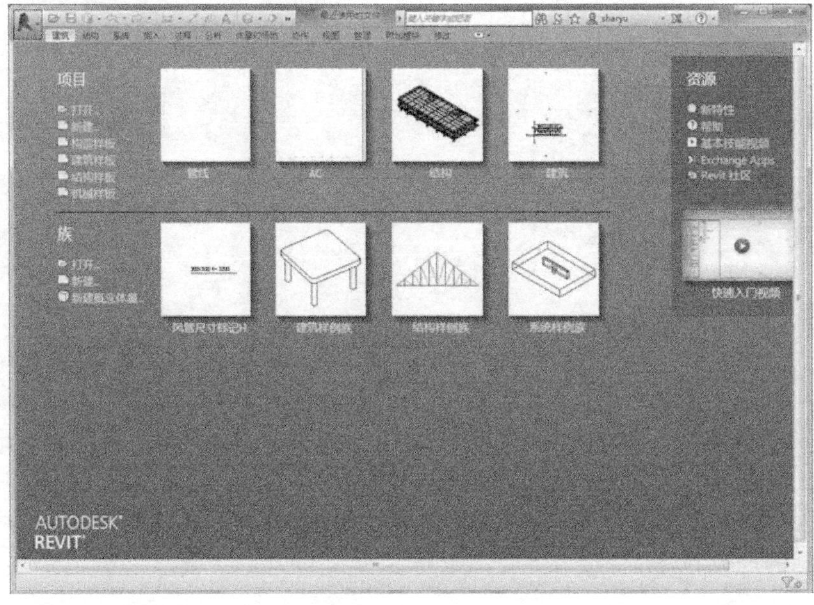

图 2-2　Revit 应用程序界面

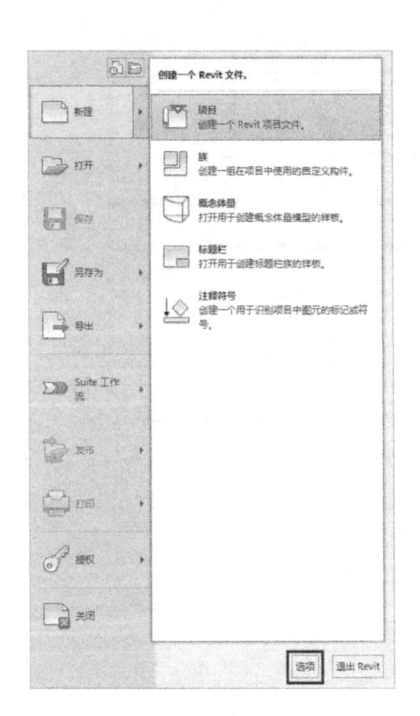

图 2-3　应用程序菜单

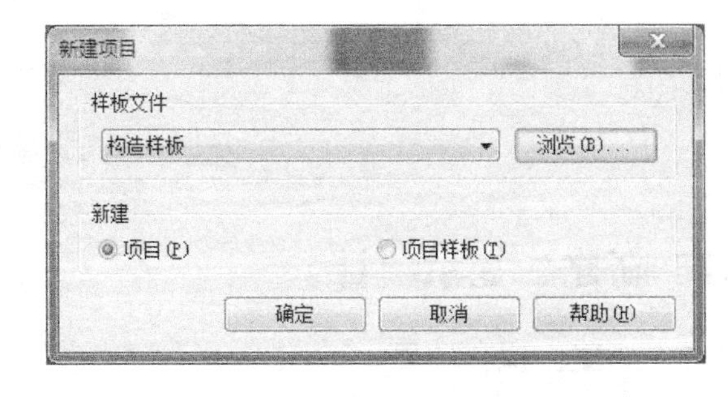

图 2-4　“新建项目”对话框

新建样板文件为机械的项目，如图 2-6 所示，单击“确定”。

弹出 Revit 机械样板建模界面，如图 2-7 所示。

单击 “应用程序菜单”→“保存”，如图 2-8 所示，指定项目文件存放路径，项目命名为“管线综合”，单击“保存”，即新建命名为“管线综合”的项目，开始建模工作。

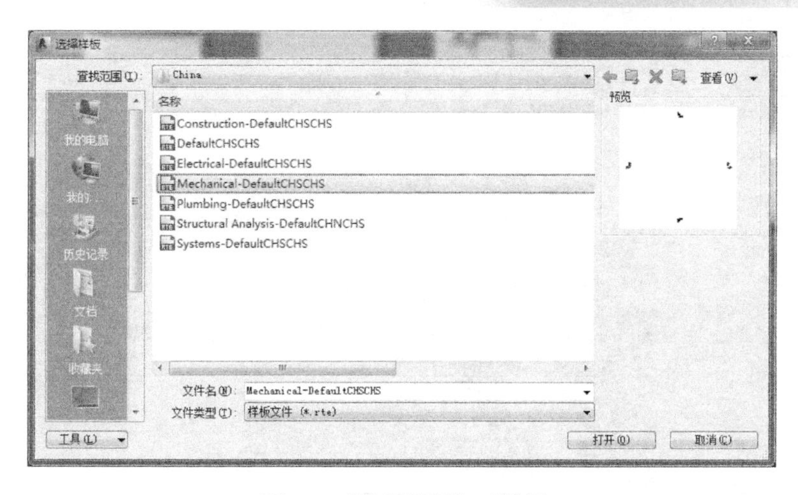

图 2-5 “选择样板”对话框

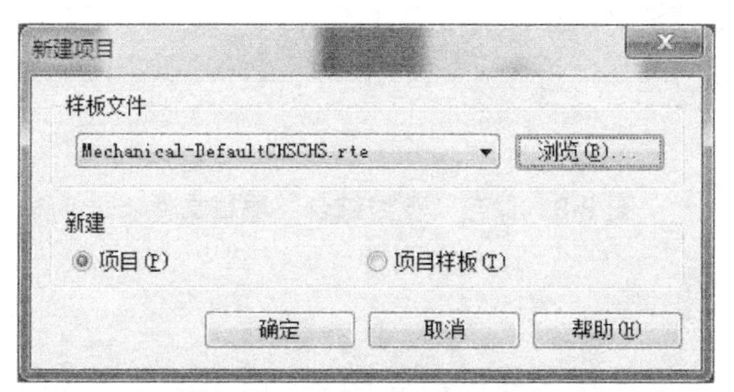

图 2-6 新建机械样板文件

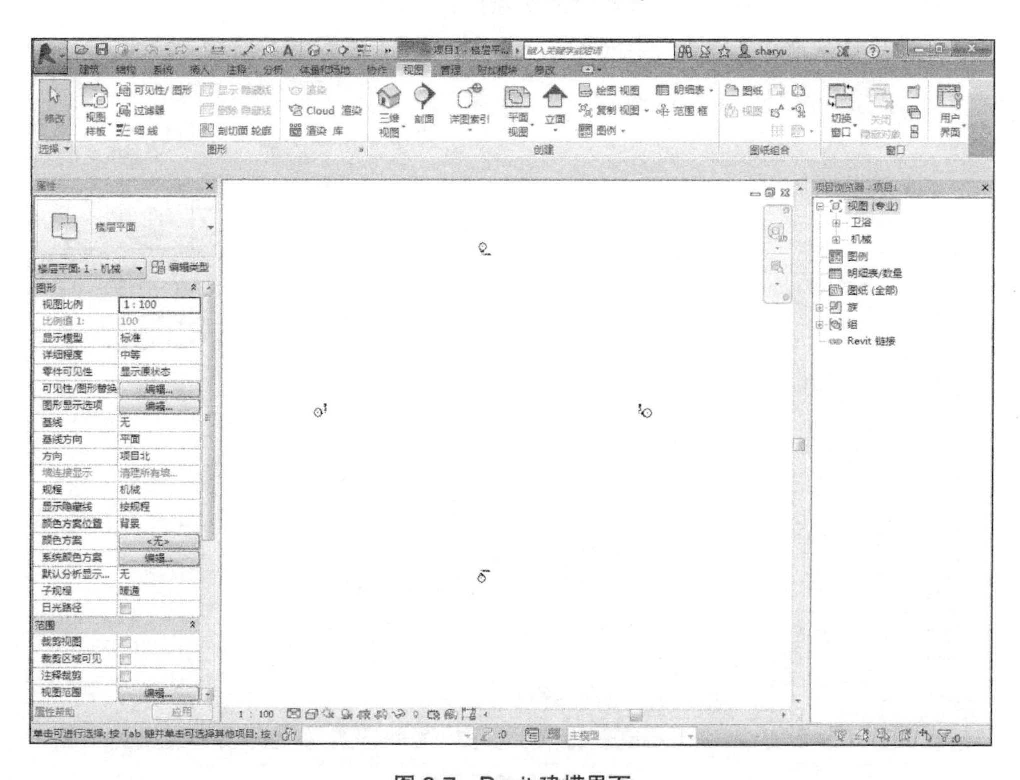

图 2-7 Revit 建模界面

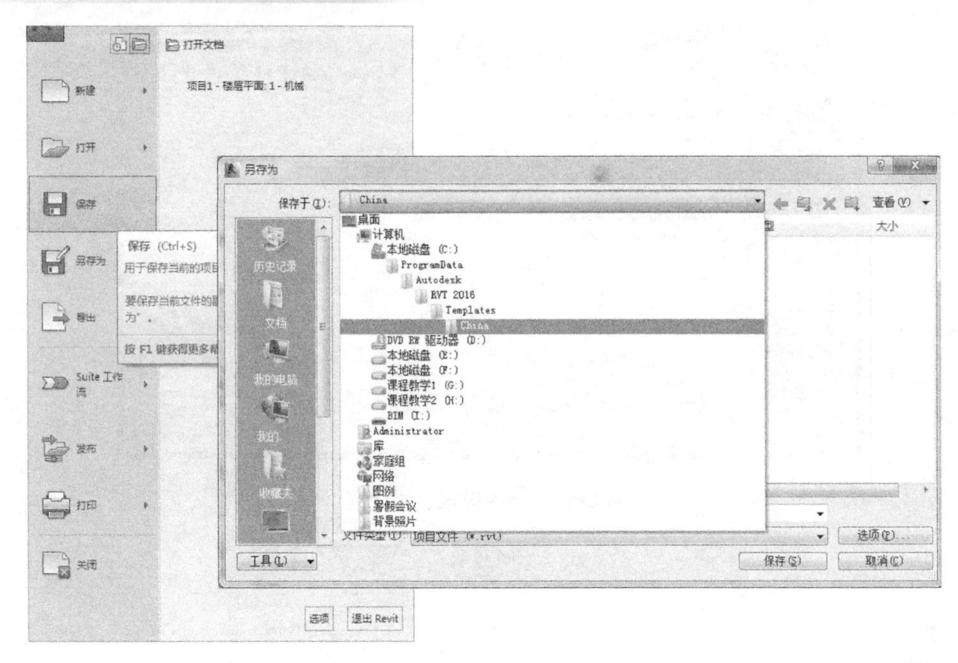

图 2-8　保存“管线综合”项目文件

新建（机械）项目

2.1.2　组织视图显示

通过“项目浏览器”组织视图显示，如图 2-9 所示，在“项目浏览器”中右键单击“视图（专业）”，选择“浏览器组织”。

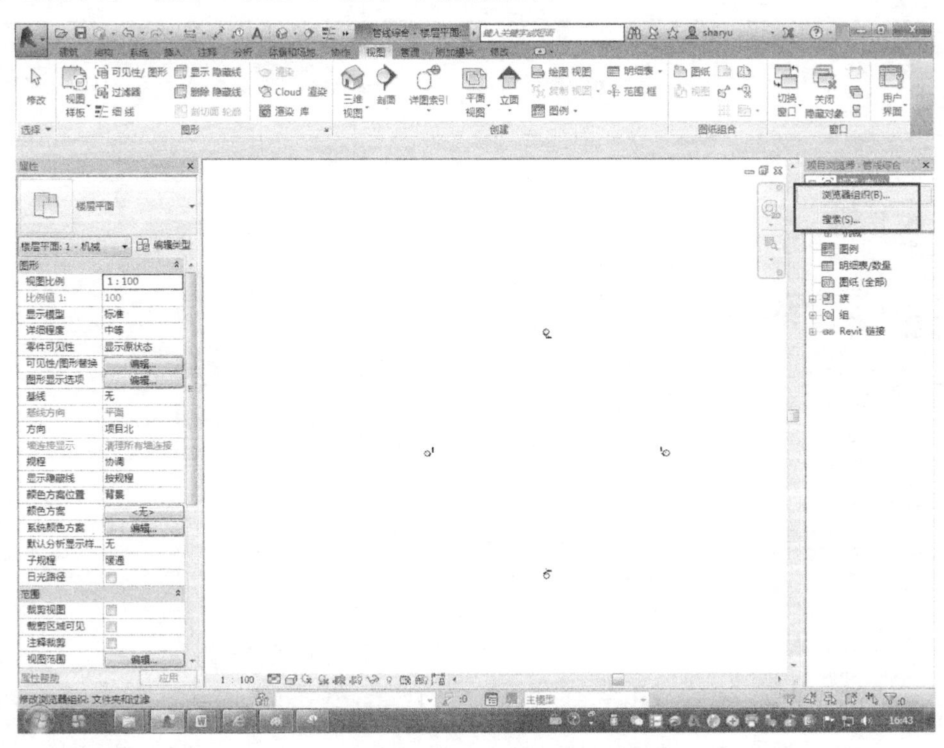

图 2-9　组织视图显示

弹出“浏览器组织”对话框，如图2-10所示，在“视图”选项卡中，勾选“类型/规程”。

在“项目浏览器”中单击“楼层平面”，配置“属性（楼层平面）”，“规程”选择为“协调”，如图2-11所示。

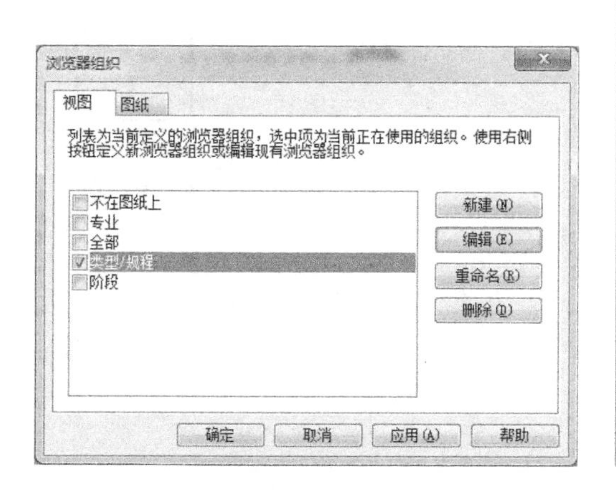

图2-10 “浏览器组织”对话框

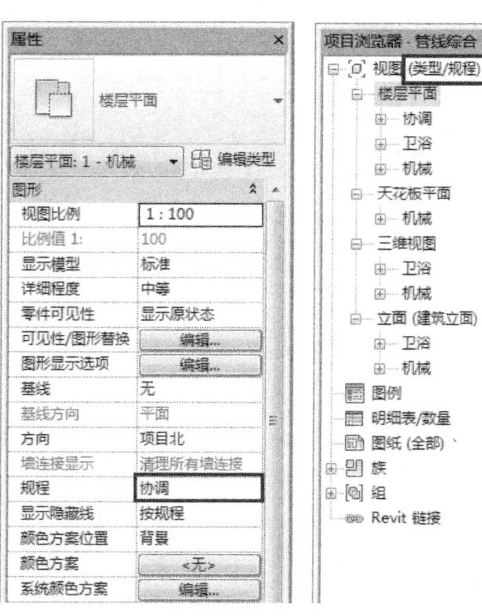

图2-11 视图及其视图属性设置

重要提示

1. 项目浏览器的四种视图组织形式（见表2-1）

表2-1 项目浏览器的四种视图组织形式

<table>
<tr><th colspan="2">视图组织形式</th><th>类型（视图）</th><th>专业/标高</th><th>特点</th></tr>
<tr><td rowspan="3">1）专业</td><td>协调</td><td rowspan="8">楼层平面（标高1、标高2…）、天花平面、三维视图、立面</td><td rowspan="3">—</td><td rowspan="3">先专业后类型（视图）</td></tr>
<tr><td>卫浴</td></tr>
<tr><td>机械</td></tr>
<tr><td colspan="2" rowspan="3">2）类型（视图）/规程</td><td>协调（标高1、标高2…）</td><td rowspan="3">先类型（视图），后专业与标高</td></tr>
<tr><td>卫浴（卫浴1、卫浴2…）</td></tr>
<tr><td>机械（机械1、机械2…）</td></tr>
<tr><td colspan="2">3）全部</td><td rowspan="2">标高1（协调）、标高2（协调）、卫浴1、卫浴2、机械1、机械2</td><td rowspan="2">先类型（视图），后专业与标高</td></tr>
<tr><td>4）阶段</td><td>新构造</td></tr>
</table>

2. “项目浏览器”“属性”界面显示

“项目浏览器”“属性”“状态栏”等用户界面的显示，通过功能区“视图”→“用户界面”设置，如图2-12所示。

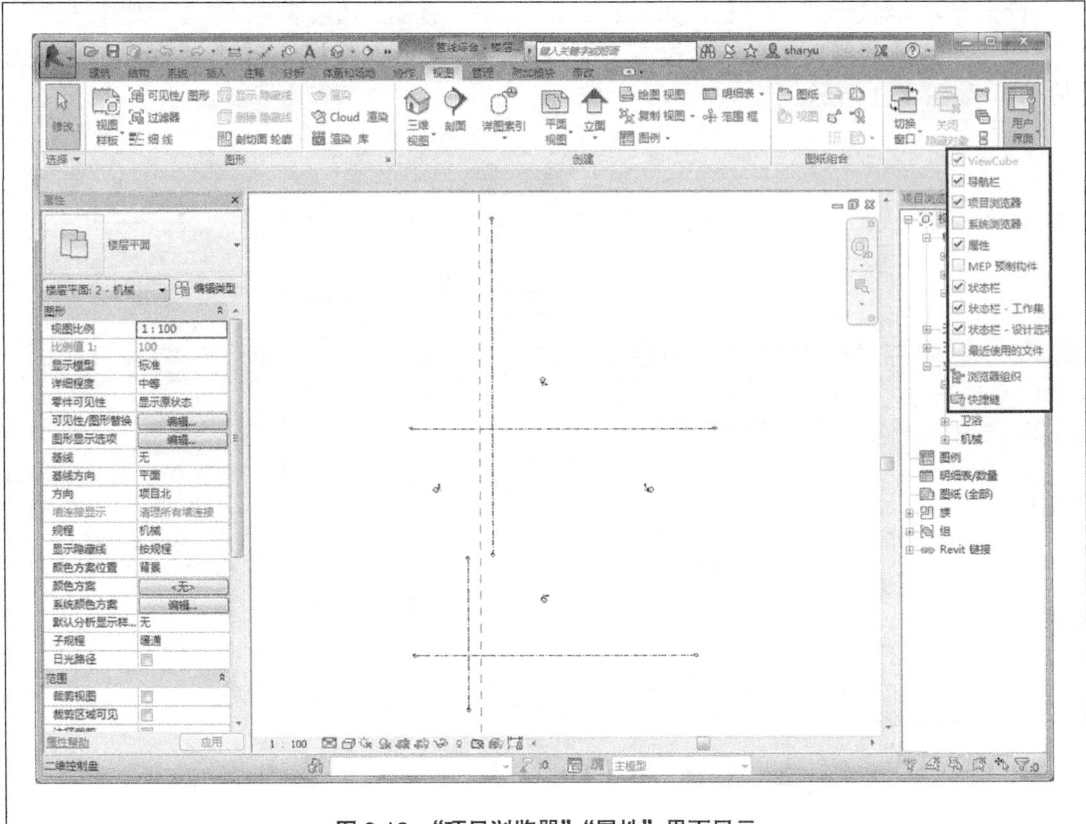

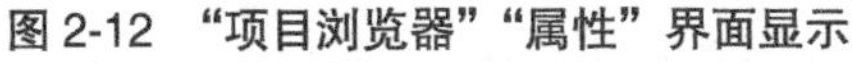
图 2-12 “项目浏览器”“属性”界面显示

2.2 复制建筑标高

机电系统建模是在建筑和结构基础上完成的，为保证机电系统与建筑结构空间位置的一致性，本项目通过链接建筑 Revit 模型，再复制标高方式创建标高。

2.2.1 链接建筑 Revit 模型

单击功能区“插入”→“链接 Revit”，如图 2-13 所示。

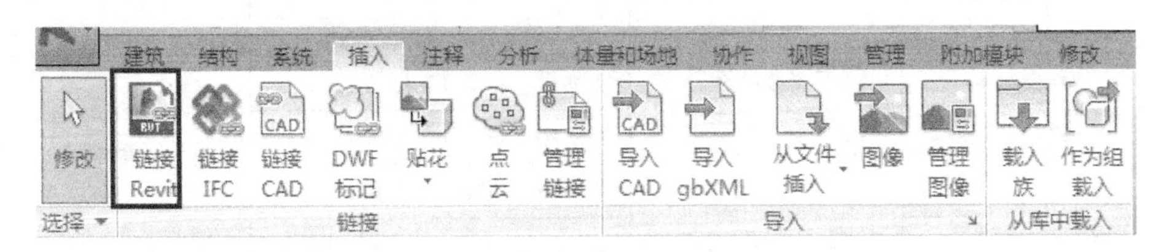

图 2-13 插入链接 Revit

弹出“导入 / 链接 RVT”对话框，如图 2-14 所示，选择“建筑”模型；注意选择“定位”为“自动 - 原点到原点”，单击“打开”。

建筑 Revit 模型链接到本项目中后，在“项目浏览器”中单击“立面（建筑立面）”→“东 - 机械”，即可见建筑标高，如图 2-15 所示。在绘图区域单击链入的建筑 Revit 模型，在

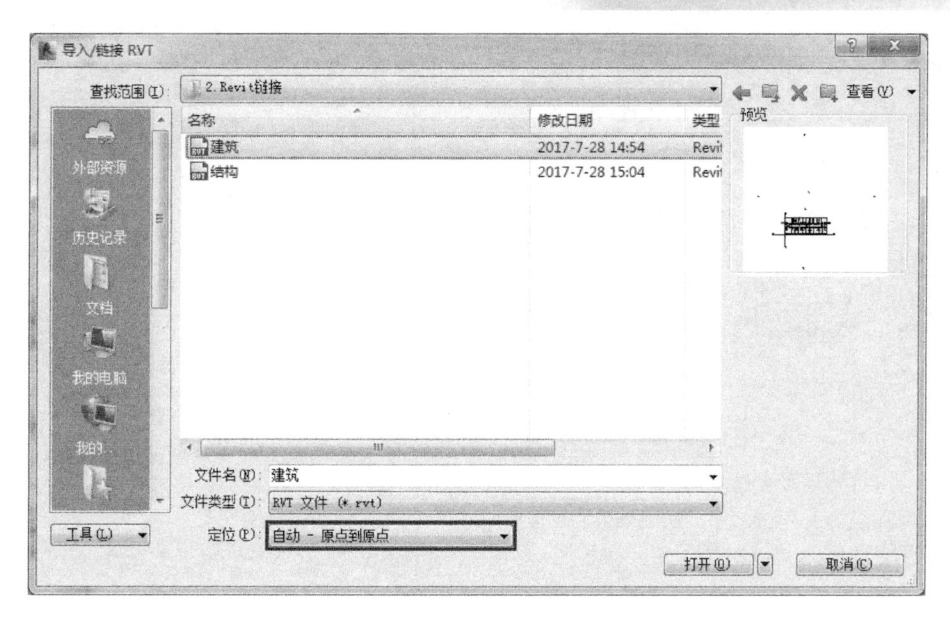

图 2-14　“导入 / 链接 RVT”对话框

功能区上下文选项卡“修改 | RVT 链接”中单击“锁定”，锁定该模型。

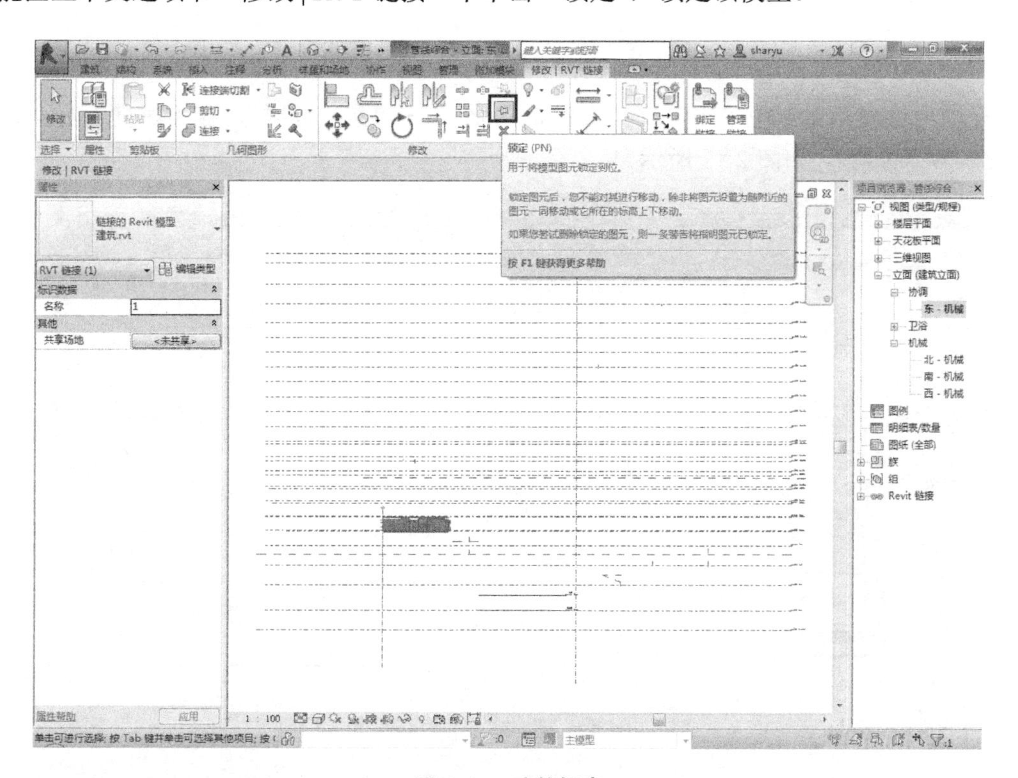

图 2-15　建筑标高

锁定后的建筑 Revit 模型如图 2-16 所示，避免随后建模过程建筑 Revit 模型移位，保障机电系统建模位置的准确性。

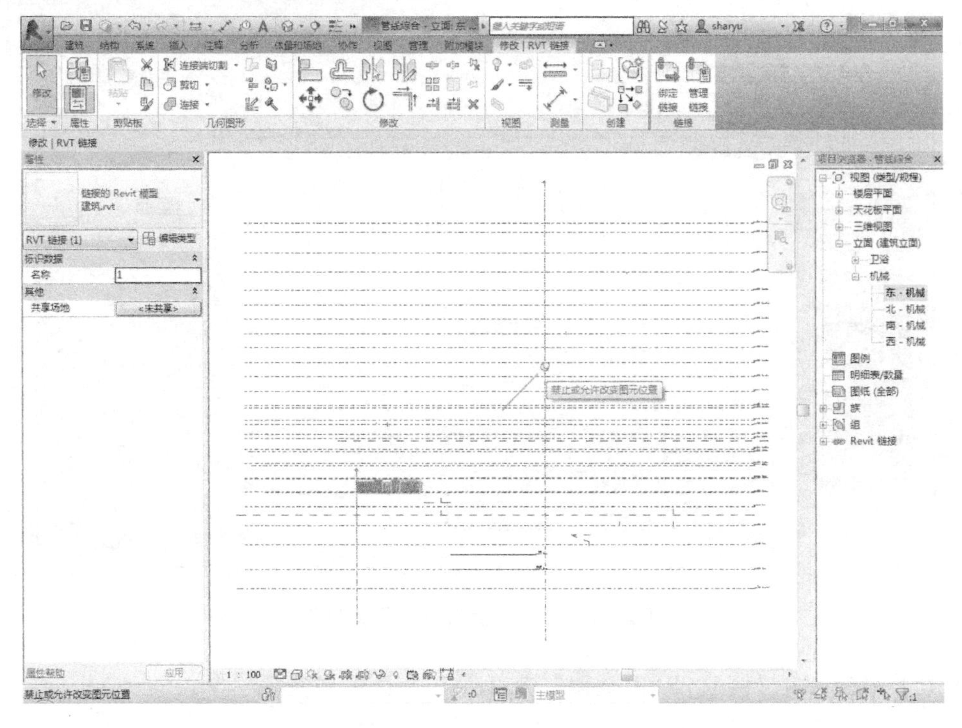

图 2-16　锁定链入的建筑 Revit 模型

在“项目浏览器”中单击“立面（建筑立面）”→“东 - 机械”，在“属性”界面设置“规程”为“协调”，如图 2-17 所示。

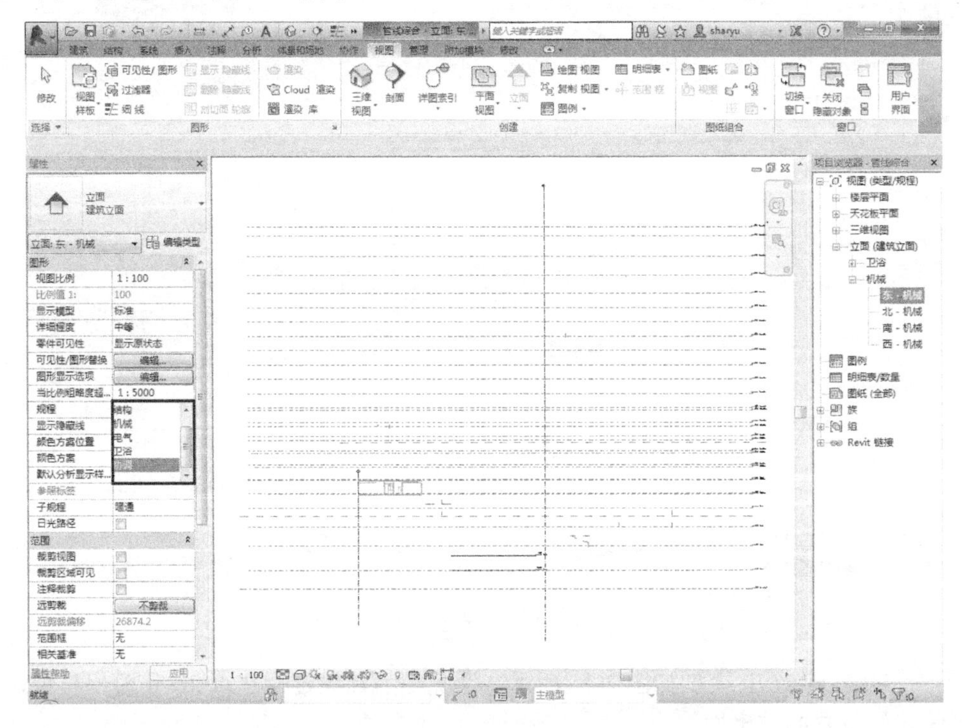

图 2-17　建筑立面“规程”设置为“协调”

2.2.2　复制标高

单击功能区“协作”→“坐标”面板→“复制 / 监视”→“选择链接”选项，如图 2-18 所示。

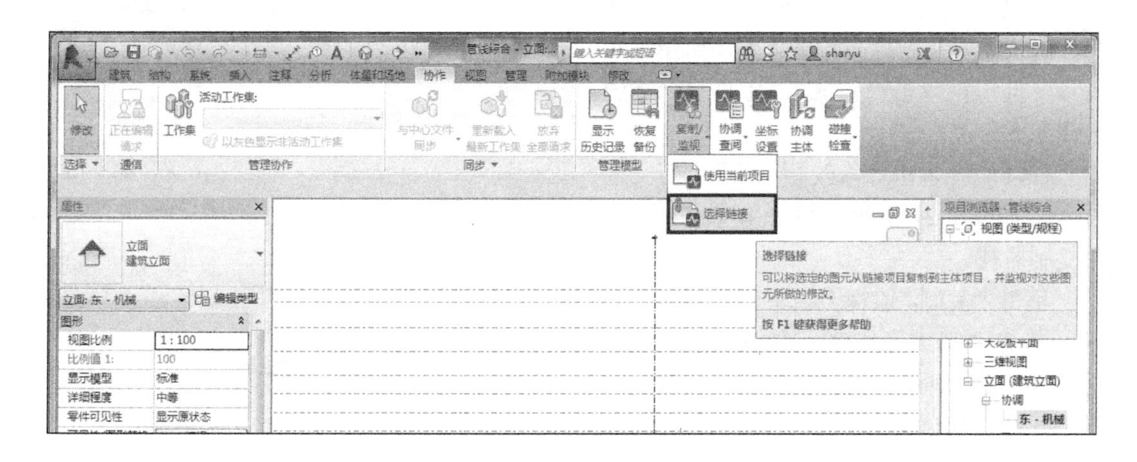

图 2-18　选择链接

移动光标到建模区域内，当链入建筑 Revit 模型出现蓝框时，单击选中该模型，此时弹出“复制 / 监视”选项卡，如图 2-19 所示。

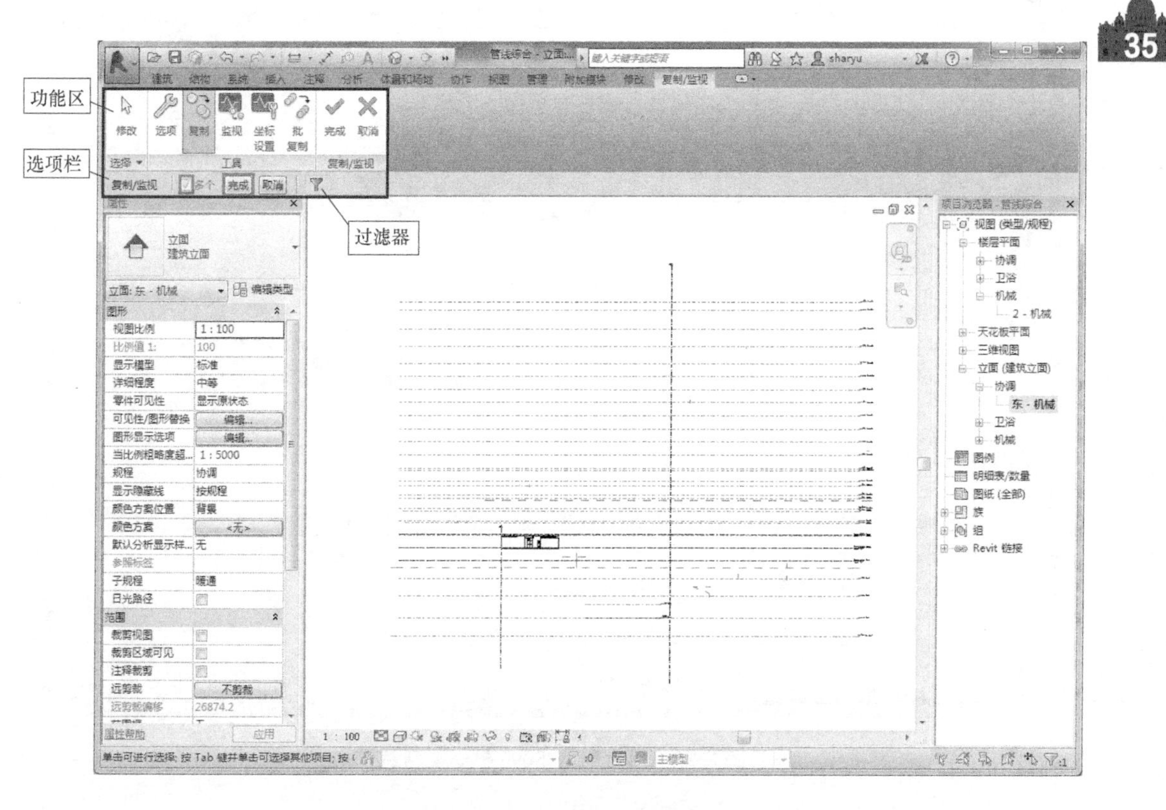

图 2-19　“复制 / 监视”选项卡

单击“复制”→选项栏勾选“多个”→建模区域单击选择需要复制的“标高 5”→按住 <Ctrl> 键的同时选择“标高 6”（注意：选中标高呈现蓝色）→选项栏中单击过滤器，确认需要复制标高数量 2 个，如图 2-20 所示→选项栏单击“完成”，待复制标高的选择完成。

在功能区单击“修改 | 标高”上下文选项卡，如图 2-21 所示，停止建筑 Revit 标高复制监视。

单击“复制 / 监视”上下文选项卡，功能区单击“完成”选项，如图 2-22 所示，至此完成建筑标高的复制。复制成功的标高，其标高符号发生变化。

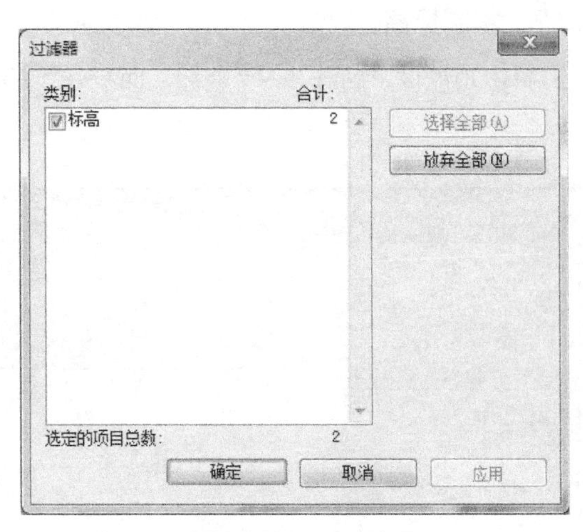

图 2-20　过滤器

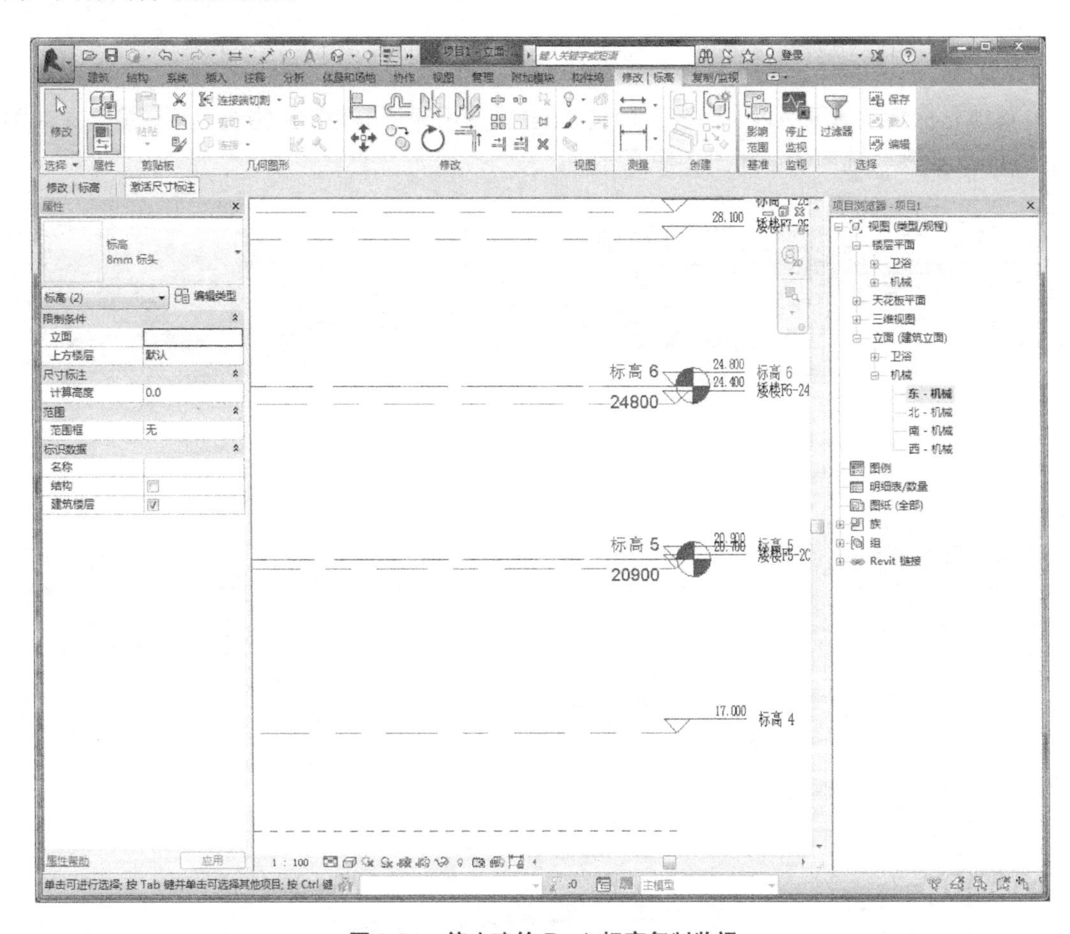

图 2-21　停止建筑 Revit 标高复制监视

选中复制成功的标高，单击“锁定”，如图 2-23 所示，锁定复制出来的标高。

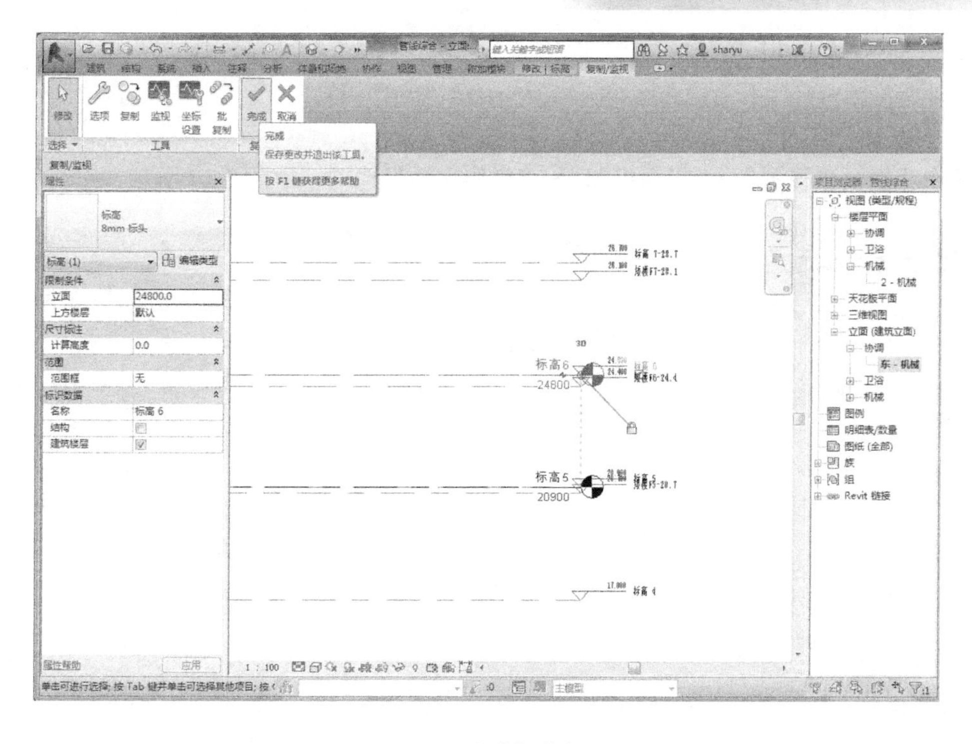

图 2-22　完成标高复制

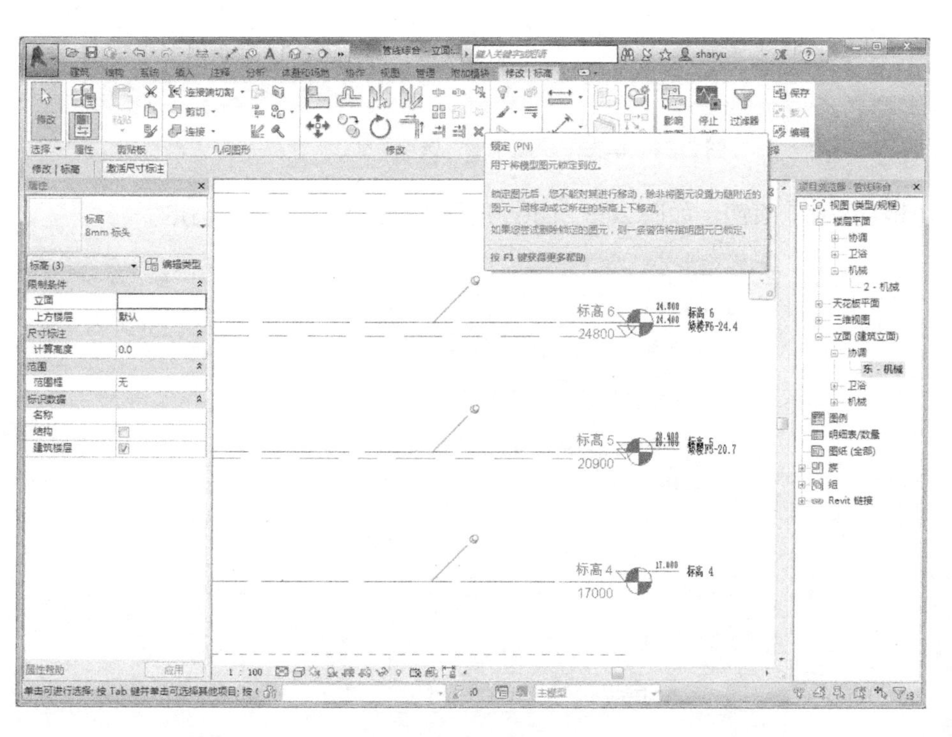

图 2-23　锁定复制出来的标高

复制建筑标高

2.3 复制结构轴网

2.3.1 创建楼层平面

单击功能区“视图”→“平面视图”→“楼层平面”选项，如图 2-24 所示。

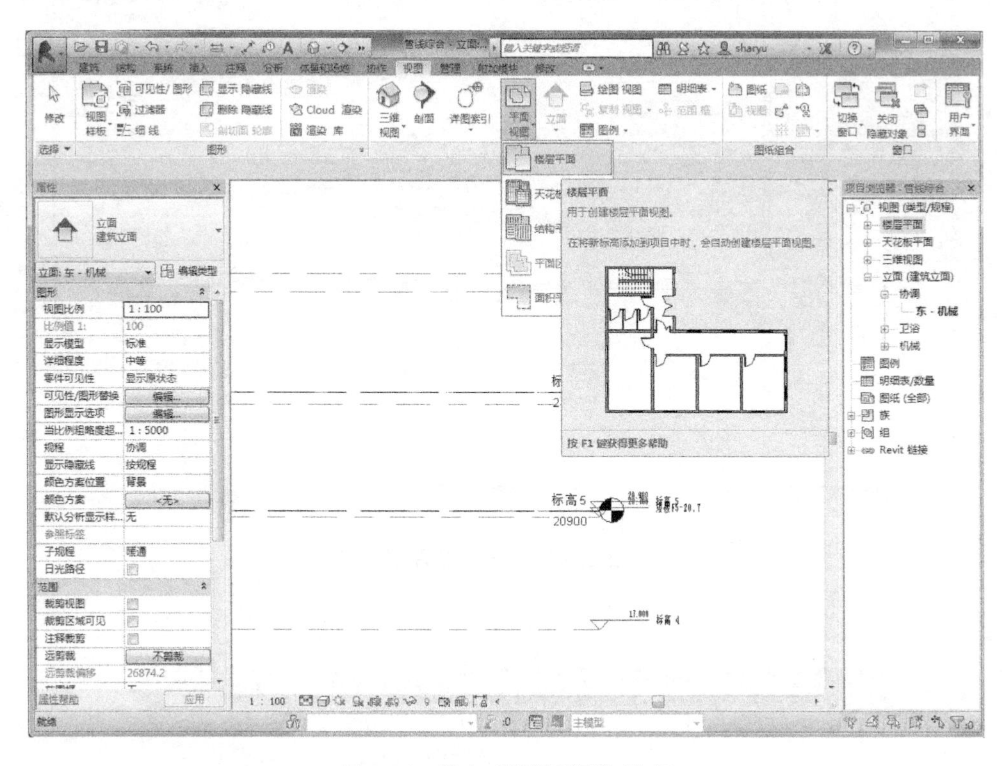

图 2-24　单击“楼层平面”选项

弹出“新建楼层平面”页面，如图 2-25 所示，选择“标高 5”，单击“确定”。

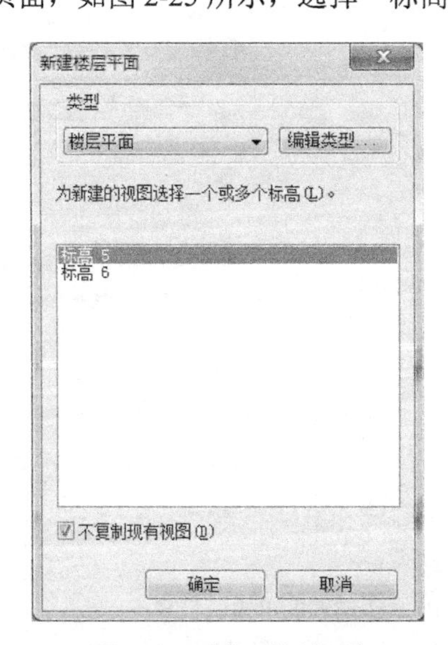

图 2-25　选择“标高 5”

创建“标高 5”楼层平面，如图 2-26 所示。在“项目浏览器”中，“标高 5”自动归到视图“楼层平面”→“机械 - 标高 5”。

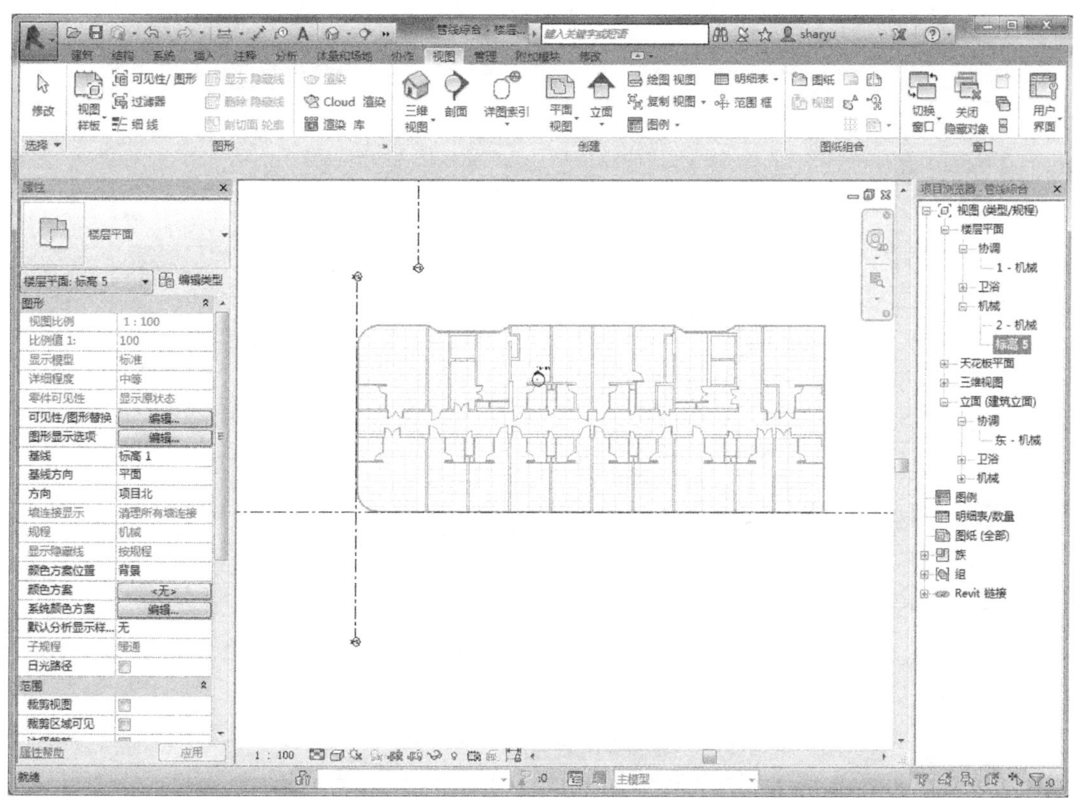

图 2-26　创建“标高 5”楼层平面

重要提示

关于楼层平面的属性“视图样板”和“规程”

管线综合设计中，通常需要在同一个楼层平面完成全部机械（暖通）、卫浴、电气管线等管线综合设计，为此需要将楼层平面调整为“协调 - 标高 5”。调整方法如下：

首先，单击“项目浏览器”楼层平面的“机械 - 标高 5”，找到楼层平面“属性”界面的“视图样板”。单击右侧的“机械平面”，弹出“应用视图样板”页面，如图 2-27 所示，名称改选“无”，单击“确定”。

然后，将楼层平面“机械 - 标高 5”的“规程”属性调为“协调”，如图 2-28 所示，单击“应用”，则“机械 - 标高 5”调整为“协调 - 标高 5”，“标高 5”建筑平面图显示可见，为管线综合设计创造出协调的建模环境。

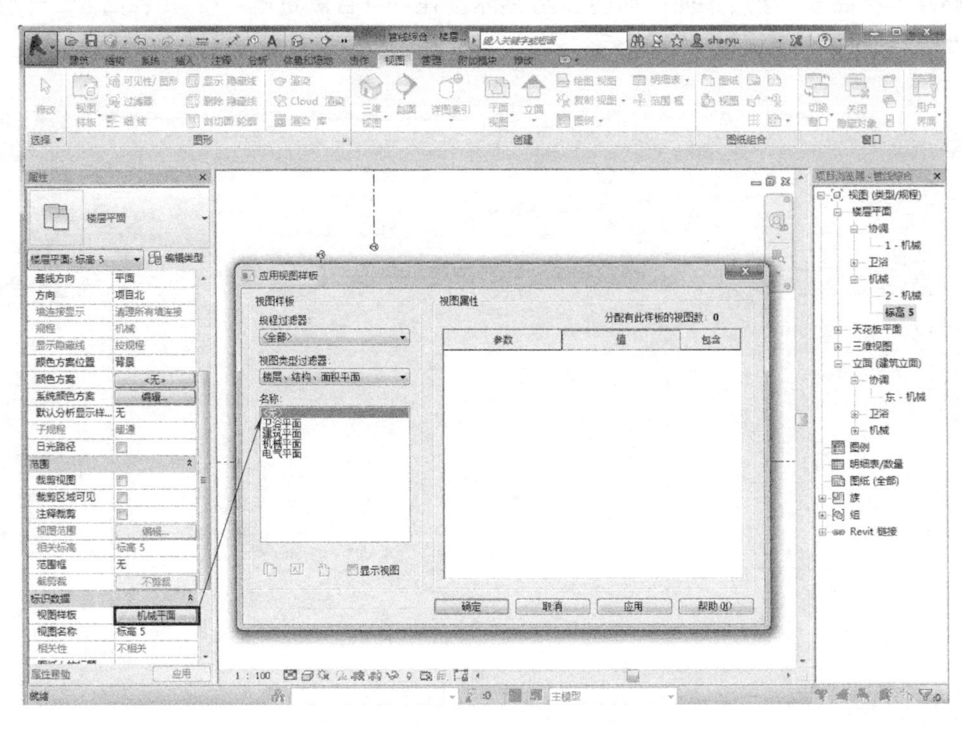

图 2-27　视图样板名称改选“无”

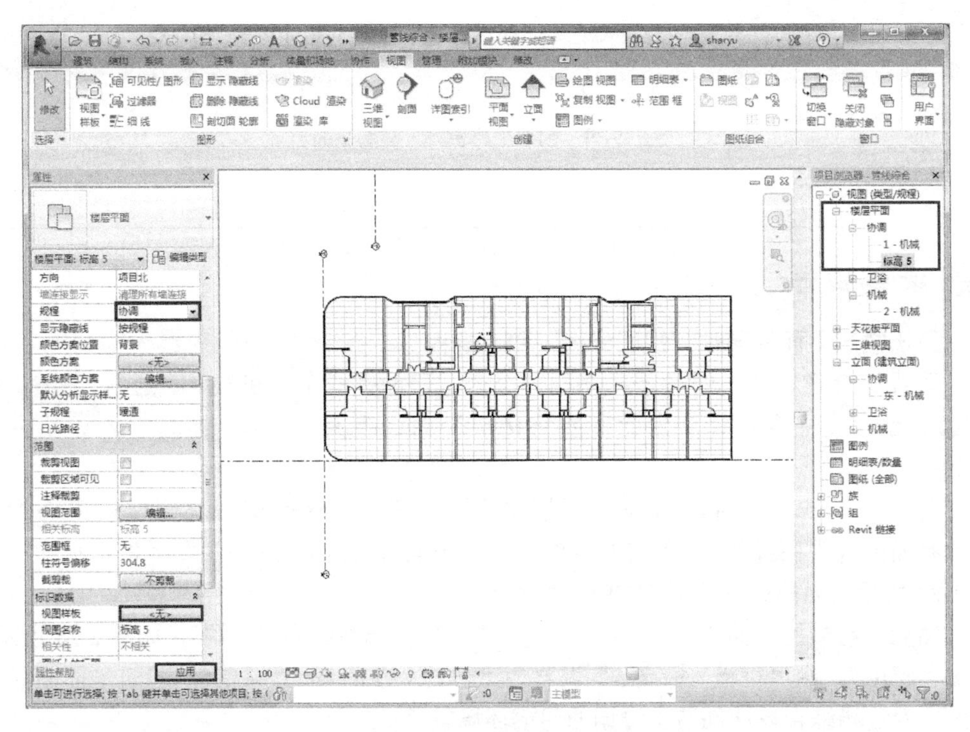

图 2-28　“规程”改为“协调”

2.3.2　链接结构 Revit 模型

链接结构 Revit 模型的方法与链接建筑 Revit 模型类似。在“项目浏览器”中单击“楼层平面”→“协调 - 标高 5”。功能区单击“插入”→“链接 Revit”选项，弹出“导入 / 链接 RVT”页面，选择“结构”模型文件。注意选择“定位”:“自动 - 原点到原点”，单击“打开”，如图 2-29 所示。

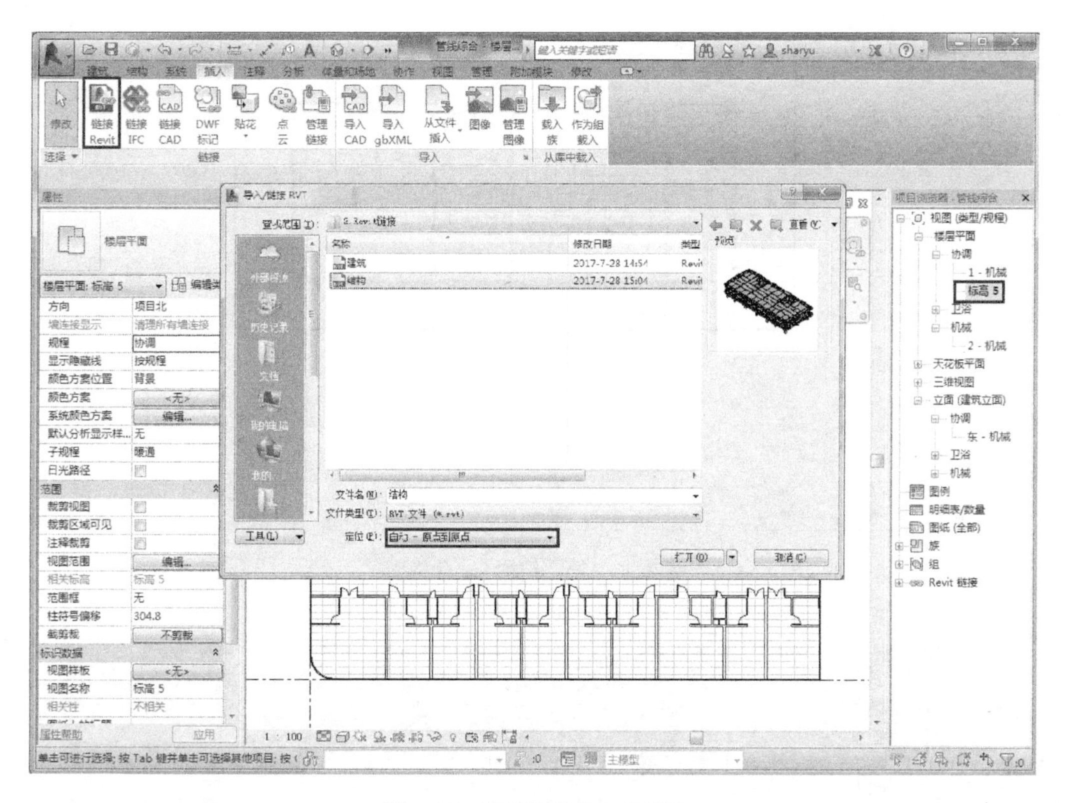

图 2-29　链接结构 Revit 模型

在建模绘图区域单击链入的结构 Revit 模型，在功能区上下文选项卡“修改 |RVT 链接”中单击“锁定”，锁定该模型，如图 2-30 所示。

2.3.3　复制轴网

复制轴网的方法与复制标高类似。在“项目浏览器”中单击“楼层平面”→“协调 - 标高 5”，可见结构 Revit 模型及其轴网。

1）单击功能区“协作”→“坐标”面板→“复制 / 监视”→“选择链接”选项。移动光标到建模区域内，链入结构 Revit 模型出现蓝框时，单击该模型，此时弹出功能区“复制 / 监视”选项卡。

2）单击“复制”→选项栏中勾选“多个”→建模区域单击需要复制的轴网①—①→按住 <Ctrl> 键的同时单击轴网②—②等（注意：被选中的轴网呈现蓝色）→选项栏中单击过滤器，确认需要复制的轴网数量有 12 条，如图 2-31 所示→选项栏单击“完成”，待复制轴网的选择完成。

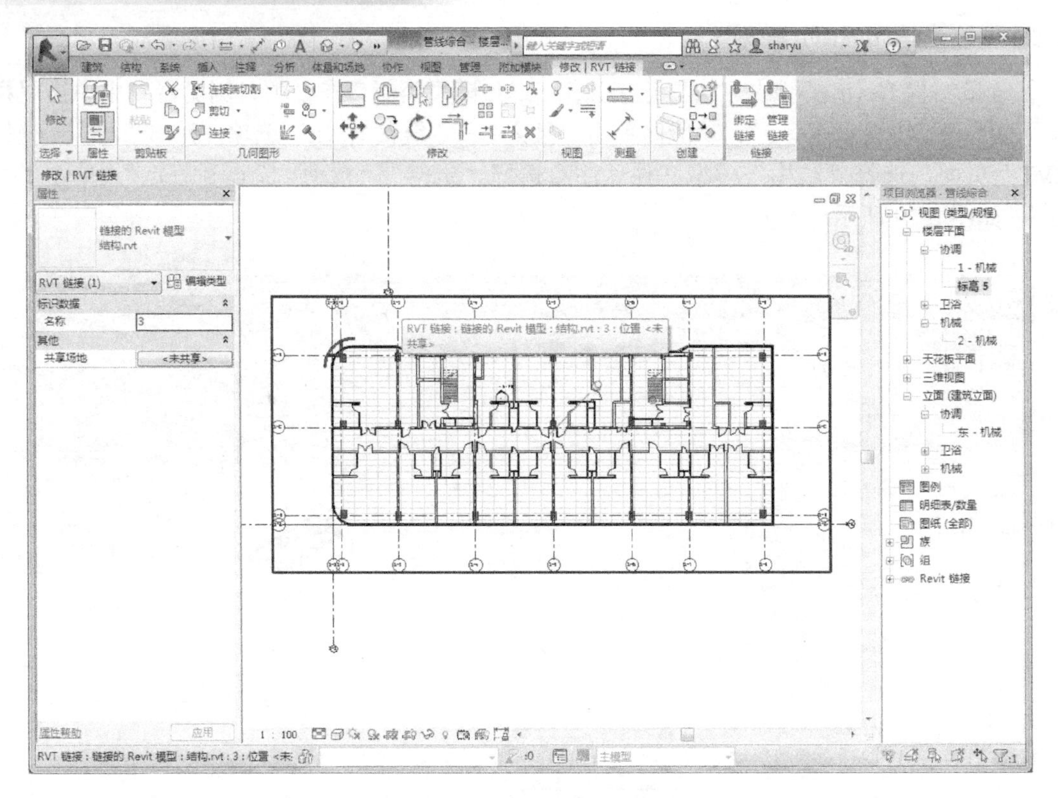

图 2-30 锁定结构 Revit 模型

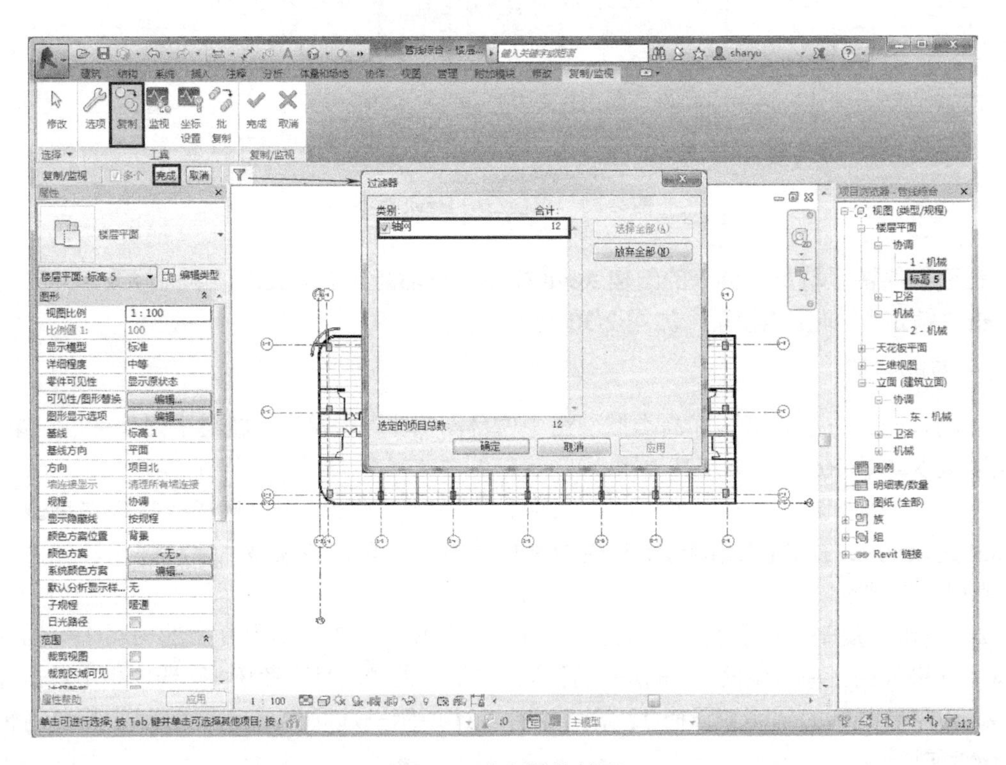

图 2-31 复制结构轴网

3）功能区单击“修改 | 轴网”→“坐标”面板→“停止监视”，如图 2-32 所示，停止结构 Revit 轴网复制监视。

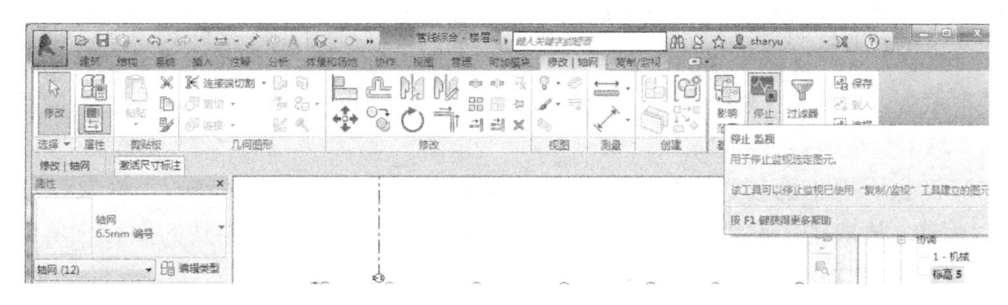

图 2-32　停止监视

4）单击功能区“复制 / 监视”→“完成”选项，如图 2-33 所示，至此完成结构轴网的复制。

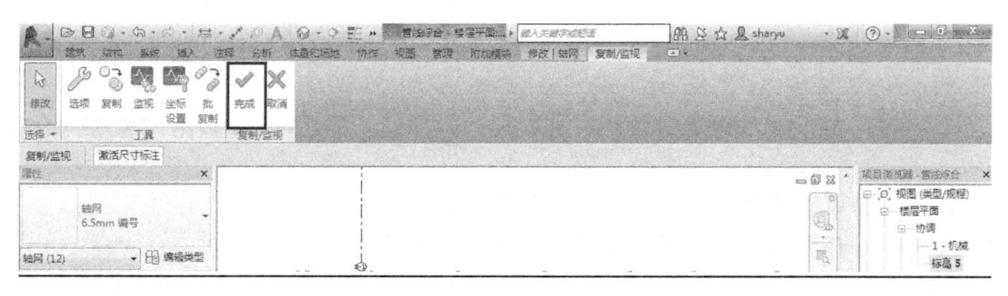

图 2-33　完成轴网复制

5）选中复制成功的轴网，单击功能区“修改 | RVT 链接”→“锁定”选项，锁定所复制的轴网，避免随后建模过程中轴网移位。

复制（结构）轴网

2.4　基本工具

2.4.1　图元编辑工具

图元编辑工具适用于 Revit 建模和创建族的整个过程。单击选中构件，功能区出现“修改 ”上下文选项卡，其“修改”面板上显示编辑工具，包含“对齐”“移动”“复制”“旋转”“阵列”“镜像”“拆分”“修剪”“偏移”等编辑命令，如图 2-34 所示，下面分别介绍。

（1）对齐　用于将一个或多个图元与选定的图元（面、线或点）对齐，它可以使两个图元紧贴并一起联动。操作步骤：单击“对齐”→单击对齐的目标图元→单击需要对齐的图元（按住 <Ctrl> 键，可选择多个图元）→单击出现的小锁，锁定对齐，避免移位。

（2）偏移　用于将选定图元复制或移动到与其长度相垂直的方向上的指定距离

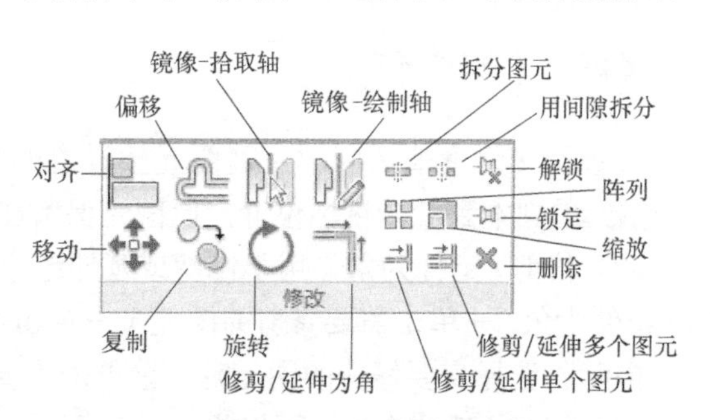

图 2-34　图元编辑工具

处。如图 2-35 所示，偏移有两种方式。

1）“图形方式”操作步骤：单击“偏移”→勾选“图形方式”，根据需要选择是否勾选“复制”→单击需要偏移的图元→单击偏移点，完成偏移。

2）“数值方式”操作步骤：单击“偏移”→勾选“数值方式”→输入偏移值，根据需要选择是否勾选“复制”→光标靠近需要偏移的图元时会出现一条虚线，虚线所在方向即为偏移方向，单击完成偏移。

（3）镜像　用于翻转选定图元，或者生成图元的一个副本并翻转。“镜像”有两个按钮：“镜像 - 拾取轴”与“镜像 - 绘制轴”。基本步骤：单击需要翻转的图元→单击“镜像”→拾取或绘制轴。

（4）移动　用于将选定的图元移动到当前视图中指定的位置。操作步骤：单击需要移动的图元→图元高亮显示以后，单击“移动”→绘图区域单击移动参考点→拖动光标到图元需要移动到的位置并单击。此外也可以通过光标指定移动方向，输入移动距离，按 <Enter> 键完成移动。“移动”选项栏如图 2-36 所示。

图 2-35　偏移的两种方式

图 2-36　“移动”选项栏

1）勾选“约束”选项：限制图元只能在水平和垂直方向移动。

2）勾选“分开”选项：图元与其相关的构件不同时移动。

（5）复制　用于复制选定图元，并将它们放置在当前视图指定的位置。操作步骤：单击需要复制的图元→图元高亮显示以后，单击“复制”→绘图区域单击移动参考点→拖动光标到图元需要移动到的位置并单击。“复制”选项栏如图 2-37 所示。勾选“多个”选项，则可复制多个图元到目标位置。

（6）旋转　用于绕中心轴旋转选定的图元，在三维视图中旋转轴垂直于视图的工作平面。一般情况下，中心轴默认位于图元中心，如需改变旋转中心，拖拽图元的中心点即可。操作步骤：单击需要旋转的图元→图元高亮显示以后，单击“旋转”→绘图区域单击第一条旋转参考线→拖动光标到图元需要旋转到的位置，单击第二条旋转参考线。“旋转”选项栏如图 2-38 所示。

图 2-37　“复制”选项栏

图 2-38　“旋转”选项栏

设置旋转角度值后回车，则图元按设置的角度值旋转。勾选“复制”选项，则会复制一个图元的副本到旋转目标位置，原图元保留在原位置。

（7）修剪 / 延伸为角　用于修剪或延伸选中图元，以形成一个角。操作步骤：单击“修剪 / 延伸为角”→单击需要修剪的图元 1 →单击需要修剪的图元 2。

提示：选择需要修剪的图元时，请单击需要保留的那一部分。

（8）修剪 / 延伸图元　可以沿一个图元定义的边缘，修剪或延伸一个或多个图元，有

“修剪 / 延伸单个图元”和“修剪 / 延伸多个图元”两个按钮。操作步骤：单击“修剪 / 延伸图元”→单击作为延伸边界的图元边缘→单击需要修剪或延伸的图元。

提示：选择需要修剪的图元时，请单击需要保留的那一部分。

（9）拆分　用于拆分图元，有“拆分图元”和“用间隙拆分”两个按钮。操作步骤：单击“拆分图元”→单击需要截断的图元上点 1 →单击需要截断的图元上点 2。

（10）阵列　阵列复制多个图元。操作步骤：选择需要阵列的图元→单击“阵列”，在选项栏中进行相应设置，如图 2-39 所示，选择“矩形阵列”（即选项栏左起第 1 个图标）。

图 2-39 “矩形阵列”选项栏

勾选“成组并关联”选项，输入阵列的项目数“4”，选择移动到选项中的“第二个”。在视图中单击拾取参考点位置后再单击目标点位置，二者间距将作为阵列复制两个相邻图元之间的间距，自动阵列复制 4 个图元。以这种方式阵列复制，一定要同时锁住阵列后第一个和第二个图元，才能通过“族类型”对话框，添加长度参数来控制阵列的间距。

如选择移动到选项中的“最后一个”，即通过控制阵列总长度来控制复制间距。以这种方式阵列复制，一定要同时锁住阵列后第一个和最后一个图元，才能通过“族类型”对话框，添加长度参数和整数型参数“数量”来控制阵列的间距，间距 = 长 / 数量。

如图 2-40 所示，选择“环形阵列”（即选项栏左起第 2 个图标），勾选“成组并关联”选项，输入阵列的项目数“5”，选择移动到选项中的“第二个”。单击选项栏“地点”，在视图中单击环形中心（如参照平面的交点），再单击旋转起始边和旋转结束边（或在选项栏输入角度，如“30”），二者之间的夹角将作为环形阵列复制两个相邻图元之间的夹角（如 30°），自动环形阵列复制 5 个图元（如 120° 范围内）。以这种方式阵列复制，一定要同时锁住阵列后第一个和第二个图元，才能通过“族类型”对话框，添加环形间距角度、阵列半径参数来控制阵列。

图 2-40 “环形阵列”选项栏

（11）缩放　用于按照指定比例缩小或放大图元。选择图元，单击“缩放”，选项栏如图 2-41 所示。

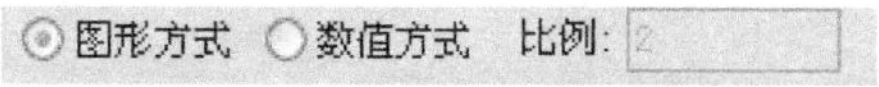

1）选择“图形方式”：单击图元的起点、终点，以此作为缩放的参照距离，再单击图元新的终点，确认缩放后的大小距离。

图 2-41 “缩放”选项栏

2）选择“数值方式”：输入缩放比例数值，鼠标单击绘图区域完成修改。

（12）锁定与解锁　“锁定”用于将模型锁定，不能对其移动。“解锁”用于解锁模型，使其可以移动。

（13）删除　用于从模型中删除选定图元。单击需要删除的图元，单击“删除”，或者直接按 <Delete> 键即可。

2.4.2 窗口管理工具

窗口管理工具包含：“切换窗口”“关闭隐藏对象”“复制”“层叠”“平铺”和“用户界面”，如图 2-42 所示。

（1）切换窗口 绘图时打开多个窗口时，通过“窗口”面板→“窗口切换”命令可选择绘图所需窗口，也可使用 <Ctrl+Tab> 键进行切换。

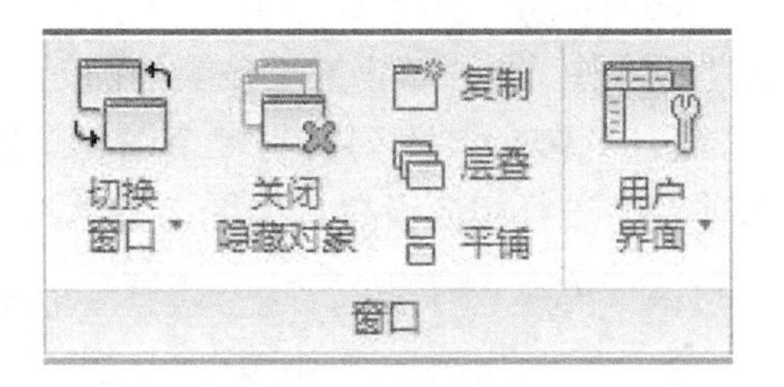

图 2-42 窗口管理工具

（2）关闭隐藏对象 自动隐藏当前没有在绘图区域上使用的窗口。

（3）复制 复制当前窗口。

（4）层叠 使当前打开的所有窗口层叠地出现在绘图区域。

（5）平铺 使当前打开的所有窗口平铺在绘图区域，也可以键入 <WT> 快捷实现窗口平铺效果。

（6）用户界面 单击下拉箭头，控制“ViewCube”“导航栏”“系统浏览器”“项目浏览器”“属性”“状态栏”“状态栏 - 工作集”“状态栏 - 设计选项”和“最近使用的文件”等各按钮的显示与否；此外，“浏览器组织”可控制浏览器中的组织分类和显示种类，如图 2-43 所示。

2.4.3 捕捉设置

单击功能区“管理”选项卡 →“设置”面板→“捕捉”，弹出“捕捉”对话框，如图 2-44 所示。

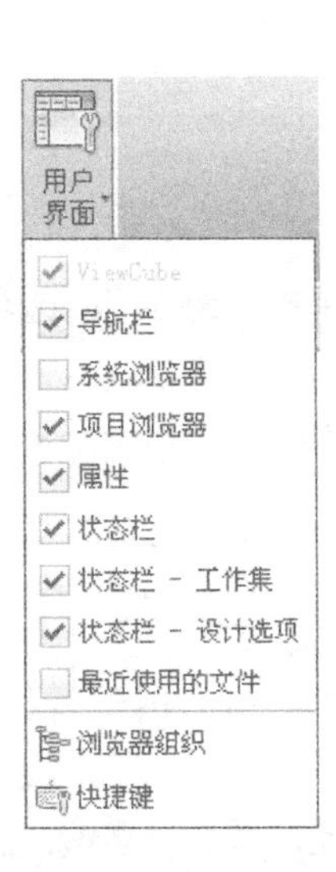

图 2-43 “用户界面”功能

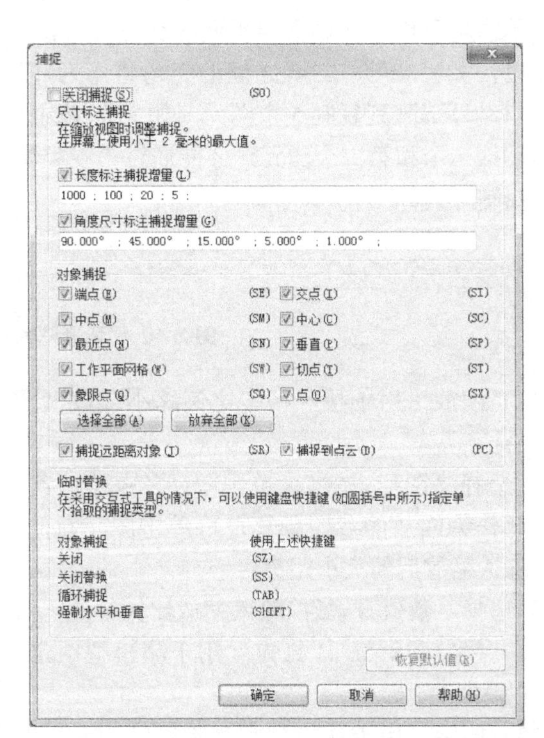

图 2-44 “捕捉”对话框

在“捕捉”对话框的“尺寸标注捕捉”下，光标移至“长度标注捕捉增量”框中“1000；”的后面，然后输入“500；”，单击“确定”，即可添加 500 长度的尺寸标注增量。

注意：通过输入后面带有分号的值来添加增量，既可以修改长度捕捉增量，也可以修改角度捕捉增量。在视图内进行放大和缩小时，Revit 将使用最大增量，该最大值增量不小于绘图区域中的 2mm。

在“对象捕捉”下，注意每个对象捕捉选项旁的双字母缩写词。在设计时可随时使用这些快捷键。例如，如果要使对象捕捉到墙的中点，那么输入 <SM>，系统将仅识别中点捕捉，直到执行一个操作。单击以在中点放置对象后，捕捉设置将恢复为系统默认设置。

【例 2-1】 在绘图区域绘制墙，观察增量捕捉设置，可以打开和关闭捕捉设置，也可以使用快捷键强制使用特定捕捉方法。

【解】

1）单击应用程序菜单→“新建”→“项目”，使用默认建筑样板创建项目。

2）单击功能区“建筑”选项卡→“构建”面板→“墙”下拉菜单→“建筑墙”，如图 2-45 所示，去掉勾选“链”（即不能连续绘制）。单击绘图区域中心，并向右移动光标。

图 2-45　观察增量捕捉

3）关联尺寸标注将以 1000mm 为增量进行捕捉。如果不是以该增量捕捉，请缩小视图直到它以 1000mm 为增量进行捕捉。关联尺寸标注是指绘制时显示的尺寸标注。这种尺寸标注对光标移动和数字键盘输入作出响应。

4）绘制常规直墙时，放大视图，直到关联尺寸标注捕捉增量切换为 500mm。此值就是先前添加的增量（注意：若要在绘制时进行缩放，请使用鼠标滚轮。如果没有滚轮，可以单击鼠标右键，从快捷菜单中选择缩放选项。绘制时，也可以使用缩放快捷键 <ZO> 进行缩放）。

5）在不使用捕捉的情况下进行绘制。绘制墙时，输入快捷键 <SO> 以关闭捕捉。此时，将光标向左或向右移动，关联尺寸标注将反映墙的精确长度，单击以设置墙端点。在绘图区域中单击以开始绘制第二面墙，并向右移动光标。不要设置此墙的终点。注意：“捕捉”再次处于活动状态。

6）使用捕捉快捷键。将光标放在先前添加的水平墙上，沿着墙移动光标，光标将捕捉到端点、中点和墙的边缘等墙上的各个点。输入 <SM>，此捕捉快捷键会将所有捕捉都限制到中点。当使用快捷键控制捕捉时，捕捉命令仅在单击一次鼠标后处于活动状态。

练　习　题

1. 打开以自己“学号 + 姓名”命名的项目文件，按如图 2-46 所示数据创建标高并锁定。

2. 以 CAD 图原有轴网（见图 2-47）为依据，通过“轴网”命令来创建轴网。

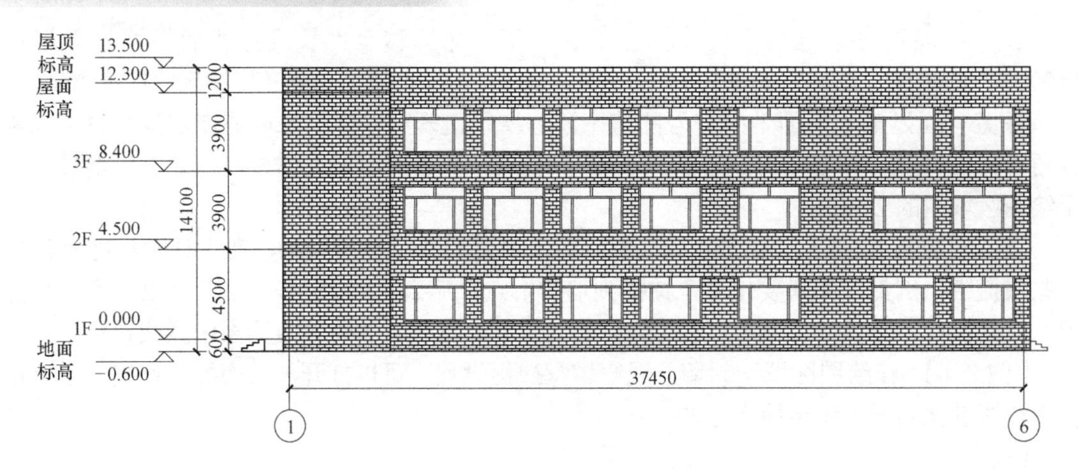

图 2-46 创建标高

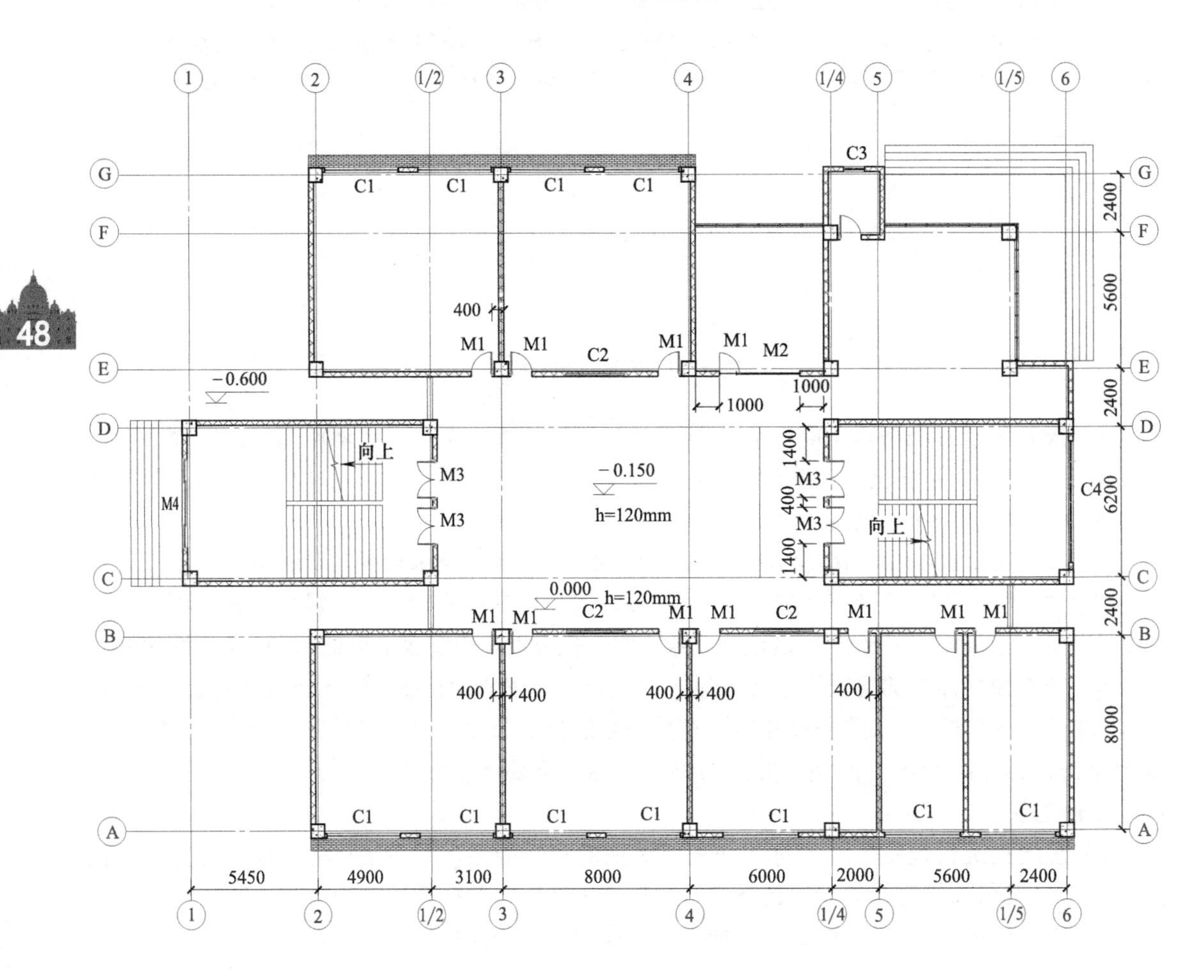

图 2-47 创建轴网

项目 3

风管系统建模

中央空调系统是写字楼、商场、酒店、机场等公共建筑不可或缺的设备系统之一，可谓建筑的“呼吸系统”。本项目首先通过写字楼空调系统设计平面图识读，了解中央空调系统的组成；然后在此基础上，学会风管系统Revit建模方法、步骤及其注意事项，内容包括：风管系统配置、风管设备放置和连接、风管系统模型的显示控制等。

3.1 中央空调系统与平面图识读

3.1.1 中央空调系统

水冷式中央空调系统如图3-1所示，主要由制冷剂系统、冷却水系统和冷冻水系统三大系统组成。

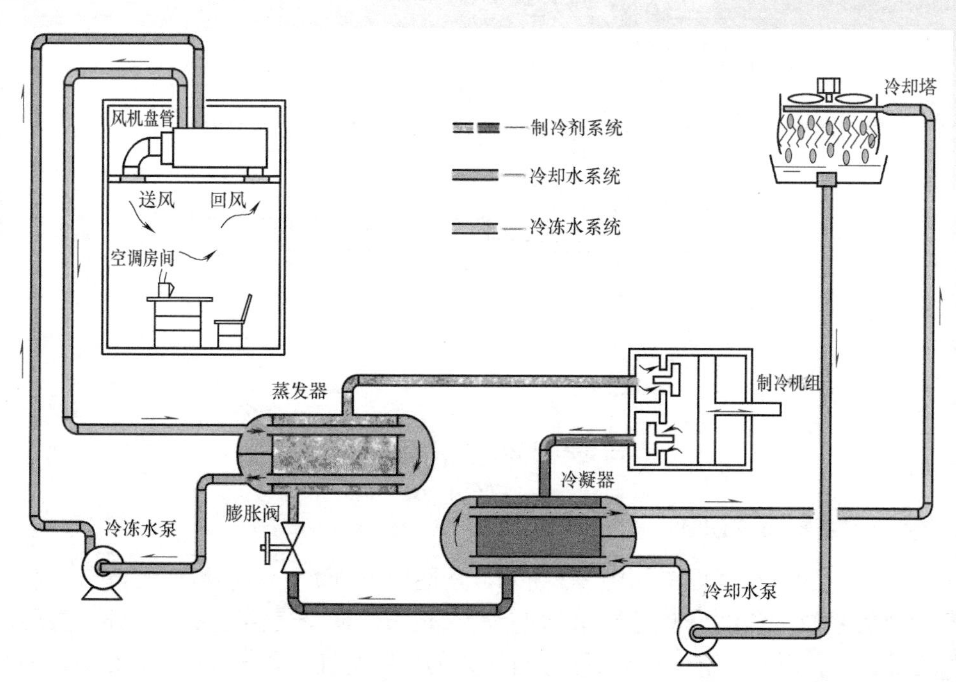

图3-1 水冷式中央空调系统示意图

制冷剂系统由压缩机（制冷机组）、冷凝器、膨胀阀和蒸发器 4 个部分组成。制冷剂系统工作时，首先低压气态冷媒被压缩机加压进入冷凝器并逐渐冷凝成高压液体。在冷凝过程中，冷媒会释放出大量热能，这部分热能被冷凝器中的冷却水吸收并送到室外的冷却塔里，最终释放到大气中去。随后冷凝器中的高压液态冷媒在流经蒸发器前的节流降压装置膨胀阀时，因为压力的突变而气化，形成气液混合物进入蒸发器。冷媒在蒸发器中不断气化，同时会吸收冷冻水中的热量，使冷冻水达到较低温度。最后，蒸发器中气化后的冷媒又变成了低压气体，重新进入压缩机，如此循环往复，形成冷媒循环。

冷却水系统主要由冷却水泵、冷却水管和冷却塔组成。冷凝器将冷媒压缩过程中释放的热量传递给冷却水，使冷却水温度升高。升温后的冷却水，通过冷却水管（冷凝器出水）送入冷却塔，在冷却塔中与大气进行热交换。降低温度后的冷却水，通过冷却水管（冷凝器回水），经冷却泵加压注入冷凝器，如此循环往复，形成冷却水循环。

冷冻水系统主要由冷冻水泵、冷冻水管、风机盘管（空调机组、新风机）组成。从制冷主机的蒸发器流出的低温冷冻水经冷冻水泵加压，送入冷冻水管道（出水），进入室内风机盘管（空调机组、新风机等室内空调设备），使之与室内空气进行热交换。温度升高后的冷冻水，再通过冷冻水管（回水）送回制冷主机的蒸发器降温，如此循环往复，形成冷冻水循环。

风机盘管原理示意图如图 3-2 所示。工作时，风机盘管吸入一部分由新风机处理后的新风，再吸入一部分室内未处理的空气，经过冷冻水盘管冷却处理后，由出风口（或送风散流器）送出冷空气，吸收室内余热余湿，使室内温湿度达到设定值要求，如此循环工作，起到调节室内温湿度的作用。

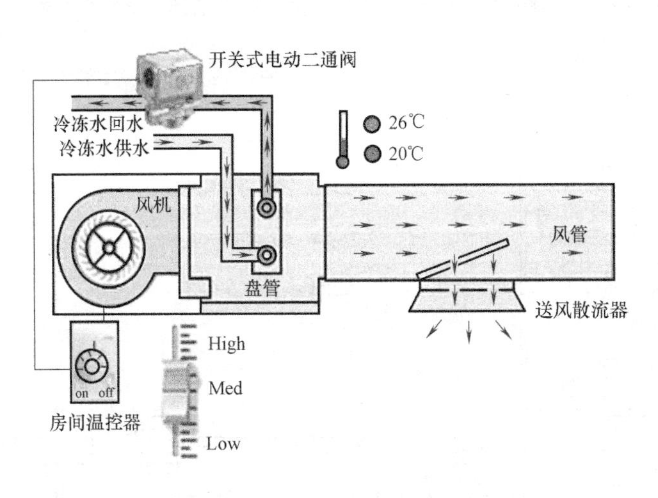

图 3-2　风机盘管原理示意图

3.1.2　空调系统平面图识读

某办公楼空调系统平面图如图 3-3 所示，从图中不难看出本层楼空气调节采取的是新风 + 风机盘管系统。各办公室配备有风机盘管，调节房间空气温湿度；此外，整层楼在楼道两端各配置 1 台新风机组，负责处理室外吸入的新鲜空气，并送入各个办公室，补充室内新鲜空气，提高办公环境的舒适度，从而保障工作人员的工作效率。

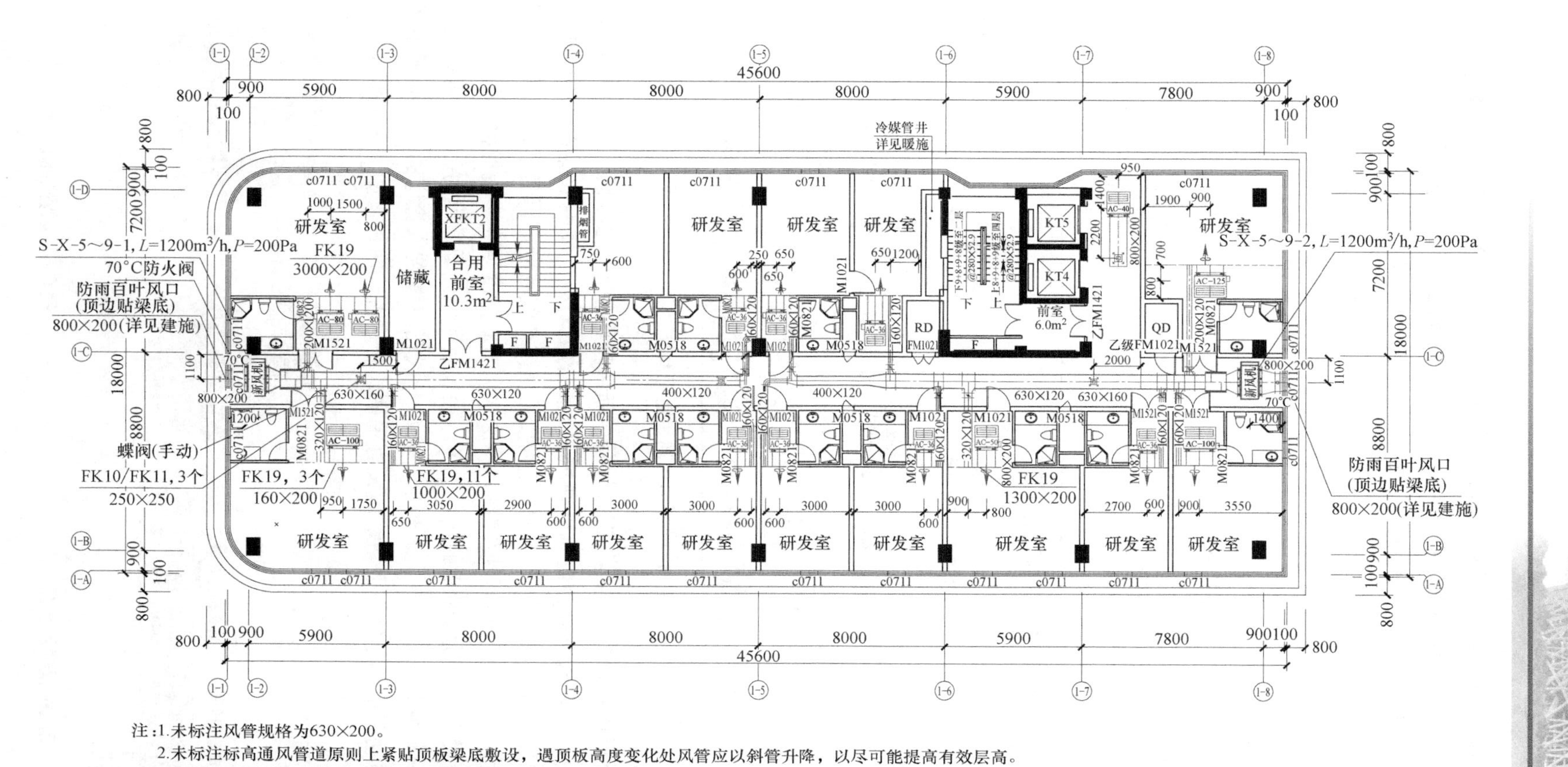

注:1.未标注风管规格为630×200。

2.未标注标高通风管道原则上紧贴顶板梁底敷设，遇顶板高度变化处风管应以斜管升降，以尽可能提高有效层高。

3.空调室内机回风口均采用单层铝合金带粗效过滤器百叶风口(回风口规格AC-36、AC-50:800×300，AC-80:1000×300，AC-100、AC-125:1250×300)，风口位置在本图基础上可据施工现场情况适当调整。

图 3-3　办公楼空调系统平面图

办公楼层左边区域的空调系统如图 3-4 所示。室外新鲜空气首先经过 70℃防火阀，再送入新风机。经过新风机降温调湿处理的新风，要通过风管消声器做消声处理，然后才能通过新风管送入各个办公区域。新风管各个支管上加装蝶阀，控制各个办公区域新风的开与关。

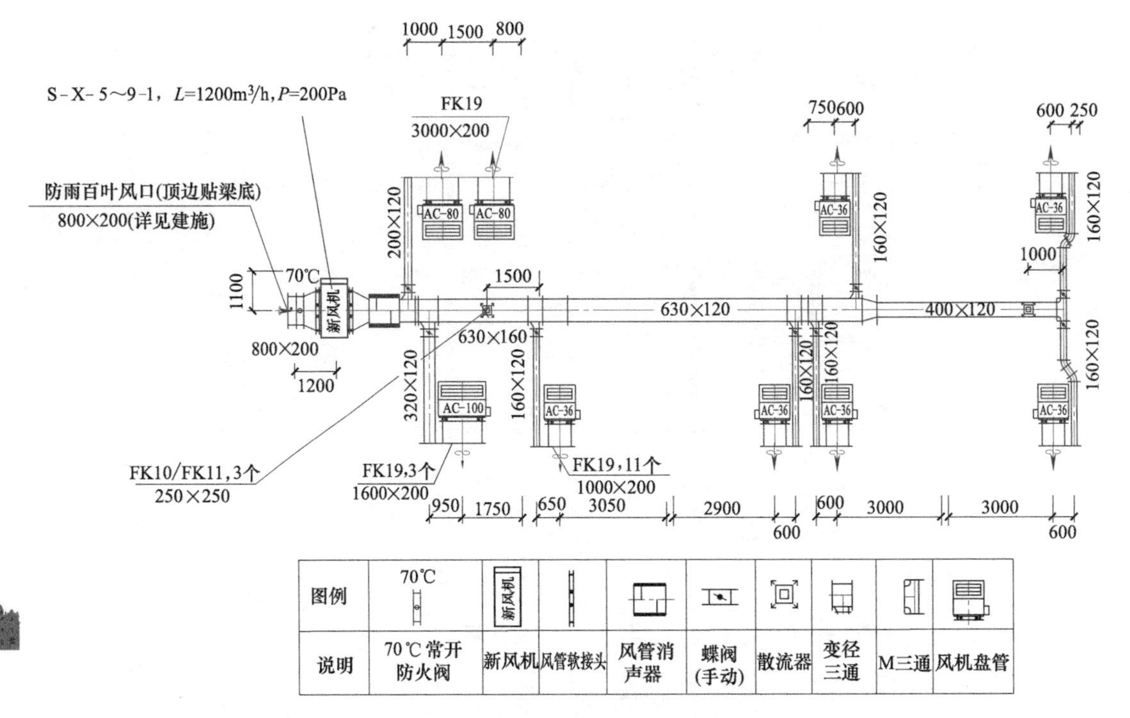

图 3-4　新风 + 风机盘管系统

新风机是一种提供新鲜空气的空气调节设备。新风机原理如图 3-5 所示，室外新风经过新风阀进入新风机，新风阀可以控制室外新风进入量的多与少；滤网滤除室外空气中的尘埃，室外的空气温度经过冷冻水盘管得以降低到接近室内空气温度，再通过风机送出。新风机送出的新风温度由冷冻水调节阀开度控制，冷冻水调节阀开度增大，流经盘管的冷冻水流量就增多，新风流经盘管被吸收带走的热量就多，经过新风机处理送出的新风温度就低。

蝶阀按风管形状分为圆形、方形、矩形蝶阀，一般在空调送风管道的支线起调节风量的作用。蝶阀有电动和手动之分。手动蝶阀又有手柄式和拉链式两种，如图 3-6 所示。

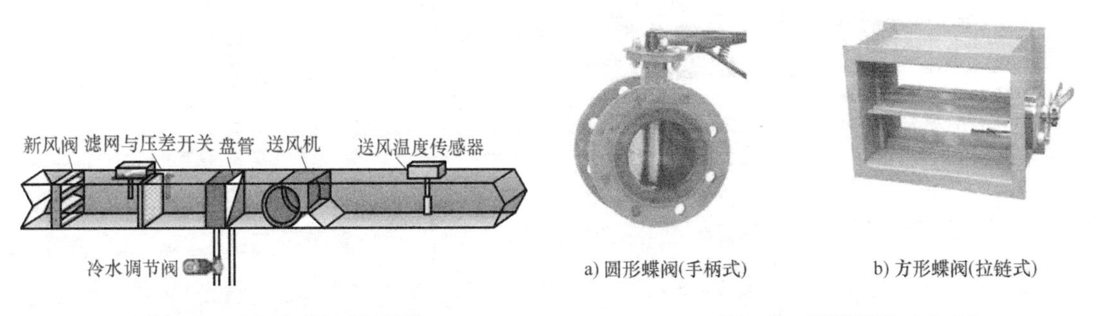

图 3-5　新风机原理示意图

图 3-6　风管蝶阀（手动）

3.2 风管建模

下面以图 3-3 所示空调系统平面图为例，学习 Revit 风管系统的建模方法、步骤及注意事项。

3.2.1 插入空调通风 CAD 图

单击“应用程序菜单”→“打开”→“项目”，如图 3-7 所示，选择已经创建好标高和轴网的“管线综合”项目文件，单击“打开”，即可打开已有的“管线综合”Revit 项目文件。

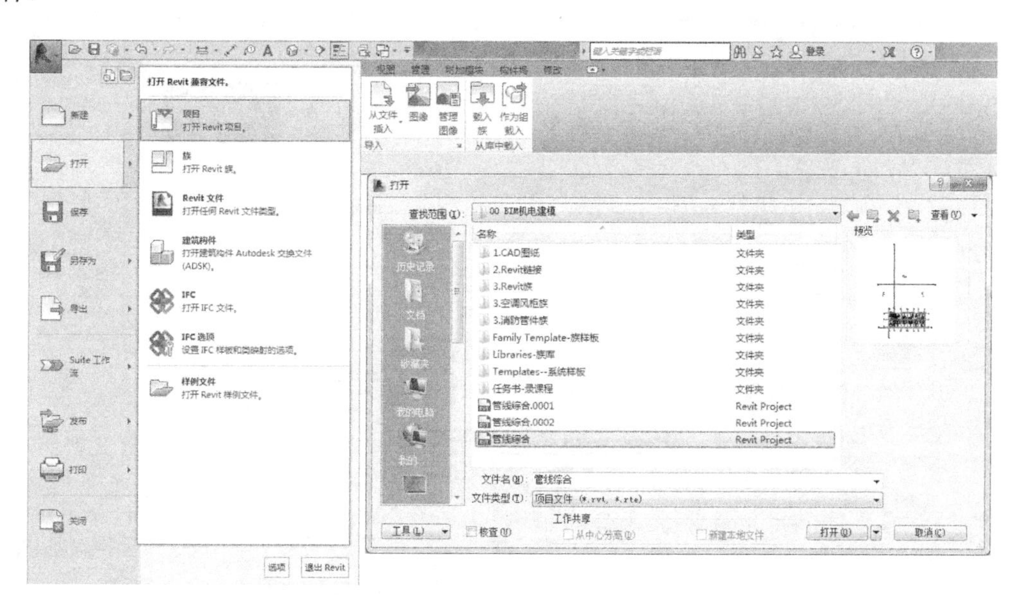

图 3-7 打开“管线综合”项目文件

打开“项目浏览器”选项板，单击“楼层平面”→“协调 - 标高 5”。单击功能区“插入”选项卡→“链接”面板→“链接 CAD”，弹出“链接 CAD 格式”对话框，如图 3-8 所示。单击“5 层空调通风平面图”，并勾选“仅当前视图”，“导入单位”选择“毫米”，“定位”选择“自动 - 中心到中心”。单击“打开”，则“5 层空调通风平面图”CAD 图纸链接到本项目中。

重要提示

关于链入 Revit 模型的 CAD 图不可见问题

当链接到 Revit 模型中的 CAD 图不可见时，在绘图区域单击鼠标右键，弹出快捷菜单，选择“缩放匹配”，则视窗自动收缩匹配，链接到 Revit 模型中的 CAD 图进入视区可见。

链接到项目中的 CAD 图如图 3-9 所示。5 层空调通风平面图位于模型中心，建筑和结构模型图位于原点，二者轴网不重叠，需要对齐。

图 3-8 链接空调通风 CAD 平面图

单击功能区“修改”选项卡→“修改”面板→“对齐”，先选择对齐目标，再选择需要对齐的对象，分别对齐水平轴线1-A和垂直轴线1-1，如图 3-10 所示，则 5 层空调通风平面图与建筑结构模型的轴网对齐。按两次 <Esc> 键，退出 Revit 命令。

重要提示

退出正在执行的 Revit 命令

按两次 <Esc> 键，即可退出正在执行的任意 Revit 命令。

接下来需要设置选项栏。方法：单击 5 层空调通风平面图，功能区即出现“修改 |5 层空调通风平面图 .dwg”上下文选项卡，此时，设置选项栏“修改 |5 层空调通风平面图”为前景，如图 3-11 所示。然后锁定 CAD 图。方法：单击 5 层空调通风平面图，再单击功能区“修改”选项卡→“修改”面板→“锁定”。

当选项栏“修改 |5 层空调通风平面图”设置为前景时，背景中仍然重叠有建筑 Revit 模型图和结构 Revit 模型图，如图 3-12 所示。

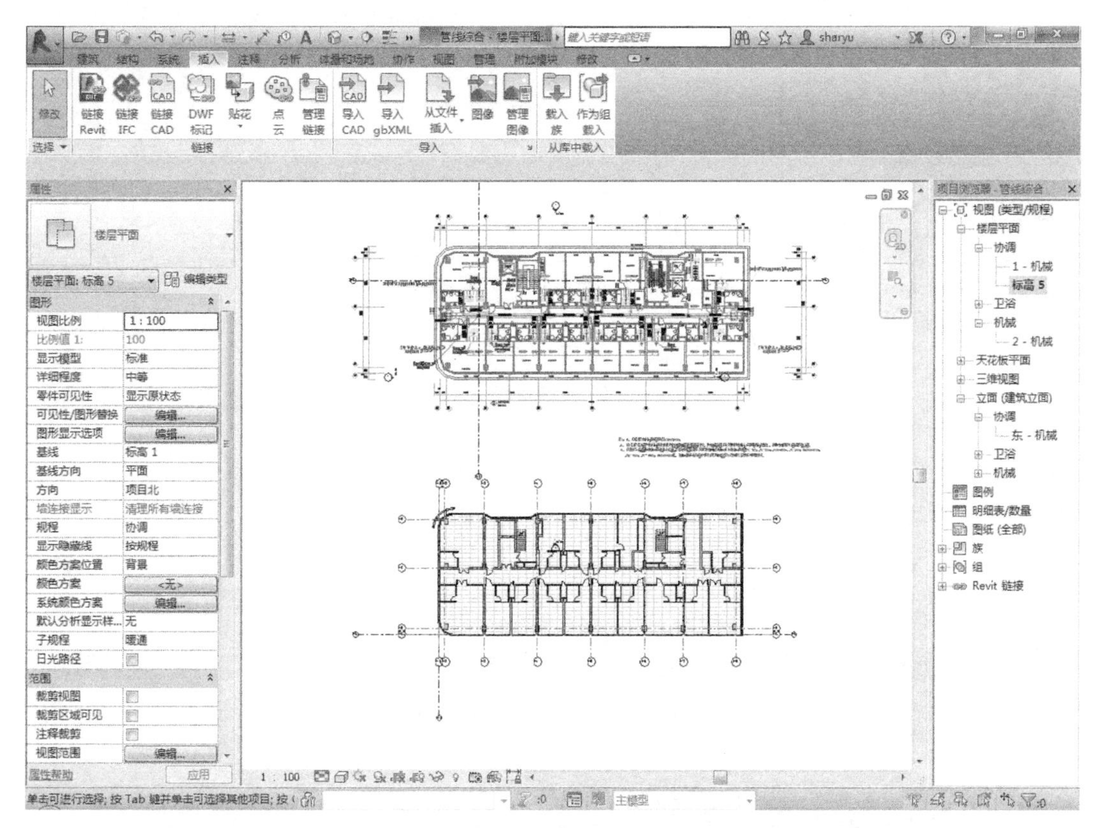

图 3-9　链接的 CAD 图与建筑结构 Revit 模型轴网不重叠

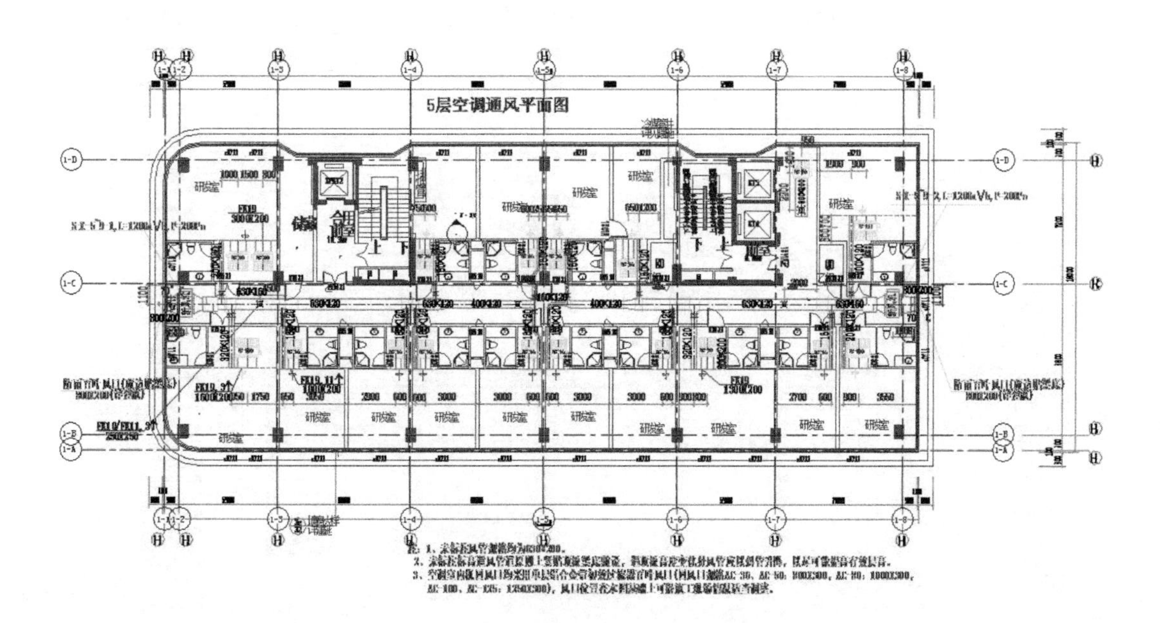

图 3-10　CAD 图轴网与结构模型轴网对齐

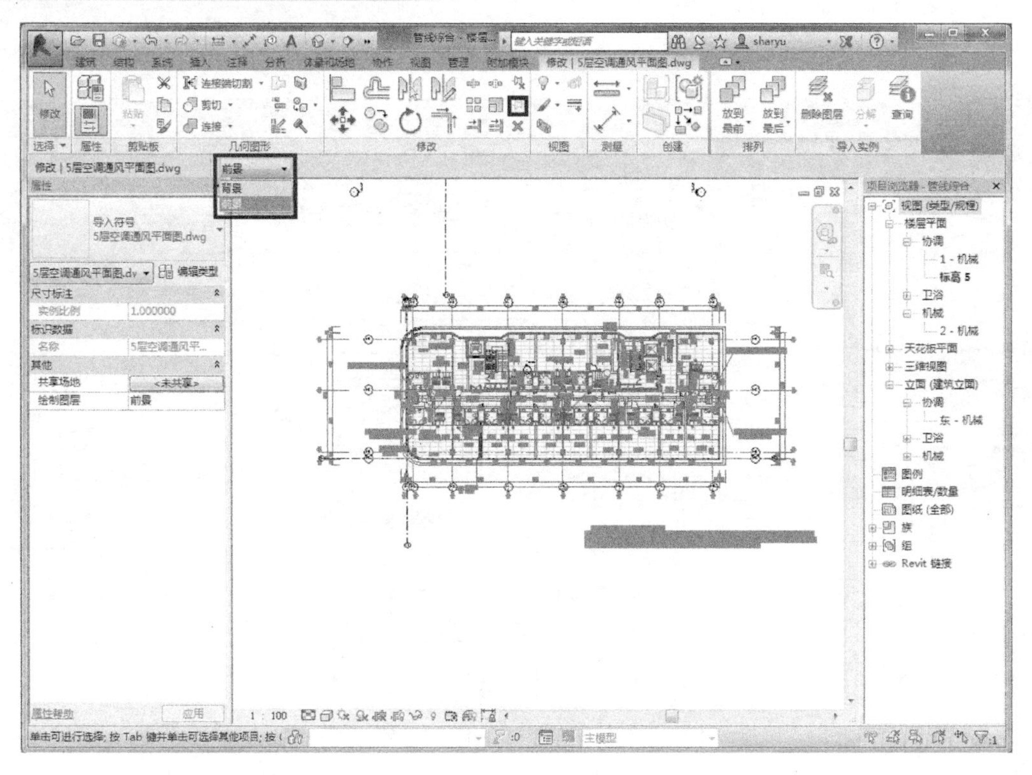

图 3-11　设置链入 CAD 图为前景

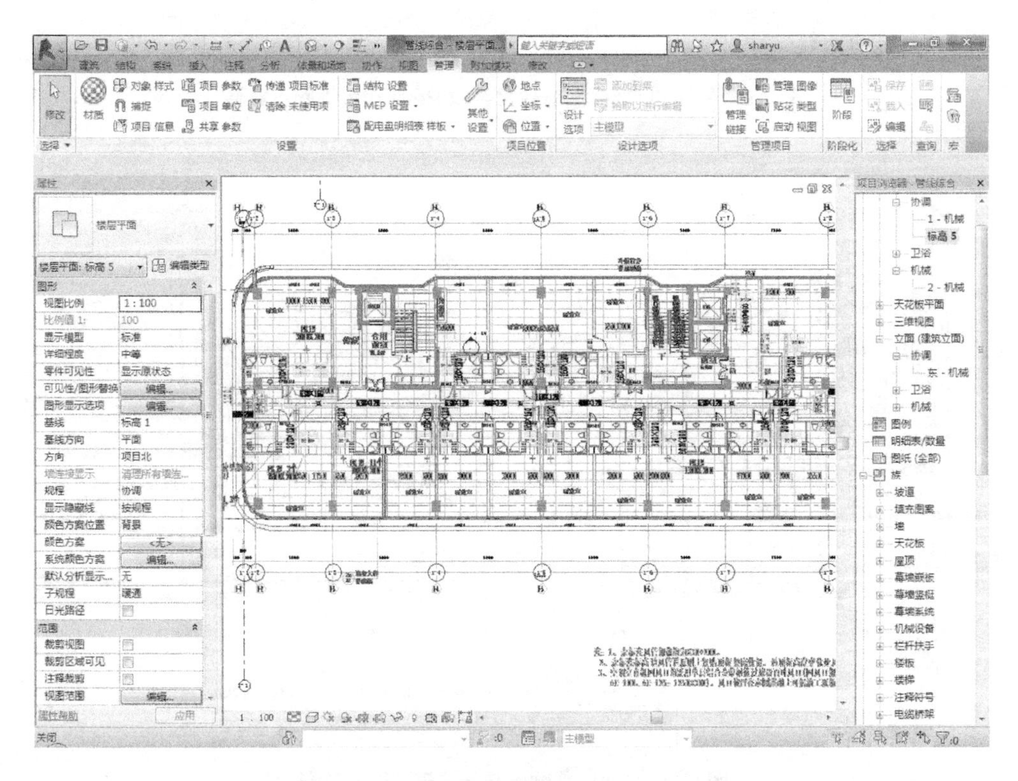

图 3-12　背景重叠有建筑和结构 Revit 模型图

为清晰显示 5 层空调通风平面图的风管系统，应用 Revit 视图可见性设置功能，可以设置链接的建筑 Revit 模型和结构 Revit 模型的可见性。方法：键入快捷命令 <VV>，或者功能区单击“视图”选项卡→“图形”面板→“可见性 / 图形”，弹出“楼层平面：标高 5 的可见性 / 图形替换”对话框，如图 3-13 所示。切换到“Revit 链接”选项卡，取消勾选“建筑 .rvt”和“结构 . rvt”，单击“确定”，则链接的建筑 Revit 模型和结构 Revit 模型不可见。

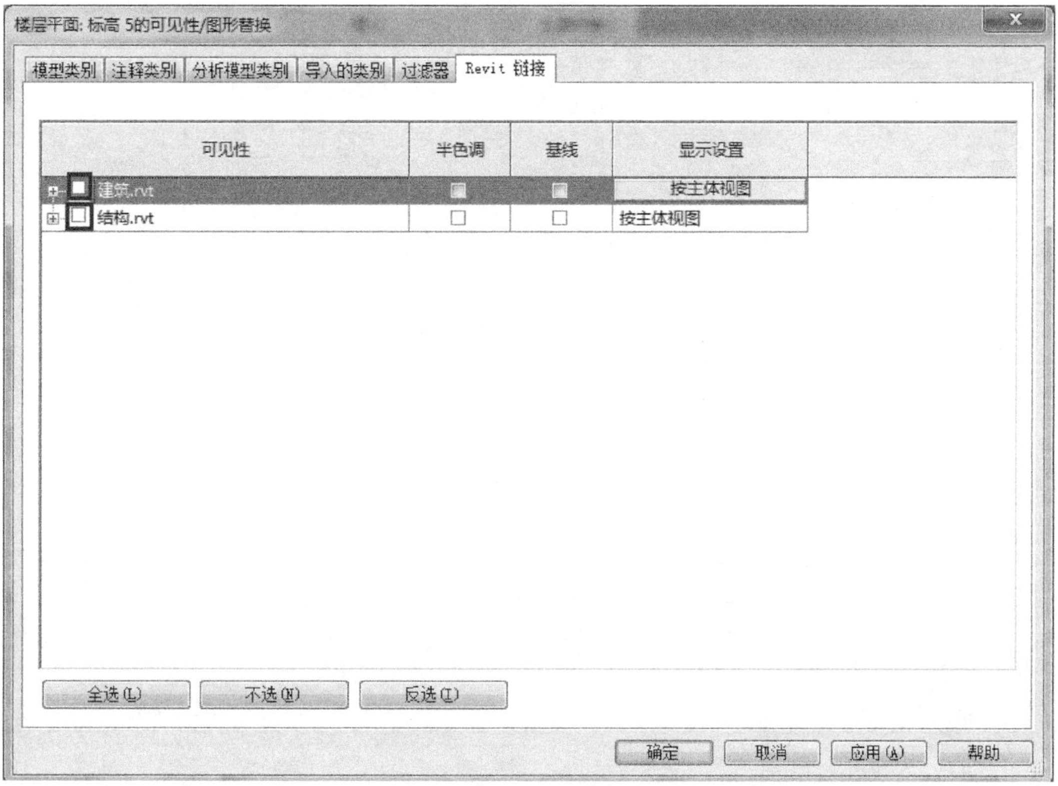

图 3-13 可见性 / 图形替换页面的 Revit 链接选项卡

3.2.2 创建风管类型

首先，设置楼层平面“协调 - 标高 5”的视图范围。在“项目浏览器”选项板中单击“楼层平面”的“协调 - 标高 5”，在“楼层平面：标高 5”的“属性”选项板中找到“视图范围”，单击“编辑”，弹出“视图范围”对话框，设置视图范围参数，如图 3-14 所示，设置完毕后单击“确定”。同时，在“楼层平面：标高 5”的“属性”选项板中确认“视图样板”为“无”。

然后，绘制一段风管。单击功能区“系统”选项卡→“HAVC”面板→“风管”，并在“修改 | 风管”选项栏中设置风管参数：宽度为“630”、高度为“160”、偏移量为“2700”，如图 3-15 所示。移动光标到 CAD 图中“630×160”风管左端中心单击，然后移动光标至风管右端中心再次单击，即绘制出 630×160 风管段。

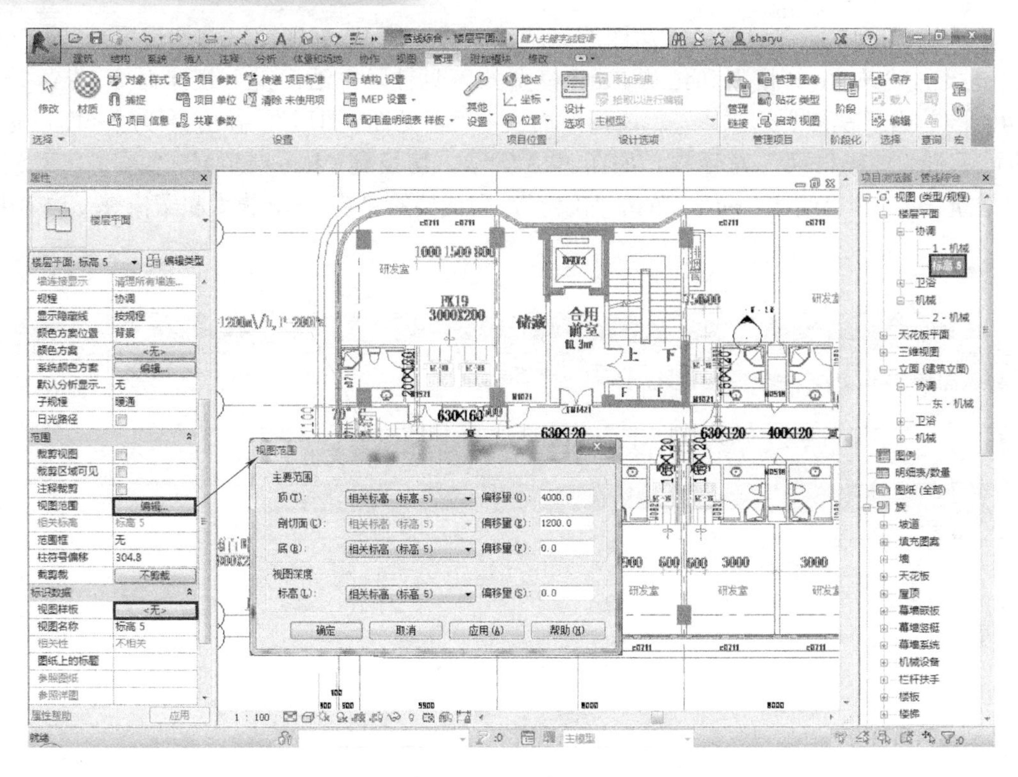

图 3-14　设置“视图范围”参数

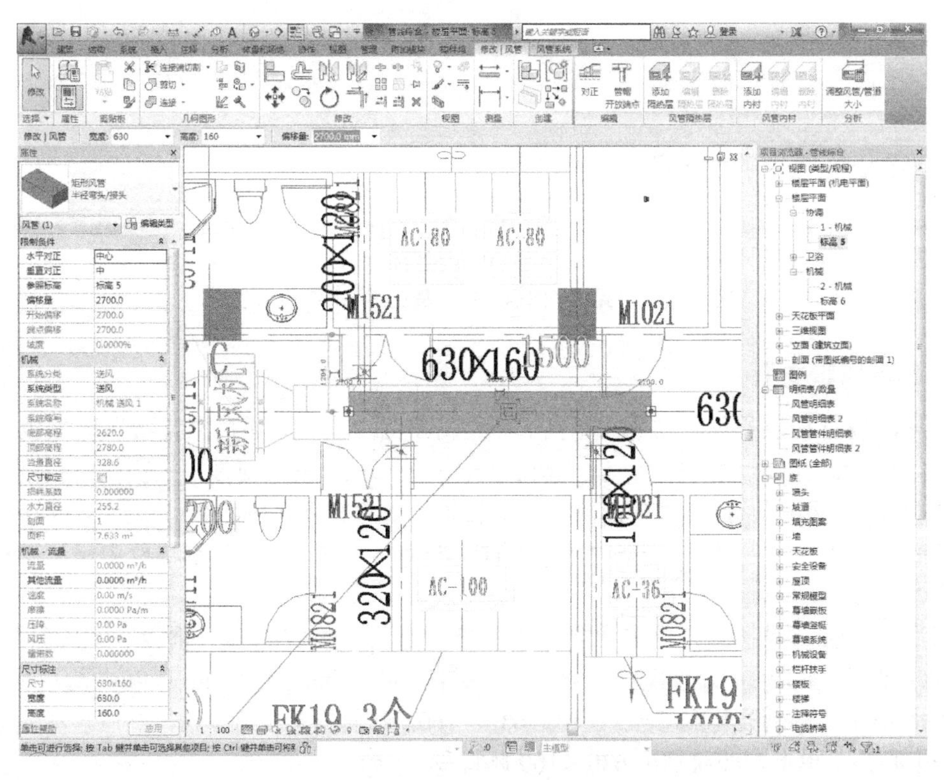

图 3-15　设置风管参数

随后，设置视图控制栏（底边）。绘图比例为1∶100，详细程度为“精细”，视图样式为“着色”（机电建模常用），则绘制的630×160风管着色，区别于CAD平面图中的风管，如图3-16所示。

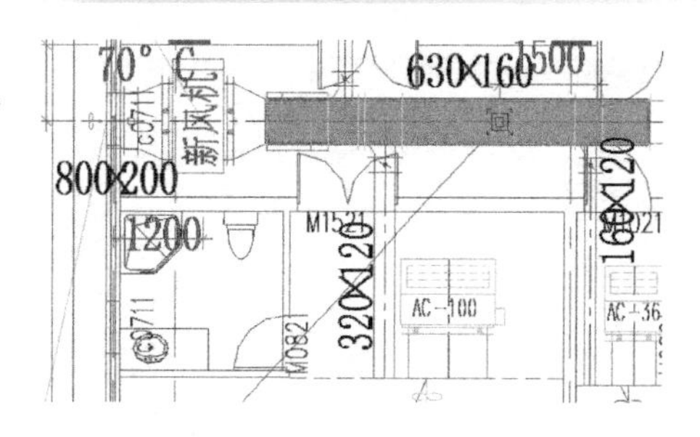

图3-16　630×160风管着色

现在，创建“新风管”类型。单击选中630×160风管，在“属性”选项板中单击“编辑类型”，弹出“类型属性”对话框，如图3-17所示。“类型”选择为“斜接弯头/T形三通”，单击“复制”，弹出“名称”对话框，在“名称”文本框中输入“新风管”，单击“确定”，即完成“新风管”类型创建，并返回“类型属性”对话框。

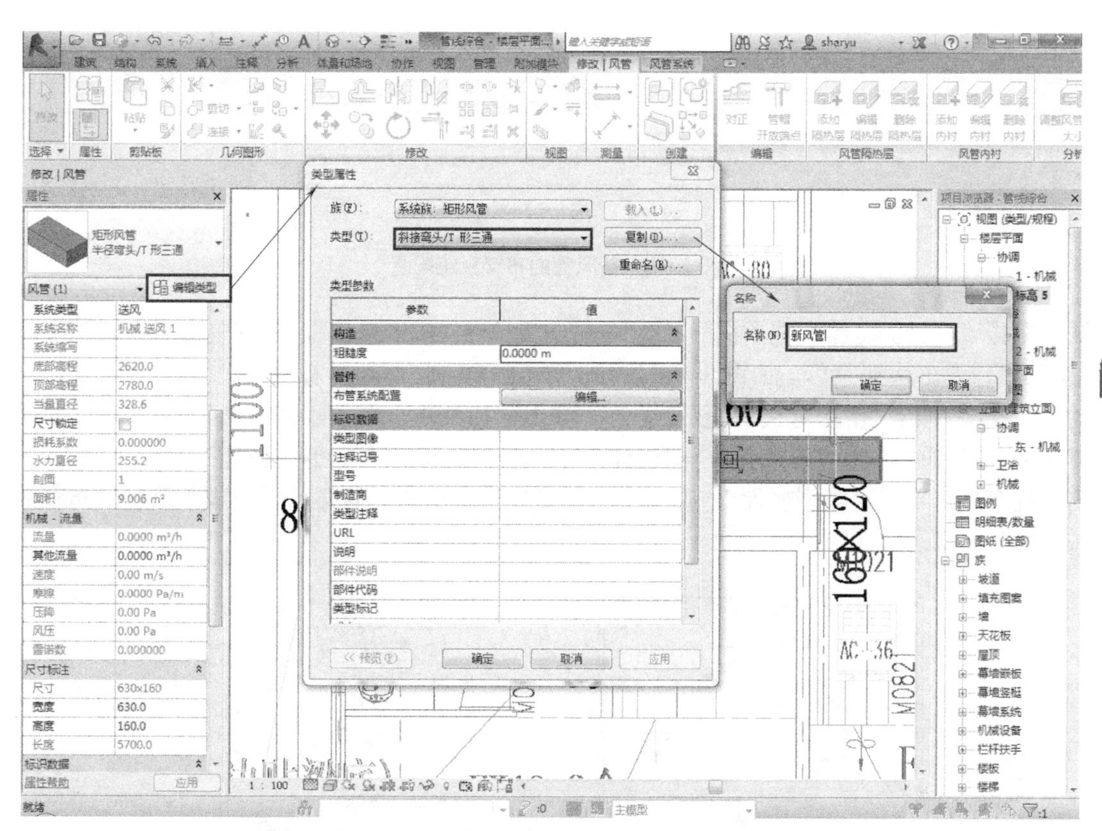

图3-17　创建“新风管”类型

最后，进行新风管的布管系统配置。在新风管的“类型属性”对话框中，单击“布管系统配置”右边的“编辑”，弹出“布管系统配置”对话框，如图3-18所示。选择风管的弯头、三通、四通、过渡件等风管配件的结构类型，单击“确定”，完成新风管的布管系统配置。

单击“项目浏览器”选项板中的“族”→“风管”→“矩形风管”，可以查找到新建的“新风管”类型，如图3-19a所示。此外，通过“项目浏览器”选项板也可以新建风管类型。方

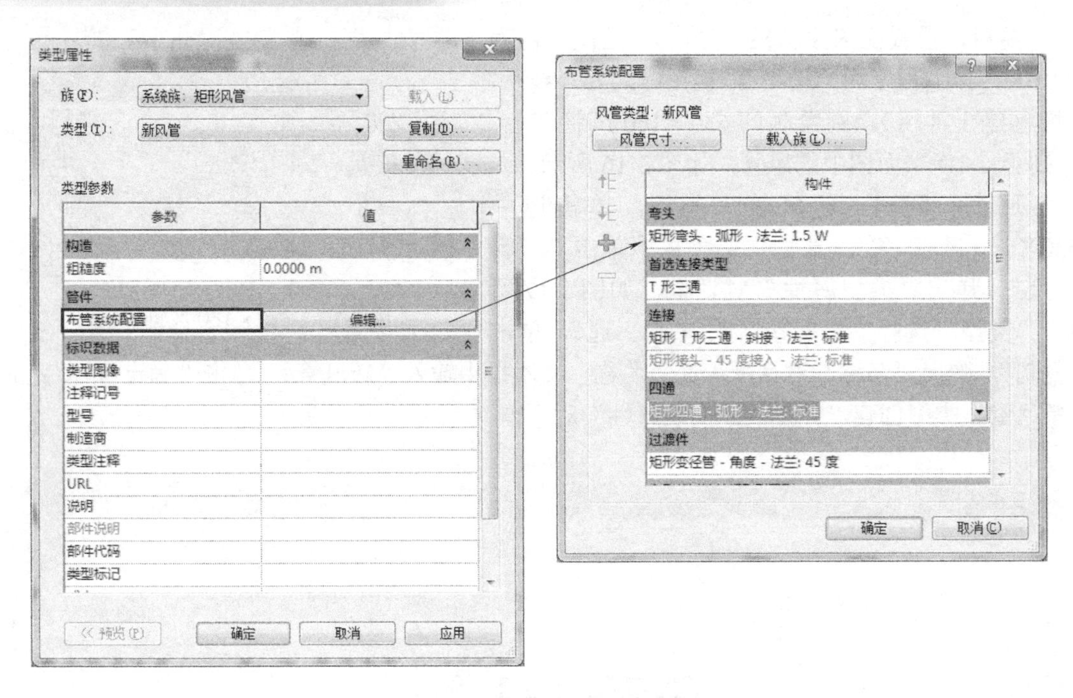

图 3-18　新风管的布管系统配置

法：单击“项目浏览器”选项板→“族”→“风管”→“矩形风管”，右键单击“斜接弯头 /T 形三通”，弹出快捷菜单，如图 3-19b 所示。单击“复制”，则复制生成“斜接弯头 /T 形三通 2”。右键单击“斜接弯头 /T 形三通 2”，弹出快捷菜单，单击“重命名”，重命名“斜接弯头 /T 形三通 2”为“新风管”，即创建“新风管”类型。右键单击新建的“新风管”，弹出快捷菜单，单击“类型属性”，弹出“类型属性”对话框，同样可以完成新风管的布管系统配置。

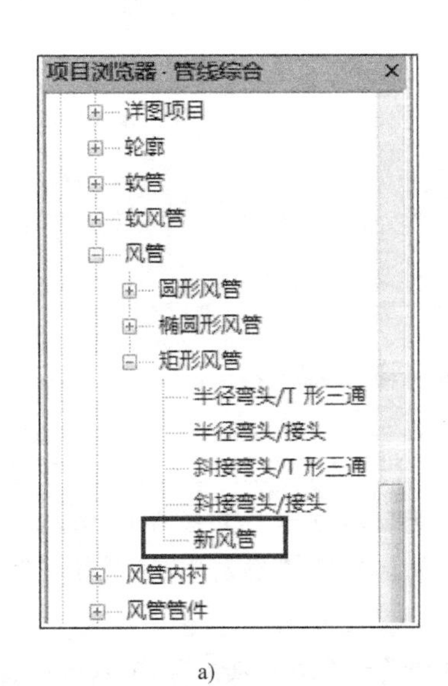

a)

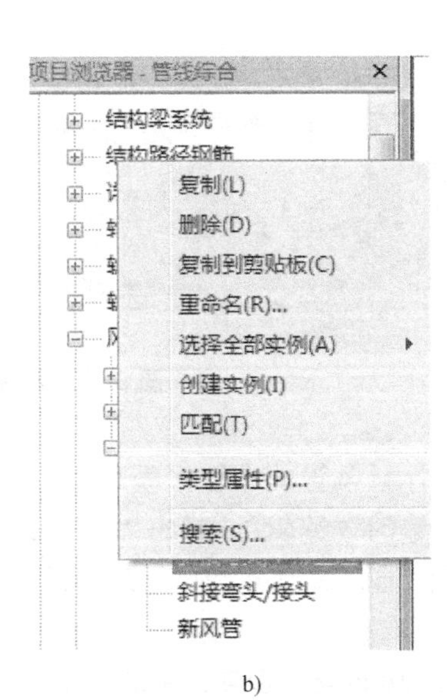

b)

图 3-19　新风管类型

3.2.3 绘制风管

单击选中绘制好的630×160风管管段，右键单击风管管段右边节点，弹出快捷菜单，如图3-20所示。单击“绘制风管”，在“修改｜风管”选项栏修改风管参数：宽度为“630”、高度为“120”、偏移量为“2700”，绘图区域拖动光标并在CAD图630×120管段的终点位置单击，即绘制出630×120风管管段；在“修改|风管”选项栏继续修改风管参数：宽度为“400”、高度为“120”、偏移量为“2700”，绘图区域拖动光标并在CAD图400×120管段的终点位置单击，即绘制出400×120风管管段。

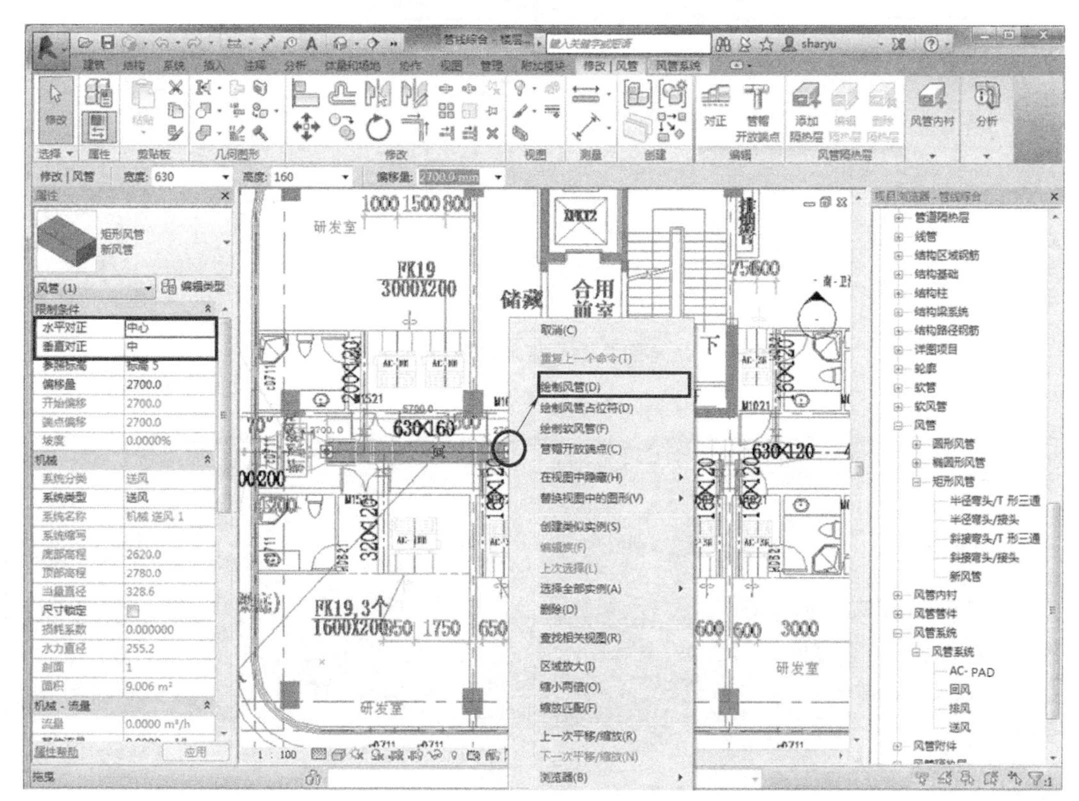

图3-20 连续绘制风管

重要提示

风管水平对正与垂直对正

剖面图中两段变径风管如图3-21所示，单击选中其中一段风管，按下<Ctrl>键，再单击选中另一段风管，此时“属性”选项板中，“矩形风管-新风管”的限制条件显示：水平对正“中心”，垂直对正“中”。

单击“修改|风管”上下文选项卡→“编辑”→“对正”，切换到“对正编辑器”上下文选项卡。单击“对正”面板中的“对齐线”，再在绘图区域单击风管顶边线，则风管垂直对正红色箭头“对齐线”移到风管顶边线上，如图3-22所示。

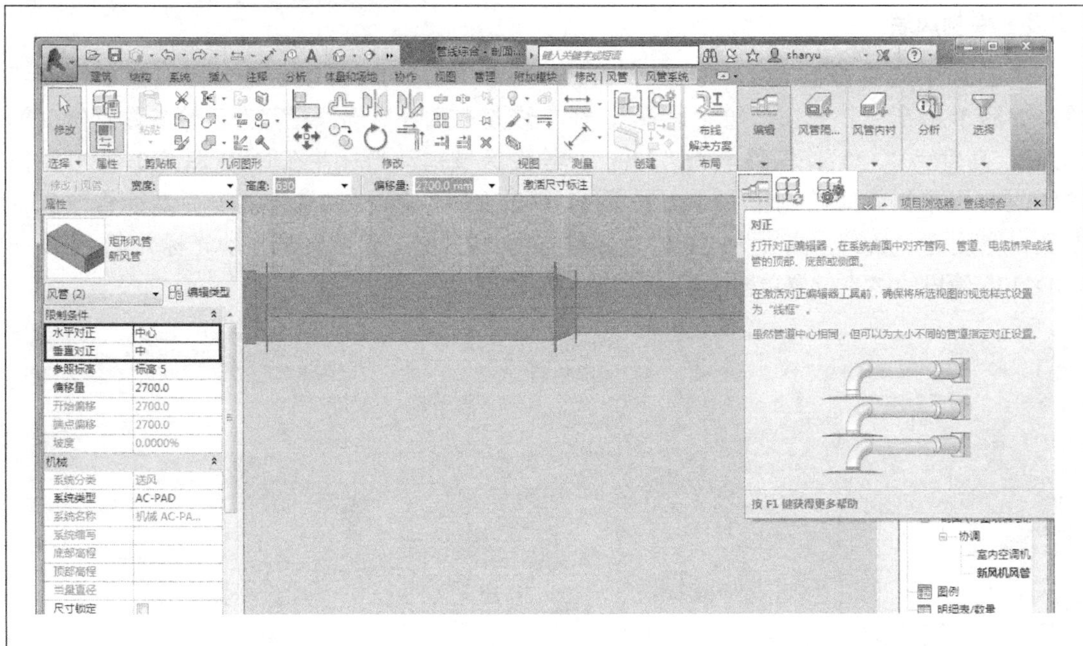

图 3-21　变径风管

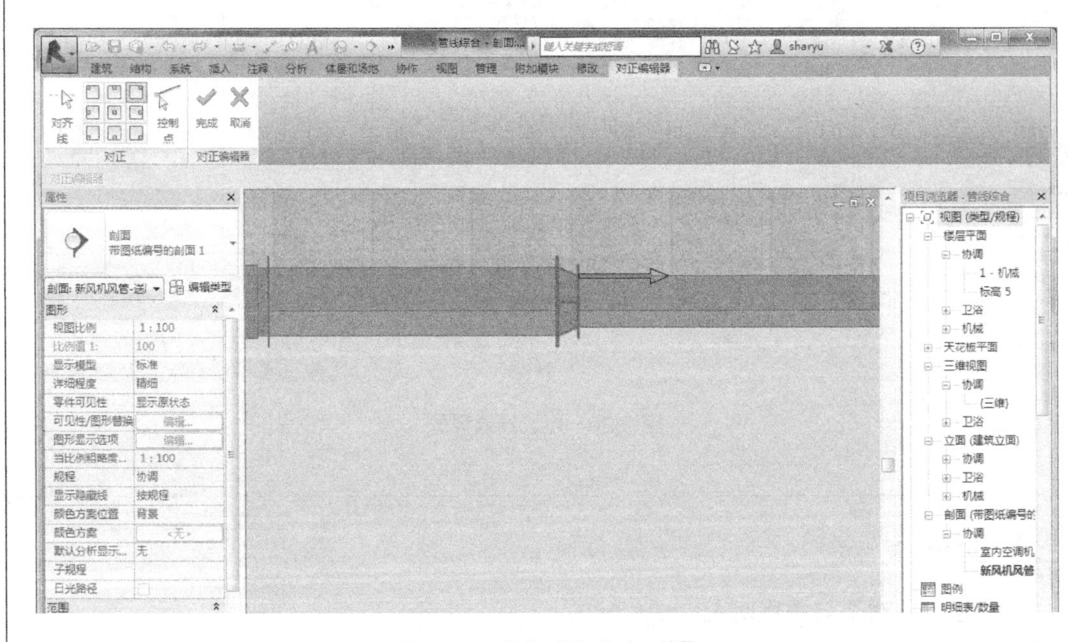

图 3-22　垂直对正“对齐线”

单击“对正编辑器”上下文选项卡→“对正编辑器”面板→“完成”，则“属性”选项板中，两段变尺寸“矩形风管 - 新风管”的限制条件改变为：水平对正“左”，垂直对正“顶”，如图 3-23 所示。采用同样的方法，在楼层平面中，可将两段变尺寸“矩形风管 - 新风管”水平对正由“左”，改为“中心”。

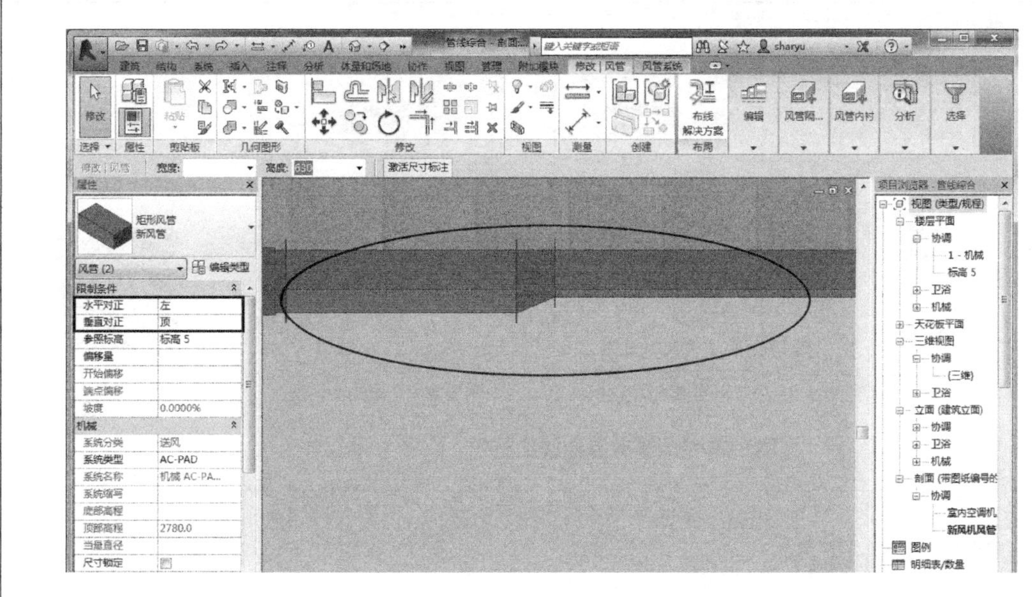

图 3-23　风管对齐方式改变

单击功能区“系统”选项卡→“HVAC”面板→“风管”，在“修改 | 风管”选项栏修改风管参数：宽度为“320”、高度为“160”、偏移量为“2700”；绘制风管支管，依次修改风管参数为 160×120、120×120 分别绘制支管，完成全部新风管的支管绘制，如图 3-24 所示。

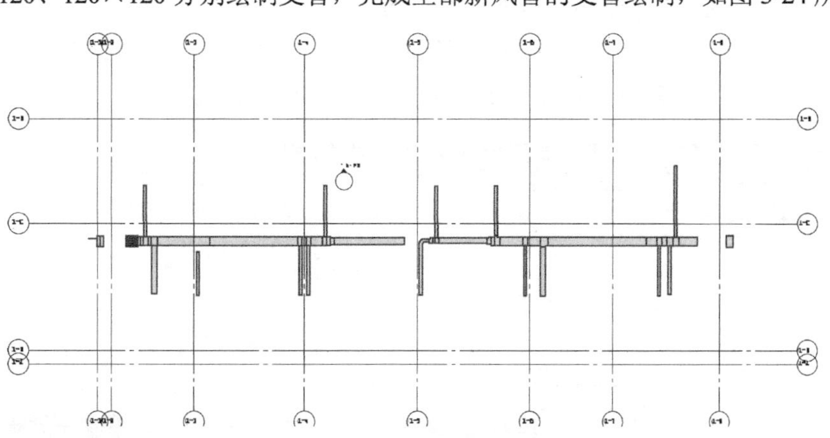

图 3-24　完成全部新风管的支管绘制

重要提示

风管对齐与自动连接

单击功能区“修改”选项卡→“修改”面板→“对齐”，再单击一段风管的中心线，然后单击另一段风管的中心线，可以对齐两段风管的中心；选中风管节点，按住鼠标左键并拖拽至另一段风管节点再释放，则两段风管会自动连接，并生成“布管系统配置”中所配置的风管接头，如图 3-25 所示（斜接 T 形三通）。

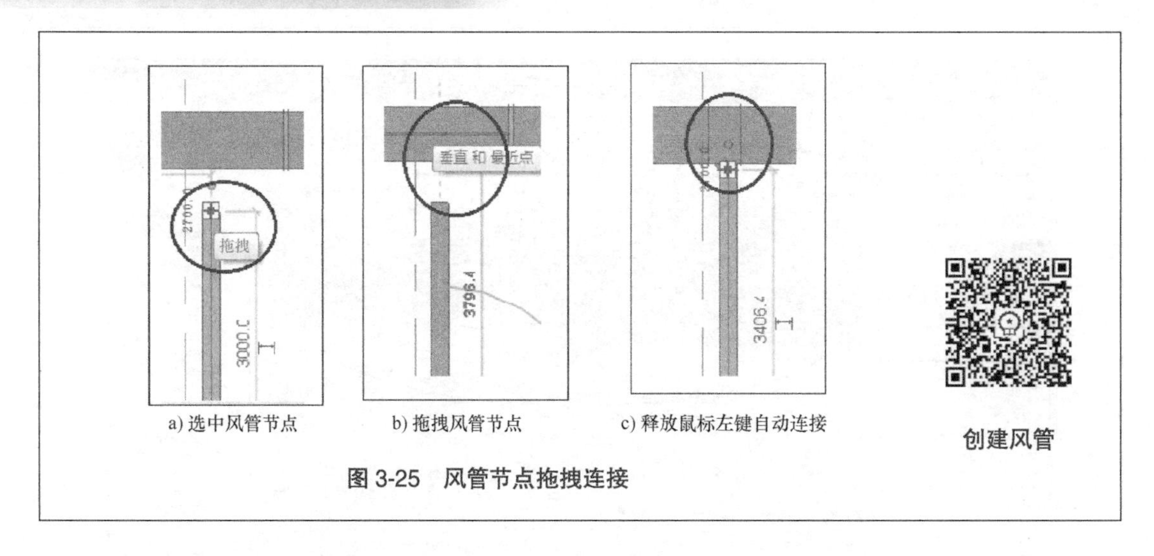

a) 选中风管节点　　b) 拖拽风管节点　　c) 释放鼠标左键自动连接

创建风管

图 3-25　风管节点拖拽连接

3.3　放置风管设备

添加中央空调新风系统设备和管件时，以本项目 5 层空调通风平面图为例，自左向右依次需要插入“防火阀”“新风机”“风管软接头”“风管消声器”“M- 矩形 T 形三通”“风阀(蝶阀)”“室内空调机”等设备和管件族，如图 3-4 所示，并连接到已经创建的新风管中。

3.3.1　添加设备族

1）以“70℃防火阀”设备族的添加为例。首先，单击功能区“插入”选项卡→“从库中载入”面板→“载入族”，弹出“载入族”对话框，如图 3-26 所示。单击选中“ISBIM_70℃常开防火阀（矩形）”族文件，单击“打开”，“ISBIM_70℃常开防火阀（矩形）”族即载入

图 3-26　载入“ISBIM_70℃常开防火阀（矩形）”族

当前项目中。

2）单击功能区“系统”选项卡→“模型”面板→“构件”→“放置构件”，“ISBIM_70℃常开防火阀（矩形）”构件随即附着在绘图区的光标上。移动光标到 800×200 风管并单击，则“ISBIM_70℃常开防火阀（矩形）”构件自动安装到 800×200 风管上，如图 3-27 所示。按两次 <Esc> 键，结束“放置构件”命令。

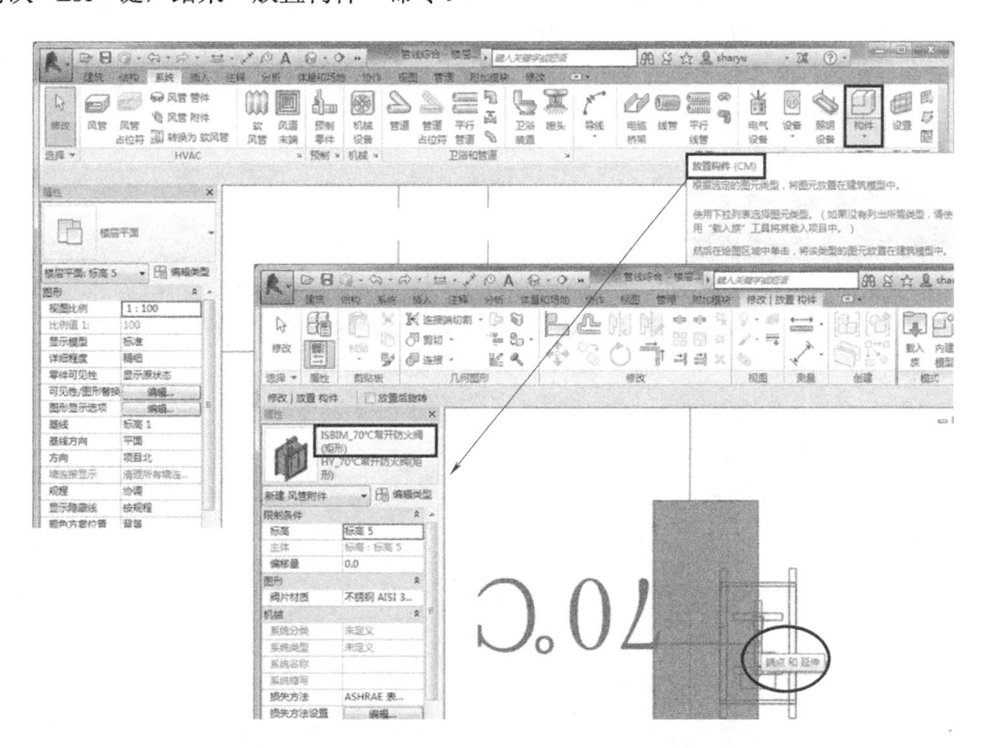

图 3-27 安装“ISBIM_70℃常开防火阀（矩形）”构件

采用同样的方法插入“风管消声器”“新风机”“风管软接头”“M- 矩形 T 形三通”“室内空调机 AC”“送风格栅”等设备和管件族，如图 3-28 所示。

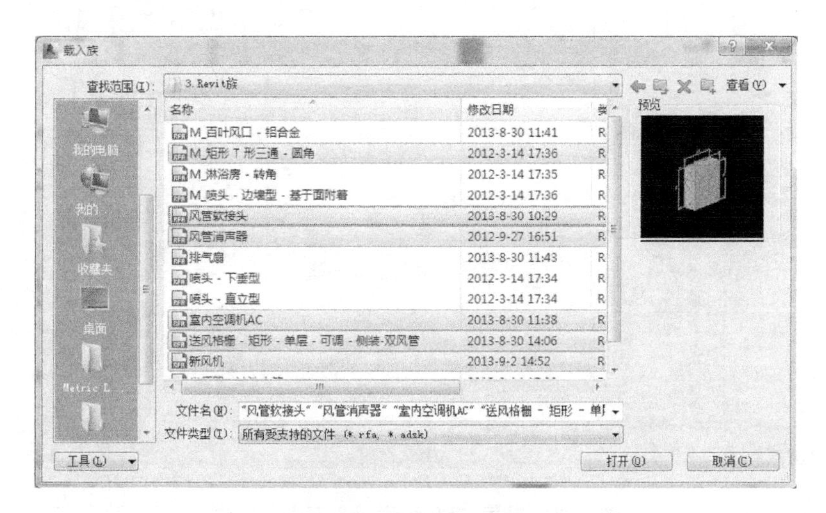

图 3-28 插入选中族

3）搜索并放置“风管消声器”。单击功能区“系统”选项卡→“模型”面板→“构件”→“放置构件”，然后单击“属性”选项板→“类型选择器”的选项箭头“▼”，搜索“风管消声器”。搜索出来结果后，单击选择“风管消声器”构件，如图3-29所示。在绘图区移动光标到630×160风管上，单击风管，则“风管消声器”自动放置到该风管的主管上。

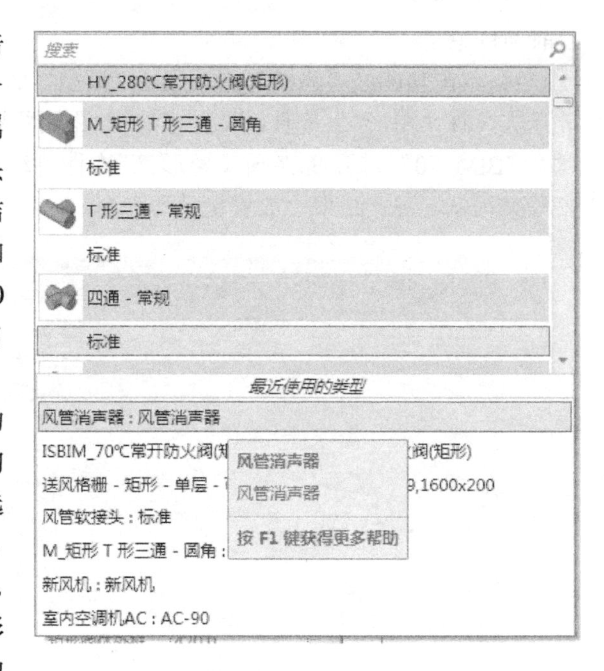

图 3-29　搜索并选择“风管消声器”构件

4）放置“M-矩形T形三通”。单击功能区“系统”选项卡→“模型”面板→“构件”→“放置构件”，然后单击“属性”选项板→“类型选择器”的选项箭头“▼”，搜索并单击选择“M-矩形T形三通”构件。在绘图区域空白处单击放置“M-矩形T形三通”，如图3-30所示。此时插入图中的“M-矩形T形三通”方位与需要连接主管和支管的方位不一致。

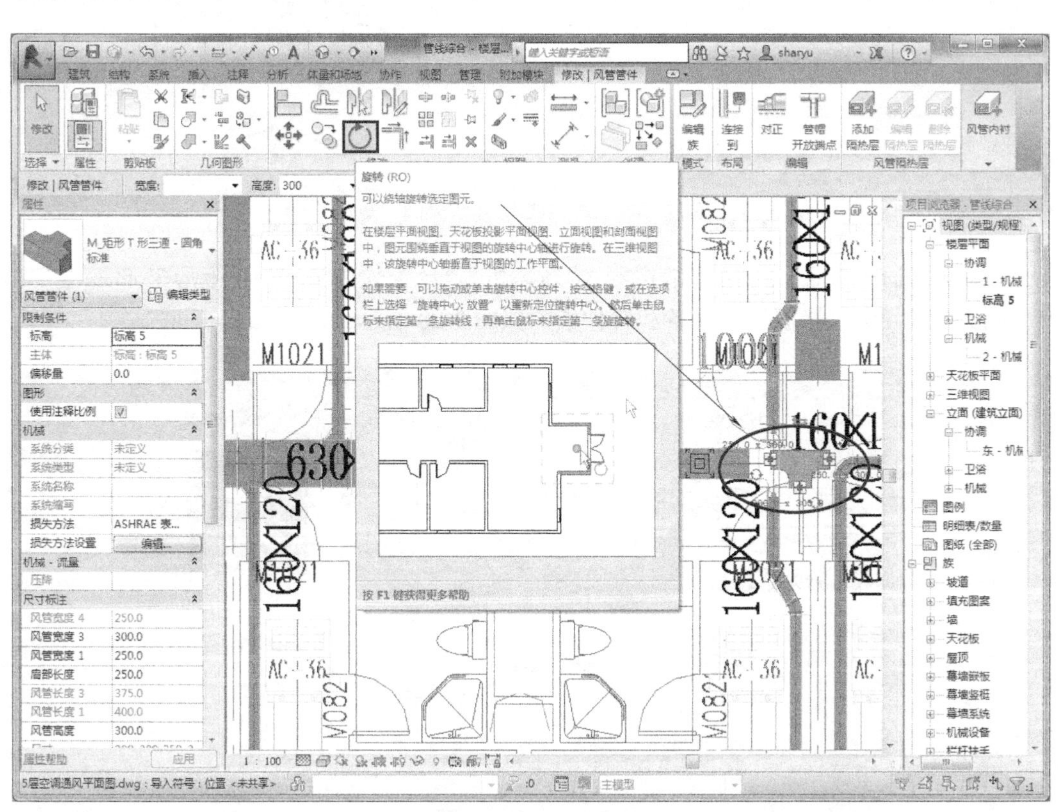

图 3-30　放置“M-矩形T形三通”构件

5）旋转“M- 矩形 T 形三通”。单击选中“M- 矩形 T 形三通”，此时功能区出现“修改 | 风管管件”上下文选项卡。单击“修改”面板→“旋转”，然后在绘图区域水平线方向上一点（或垂直线方向上一点）单击，即指定好旋转参考线，最后键盘输入需要旋转的角度值（如 90°），则构件顺时针旋转（90°）。

6）用“M- 矩形 T 形三通”连接主管和绘制支管。先单击选中“M- 矩形 T 形三通”，再用鼠标左键长按“M- 矩形 T 形三通”的主管节点并拖拽到主风管的端部节点上释放，则“M- 矩形 T 形三通”与主风管自动连接；然后，再次单击选中“M- 矩形 T 形三通”，此时，在“修改 | 风管管件”选项卡设置的“M- 矩形 T 形三通”支管节点参数与 CAD 图中的风管支管参数一致（即 160×120）；最后，右键单击“M- 矩形 T 形三通”支管节点，在弹出的快捷菜单中选择“绘制风管”，完成支管绘制。

3.3.2 创建设备连接的风管

1）放置“新风机”构件。单击功能区“系统”选项卡→“模型”面板→“构件”→“放置构件”，然后单击“属性”选项板→“类型选择器”的选项箭头“▼”，搜索并选择“新风机”构件。在绘图区域移动光标到新风机安装位置并单击，即可完成“新风机”的放置。

2）创建“新风机”连接风管。单击选中“新风机”，右击新风机风管节点，弹出快捷菜单。单击“绘制风管”，即创建新风机的连接风管 1100×320，偏移量为 275，如图 3-31 所示。注意：新风机左右两侧 800×200 和 630×160 风管的偏移量是 2700，而新风机连接风管的偏移量为 275（即风机置于标高 5 的建筑地面），两者不一致。此时，必须修改新风机连接风管的偏移量，使其等于左右两侧待连接风管的偏移量 2700。

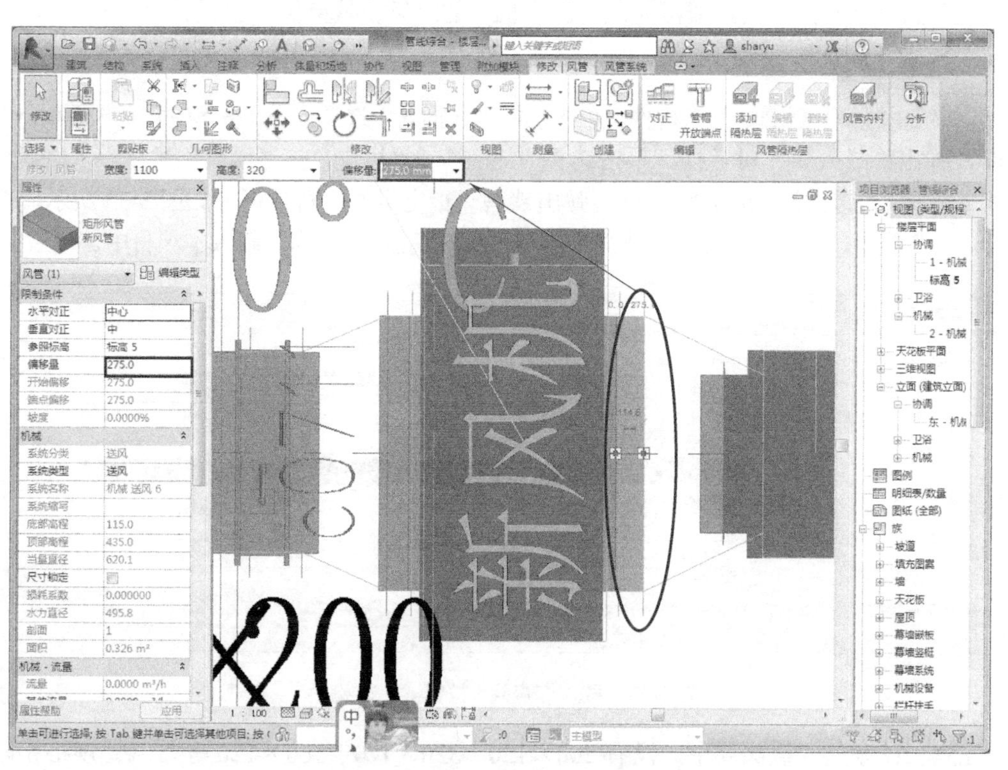

图 3-31 创建“新风机”连接风管

3）绘制变尺寸连接风管。单击选中新风机右侧连接风管，右击风管右节点，弹出快捷菜单。单击“绘制风管”，再单击 630×160 风管的端节点，则可以自动生成变尺寸管连接风机和风管，如图 3-32 所示。注意：新风机中心线与左右两侧送风管的中心线对齐时，变尺寸管才能自动生成。

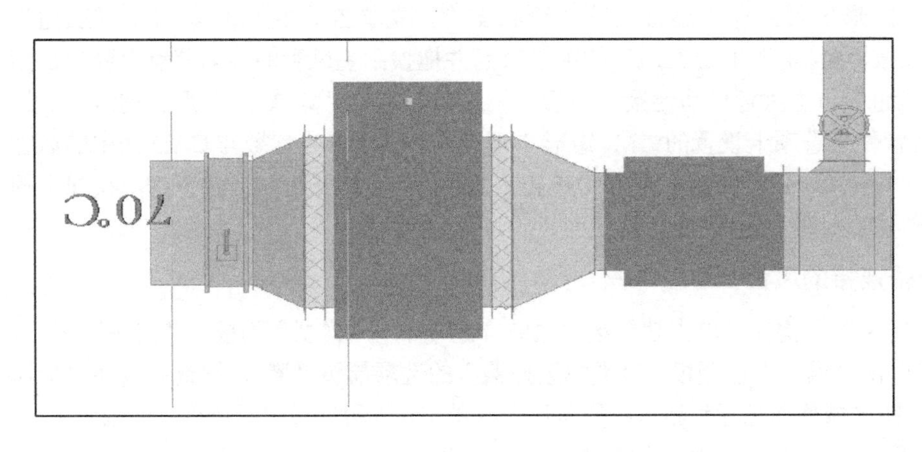

添加风管设备

图 3-32　自动生成变尺寸管连接风机和风管

4）放置“风管软接头”。先单击选中“新风机”连接风管 1100×320，按 <Delete> 键；再单击功能区“系统”选项卡→“模型”面板→“构件”→“放置构件”；然后单击“属性”选项板→“类型选择器”的选项箭头“▼”，搜索并选择“风管软接头”构件。移动光标到“新风机”风管节点上单击，即可完成“新风机”的“风管软接头”放置。

3.3.3 新建“构件”类型

1）添加“风阀（蝶阀）”族构件。单击功能区“插入”选项卡→“从库中载入”面板→“载入族”，弹出“载入族”对话框。单击选择“china”→“机电”→“风管附件”→“风阀”→“蝶阀 - 矩形 - 拉链式”，单击“打开”，弹出蝶阀“指定类型”对话框，如图 3-33 所示。选择“250×200”类型，单击“确定”，则“蝶阀 - 矩形 - 拉链式”族构件载入本项目中。

图 3-33　载入“蝶阀 - 拉链式”族构件

注意：在载入的蝶阀族中，没有 200×120、320×120、160×120 等与风管规格相匹配的蝶阀类型。

2）新建“蝶阀 - 矩形 - 拉链式 200×120”类型。单击功能区“系统”选项卡→“模型”面板→“构件”→“放置构件”，再单击“属性”选项板→“类型选择器”的选项箭头“▼”，搜索并选择“蝶阀 - 矩形 - 拉链式 250×200”构件。移动光标至 200×120 风管支管上并单击，即完成“蝶阀 - 矩形 - 拉链式 250×200”在风管上的放置安装，但是蝶阀类型与 200×120 风管不匹配。单击选中 200×120 支管上安装的“蝶阀 - 矩形 - 拉链式 250×200”，此时，单击“属性”选项板→“编辑类型”，弹出“类型属性”对话框，如图 3-34 所示。此时，首先单击“复制”，弹出“名称”对话框，在“名称”文本框中输入“200×120”，单击“确定”，返回“类型属性”对话框，即创建“蝶阀 - 矩形 - 拉链式 200×120”类型。然后，修改蝶阀“200×120”的“类型参数”，如“风管宽度”为 200、“风管高度”为 120，单击“确定”。新建的“蝶阀 - 矩形 - 拉链式 200×120”类型与新风管支管 200×120 参数相匹配。

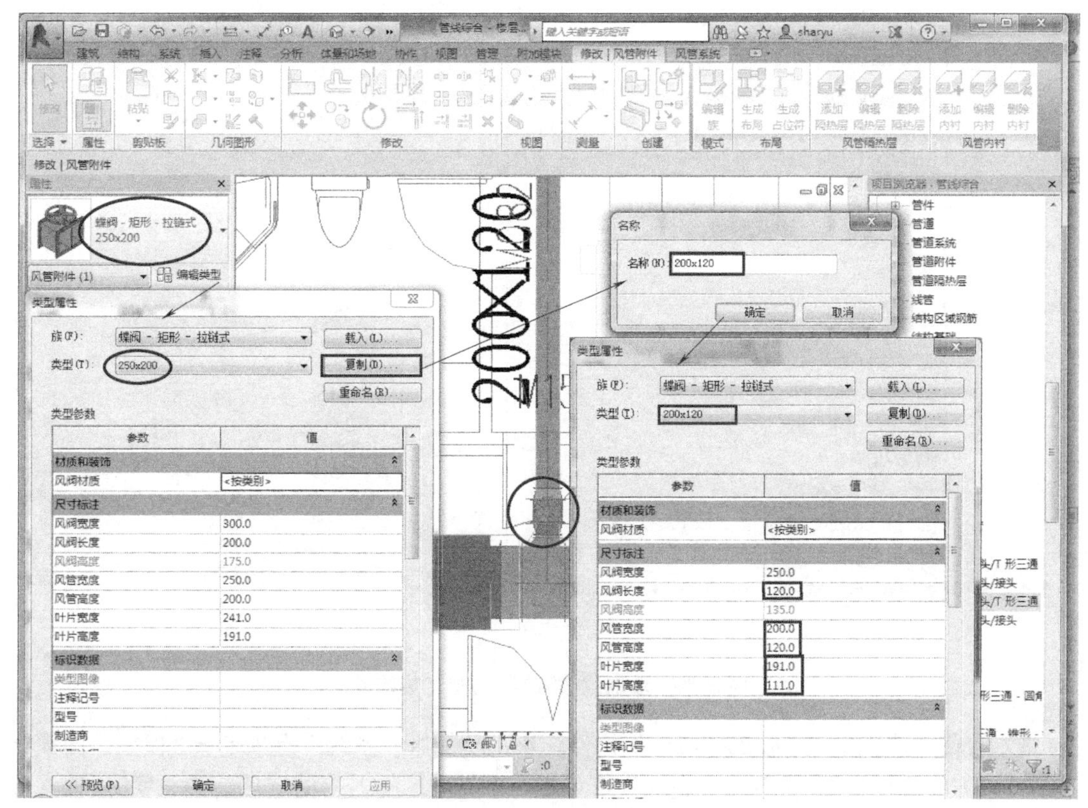

图 3-34　创建蝶阀新类型

3）放置“蝶阀 - 矩形 - 拉链式 200×120”构件。单击功能区“系统”选项卡→“模型”面板→“构件”→“放置构件”，再单击“属性”选项板→“类型选择器”的选项箭头“▼”，搜索并选择“蝶阀 - 矩形 - 拉链式 200×120”构件。移动光标至 200×120 新风管支管上并单击，则“蝶阀 - 矩形 - 拉链式 200×120”自动安装到 200×120 新风管支管上。

3.3.4　放置风管末端

1）添加“散流器 - 方形”族构件。单击功能区“插入”选项卡→“从库中载入”面板→“载入族”，弹出“载入族”对话框，选择“china”→“机电”→“风管附件”→“风口”→“散流器 - 方形”，单击“打开”。单击功能区“系统”选项卡→“模型”面板→“构件→放置构件”，再单击“属性”选项板→“类型选择器”的选项箭头“▼”，选择“散流器 - 方形”，如图 3-35a 所示。插入的“散流器 - 方形”族中仅有 240×240 类型的散流器，而没有本项目需要的 250×250 类型的散流器。

2）新建“散流器 - 方形 250×250”类型。单击“项目浏览器”选项板→“族”→“风道末端”→“散流器 - 方形”，可见“散流器 - 方形”族构件类型，如图 3-35b 所示。右击“240×240”，弹出快捷菜单，单击“复制”，生成“240×240 2”，重命名为“250×250”。单击“250×250”，弹出“散流器 - 方形”的“类型属性”对话框，如图 3-36 所示。修改“类型参数”：“风管宽度”为 250、“风管高度”为 250（此时，散流器长度和宽度会自动改变）、“类型注释”为 250×250，单击“确定”，即创建“散流器 - 方形 250×250”新类型。

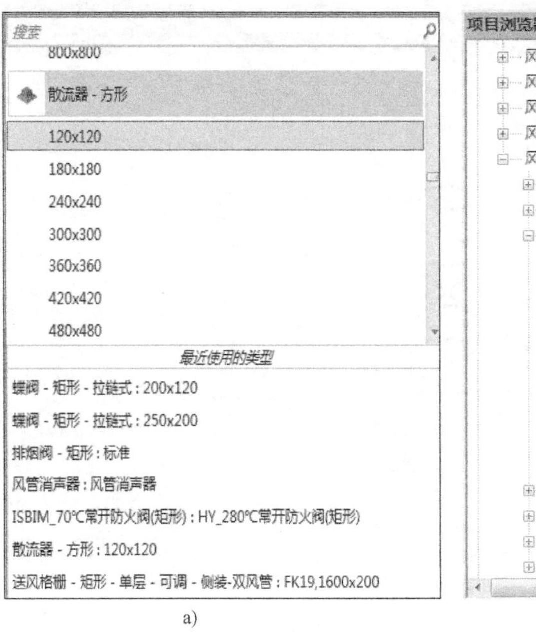

a)

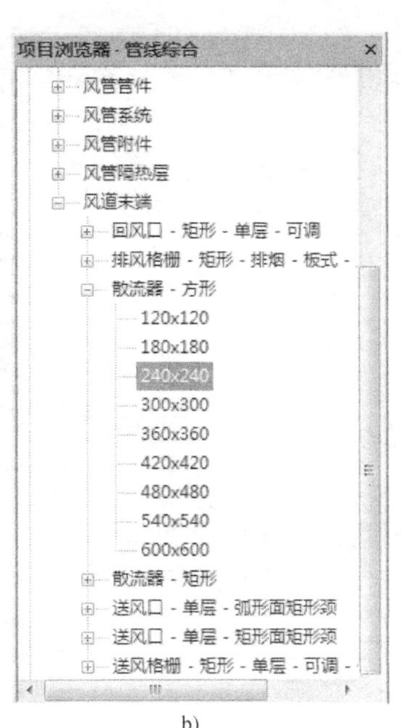

b)

图 3-35 添加“散流器 - 方形”族构件

3）放置“散流器 - 方形 250×250”构件。单击功能区“系统”选项卡→“模型”面板→“构件”→“放置构件”，再单击“属性”选项板→“类型选择器”的选项箭头“▼”，搜索并选择“散流器 - 方形 250×250”构件。注意：先修改“属性”选项板中的限制条件“偏移量（如 2400）”，再移动光标到 630×160 新风管主管上单击，则“散流器 - 方形 250×250”放置到标高偏移量为 2400 的高度位置，并自动生成支管和“矩形 T 形三通 - 斜接 - 法兰”，连接 630×160 的新风管主管。

若要在风管表面上直接放置风道末端，则需单击功能区“系统”选项卡→“HAVC”面板→“风道末端”，再单击“属性”选项板→“类型选择器”的选项箭头“▼”，搜索并选择“散流器 - 方形 250×250”构件。注意：单击功能区“修改 | 放置 风道末端装置”上下文选项卡→“布局”面板→“风管末端安装到风管上”，再移动光标到新风管主管上单击，则“散流器 - 方形 250×250”自动安装到新风管主管底面上，如图 3-37 所示。

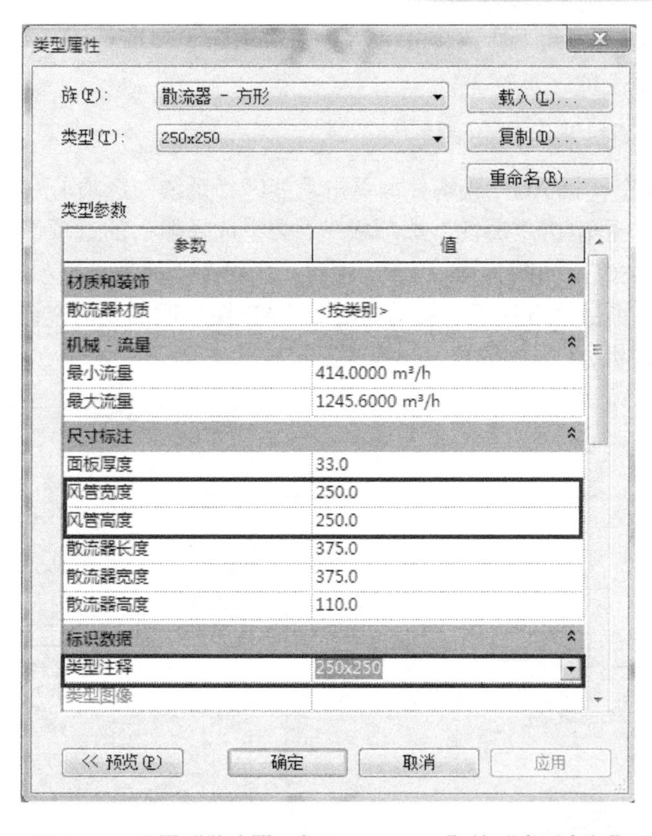

图 3-36　设置“散流器 - 方形 250×250”的“类型参数”

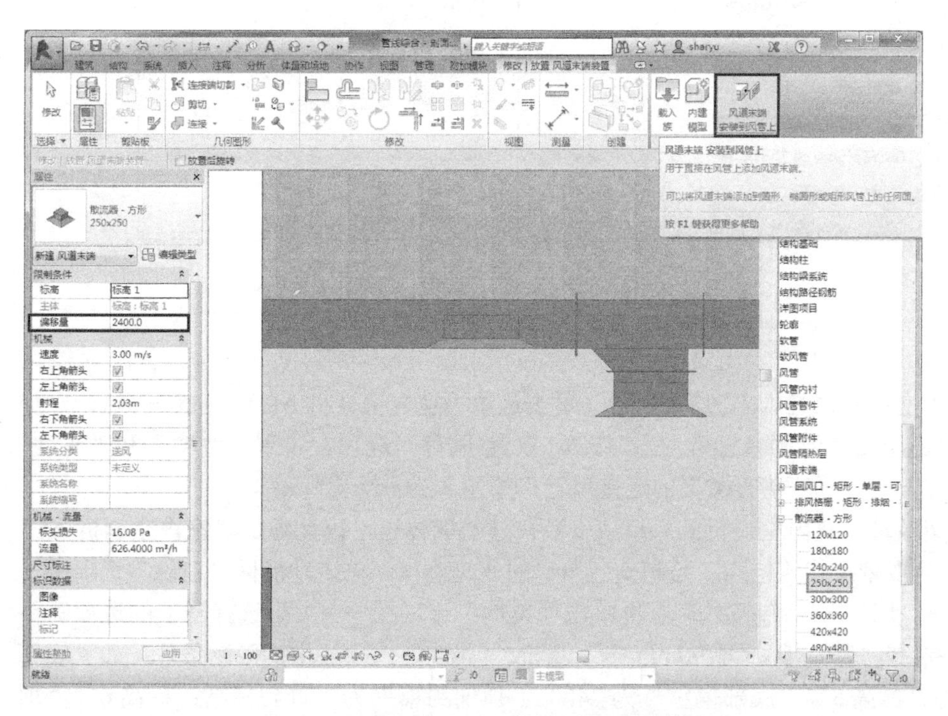

图 3-37　风道末端的两种安装方式

添加风管末端及其类型

风道末端“散流器”的上述两种安装方式，在实际工程项目中，根据净高空间要求情况，可设计选择其中一种。

3.3.5 放置室内空调机及风口

1）放置“室内空调机 AC”族构件。单击功能区“系统”选项卡→“模型”面板→“构件”→“放置构件”，再单击“属性”选项板→“类型选择器”的选项箭头“▼”，搜索并选择“室内空调机 AC-80”，如图 3-38a 所示。注意：先修改“属性”选项板中的限制条件“偏移量（如 2800）”，如图 3-38b 所示。移动光标到 CAD 图指明的室内空调机安装位置并单击，即可完成“室内空调机 AC”的放置。

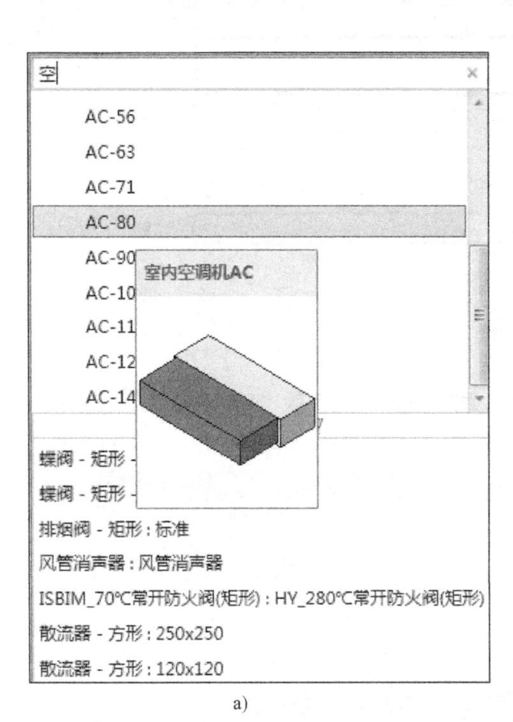

a)

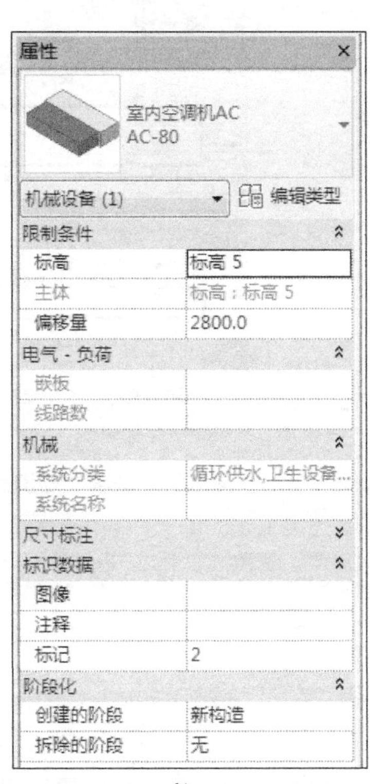

b)

图 3-38 放置“室内空调机 AC”

2）创建“室内空调机 AC”连接风管。单击选中“室内空调机 AC”，右击其风管节点，弹出快捷菜单。单击“绘制风管”，在“修改 | 放置 风管”选项栏设置“宽度”和“高度”参数，即可创建“室内空调机 AC”的连接风管，如图 3-39 所示。

3）创建建筑墙。室内空调机的风口应安装在建筑墙体上，因此添加“室内空调机 AC”的风口之前，需要依据建筑结构，绘制安装风口的建筑墙体。单击功能区“建筑”选项卡→“构建”面板→“墙”→“墙：建筑”，再单击“属性”选项板→“类型选择器”的选项箭头“▼”，搜索并选择“基本墙 常规 90mm 砖”。修改“属性”选项板中的限制条件，如“底部限制条件”为“标高 5”，“底部偏移”为 2400，“顶部约束”为“直到标高：标高 6”，“顶部偏移”为 0，如图 3-40 所示。单击“编辑类型”，弹出“类型属性”对话框。单击“编

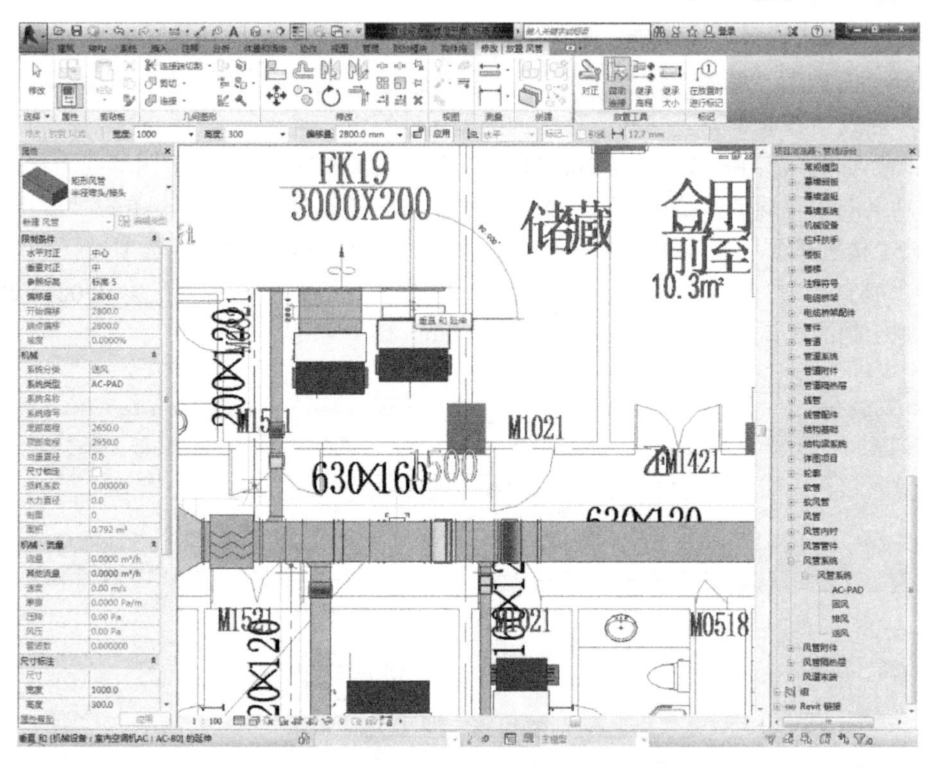

图 3-39　创建“室内空调机 AC”的连接风管

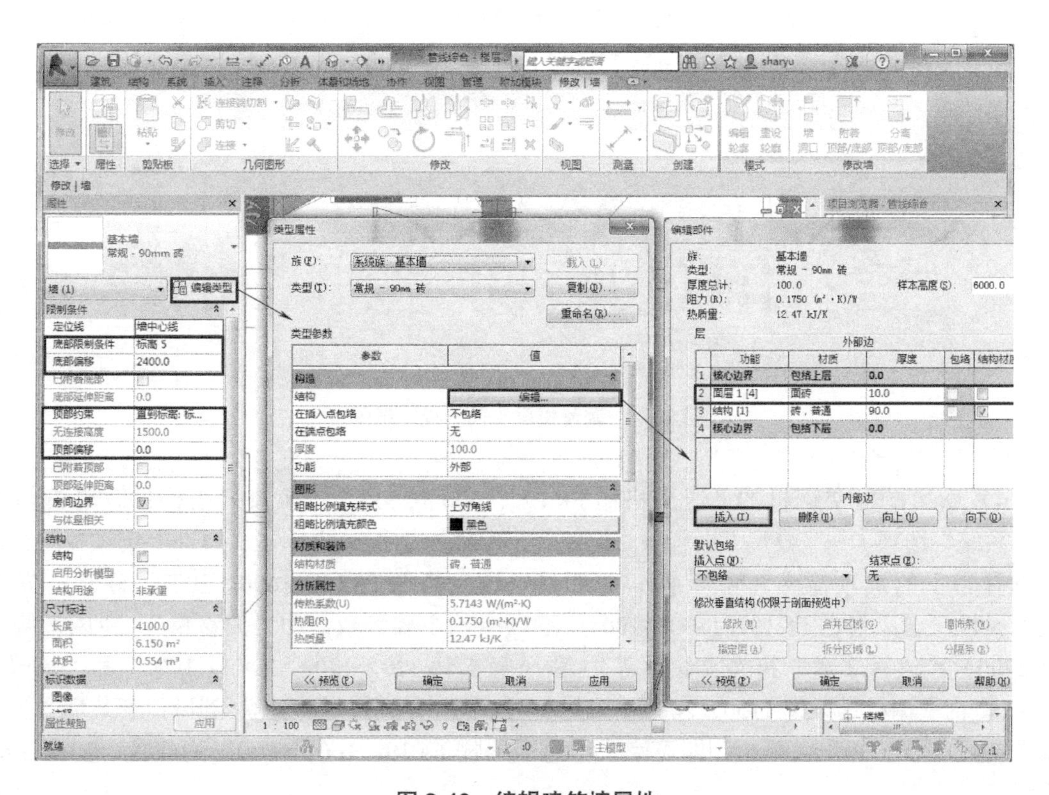

图 3-40　编辑建筑墙属性

辑”，弹出“编辑部件”对话框。单击“插入”，即插入层，层“功能”选择“面层”、“材质”选择“面砖”、“厚度”选择“10”。单击“确定”，返回“类型属性”对话框。再单击“确定”，完成“基本墙 常规 90mm 砖”的类型属性编辑。

移动光标到风口 FK19-1600×200 的安装墙线（CAD 图）位置，单击墙线右端点，自右向左拖动至墙线左端点，绘制墙体。当弹出绘制墙体不可见的提示时，单击“项目浏览器”选项板→“楼层平面”→“协调 - 标高 5”，再单击“属性（楼层平面）”选项板→“视图范围”右边的“编辑”，弹出“视图范围”对话框。修改“剖切面：偏移量”为 2500，如图 3-41 所示，则绘制的风口安装墙体“基本墙 常规 90mm 砖”可见。

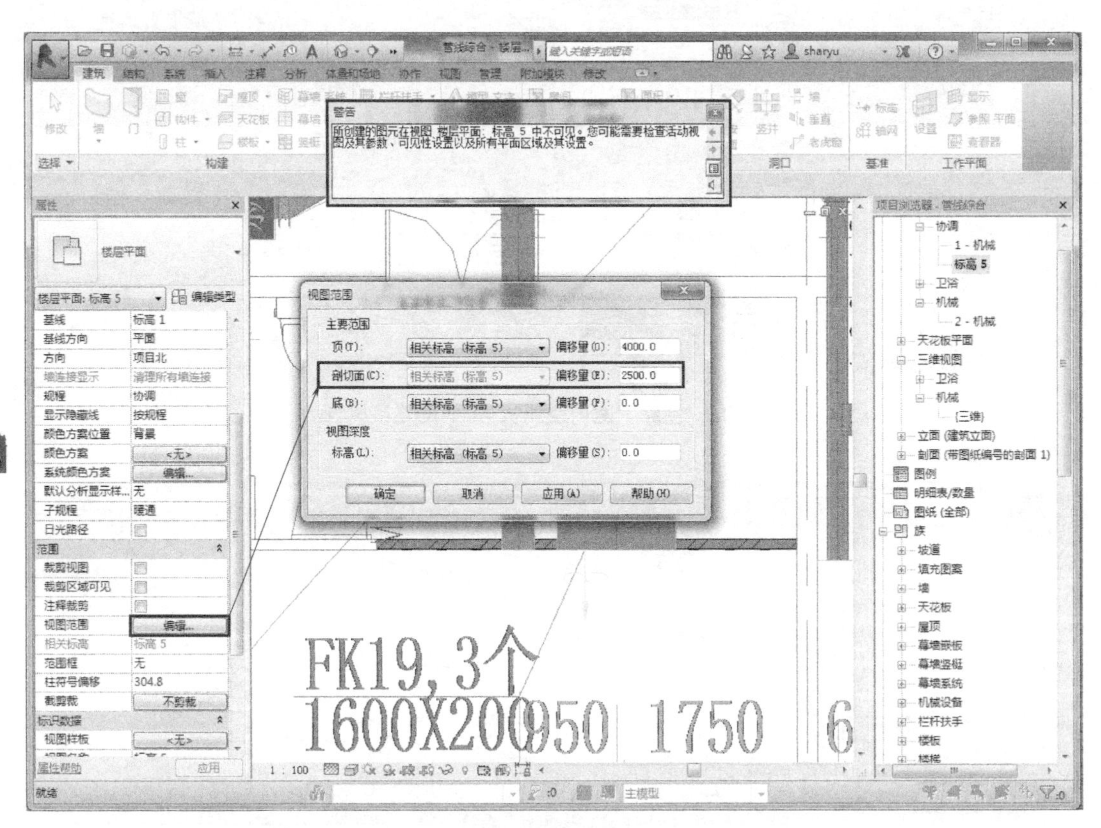

图 3-41 调整楼层平面的视图范围

4）添加室内空调机的“送风格栅 FK19，1600×200”（即风口）族构件。单击功能区“系统”选项卡→“模型”面板→“构件”→“放置构件”，再单击“属性”选项板→“类型选择器”的选项箭头“▼”，搜索并选择“送风格栅 FK19，1600×200”。注意：先修改“属性（送风格栅 FK19，1600×200）”选项卡的主要参数，如“偏移量”（新风管偏移量 2700）、“风管 2 宽”和“风管 2 高”（新风管支管 320×120），“风管 1 宽”和“风管 1 高”（室内空调机送风管 1150×200），如图 3-42 所示。然后，移动光标到风口安装墙“基本墙 常规 90mm 砖”上单击，即可完成“送风格栅 FK19，1600×200”的放置，如图 3-43 所示。

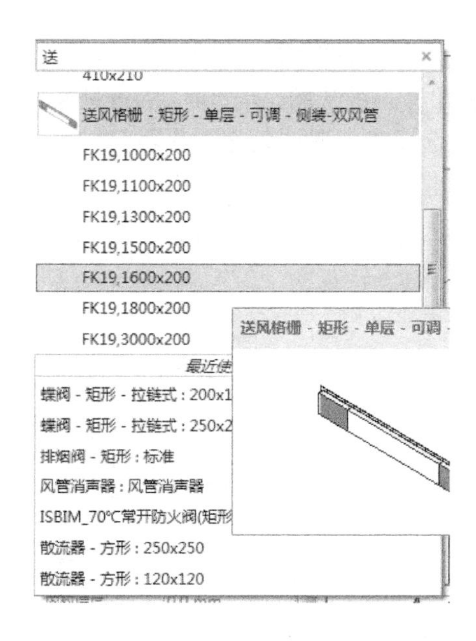

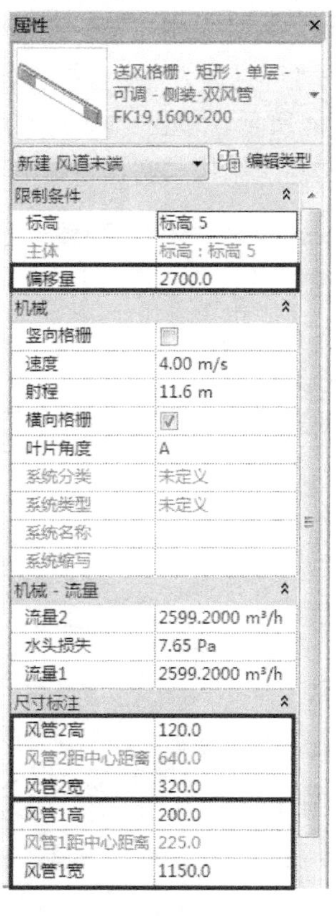

图 3-42　设置“送风格栅 FK19，1600×200”的属性

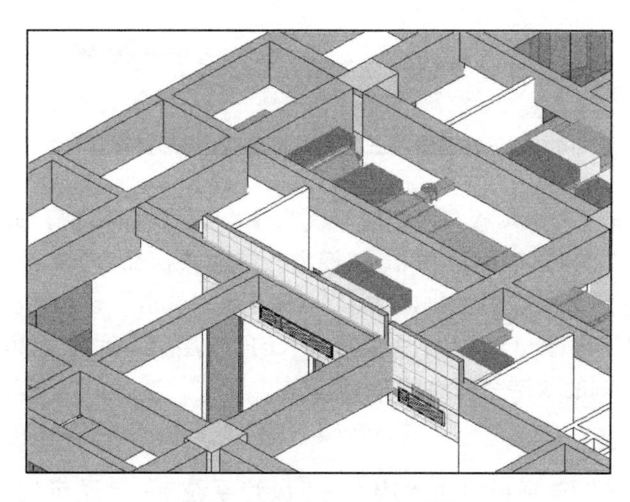

图 3-43　送风格栅及其安装墙面

3.4　新建风管过滤器

3.4.1　设置视图可见性（VV）

单击“项目浏览器”选项板→“三维视图”，此时，绘图区域显示三维建筑结构 Revit 模

型。在绘图区域空白处单击一下，激活绘图区域，此时键入快捷命令 <VV>（或者在功能区单击“视图”→“可见性 / 图形替换”），弹出“三维视图：{ 三维 } 的可见性 / 图形替换”对话框，如图 3-44 所示。单击“模型类别”选项卡，取消勾选“楼板”，则隐藏“楼板”类别，楼板下面的建筑结构与空调系统清晰可见。

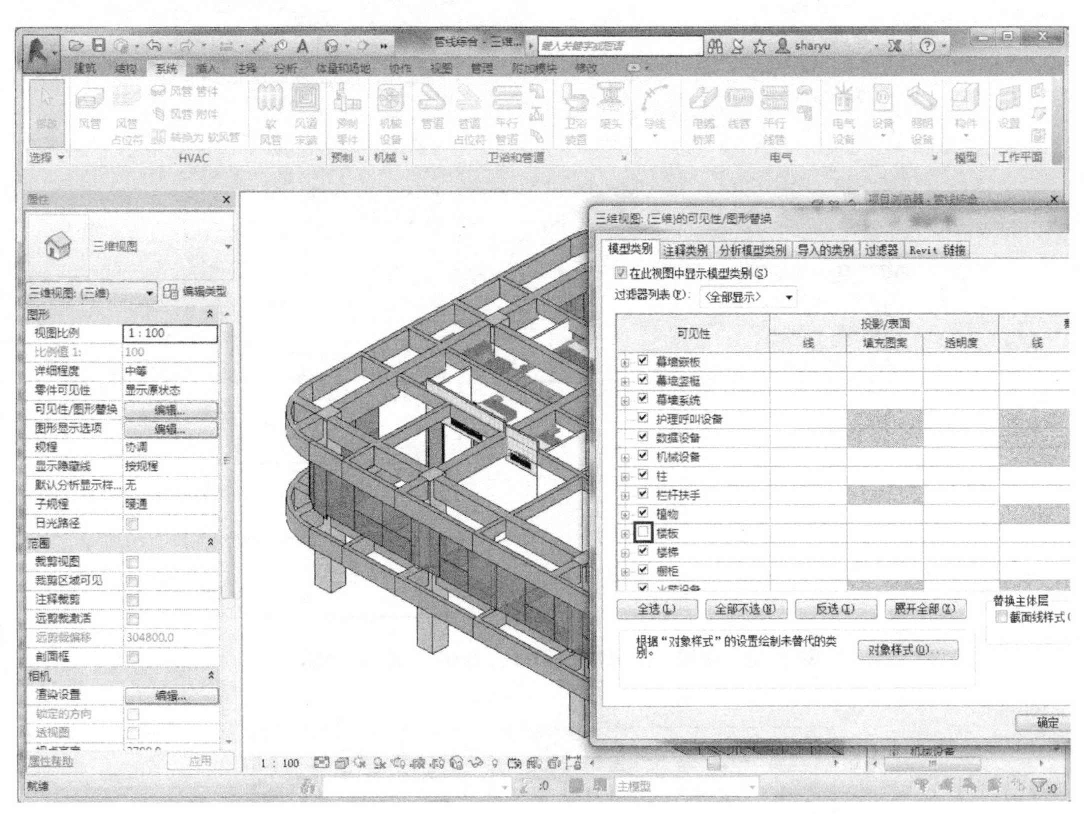

图 3-44 “三维视图 :{ 三维 } 的可见性 / 图形替换”对话框

单击“项目浏览器”选项板→“楼层平面”→“协调 - 标高 5”，此时，绘图区域显示“楼层平面：标高 5”的 CAD 图形和 Revit 模型。键入快捷命令 <VV>，弹出“楼层平面：标高 5 的可见性 / 图形替换”对话框，如图 3-45 所示。单击“导入的类别”选项卡，取消勾选“5 层空调通风平面图 .dwg”，则可隐藏导入的“5 层空调通风平面图 .dwg”，此时，绘图区域仅仅显示所绘制的 5 层空调通风 Revit 模型。

3.4.2 创建风管系统

在“项目浏览器”选项板右击“族”→“风管系统”→“送风”，弹出快捷菜单。单击“复制”，复制生成“送风 2”，重命名为“AC-PAD”，如图 3-46 所示，即创建名为“AC-PAD”的空调新风管系统。

3.4.3 创建过滤器

1）新建“AC-PAD”过滤器。单击“项目浏览器”选项板→“楼层平面”→“协调 - 标高 5”，键入快捷命令 <VV>，弹出“楼层平面：标高 5 的可见性 / 图形替换”对话框，如图

3-47 所示。单击“过滤器”选项卡→“编辑 / 新建”，弹出“过滤器”对话框。单击“新建”图标，弹出“过滤器名称”对话框。在“名称”文本框中输入“AC-PAD”，单击“确定”，即返回“过滤器”对话框，新建“AC-PAD”过滤器。

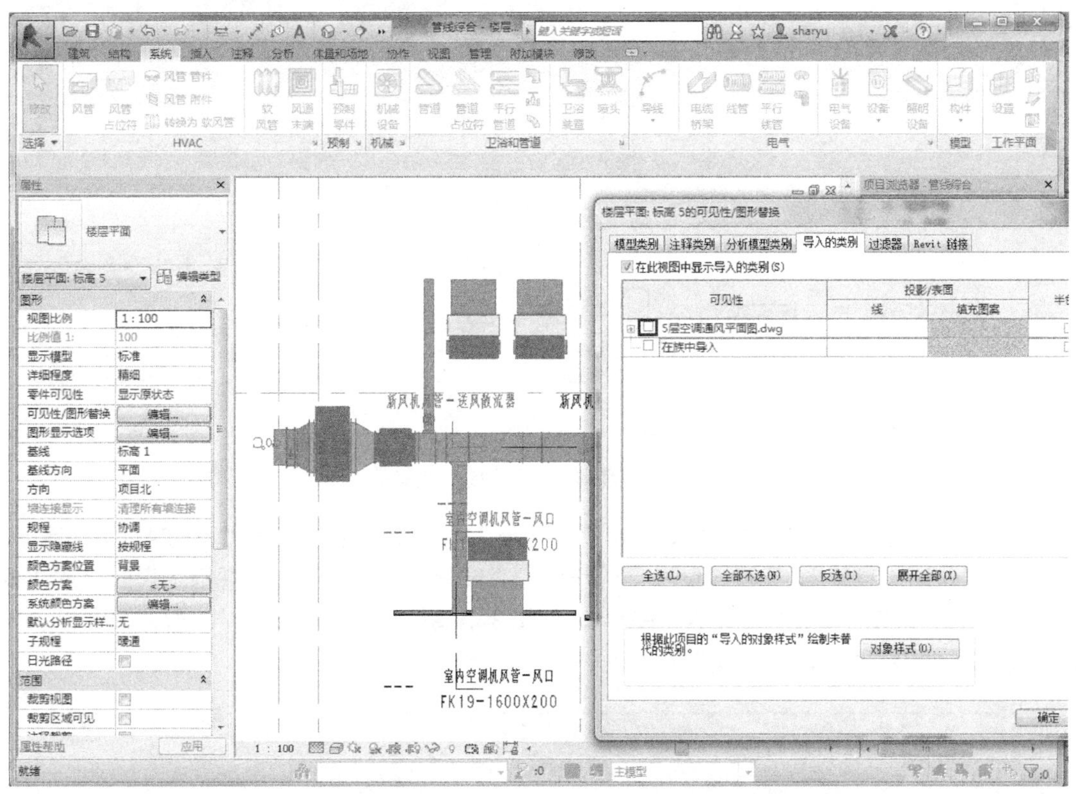

图 3-45　“楼层平面：标高 5 的可见性 / 图形替换”对话框

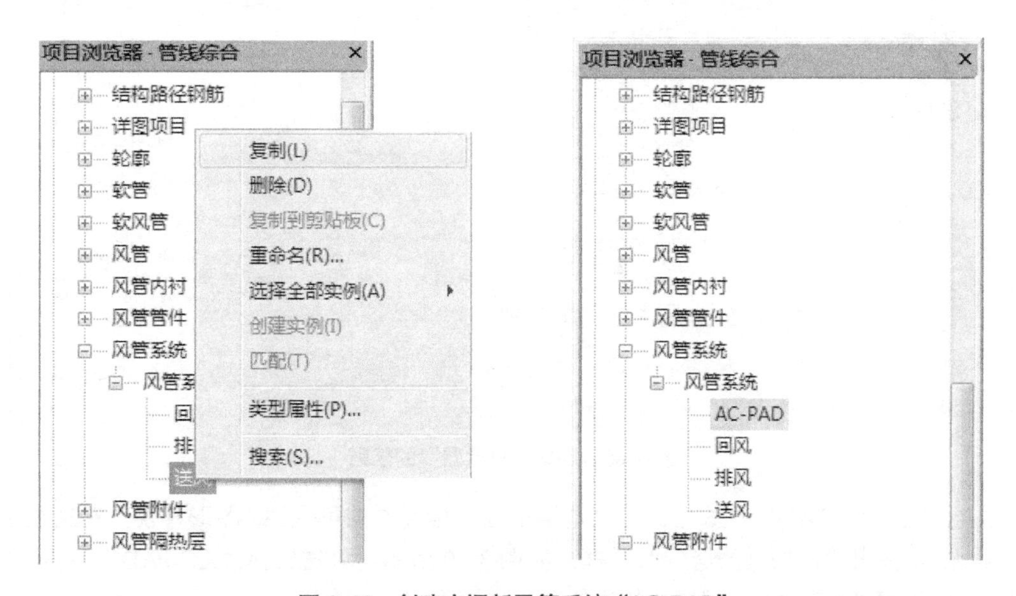

图 3-46　创建空调新风管系统“AC-PAD”

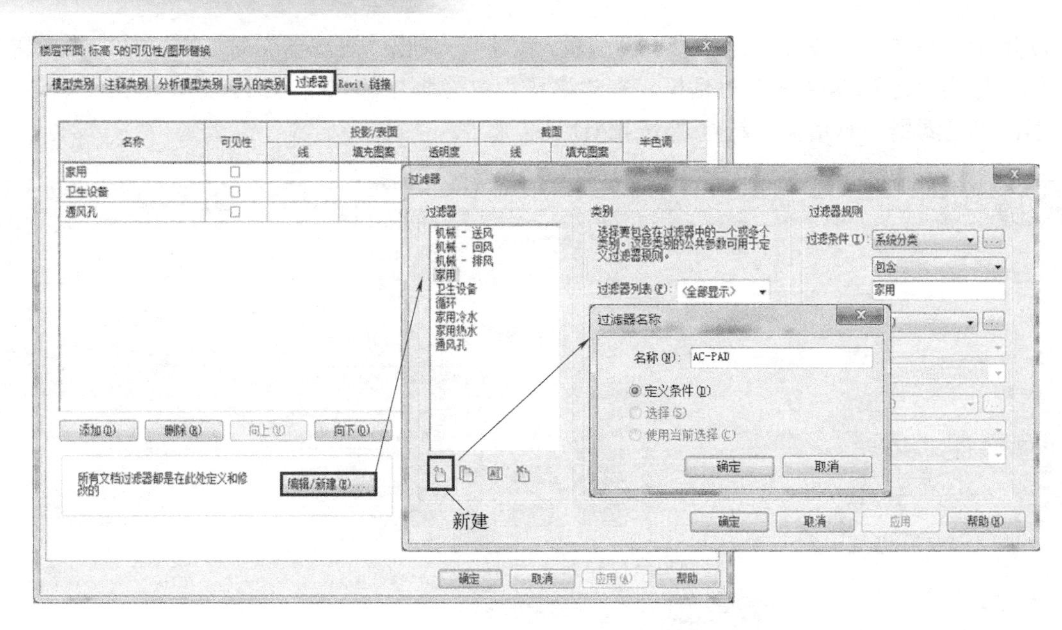

图 3-47　新建“AC-PAD”过滤器

2）定义“过滤器”的过滤规则。在“过滤器”对话框中单击选中“AC-PAD”过滤器，“类别”栏勾选“风管”“风管管件”“风管附件”“风管末端”，“过滤器规则”栏的“过滤条件”设置为“系统类型，等于，AC-PAD”，如图 3-48 所示。单击“确定”，即返回“楼层平面：标高 5 的可见性 / 图形替换”对话框。

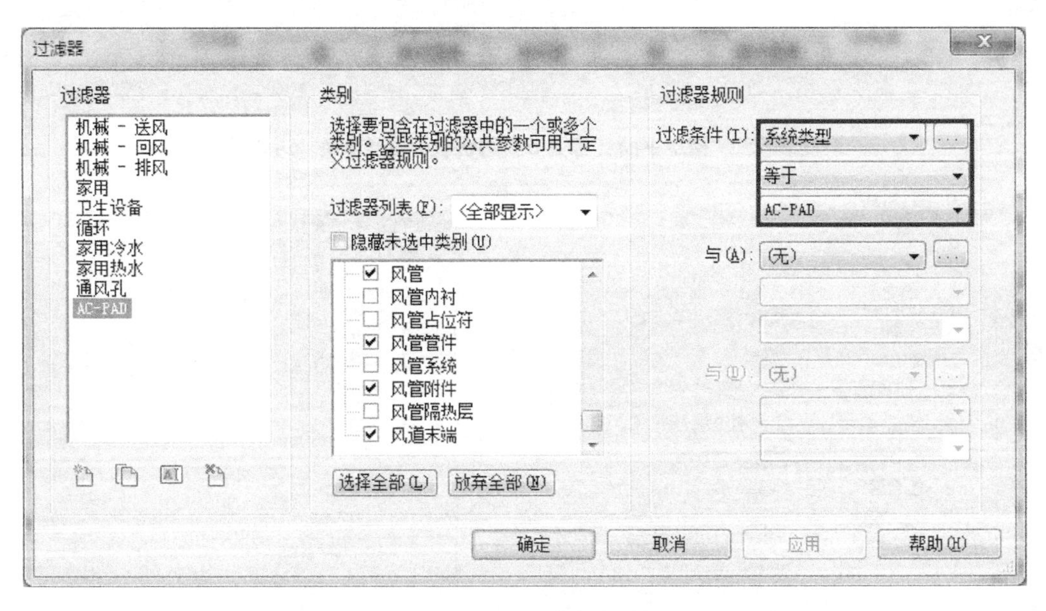

图 3-48　定义“过滤器”的规则

3）添加“AC-PAD”过滤器。在“楼层平面：标高 5 的可见性 / 图形替换”对话框中单击“添加”，弹出“添加过滤器”对话框，如图 3-49 所示。单击选择“AC-PAD”，单击“确定”，完成新建“AC-PAD”过滤器的添加。

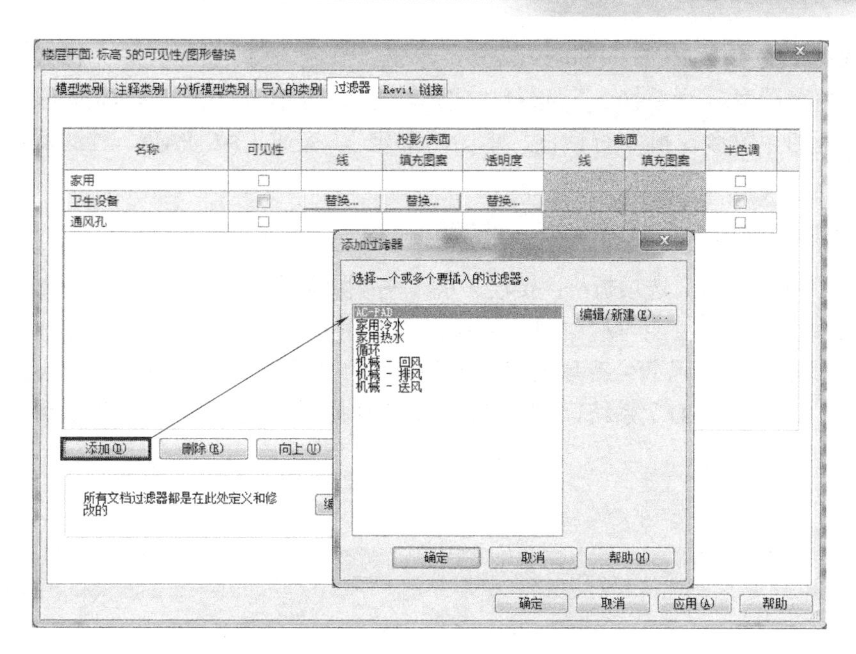

图 3-49　添加“AC-PAD”过滤器

4）配置“AC-PAD”过滤器的填充颜色。在“楼层平面：标高 5 的可见性 / 图形替换”对话框中，单击选中“AC-PAD”过滤器，再单击“投影 / 表面 - 填充图案”栏的“替换”，弹出“填充样式图形”对话框，如图 3-50 所示。单击“颜色：<无替换>”，弹出“颜色”

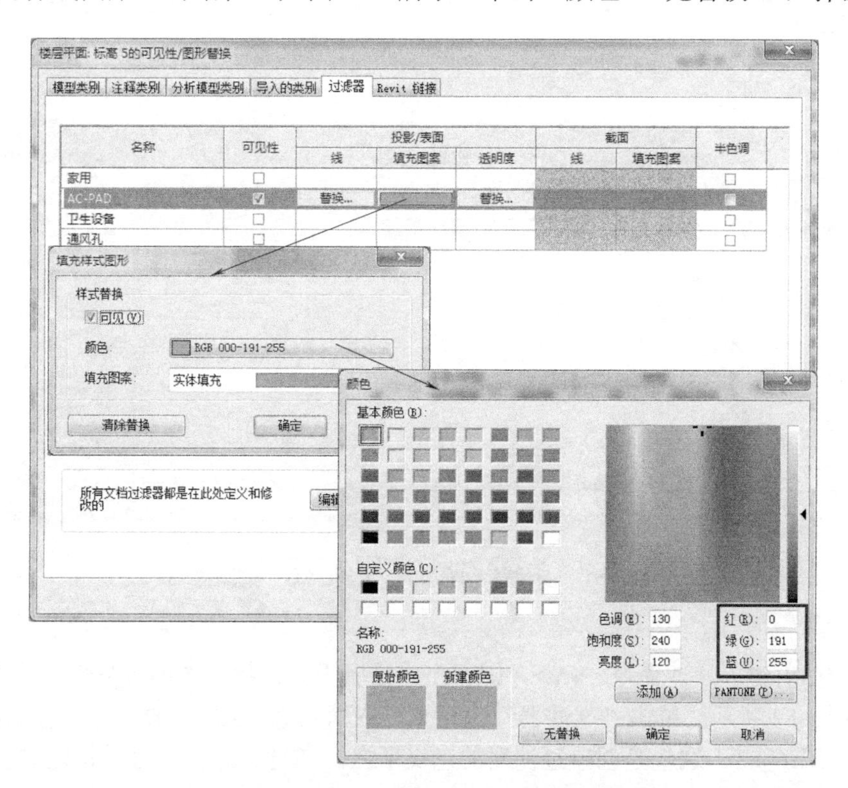

图 3-50　配置“AC-PAD”过滤器的填充颜色

对话框。输入颜色参数 RGB 000-191-255，单击“确定”，即返回“填充样式图形”对话框。单击“填充图案:< 无替换 >”，选择“实体填充”，再单击“确定”，即返回“楼层平面：标高 5 的可见性 / 图形替换”对话框。单击“确定”，完成“AC-PAD”过滤器填充颜色的配置。

3.4.4 新风管系统加入“AC-PAD”过滤器

单击“项目浏览器”选项板→“楼层平面”→“协调 - 标高 5”，在绘图区域单击选中风管，连续按 <Tab> 键，直至与选中风管连接的“新风管”全部出现在虚线框中，如图 3-51 所示。将“属性（矩形风管 - 新风管）”选项板中的“系统类型”修改为“AC-PAD”，则“新风管”加入“AC-PAD”系统，“新风管”颜色亦同时变为“AC-PAD”过滤器的填充颜色 RGB 000-191-255。

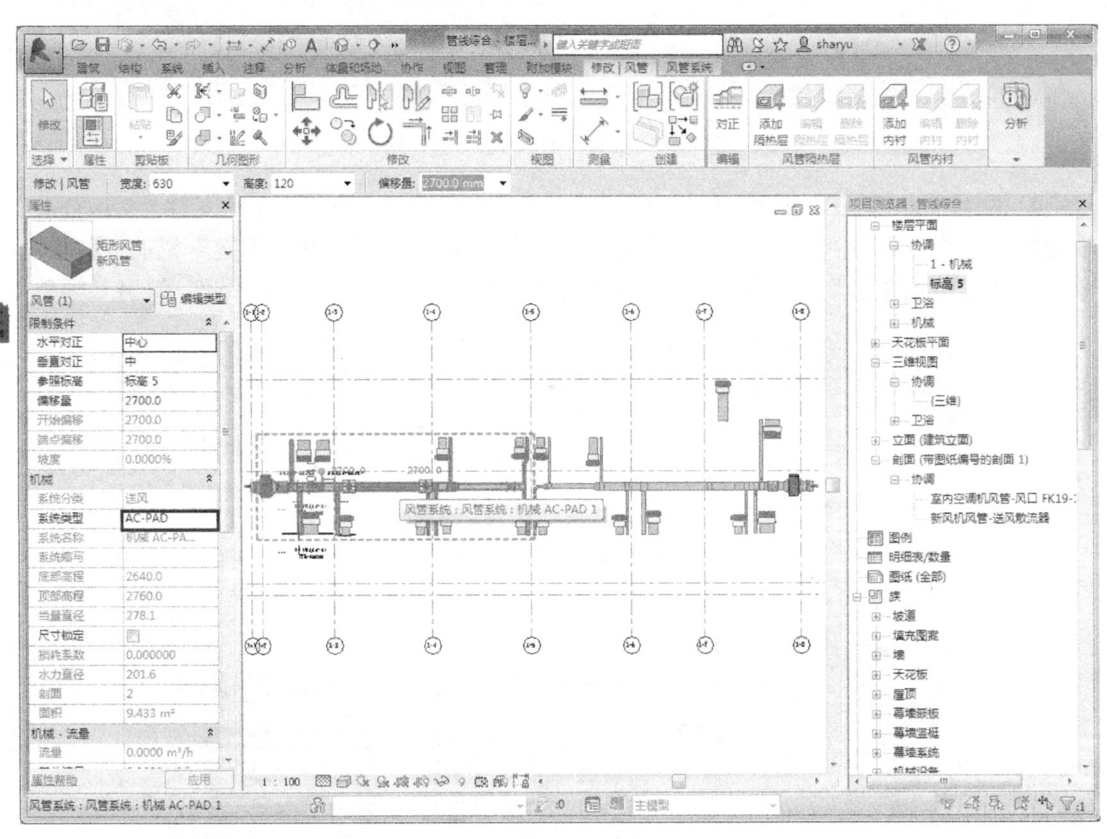

图 3-51 新风管系统加入“AC-PAD”过滤器

此时，如若键入快捷命令 <VV>，则弹出“楼层平面：标高 5 的可见性 / 图形替换”对话框，如图 3-52 所示。单击“过滤器”选项卡，取消勾选“AC-PAD”的“可见性”，则可隐藏全部“新风管”，这就是创建过滤器的意义所在。通过过滤器，可以指定显示颜色，或者隐藏所创建的机电系统或类型实现机电系统 Revit 模型的显示管理。

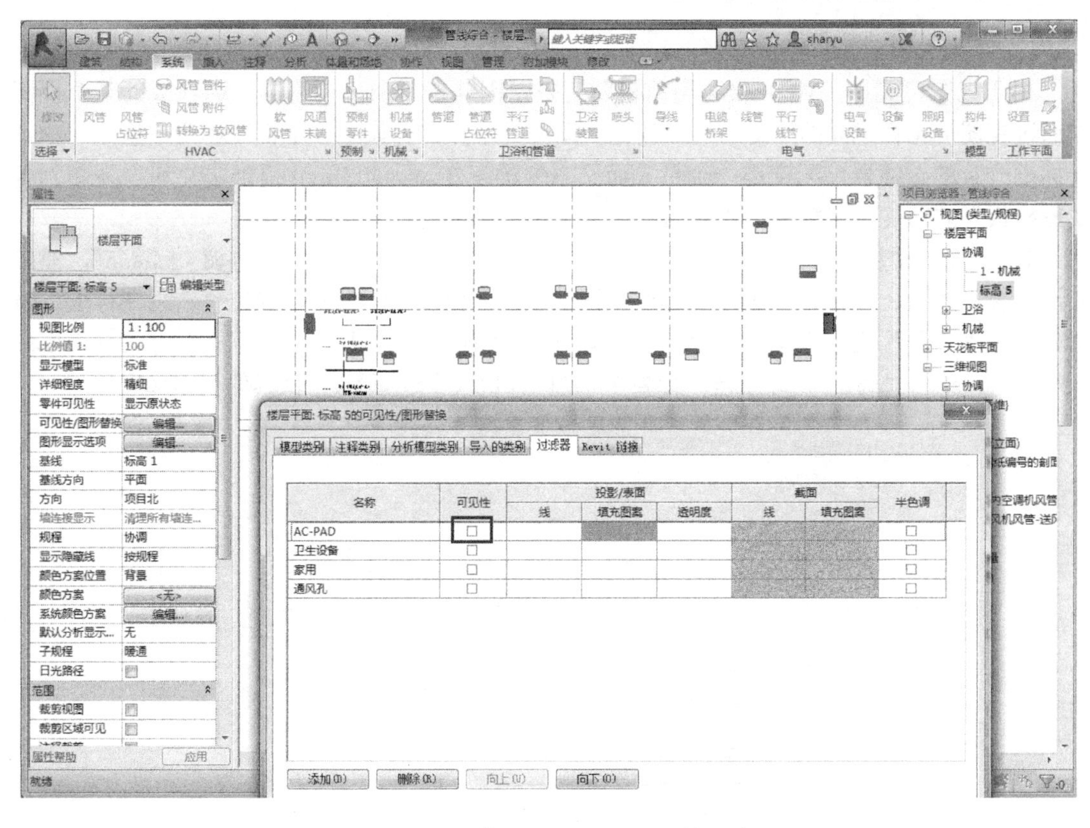

图 3-52　隐藏“AC-PAD”新风管系统

重要提示

视图可见性（VV）仅对当前视图有效

楼层平面：标高 5 的“AC-PAD”新风管系统过滤器已经成功创建，但是，当单击“项目浏览器”选项板→“三维视图”→“协调”→“三维”，再在绘图区域空白处单击一下，激活绘图区域后，键入快捷命令 <VV>，在弹出的“三维视图：{三维} 的可见性 / 图形替换”对话框（见图 3-53）中并没有“AC-PAD”过滤器。注意：视图可见性（VV）仅对当前（定义过滤器时的）视图有效。也就是说，在“楼层平面：标高 5”视图中，建立的“AC-PAD”新风管系统过滤器，仅在“楼层平面：标高 5”视图中有效，并不会在其他视图中自动生效。其余视图中的可见性设置也是如此，仅对当前视图有效。

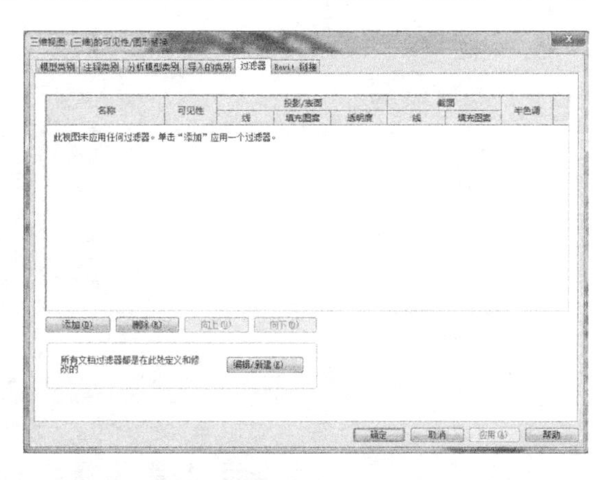

图 3-53　三维视图中无“AC-PAD”过滤器

3.4.5　通过视图创建视图样板

由于视图可见性（VV）仅对当前视图有效，因此在“项目浏览器”选项板的某个视图中通过视图可见性建立的过滤器，在其他视图中并不存在。如果各个视图都要分别一一去定义标准一致的过滤器，无疑是一个量大而又重复的工作，为此 Revit 提供了“通过视图创建视图样板”的功能，来解决上述问题。

1）创建“楼层平面：标高 5”的视图样板。右击“楼层平面”→“协调 - 标高 5”，弹出快捷菜单，如图 3-54 所示。单击“通过视图创建视图样板（E）…”，弹出“新视图样板”对话框，在“名称”文本框中键入“标高 5”，单击“确定”，弹出“视图样板”对话框，如图 3-55 所示。单击“确定”，即创建“标高 5”视图样板（含过滤器），供其他视图采用。

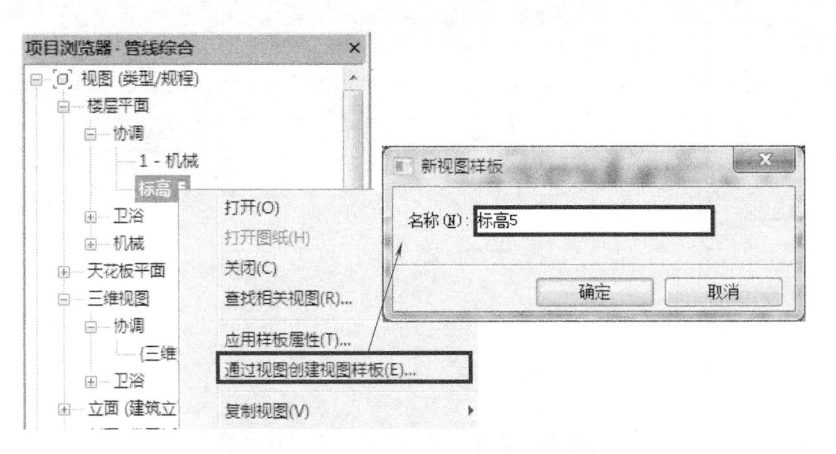

图 3-54　创建“标高 5”新视图样板

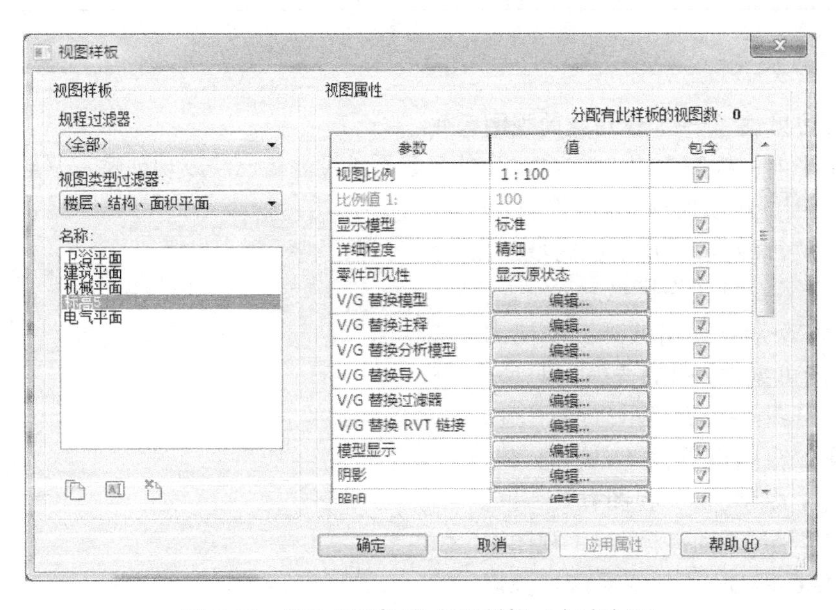

图 3-55　创建“标高 5”视图样板（含过滤器）

2）在三维视图中应用“标高 5”视图样板（含过滤器）。右击“三维视图”→“协调”→“三维”，弹出快捷菜单，如图 3-56 所示。单击“应用样板属性（T）…”，弹出“应用视图样板”对话框，选择“标高 5”，单击“确定”，“标高 5”视图样板应用到三维视图中，如图 3-57 所示。“AC-PAD”过滤器也应用到三维视图中，并且在三维视图中，“新风管”的颜色也随即改变，呈现过滤器定义的填充色 RGB 000-191-255。

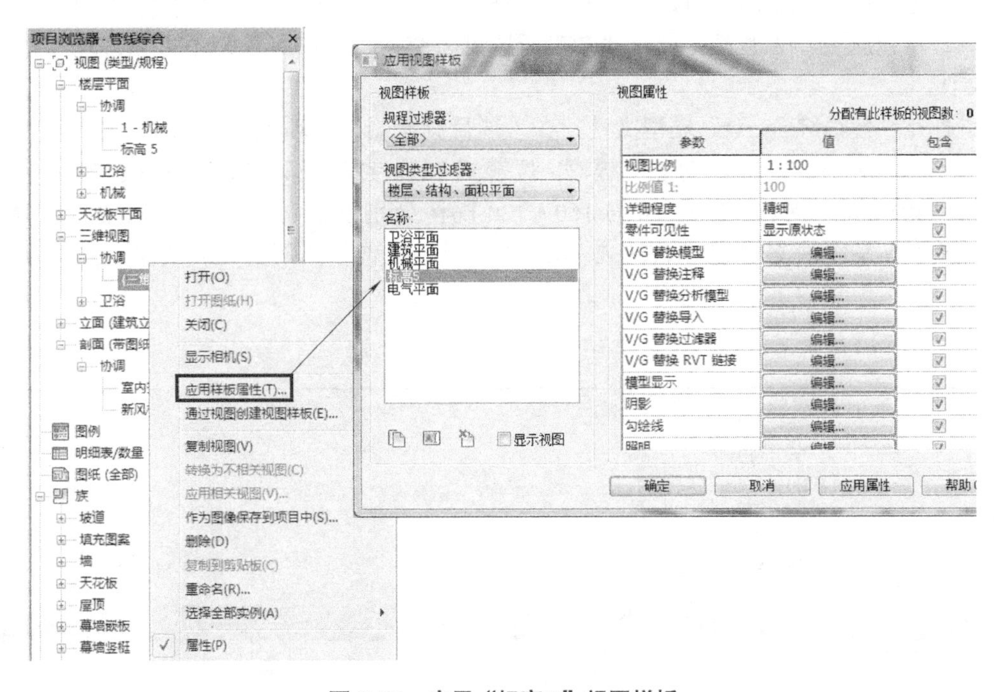

图 3-56　应用“标高 5”视图样板

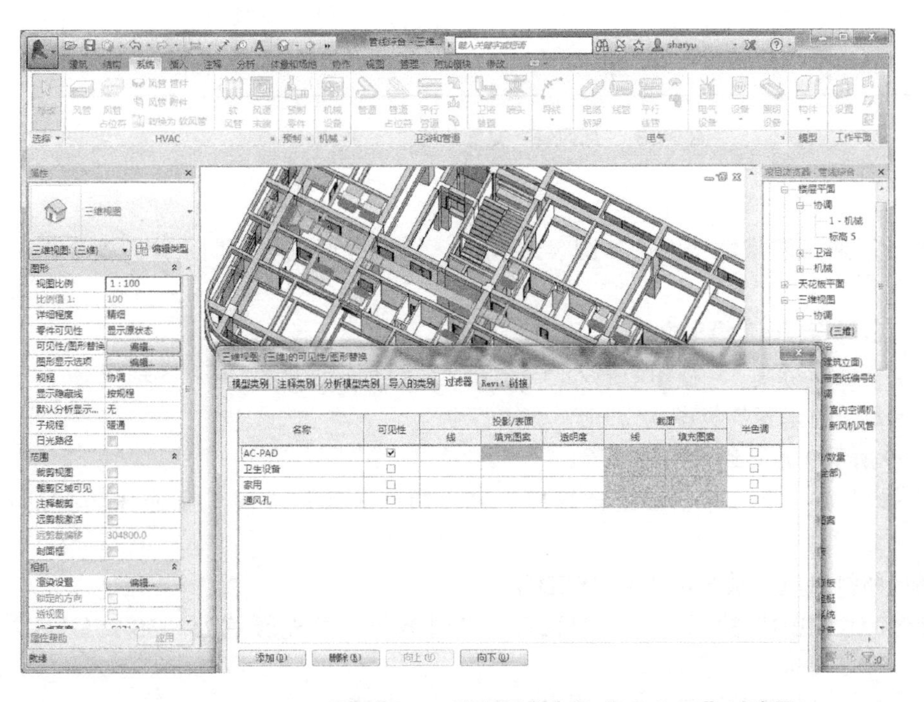

图 3-57　三维视图中应用“AC-PAD”过滤器

新建风管
过滤器

练 习 题

1. 打开“管线综合 .rvt”模型文件，在“楼层平面：标高 5”视图中，创建名称为“AC-新风机与空调机”的过滤器，过滤“类别”为机械设备，“过滤条件”为“类型名称，大于，AC-28”；填充颜色：无替换。验证“AC- 新风机与空调机”的可见与不可见管理，并保存模型文件。

2. 打开“管线综合 .rvt”模型文件，在“项目浏览器”选项板中查找到“族”→“风管附件”→“蝶阀 - 拉链式”，创建“蝶阀 - 拉链式 320×120”和“蝶阀 - 拉链式 160×120”两种与“新风管”支管 320×120 与 160×120 规格分别匹配的新类型，如图 3-58 所示。在“新风管”系统的支管 320×120 与 160×120 上，放置相匹配的蝶阀类型，并保存模型文件。

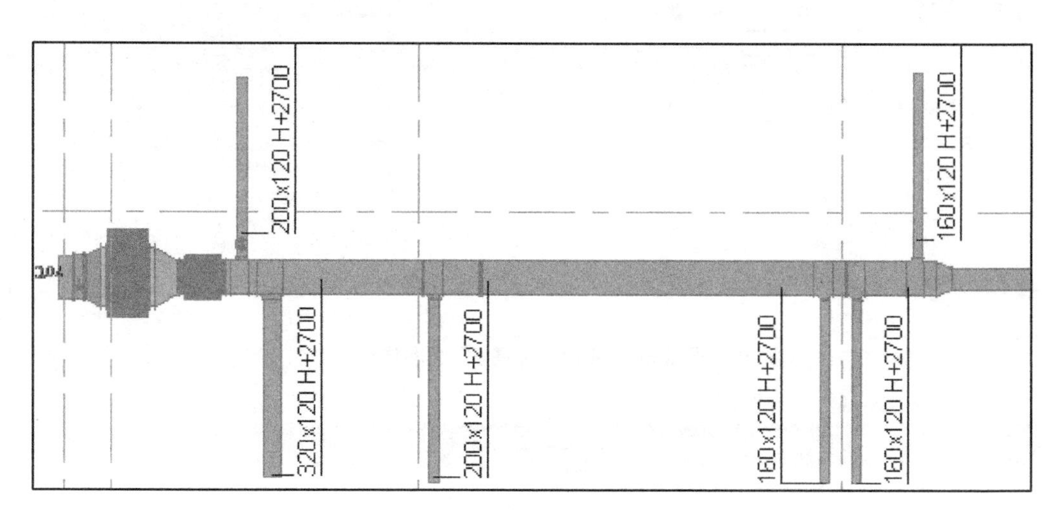

图 3-58 “新风管”支管规格

3. 某办公楼 5 层通风防排烟平面图如图 3-59 所示，请完成通风防排烟系统建模工作，包括：

（1）打开“管线综合 .rvt”模型文件。

（2）在“楼层平面：标高 5”视图中插入“5 层通风防排烟平面图”，并对齐轴网。

（3）创建“通风防排烟管”类型。

（4）如图 3-59 所示，绘制通风防排烟管。

（5）插入“排气扇”族，并安装“排气扇”和“70℃常开防火阀”到通风防排烟管上。

（6）创建通风防排烟风管系统，命名“SED”。

（7）创建命名为“SED”的通风防排烟风管系统过滤器，填充颜色为 RGB 255-127-000。

（8）将绘制的通风防排烟管加入“SED”风管系统，保存模型文件。

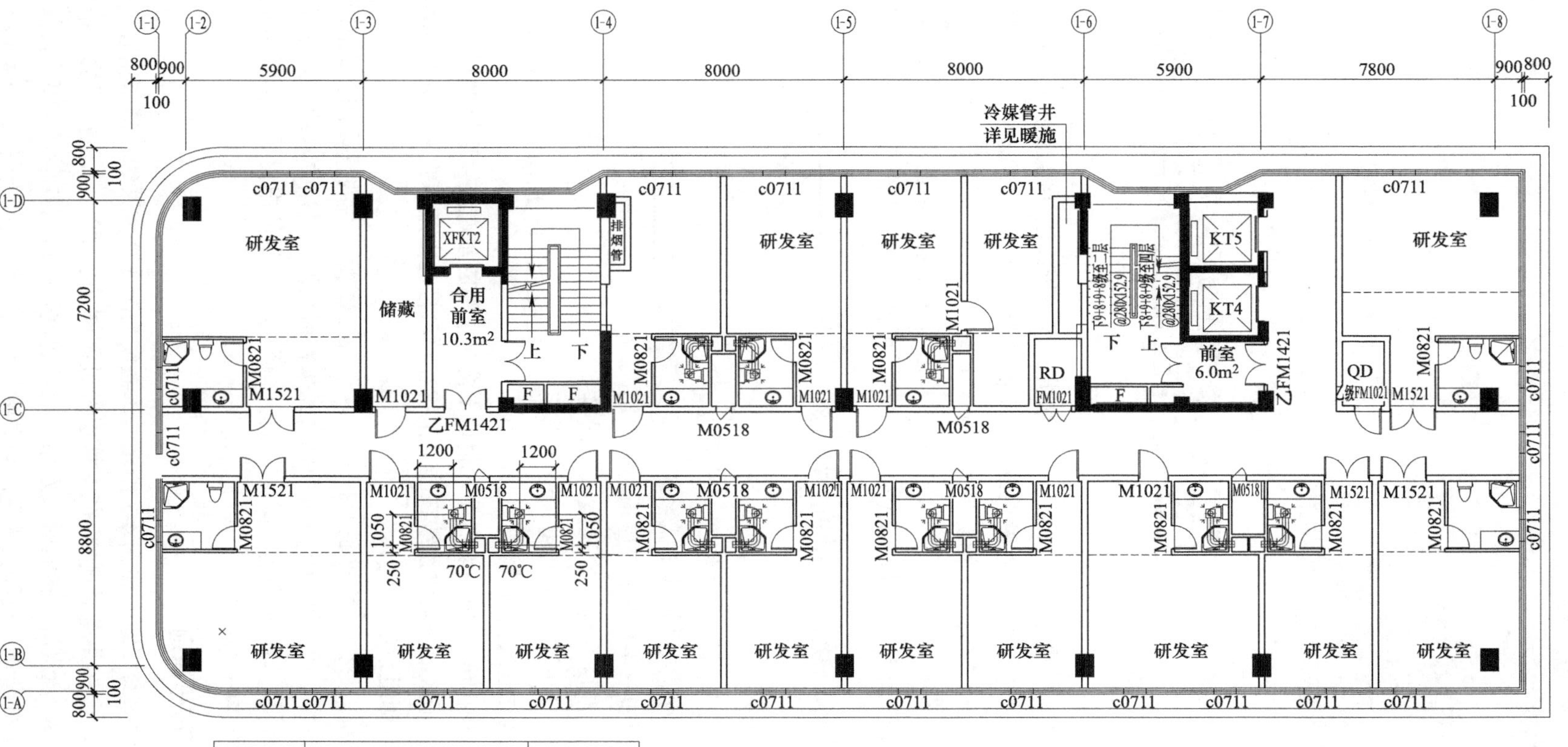

图例	70℃	
说明	70℃常开防火阀	排风扇

注：未标注风管规格均为：200×160。

图 3-59 通风防排烟平面图

项目 4

压力管道系统建模

自动消防喷淋系统、中央空调冷冻水与冷却水供回水系统、生活给水系统，均为压力管道系统。本项目首先通过自动消防喷淋系统图与平面图识读，了解自动消防喷淋系统的组成原理；然后在此基础上，学会自动消防喷淋系统、中央空调冷冻水供回水系统的 Revit 建模方法、步骤及其注意事项，内容包括：消防自喷管道系统配置、管道建模和末端附件放置，空调冷冻水供回水管道系统配置、管道建模，“视图可见性”与“过滤器”的应用等。

4.1 自动消防喷淋系统图与平面图识读

4.1.1 自动消防喷淋系统

自动消防喷淋系统分为闭式系统和开式系统。闭式消防喷淋系统又分为湿式系统与干式系统。

湿式消防喷淋系统如图 4-1 所示，屋顶消防水箱装满水，火灾发生时，温度升到一定高度（一般是 68℃），闭式喷头融化，管网内的水在屋顶消防水箱的作用下自动喷出，这时湿式报警阀组会自动打开，压力开关（阀内）控制消防喷淋泵自动启动，把地下消防水池的水通过管道提供到管网，整个消防系统开始工作。干式消防喷淋系统在准工作状态时，管道内充满的则是用于启动系统的有压气体，干式报警阀组会自动打开。

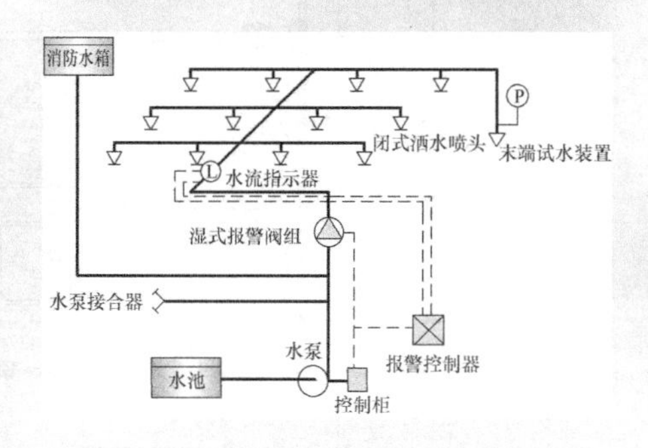

图 4-1　湿式消防喷淋系统示意图

开式消防喷淋系统，感烟（或感温）探头对烟气进行侦测，当烟气达到一定浓度时，感烟（或感温）探头报警，经主机确认后反馈到声光报警器动作，发出声音或闪烁灯光警告人们，并联动防排烟风机启动，开始排烟，同时打开雨淋报警阀组的电磁阀，再联动喷淋泵自动启动，开式喷头直接喷水。

4.1.2 消防系统图形符号识别

某办公楼自动喷淋系统平面图如图 4-2 所示，本系统为湿式喷淋系统。消防主管自水井上到本楼层（如图右侧电梯井道对侧），在本楼层经过闸阀（手动）、水流指示器（信号报警）、减压孔板（减压）、泄水阀（检修时放水用）后，通过管网送到各个闭式喷头，管网最远末端（如图左下侧）安装水压表和试水阀。自动喷淋系统管道路径和图例如图 4-3 所示。

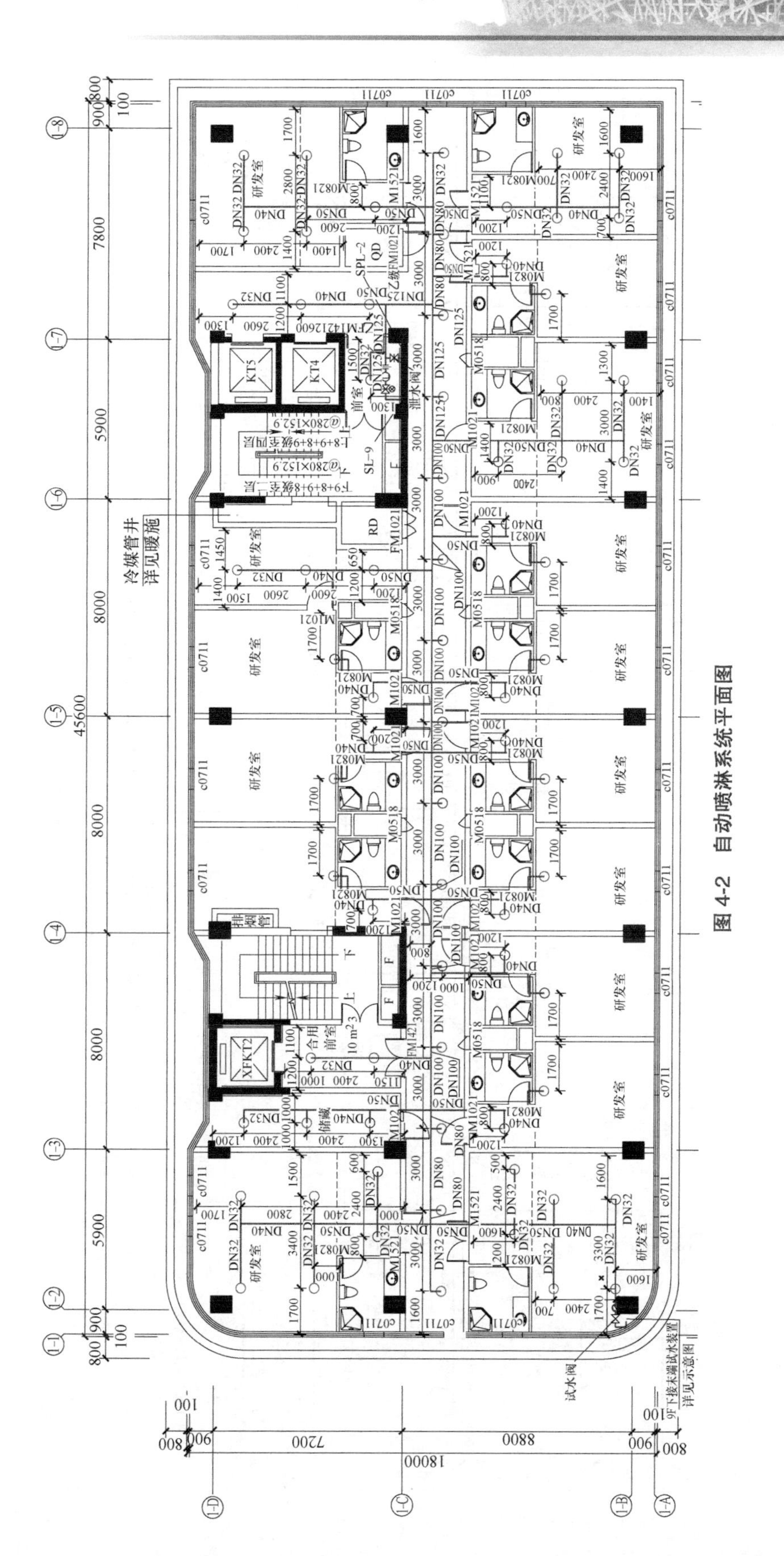

图 4-2　自动喷淋系统平面图

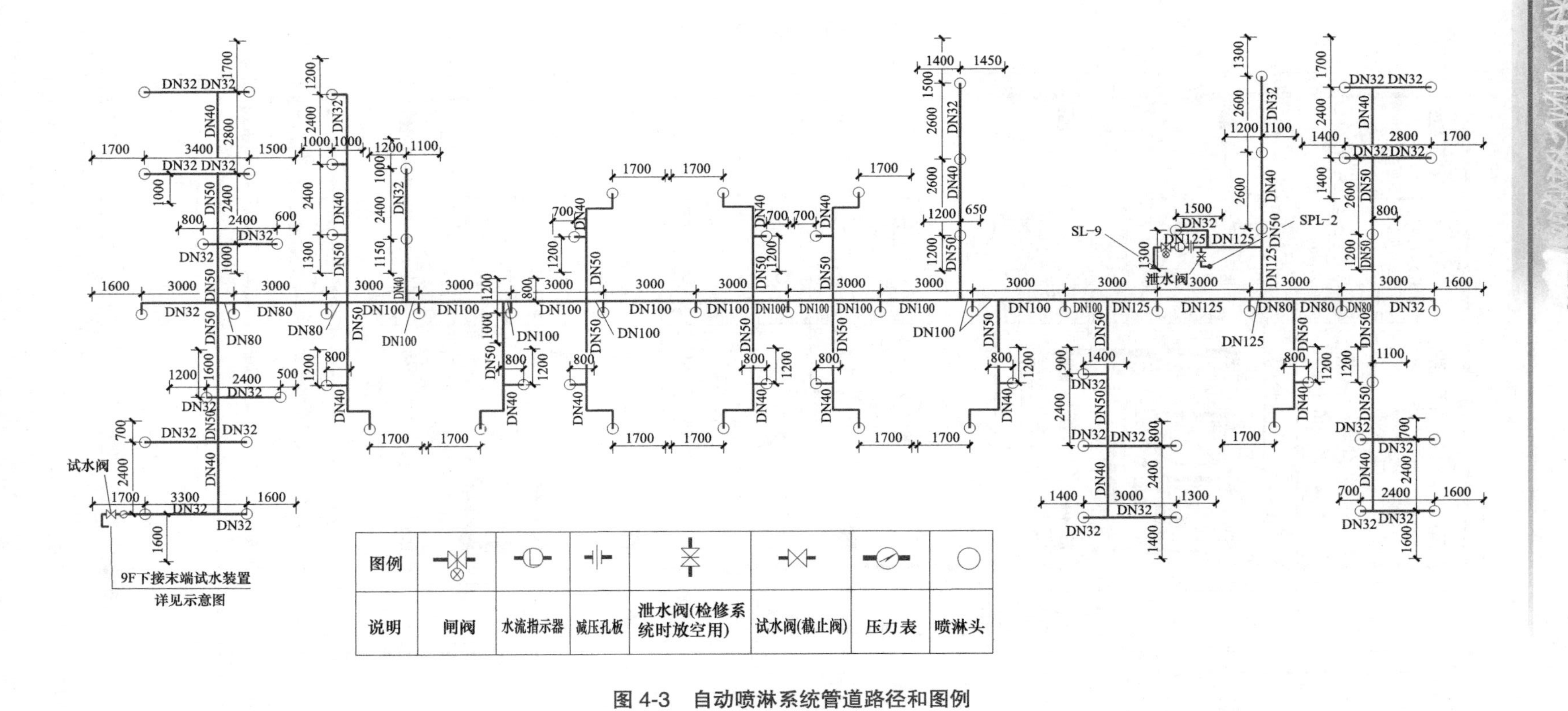

图 4-3　自动喷淋系统管道路径和图例

4.2　消防管道建模

4.2.1　插入喷淋 CAD 图

单击“应用程序菜单”→“打开”→“项目”，选择已经创建标高和轴网的“管线综合”项目文件，单击“打开”，即打开已有“管线综合”Revit 项目。

链接 CAD 喷淋平面图。在“项目浏览器”选项板单击“楼层平面”→“协调 - 标高 5”，再单击功能区“插入”选项卡→“链接”面板→“链接 CAD”，弹出“链接 CAD 格式”对话框，如图 4-4 所示，选择“5 层喷淋平面图”。注意：勾选“仅当前视图”，“导入单位”设为“毫米”，“定位”设为“自动 - 中心到中心”，单击“打开”，则“5 层喷淋平面图”链接到本项目中。

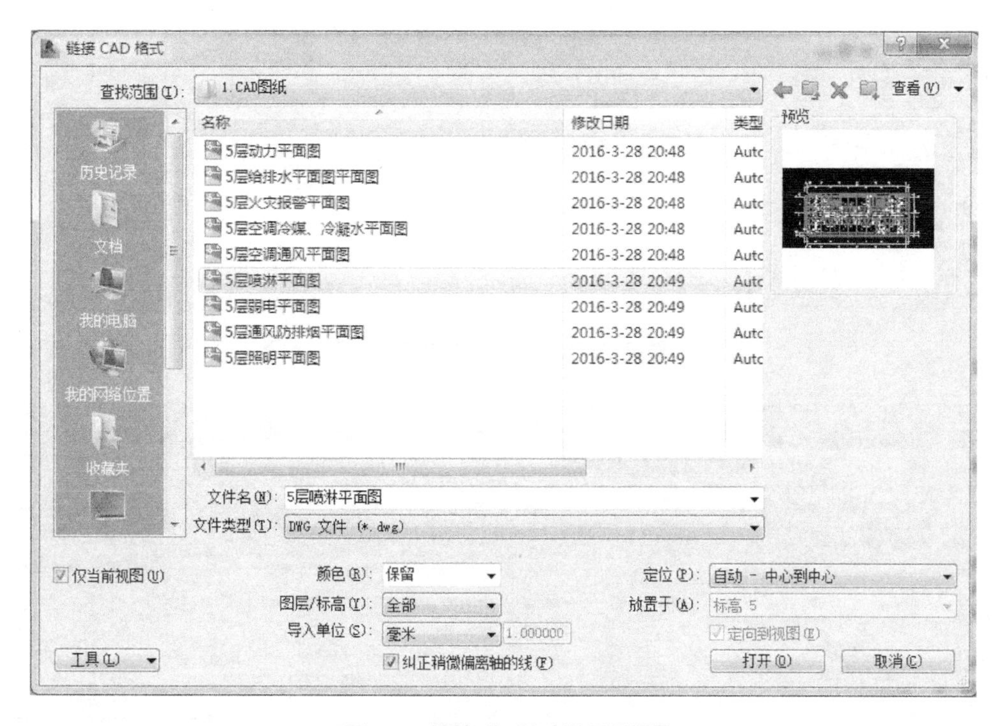

图 4-4　链接“5 层喷淋平面图”

链接后如图 4-5 所示，“5 层喷淋平面图”位于模型中心，建筑结构模型轴网位于原点，二者轴网不重叠，需要对齐。

将“5 层喷淋平面图”与建筑结构模型的轴网对齐。单击功能区“修改”选项卡→“修改”面板→“对齐”，先选择对齐目标，再选择需要对齐的对象，分别对齐水平轴线(1-A)，垂直轴线(1-1)，如图 4-6 所示，则“5 层喷淋平面图”与建筑结构模型的轴网对齐。按两次 <Esc> 键，退出 Revit 选项卡命令。

单击选择“5 层喷淋平面图”CAD 图，功能区即出现“修改 |5 层喷淋平面图 .dwg”上下文选项卡。此时，设置选项栏“修改 |5 层喷淋平面图 .dwg”为“前景”，如图 4-7 所示，并单击功能区“修改”选项卡→“修改”面板→“锁定”，锁定“5 层喷淋平面图”。

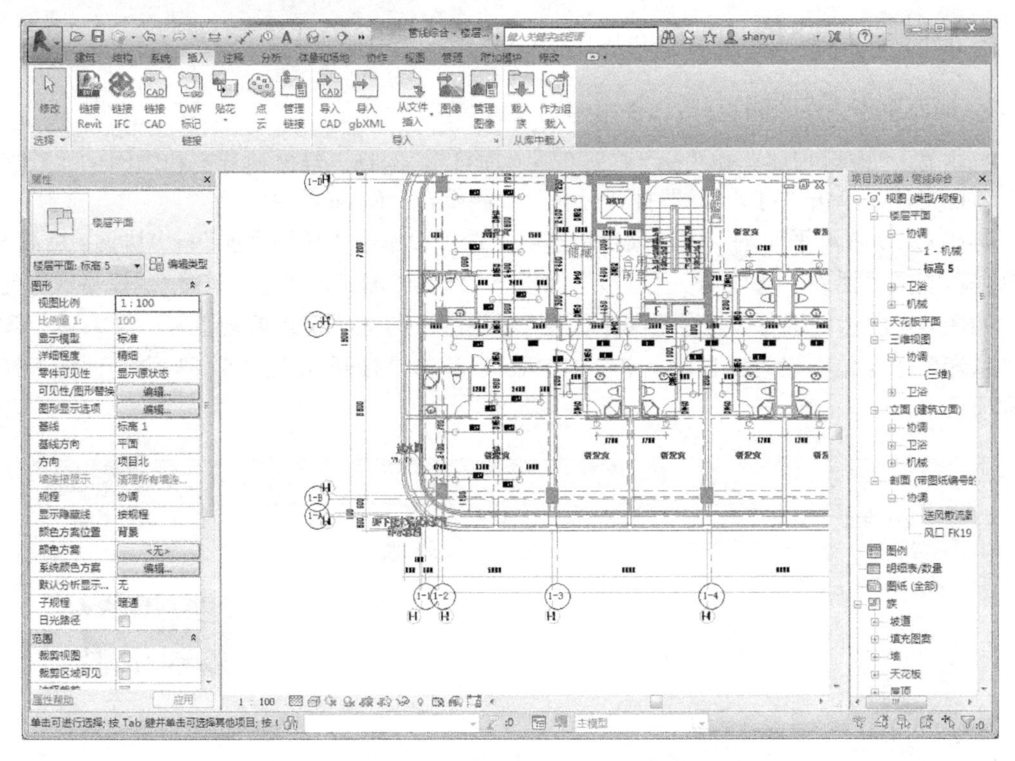

图 4-5　链接 CAD 图与建筑结构模型轴网不重叠

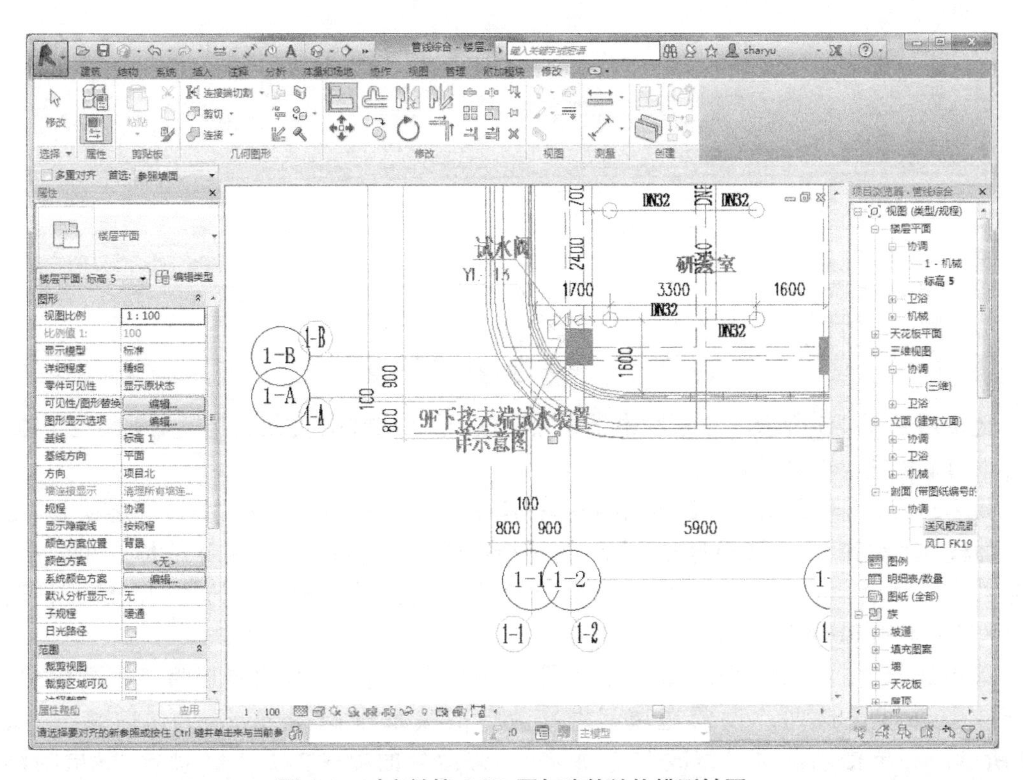

图 4-6　对齐链接 CAD 图与建筑结构模型轴网

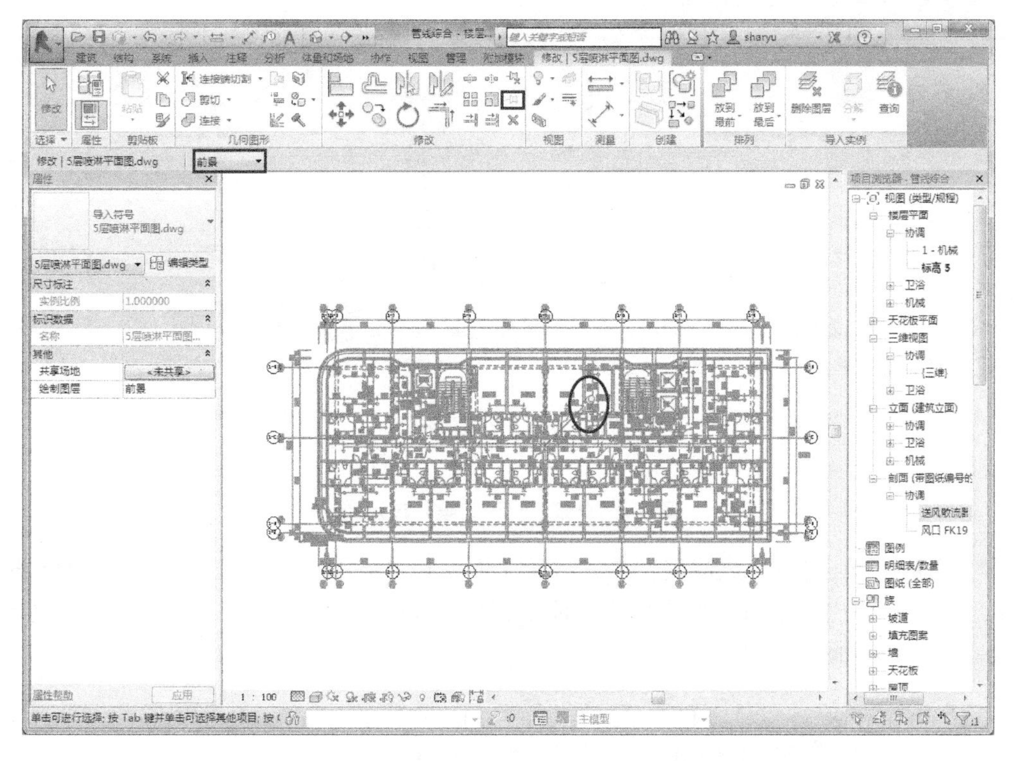

图 4-7　将“5 层喷淋平面图”设置为“前景”并锁定

4.2.2　新建消防“FS- 自喷”管道系统过滤器

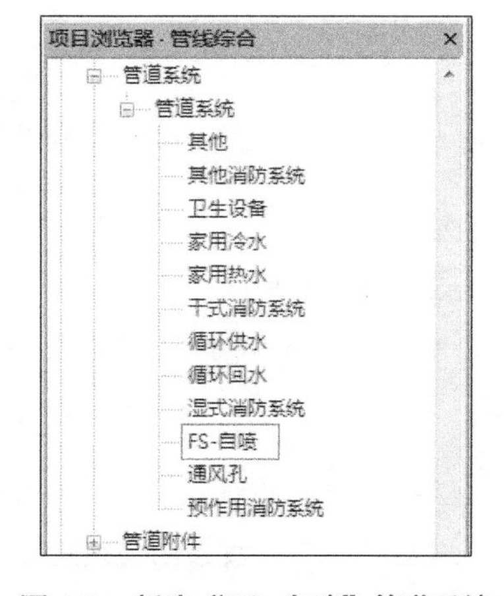

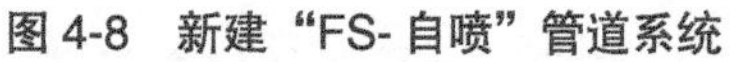
图 4-8　新建“FS- 自喷”管道系统

链接与识读喷淋 CAD 图

1）新建“FS- 自喷”管道系统。“项目浏览器”选项板中，单击“族”→“管道系统”→“湿式消防系统”。右击“湿式消防系统”，弹出快捷菜单，单击“复制”，生成“湿式消防系统 2”。右击“湿式消防系统 2”，弹出快捷菜单，单击“重命名”，输入“FS- 自喷”，即新建“FS- 自喷”管道系统，如图 4-8 所示。

2）新建“FS- 自喷”过滤器。“项目浏览器”选项板中，单击“楼层平面”→“协调 - 标高 5”，再单击激活绘图区域，键入快捷命令 <VV>，弹出“楼层平面：标高 5 的可见性 / 图形替换”对话框，如图 4-9 所示。单击“过滤器”选项卡→“编辑 / 新建”，弹出“过滤器”对话框。单击“新建”图符，弹出“过滤器名称”对话框。在“名称”文本框输入“FS- 自喷”，单击“确定”，即返回“过滤器”对话框，新建“FS- 自喷”过滤器。

3）定义“过滤器”的过滤规则。“过滤器”对话框中单击“FS- 自喷”过滤器，“类别”栏勾选“管件”“管道”“管道附件”；“过滤器规则”栏，“过滤条件”配置为“系统类型等于 FS- 自喷”。单击“确定”，即返回“楼层平面：标高 5 的可见性 / 图形替换”对话框。

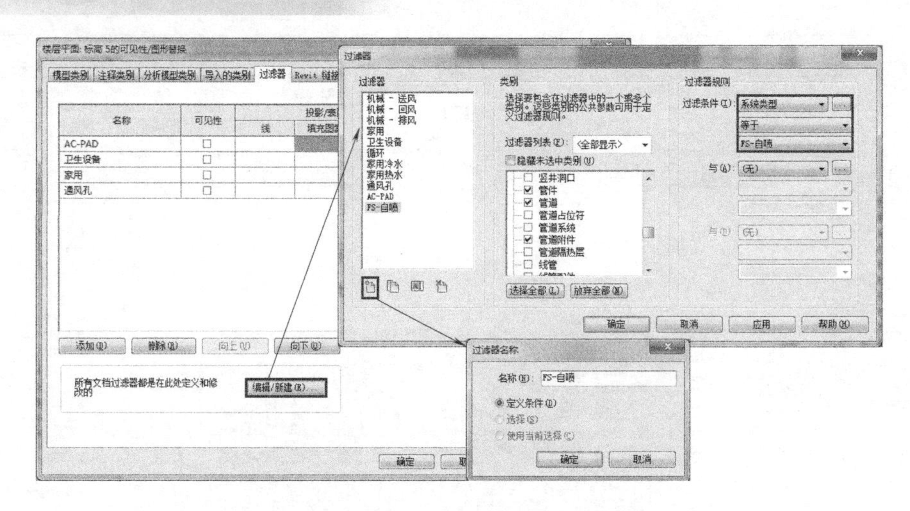

图 4-9　新建“FS- 自喷”过滤器

4）添加“FS- 自喷”过滤器。在“楼层平面：标高 5 的可见性 / 图形替换”对话框中单击“添加”，弹出“添加过滤器”对话框，如图 4-10 所示。单击选择“FS- 自喷”，再单击“确定”，“FS- 自喷”过滤器添加完成。

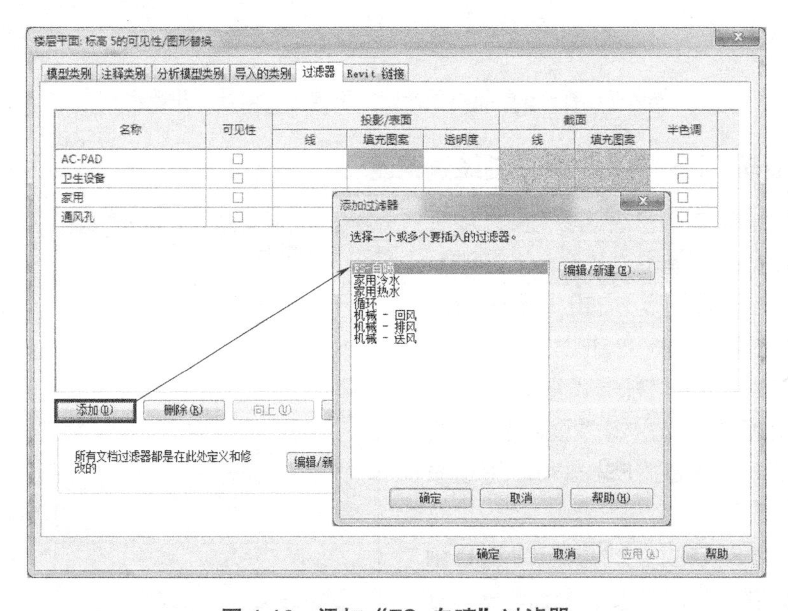

图 4-10　添加“FS- 自喷”过滤器

5）配置“FS- 自喷”过滤器的填充颜色。如图 4-11 所示，在“楼层平面：标高 5 的可见性 / 图形替换”对话框中，单击选中“FS- 自喷”过滤器，再单击“投影 / 表面—填充图案”栏的“替换”，弹出“填充样式图形”对话框。单击“颜色：<无替换>”，弹出“颜色”对话框。输入颜色参数 RGB　255-000-255，单击“确定”，即返回“填充样式图形”对话框。单击“填充图案：<无替换>”，弹出对话框。单击选择“实体填充”，单击“确定”，即返回“楼层平面：标高 5 的可见性 / 图形替换”对话框。单击“确定”，完成“FS- 自喷”过滤器填充颜色的配置。

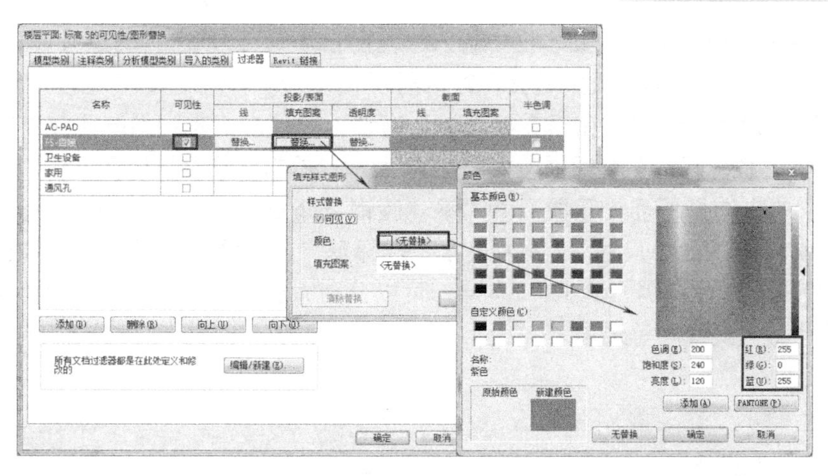

新建湿式喷淋系统过滤器

图 4-11　配置“FS- 自喷”过滤器的填充颜色

4.2.3　新建“消防自喷管”类型

1）绘制一段管道。单击功能区“系统”选项卡→“卫浴和管道”面板→“管道”，并在“修改 | 管道”选项栏设置管道参数：“直径”为 125，“偏移量”为 2600。在绘图区域，光标移动到 CAD 图中 DN125 管道左端中心并单击，再移动光标至管道右端并单击，即绘制出 DN125 管道。

2）创建“消防自喷管”类型。单击选中 DN125 管道，在“属性”选项板中单击“编辑类型”，弹出“类型属性”对话框，如图 4-12 所示。选择“类型”为“标准”，单击“复

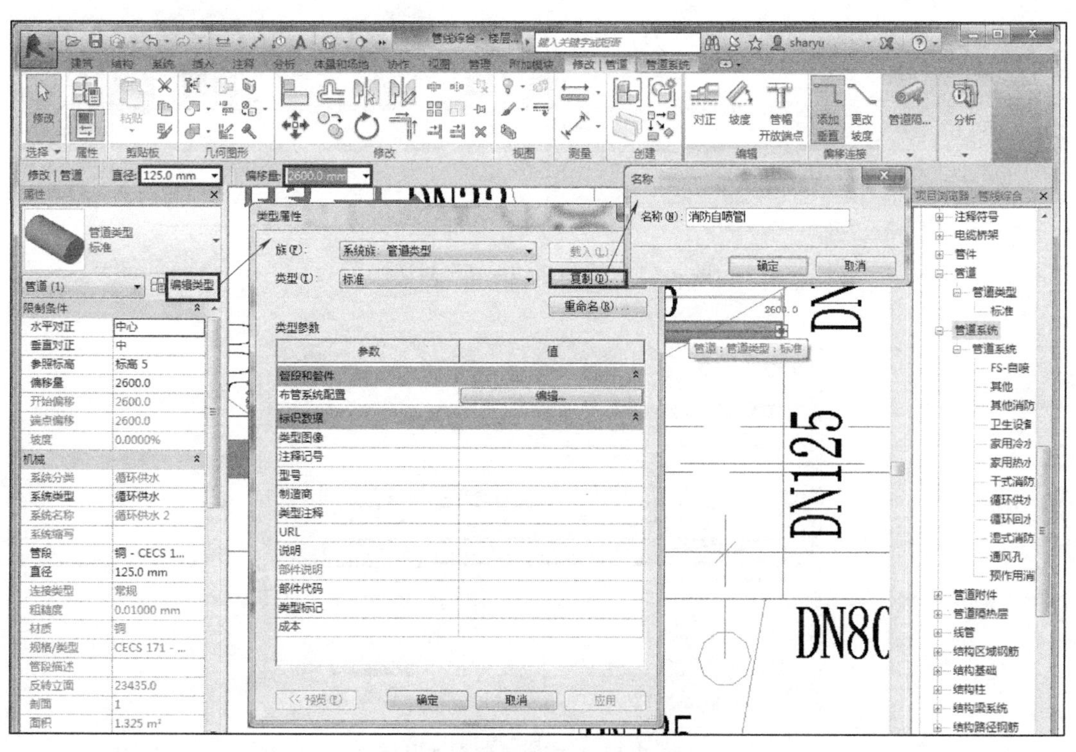

图 4-12　创建“消防自喷管”类型

制”，弹出“名称”对话框，在“名称”文本框中输入“消防自喷管”，单击“确定”，即完成“消防自喷管”类型创建，并返回“类型属性”对话框。

3）“消防自喷管”布管系统配置。在“类型属性”对话框中单击“布管系统配置”右边的“编辑”，弹出“布管系统配置”对话框，如图 4-13 所示。单击“管段”选择窗口，弹出“管段”选项列表，单击选择所需“管段”为“钢，碳钢 -Schedule 40”材质规格标准，如图 4-14 所示。再分别单击“最小尺寸”“最大尺寸”选择窗口，选择所需最小尺寸和最大尺寸，即可划定“管段”尺寸范围。单击“+”号，可以分别添加选项清单里缺少的“管段”“最小尺寸”以及“最大尺寸”等选项。

图 4-13 “布管系统配置”对话框

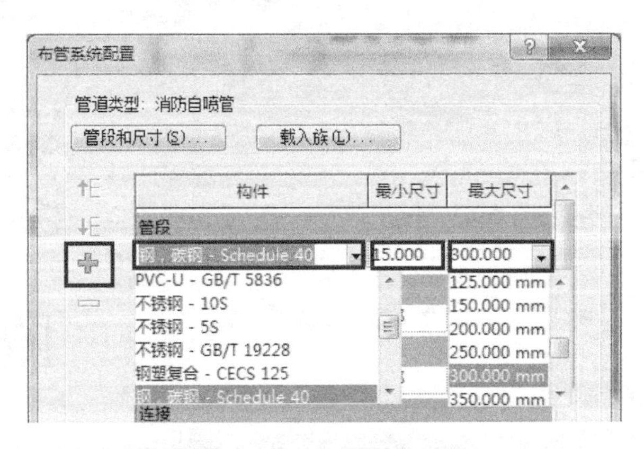

图 4-14 “管段”配置选项

重要提示

“管道设置”——管段和尺寸

在“布管系统配置”对话框中单击“管段和尺寸（S）…”，弹出“机械设置”对话框，如图 4-15 所示。“机械设置”对话框具有“管段（S）”选择、“新建管段”“删除管段”功能；对于选择的管段（如“钢，碳钢”），具有“新建尺寸（N）”“删除尺寸（D）”的功能。

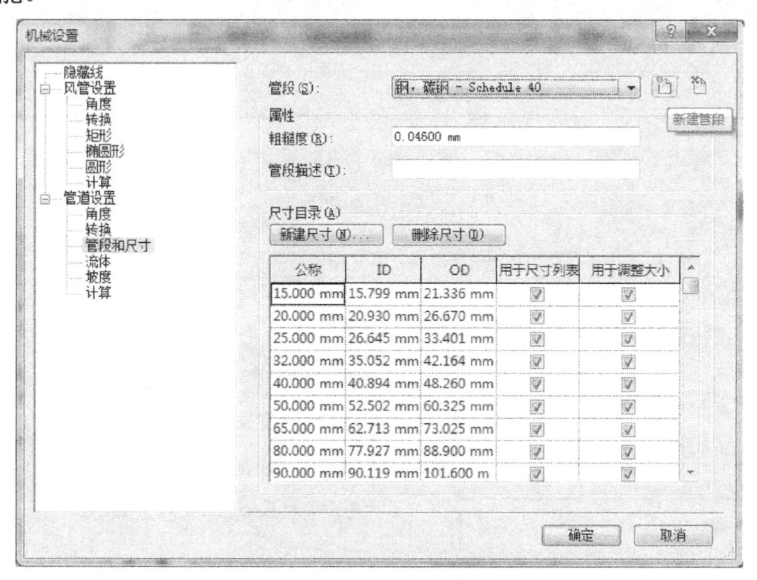

图 4-15　“机械设置”对话框

4）载入消防管件族。依据消防自喷管分段配置需要，在“布管系统配置”对话框中，单击“载入族（L）…”，可载入项目所需的消防管件族，如图 4-16 所示。选中全部消防管件，单击“打开”，则返回“布管系统配置”对话框。

图 4-16　载入消防管件族

在“布管系统配置”对话框中单击“弯头”“三通”“四通”“连接件”等构件的选择窗口，可以选择配置载入的族连接件。按照消防自喷管分段配置要求（见表 4-1），单击选择构件类型，或单击“+”增加（“–”删除）构件类型及其尺寸范围，则可完成布管系统配置，如图 4-17 所示。单击“确定”，返回绘图区域。

表 4-1 消防自喷管分段配置要求

类型	尺寸	
	DN15~80	DN80~150
弯头	螺纹	Victaulic-Firelock（卡箍）
三通	螺纹	V（卡箍）/S（标准）

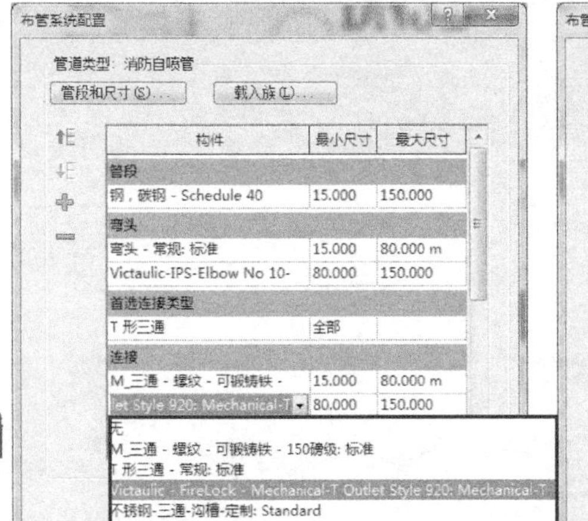

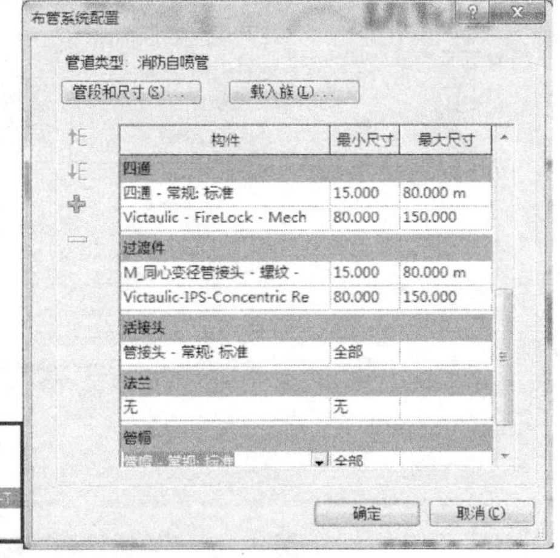

新建喷淋管道类型

图 4-17 “消防自喷管”布管系统配置

4.2.4 管道建模

1）放置消防自喷管。单击功能区“系统”选项卡→“卫浴和管道”面板→“管道”。注意：在“属性（管道类型 - 消防自喷管）”选项板中选择“系统类型：FS- 自喷”，如图 4-18 所示，并在“修改 | 放置 管道”选项栏设置管道参数：“直径”为 125，“偏移量”为 2600。在绘图区域，光标移动到 CAD 图中垂直方向 DN125 管道下端中心并单击，再移动至管道上端并单击，即绘制出 DN125 管道；在“修改 | 放置 管道”选项栏修改管道参数：“直径”为 80（“偏移量”为 2600 不变），光标上移并单击，即绘出 DN80 管段（DN125 到 DN50 管道变径，需要通过 DN80 管道过渡逐步变径）；“修改 | 放置 管道”选项栏再次修改管道参数：“直径”为 50（“偏移量”为 2600 不变），光标继续上移并单击，即绘出 DN50 管段。此时，绘制出来的消防自喷管具有“FS- 自喷”系统过滤器定义的填充颜色 RGB　255-000-255。

2）自动生成“T 形三通”连接。单击“修改 | 放置 管道”上下文选项卡→“修改”面板→“延伸”，再单击延伸连接目标管（如图 4-19 所示的 DN125 垂直管），然后单击需要延伸的管道（如图 4-19 所示的 DN125 水平管），则两段管道自动生成“T 形三通—卡箍”连接。

3）自动生成“立管”。单击功能区“系统”选项卡→“卫浴和管道”面板→“管道”，并在“修改 | 放置 管道”选项栏设置管道参数：“直径”为 125，“偏移量”为 2600。在绘图

区域绘制安装泄水阀的 DN125 管段，然后在“修改 | 放置管道”选项栏设置管道参数：“直径”为 125，“偏移量”为 2000，并单击“应用”，则自动生成向下延伸、偏移量为 2000 的 DN125 立管和连接弯头，如图 4-19 所示。

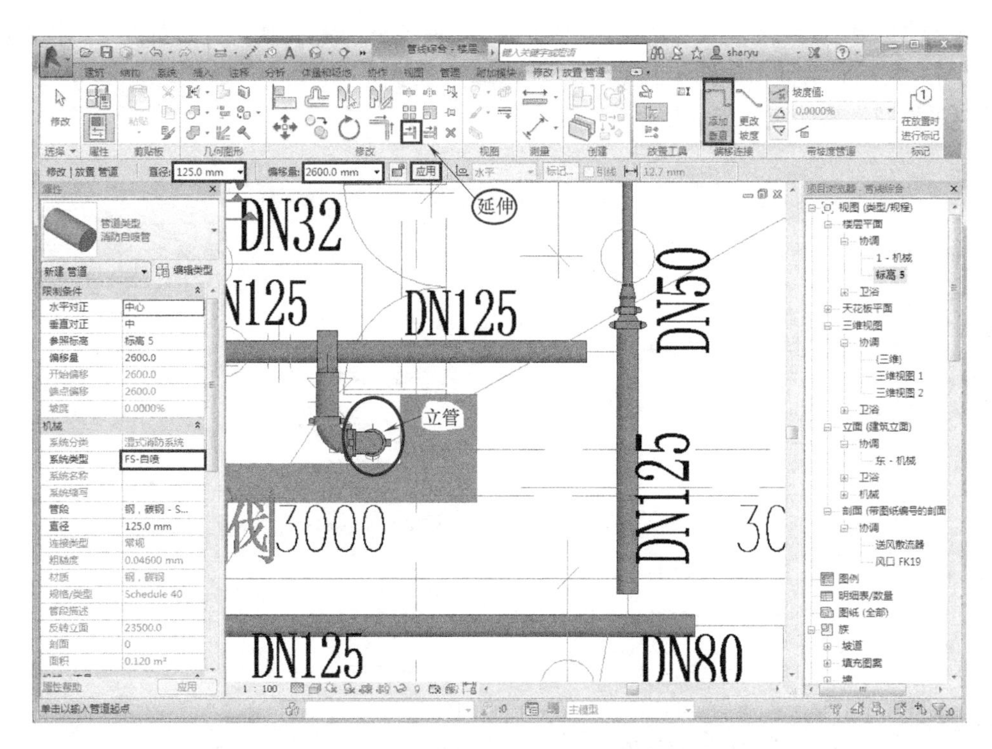

图 4-18　连续绘制“消防自喷管”

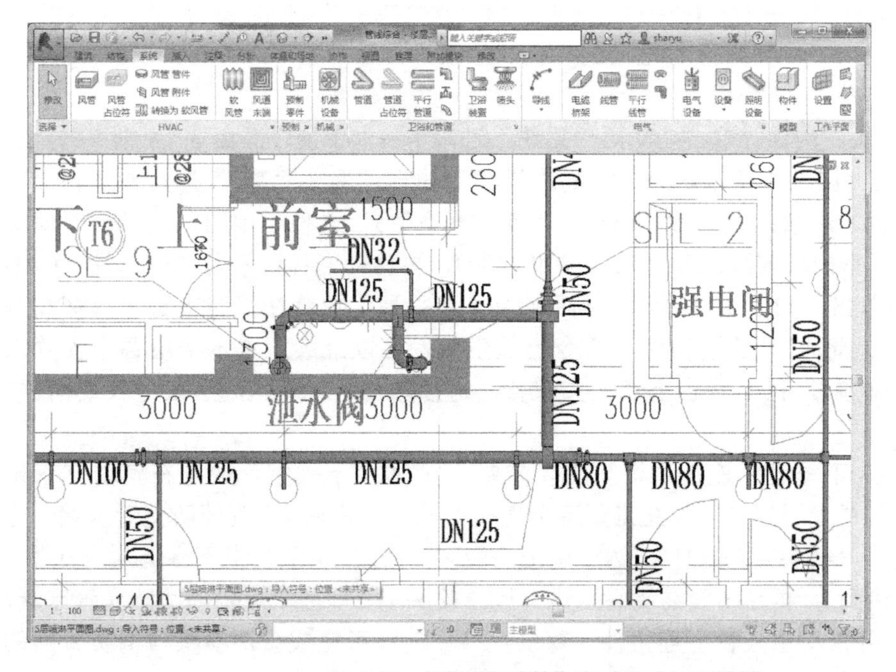

图 4-19　“消防自喷管”自动生成三通连接

喷淋管道建模

4.3 放置消防管道末端与附件

4.3.1 放置喷头连接管网

1）添加“喷头”族。单击功能区“插入”选项卡→“从库中载入”面板→“载入族”，弹出“载入族”对话框，如图4-20所示。单击选中“喷头 - 下垂型”族文件，单击“打开”，“喷头 - 下垂型”族即载入当前项目中。

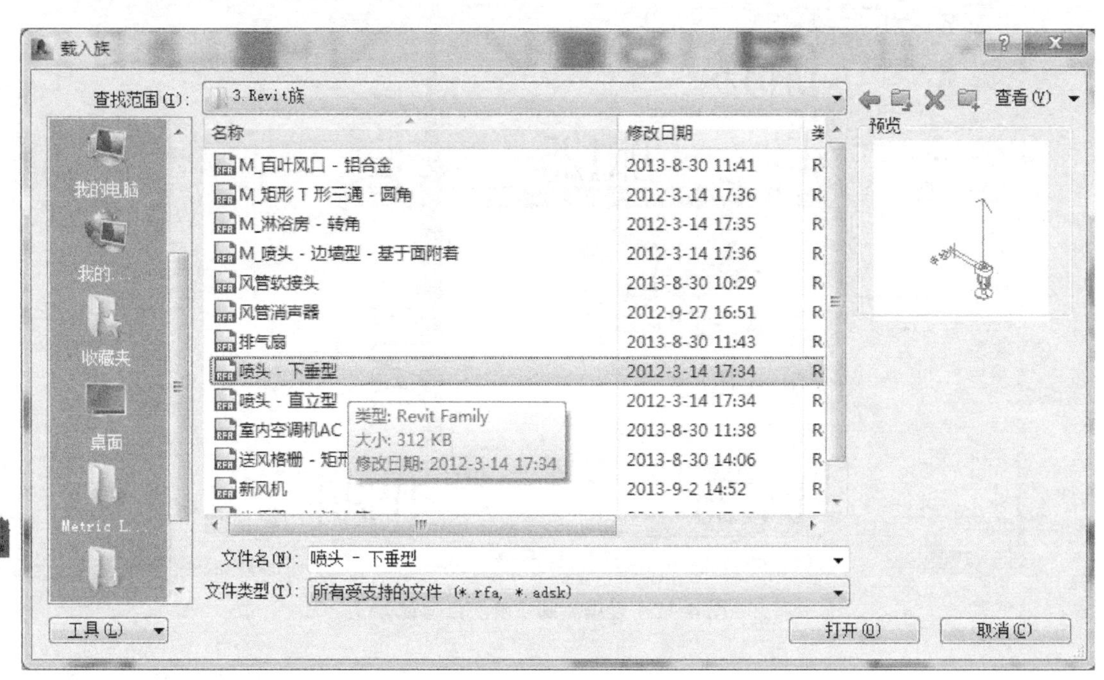

图 4-20 载入喷头族

2）放置“喷头”构件。单击功能区“系统”选项卡→“模型”面板→“构件”→“放置构件”，再单击“属性”选项板→“类型选择器”的选项箭头“▼”，搜索并选择“喷头 - 下垂型”构件。注意：先修改“属性（喷头 - 下垂型）”选项卡中的限制条件“偏移量”为“喷头 - 下垂型”安装高度要求值（如2400），再移动光标到消防支管末端（CAD图）喷头位置并单击，如图4-21所示，则“喷头 - 下垂型”放置在消防支管末端标高为2400的指定位置；此时，“放置构件”命令仍然生效，可以继续放置本楼层各个支管末端的“喷头 - 下垂型”，直至完成全部喷头放置，再按两次<Esc>键，结束“放置构件”命令。

3）将“喷头 - 下垂型”连接到消防支管末端。“喷头 - 下垂型”放置在消防支管末端，并不会自动生成管道连接，因此需要逐个连接“喷头 - 下垂型”到消防支管末端。方法：首先单击选中“喷头 - 下垂型”，然后单击功能区“修改 | 喷头”上下文选项卡→“布局”面板→“连接到”，再单击消防支管末端，则“喷头 - 下垂型”连接到消防支管末端，如图4-22所示，并自动生成管道连接件。重复该操作，即可完成全部喷头与消防管网的连接。

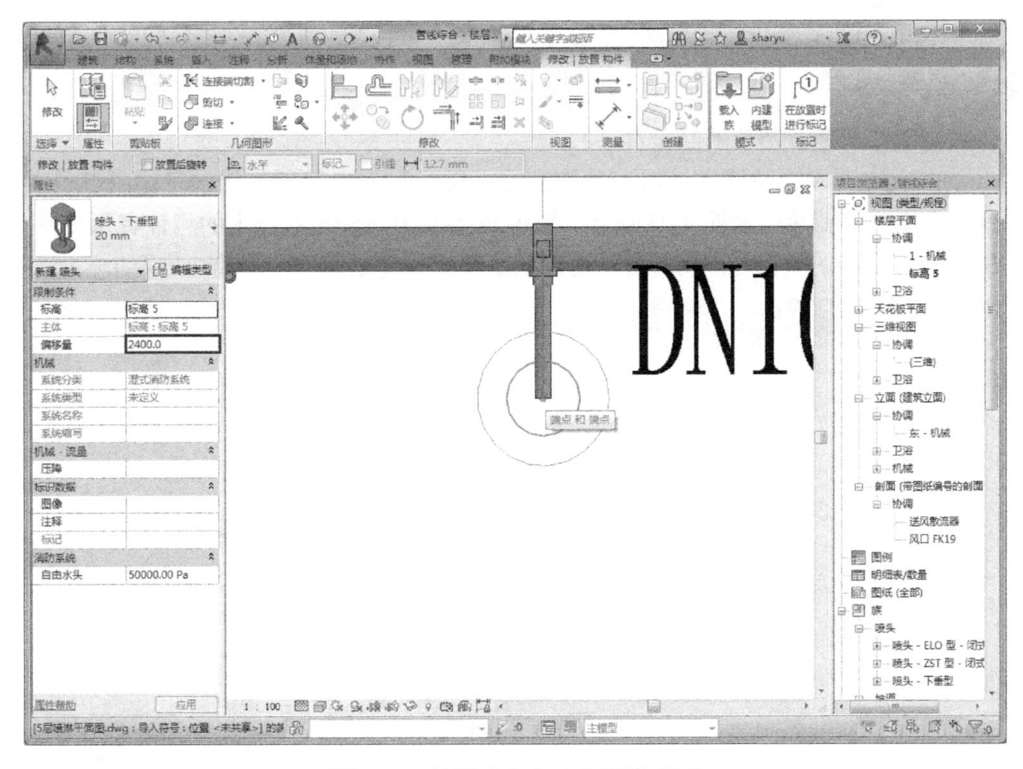

图 4-21　放置“喷头 - 下垂型”构件

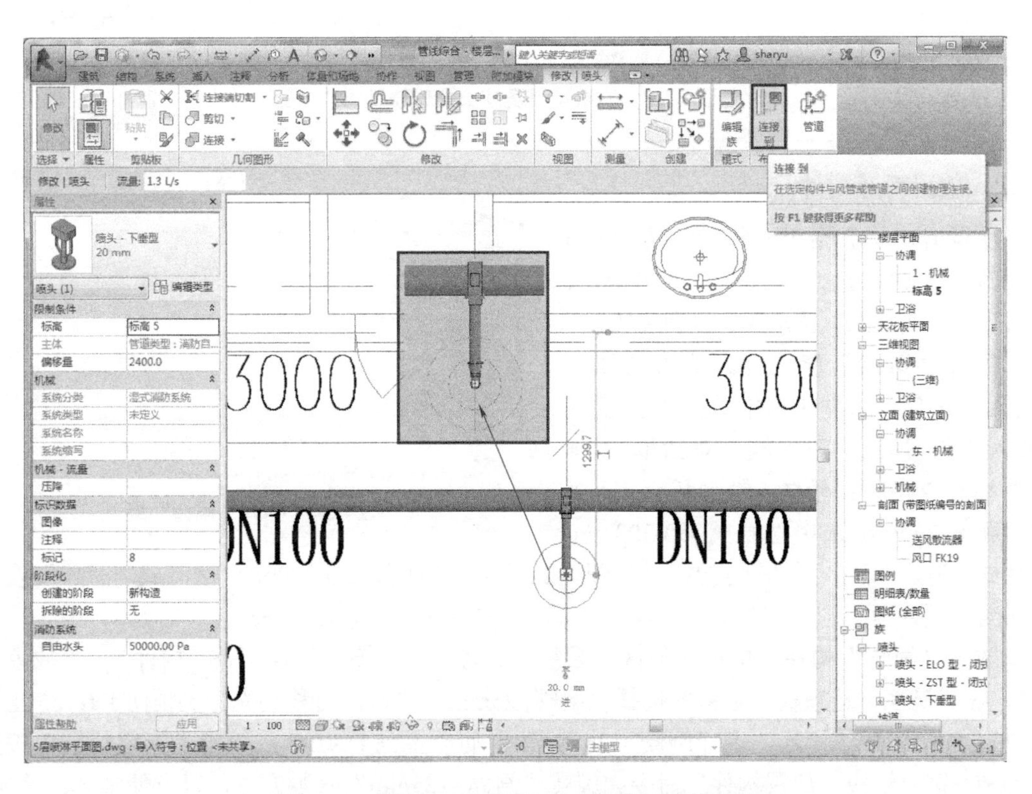

图 4-22　“喷头 - 下垂型”连接到消防支管末端

重要提示

检查消防管道及喷头的连接性

单击选中一段消防管道，再连续按 <Tab> 键，与选中管段连接的管道及其管件、附件均会变成深蓝色，如图 4-23 所示，没有连接到消防管道系统上的构件将保持原有“FS- 自喷”系统的填充色。用此方法可以快速检查构件之间的连接成功与否。

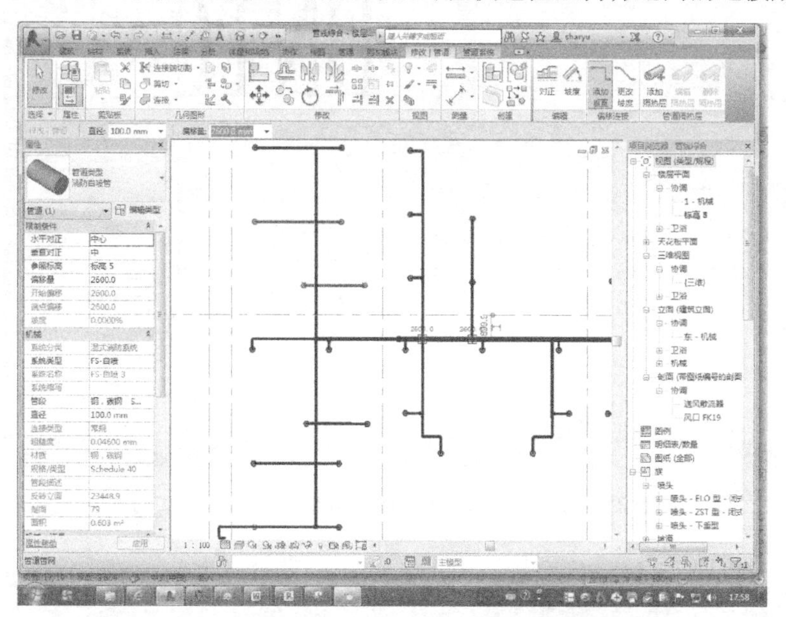

添加喷头

图 4-23 消防管道及喷头的连接性检查

4.3.2 放置管道附件

放置消防自喷系统管道附件，如图 4-3 图例说明所列，包括闸阀、水流指示器、减压孔板、泄水阀、试水阀、压力表等。

添加“闸阀”族构件。单击功能区“插入”选项卡→“从库中载入”面板→“载入族”，弹出“载入族”对话框（“闸阀”族存放路径：消防 \ 给水和灭火 \ 阀门 \ 闸阀），单击选中“闸阀 -50-300mm- 法兰式 - 消防”族，单击“打开”，如图 4-24 所示，“闸阀 -50-300mm- 法兰式 - 消防”族即载入当前项目中。

图 4-24 插入“闸阀”族

放置“闸阀”构件。单击功能区“系统”选项卡→“模型”面板→“构件”→“放置构件”，在“属性”选项板，搜索并选择“闸阀 -25mm”构件，再移动光标到消防 DN125 主管上单击，如图 4-25 所示，则“闸阀 -125mm”自动放置到 DN125 主管道上指定位置。按两次 <Esc> 键，结束“放置构件”命令。旋转“闸阀 -125mm”安装方位，以方便维修。首先，单击快速访问工具栏“剖面”，再在需要开剖面的位置单击两点画出剖切线，即创建出“剖面 1”，如图 4-26 所示。

图 4-25　放置“闸阀”构件

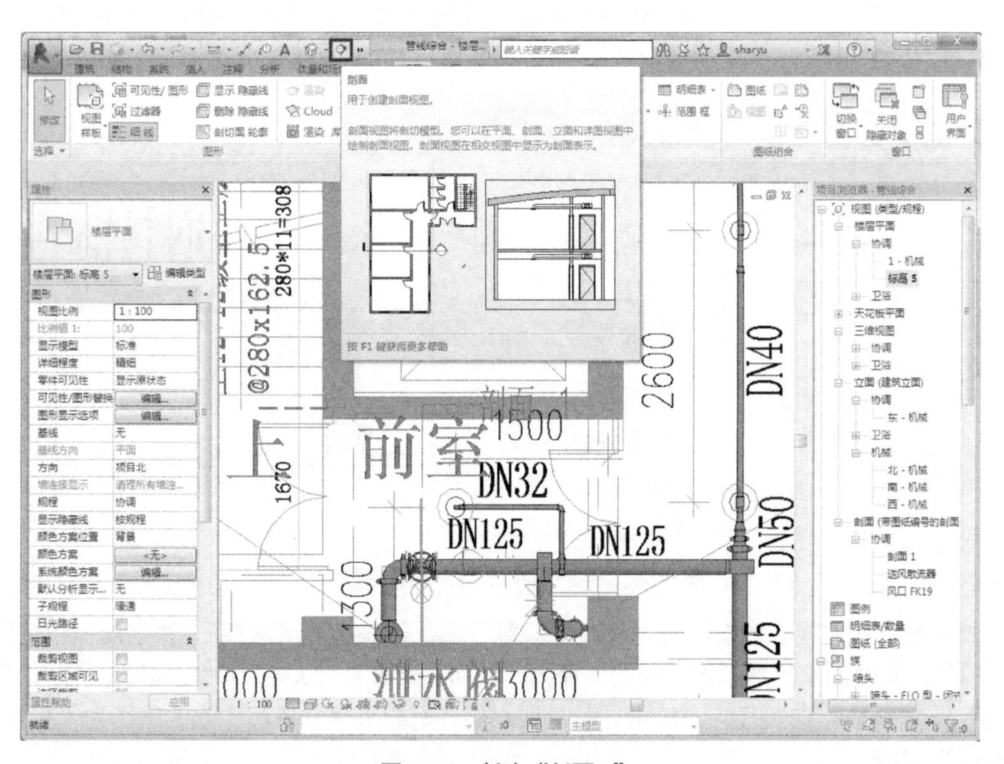

图 4-26　创建“剖面 1”

右击“剖面 1”，弹出快捷菜单，如图 4-27a 所示。单击“转到视图（G）”，即可转到视图“剖面 1”中，如图 4-27b 所示。

a)

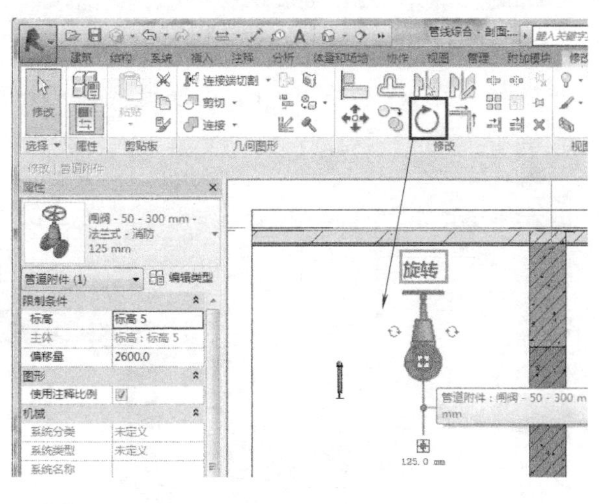

b)

图 4-27　转到“剖面 1”视图

视图“剖面 1”中，单击选中“闸阀 -125mm”，再单击功能区“修改”选项卡→“修改”面板→“旋转”，在“闸阀 -125mm”垂直轴线上方单击一点，与“闸阀 -125mm”默认旋转中心形成旋转起点参考线。移动光标，显示旋转角度，当旋转角度值等于所需转动角度时（如 45°）单击，“闸阀”即旋转指定角度。旋转（45°）后的“闸阀 -125mm”在“楼层平面”→“协调 - 标高 5”中的显示效果如图 4-28 所示。

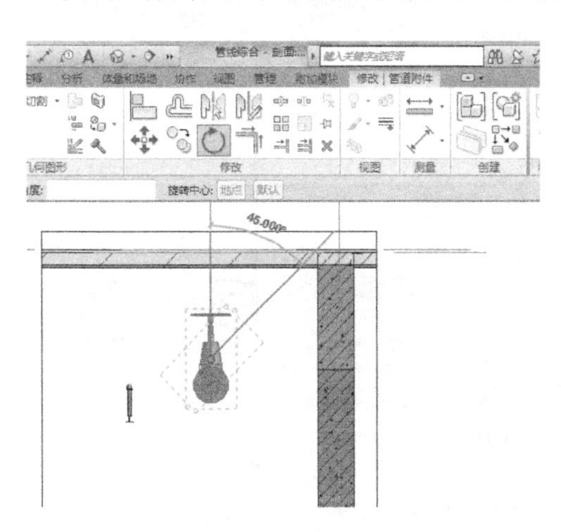

图 4-28　将“闸阀 -125mm”旋转 45°

添加管道附件族。依次插入“水流指示器”“减压孔板”“泄水阀”“试水阀”“水压表”等族构件，其中“水流指示器”族的路径为“消防 \ 给水和灭火 \ 附件 \ 水流指示器”，如图 4-29 所示，“阀族”的路径为“机电 \ 阀门 \ 截止阀、闸阀”，“水压表”族的路径为“机电 \ 给排水附件 \ 仪表”。

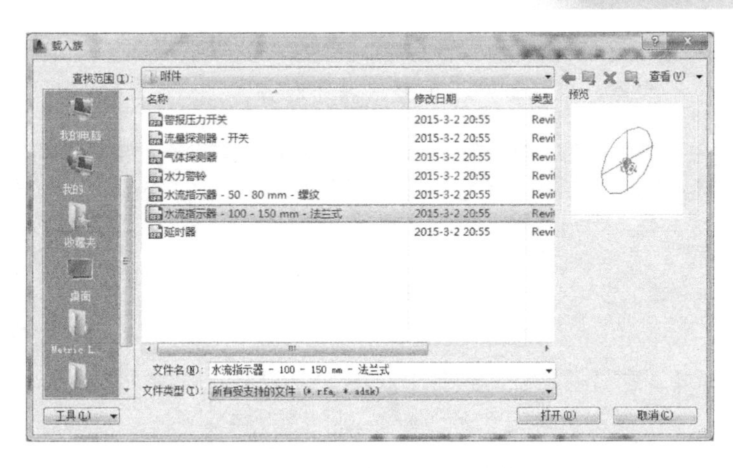

添加喷淋管道附件

图 4-29　插入“水流指示器”族构件

放置管道附件族。单击功能区“系统”选项卡→“模型”面板→“构件”→“放置构件”，在“属性”选项板搜索并选择相应管道附件，再移动光标到消防管道系统设计图（CAD 图）指定位置上并单击，即可完成各个管道附件的放置。

4.4　空调冷冻水供回水管道建模

4.4.1　插入空调水管 CAD 图

单击“项目浏览器”选项板→“楼层平面”→“协调 - 标高 5”，再单击功能区“插入”选项卡→“链接”面板→“链接 CAD”，弹出“链接 CAD 格式”对话框，如图 4-30 所示，选择“5 层空调冷媒、冷凝水平面图”。注意：勾选“仅当前视图（U）”，“导入单位（S）”为“毫米”，“定位（P）”为“自动 - 中心到中心”。单击“打开”，则“5 层空调冷媒、冷凝水平面图”的 CAD 图纸链接到本项目中。

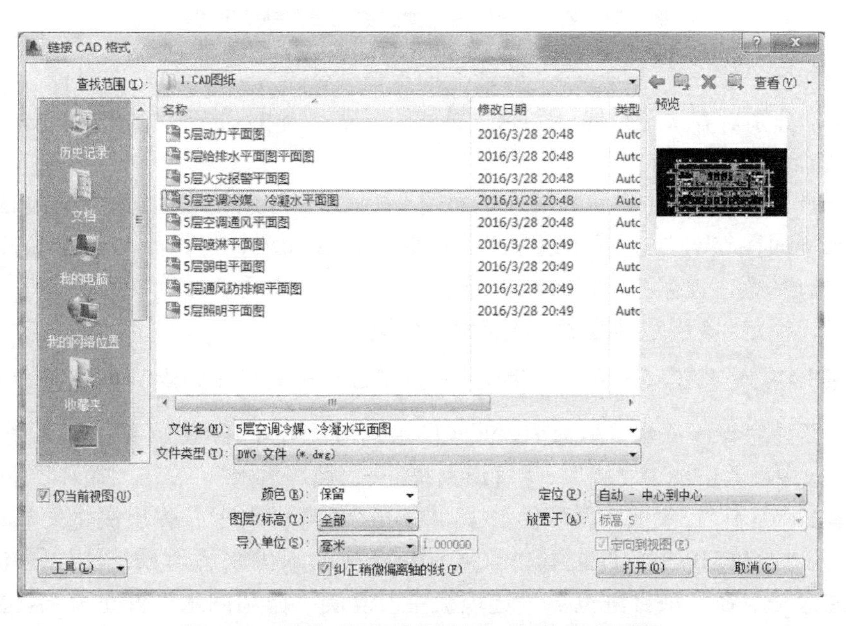

图 4-30　链接“5 层空调冷媒、冷凝水平面图”

链接到项目中的 CAD 图如图 4-31 所示，“5 层空调冷媒、冷凝水平面图”位于模型中心，建筑和结构模型轴网位于原点，二者轴网不重叠，需要对齐。

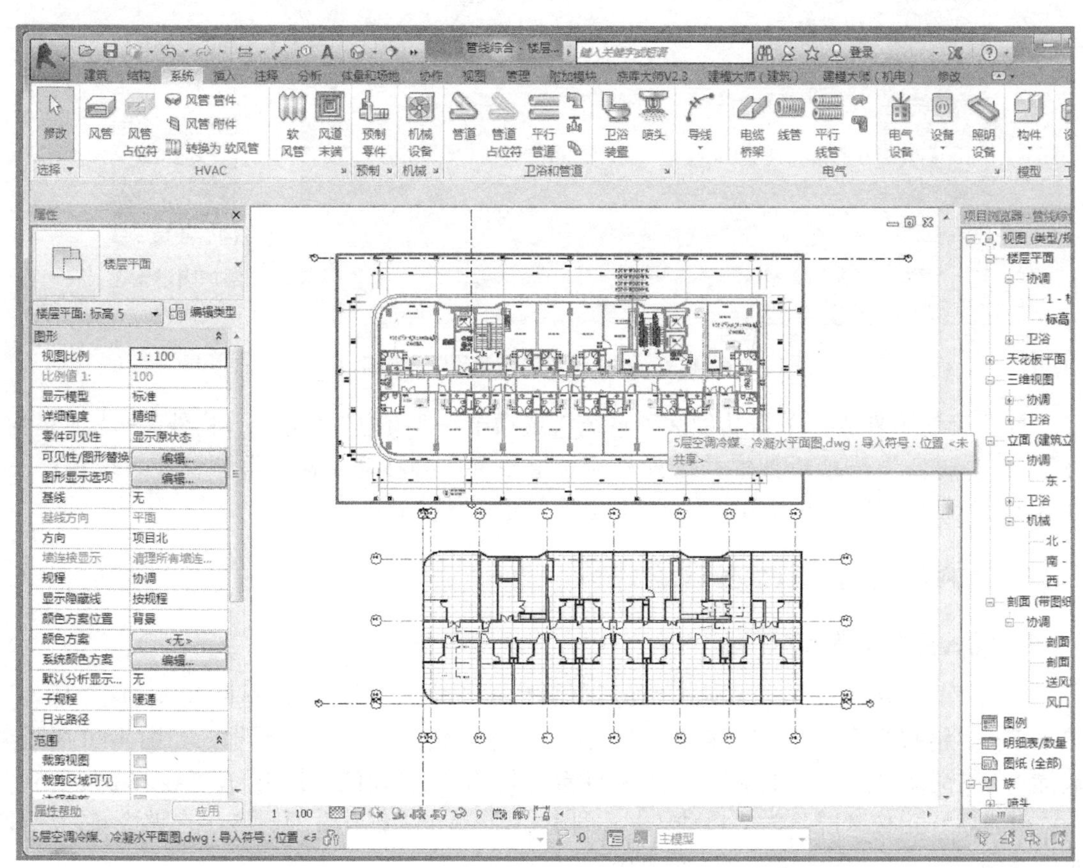

图 4-31　链接 CAD 图与建筑结构模型轴网不重叠

单击功能区“修改”选项卡→“修改”面板→“对齐”，先选择对齐目标，再选择需要对齐的对象，分别对齐水平轴线(1-A)和垂直轴线(1-1)，如图 4-32 所示。按两次 <Esc> 键，退出 Revit 选项卡命令。

单击选择“5 层空调冷媒、冷凝水平面图”CAD 图，功能区即出现“修改 |5 层空调冷媒、冷凝水平面图 .dwg”上下文选项卡。此时，设置选项栏“修改 |5 层空调冷媒、冷凝水平面图 .dwg”为“前景”，如图 4-33 所示；并单击功能区“修改”选项卡→“修改”面板→“锁定”，锁定“5 层空调冷媒、冷凝水平面图”。

4.4.2　新建冷冻水“AC-CHWS”（供水）与“AC-CHWR”（回水）系统过滤器

首先，新建空调冷冻水“AC-CHWS”（供水）与“AC-CHWR”（回水）系统。“项目浏览器”选项板中，单击选中“族”→“管道系统”→“循环供水”，右击“循环供水”，弹出快捷菜单。单击“复制”，生成“循环供水 2”。右击“循环供水 2”，弹出快捷菜单，单击“重命名”，输入“AC-CHWS”，即创建“AC-CHWS”冷冻水供水管道系统，如图 4-34a 所示。采用同样的方法，在“项目浏览器”选项板中，复制“循环回水”并重命名，新建“AC-CHWR”冷冻水回水管道系统，如图 4-34b 所示。

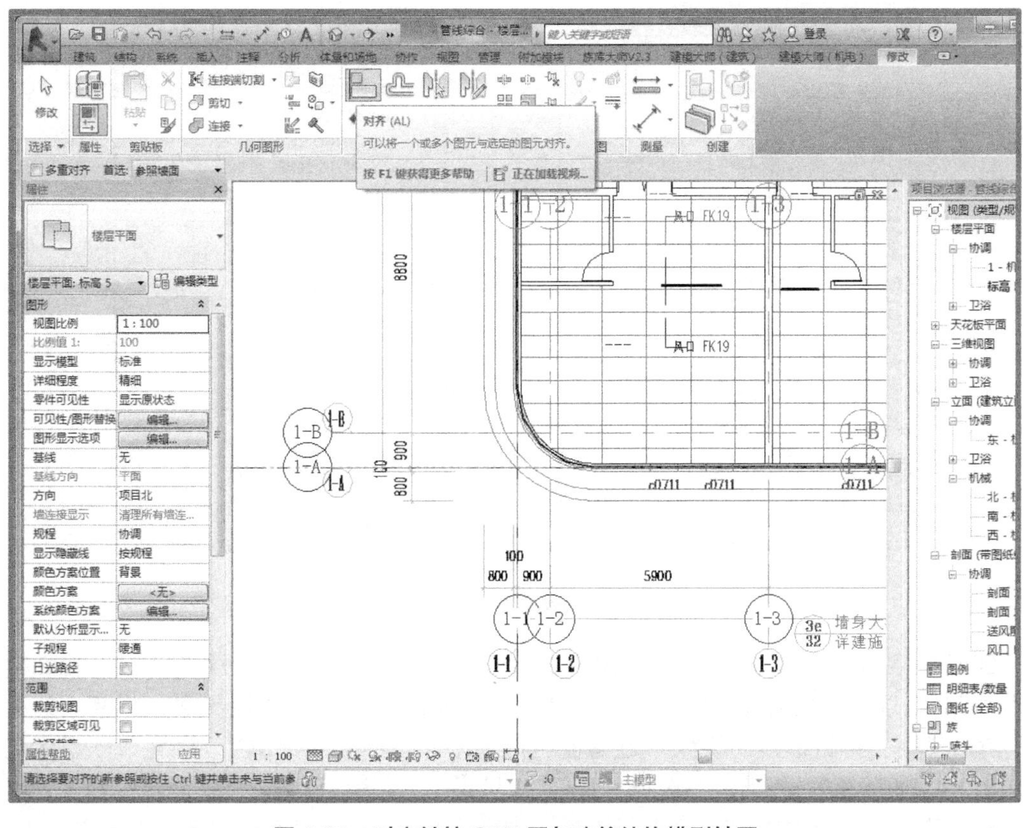

图 4-32　对齐链接 CAD 图与建筑结构模型轴网

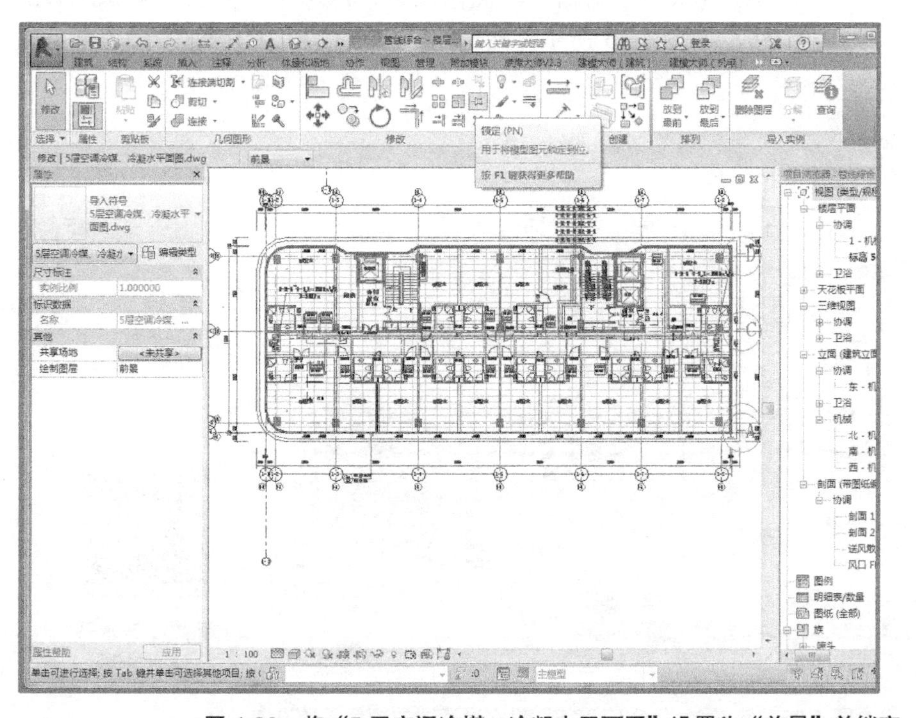

链接与识读空调水管 CAD 图

图 4-33　将“5 层空调冷媒、冷凝水平面图”设置为“前景”并锁定

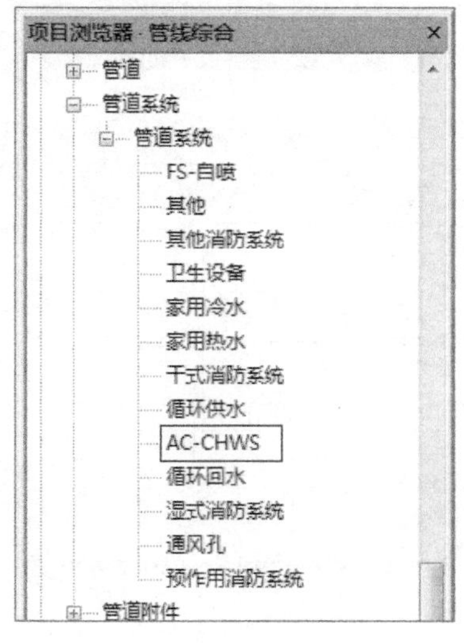

a) AC-CHWS(供水)

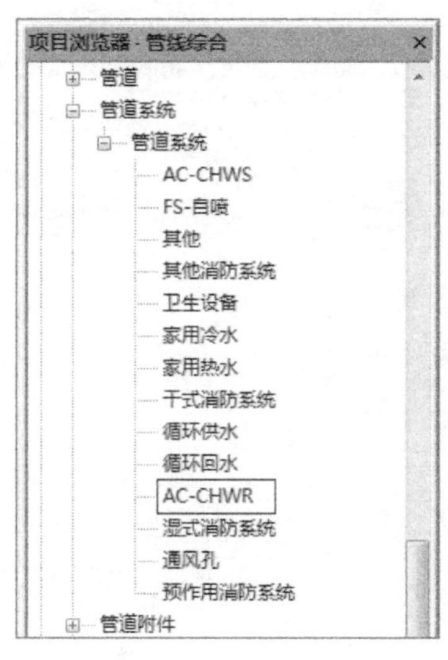

b) AC-CHWR(回水)

图 4-34　新建冷冻水供水 / 回水管道系统

创建名称为“AC-CHWS”和“AC-CHWR”的冷冻水供回水系统过滤器，其过程类似于“FS- 自喷”过滤器的创建。键入快捷命令 <VV>，弹出“楼层平面：标高 5 的可见性 / 图形替换”对话框，切换到“过滤器”选项卡，按照单击“编辑 / 新建”→新建过滤器（如 AC-CHWS）→“类别”选择“管件”“管道”“管道附件”→“过滤器规则”为“系统类型，等于，AC-CHWS”→添加“AC-CHWS”过滤器→“填充样式图形”定义等步骤，创建“AC-CHWS”和“AC-CHWR”过滤器。参照附录 A，冷冻水供水管“AC-CHWS”颜色参数定为 RGB　0-0-255，如图 4-35 所示，冷冻水回水管“AC-CHWR”颜色参数定为 RGB　100-0-255。

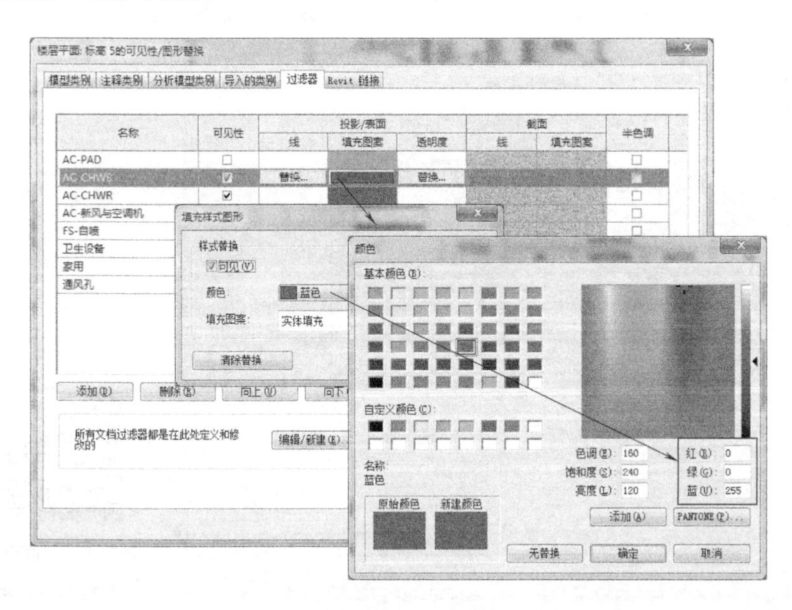

新建冷冻水系统过滤器

图 4-35　冷冻水“AC-CHWS”供水过滤器的颜色参数设置

4.4.3　新建冷冻水管道类型

绘制一段管道。单击功能区“系统”选项卡→“卫浴和管道”面板→“管道”，并在“修改 | 放置 管道”选项栏设置管道参数：“直径”（如 50）和“偏移量”（如 2600）；“属性”选项板中，“管道类型”选为“标准”，系统类型选为“AC-CHWS”。在绘图区域，绘制直径为 50 的管道，如图 4-36 所示。

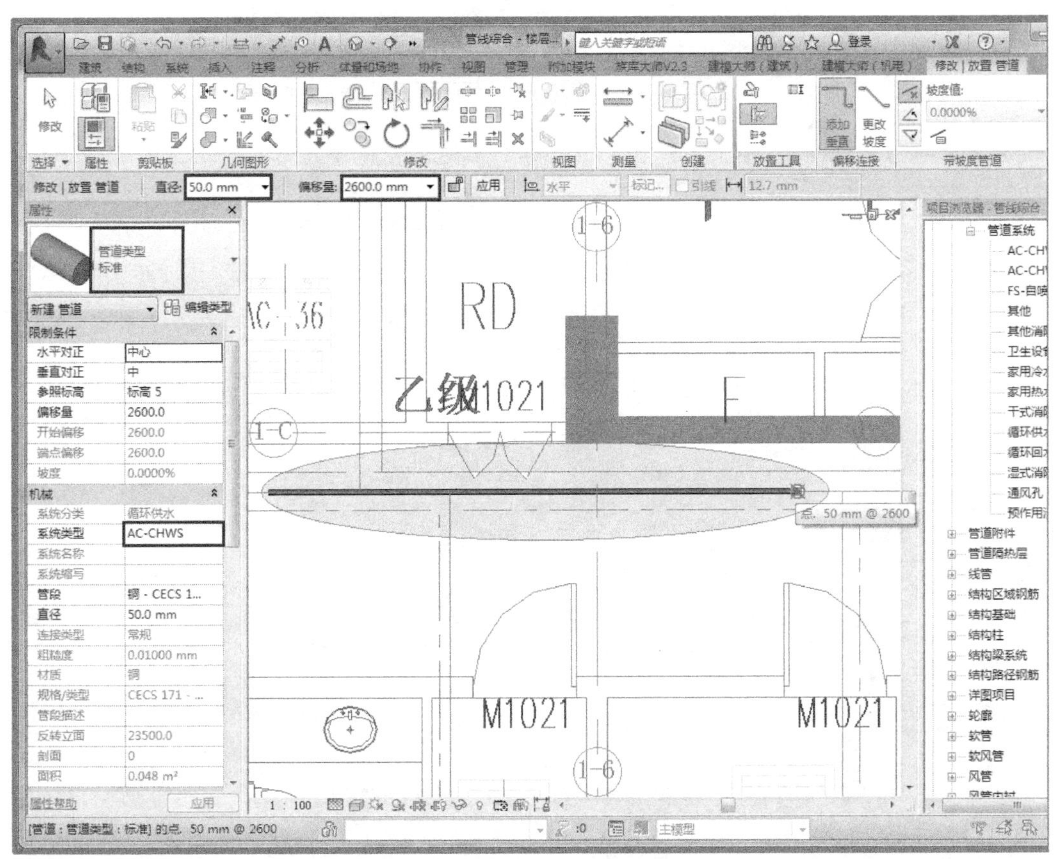

图 4-36　绘制直径为 50 的管道

创建冷冻管类型。单击选中 DN50 管道，在“属性”选项板中单击“编辑类型”，弹出“类型属性”对话框。类型选为“标准”，单击“复制”按钮，弹出“名称”对话框。在“名称”文本框中输入“冷冻管”，单击“确定”，即完成冷冻管类型创建，并返回“类型属性”对话框。

冷冻管布管系统配置。在“类型属性”对话框中，对于新建“冷冻管”类型，单击“布管系统配置”右边的“编辑”，弹出“布管系统配置”对话框，如图 4-37 所示。“管段”选择“不锈钢 -GB/T 19228”，尺寸范围设定为 15 ～ 250（公称直径）。

在“布管系统配置”对话框中，单击“载入族（L）…”，载入项目所需的“水管管件”族，路径：china →机电→水管管件→ GBT 19228 不锈钢→卡压，如图 4-38 所示。选中全部“卡压 - 不锈钢”管件，单击“打开”，则返回“布管系统配置”对话框。

“布管系统配置”对话框中，单击“弯头”“三通”“四通”“连接件”等构件的选择窗口，选择配置载入的“卡压 - 不锈钢”族连接件，如图 4-39 所示，单击“确定”，完成“冷冻管”布管系统配置，用于空调冷冻水供水系统“AC-CHWS”和回水系统“AC-CHWR”管道建模。

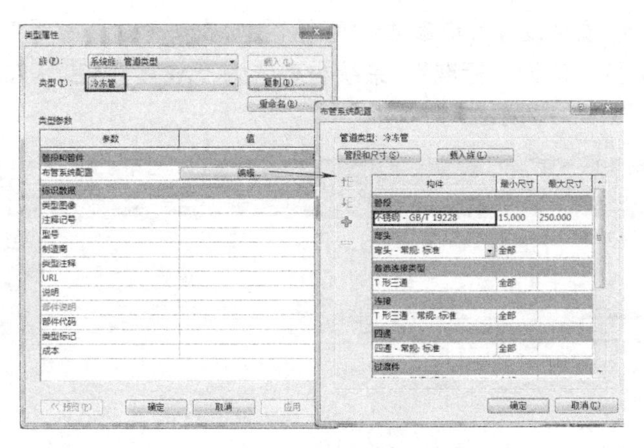

图 4-37 “冷冻管”管段配置

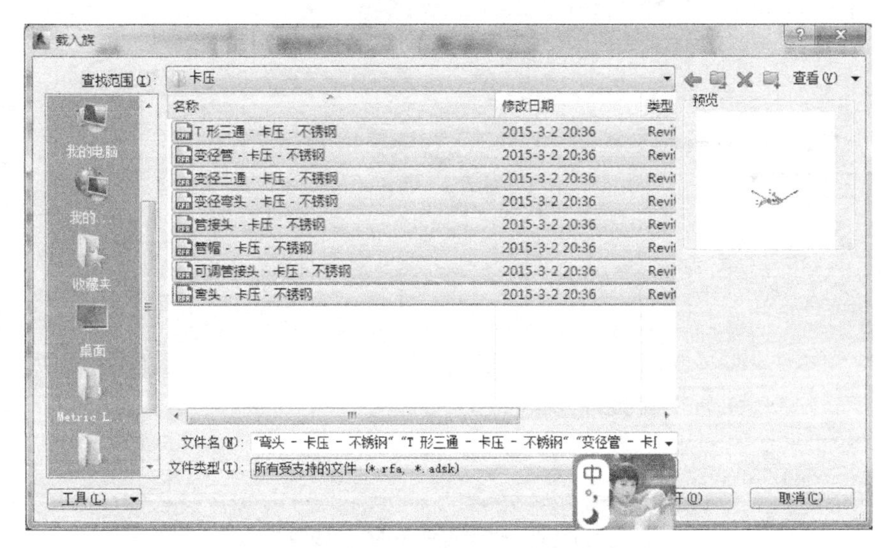

图 4-38 载入全部“卡接 - 不锈钢”管件

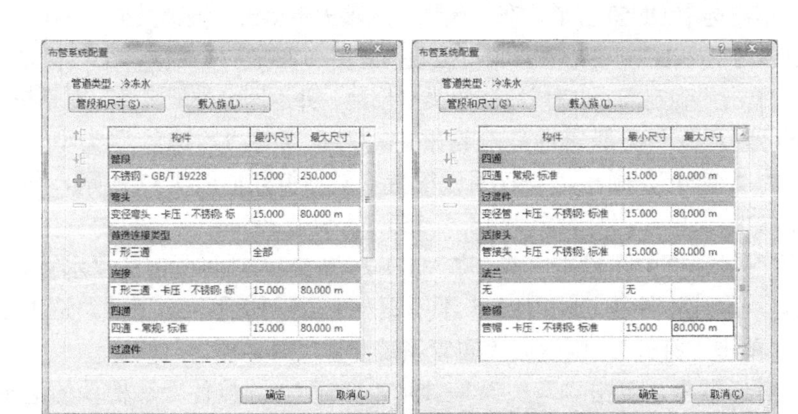

图 4-39 “冷冻管”布管系统配置

新建冷冻水管类型

4.4.4　空调末端设备连接冷冻水管网

1）设置“新风与空调机”设备可见性。“项目浏览器”选项卡中单击“楼层平面”→“协调 - 标高 5”，键入<VV>快捷命令，弹出“楼层平面：标高 5 的可见性 / 图形替换”对话框，如图 4-40 所示。单击“过滤器”选项卡，勾选“AC- 新风与空调机”的“可见性”，单击“确定”，则绘图区域可见已经创建的新风机、空调机模型，如图 4-41 所示。

图 4-40　选择“AC- 新风与空调机”可见

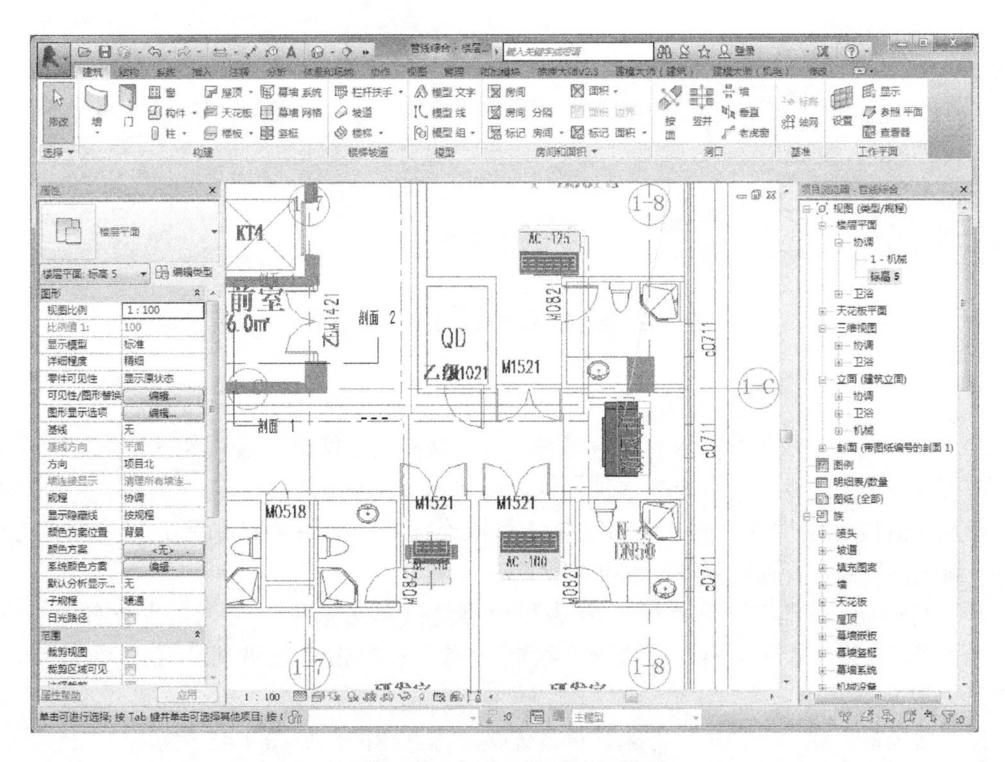

图 4-41　新风机与空调机模型

2）创建“新风机”的进水管与回水管。单击选中“新风机”设备，右击“创建管道”节点，弹出快捷菜单。单击“绘制管道”，弹出“选择连接件”对话框，如图 4-42 所示，表明“新风机”该节点处有进水和回水两个管接头。单击选择其一“连接件 2”，单击“确定”，再在绘图区域单击“新风机”节点垂直上方，即创建“新风机”进水管（高位）。采用同样方法，创建“新风机”回水管（低位）。

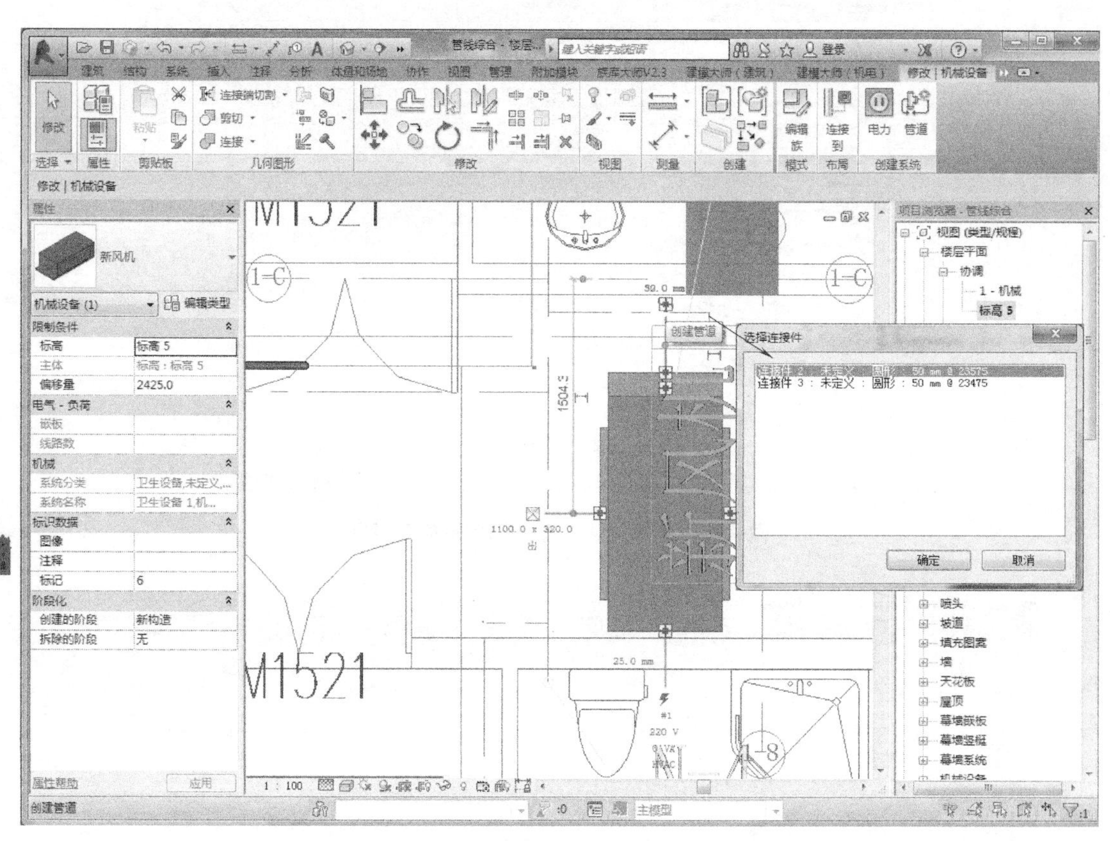

图 4-42　绘制“新风机”进水与回水管

3）“新风机”进水管和回水管连接管网。单击功能区“修改”选项卡→“修改”面板→“修剪 / 延伸为角”，然后单击冷冻水供水管，再单击“新风机”进水管（高位），“新风机”进水管连接到冷冻水供水管网，并自动生成管道连接件，如图 4-43 所示。采用同样方法，可将“新风机”回水管连接到冷冻水回水管网中。

4）绘制“空调机”冷冻水管。方法和步骤是：单击选中“空调机”→右击“空调机”压力管节点（见图 4-44）→单击“绘制管道”→单击“空调机”压力管节点水平方向。

5）“新风机”和“空调机”等末端设备连接冷冻水管网，如图 4-45 所示。

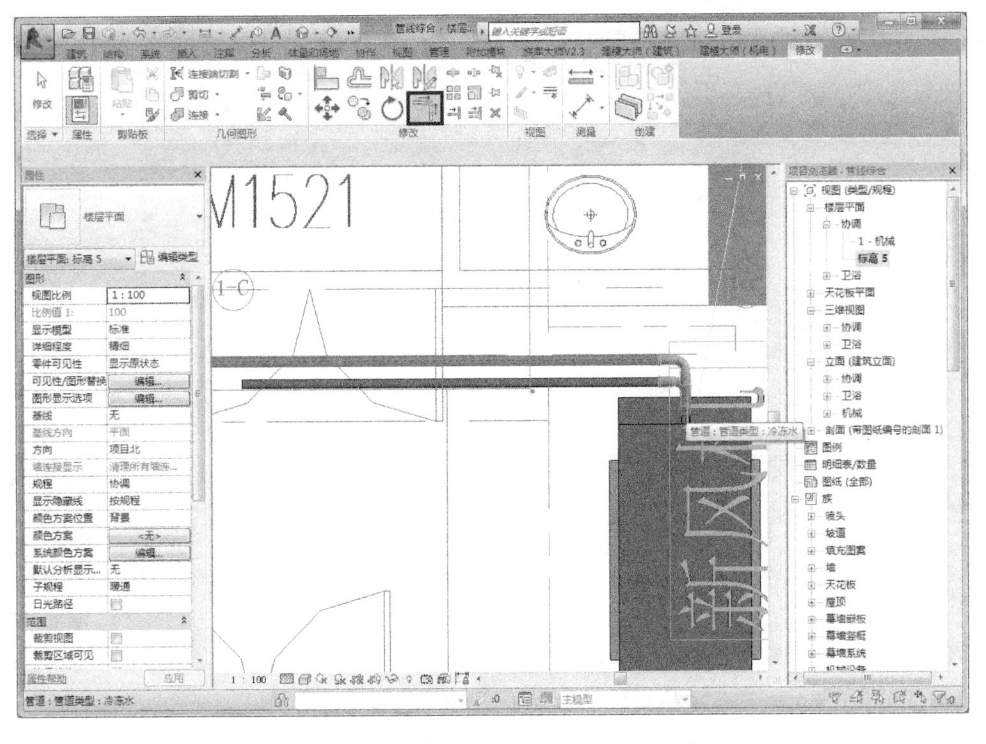

图 4-43　“新风机”进水管和回水管连接管网

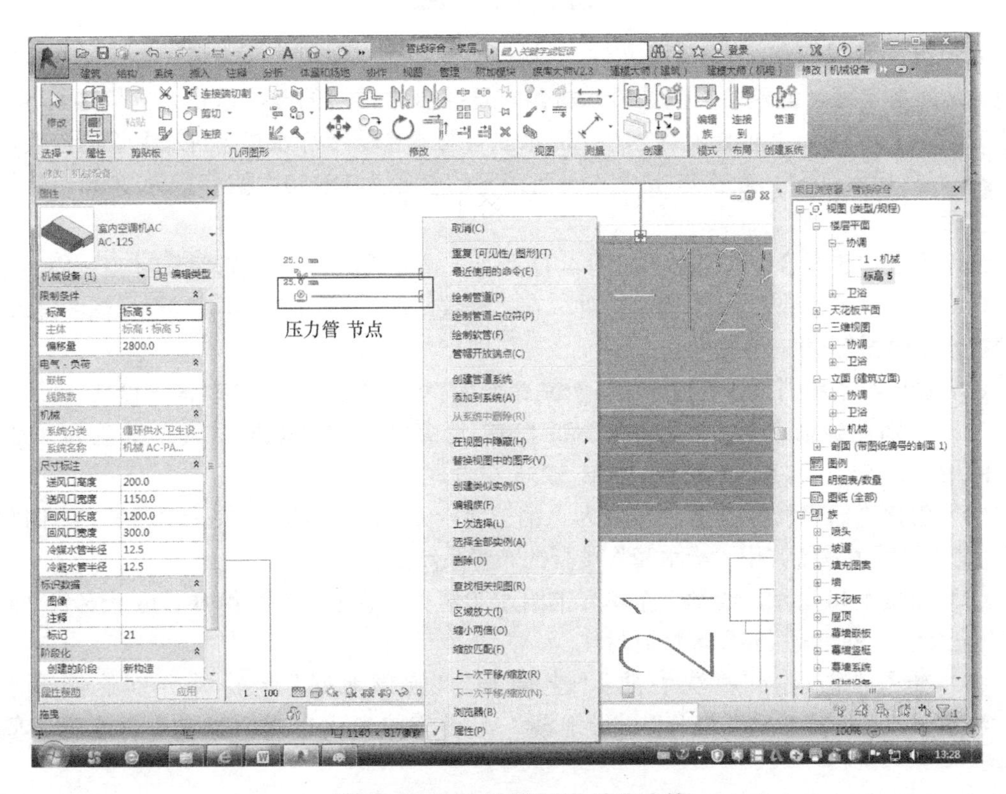

图 4-44　绘制“空调机”冷冻水管

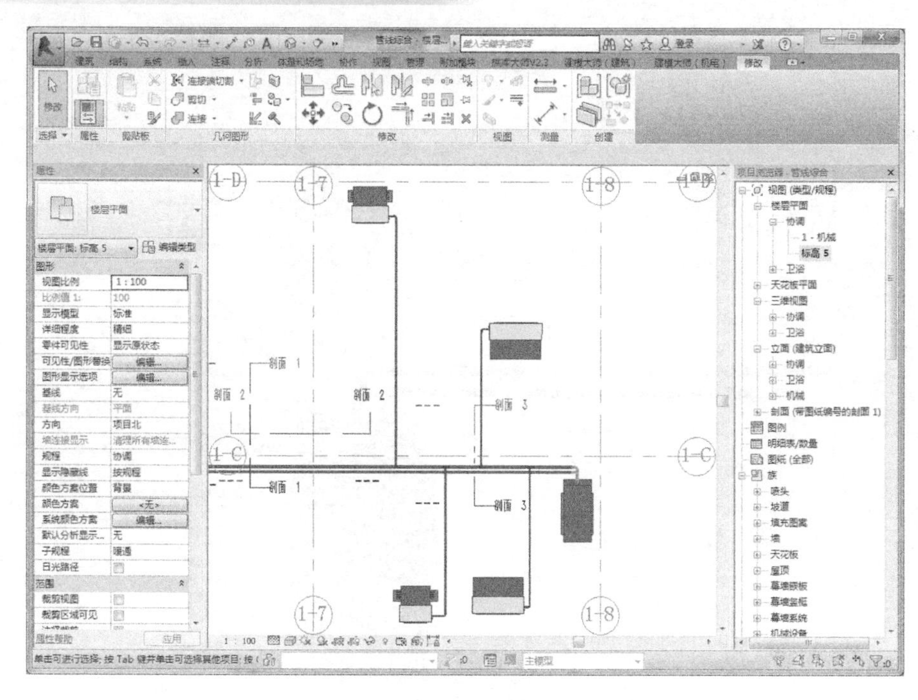

冷冻水管道建模

图 4-45　空调末端设备连接冷冻水管网

练　习　题

1. 打开“管线综合 .rvt”模型文件，“新风机”和“空调机”等末端设备已经连接冷冻水进水 / 回水主管。创建中央空调冷水机组，连接到本楼层的冷冻水供水立管 S-K-5-1 和回水立管 S-KX-5-1，并创建冷冻水供 / 回水立管与本楼层冷冻水供 / 回水主管的连接，如图 4-46 方框指示部分。立管与主管之间连接管的管径为 DN50，偏移量为 2900，并保存模型文件。

2. 某办公楼 5 层给排水平面图如图 4-47 所示，请完成给排水系统建模工作。内容包括：

（1）打开“管线综合 .rvt”模型文件，在“楼层平面”→“协调 - 标高 5”视图中链入“5 层给排水平面图”，并对齐轴网。

（2）创建给水和消火栓管道系统，分别命名为“PJ- 给水”和“FH- 消火栓”。

（3）分别创建命名为“PJ- 给水”和“FH- 消火栓”的过滤器。填充颜色为“PJ- 给水”RGB　0-255-0;“FH- 消火栓”RGB　255-63-3。

（4）创建“给水管”类型，材质为“钢塑复合 CECS 125”，管件为“CJT 137 钢塑复合”；消火栓管道系统共用“给水管”类型的布管系统配置。

（5）如图 4-48 所示，绘制一个单元的给水和消火栓管道，并在给水管道上安装“截止阀”“波纹管”和“减压阀”等管道附件。

（6）插入“消火栓”“洗手池”“坐便器”“圆形地漏”族，并分别连接给水管道，注意“洗手池”“坐便器”“圆形地漏”等设施的出水口需要加装“存水弯”管道附件。

（7）将创建的给水、消火栓管道分别加入“PJ- 给水”“FH- 消火栓”系统。

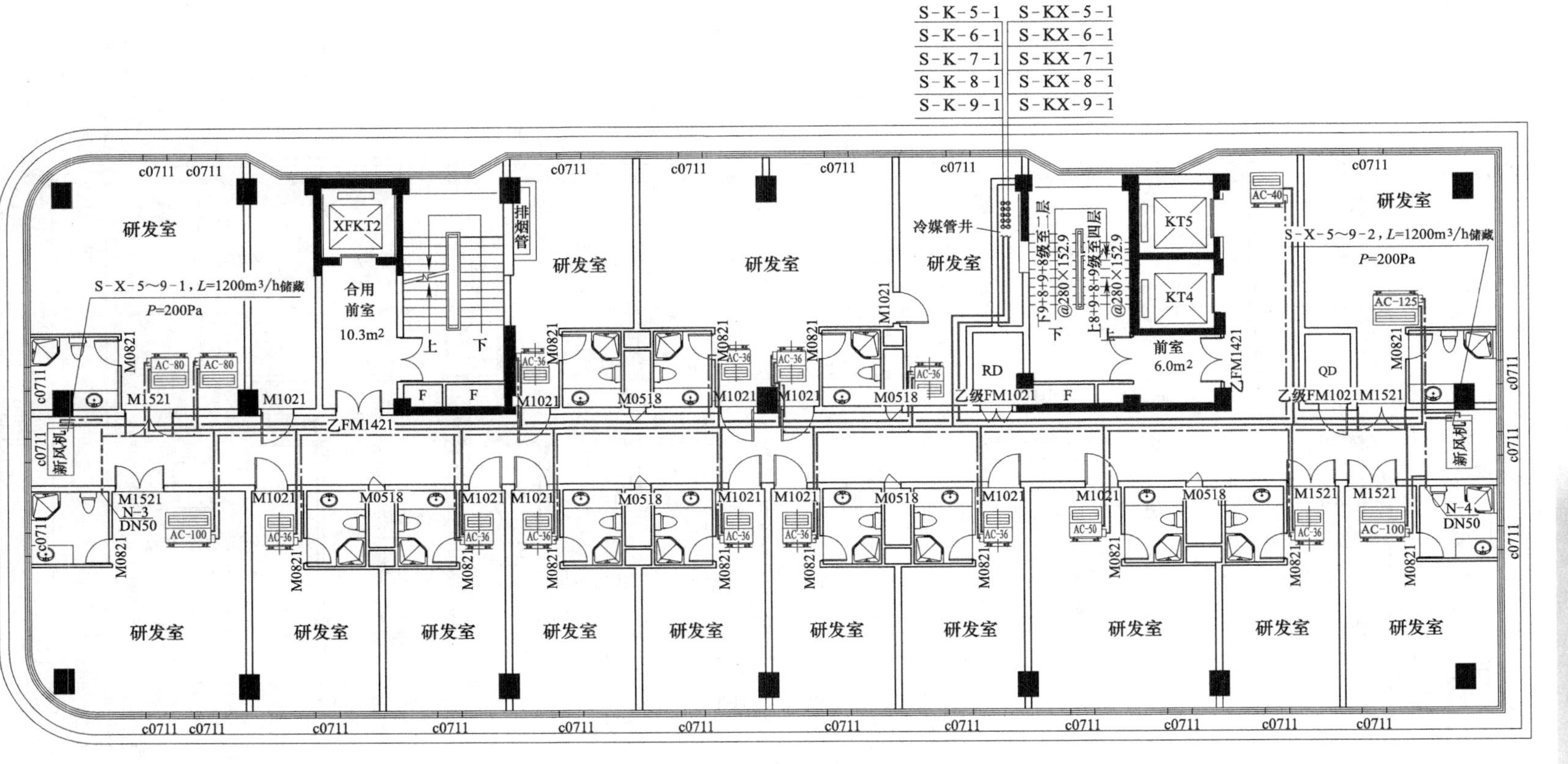

图 4-46　空调冷冻水平面图

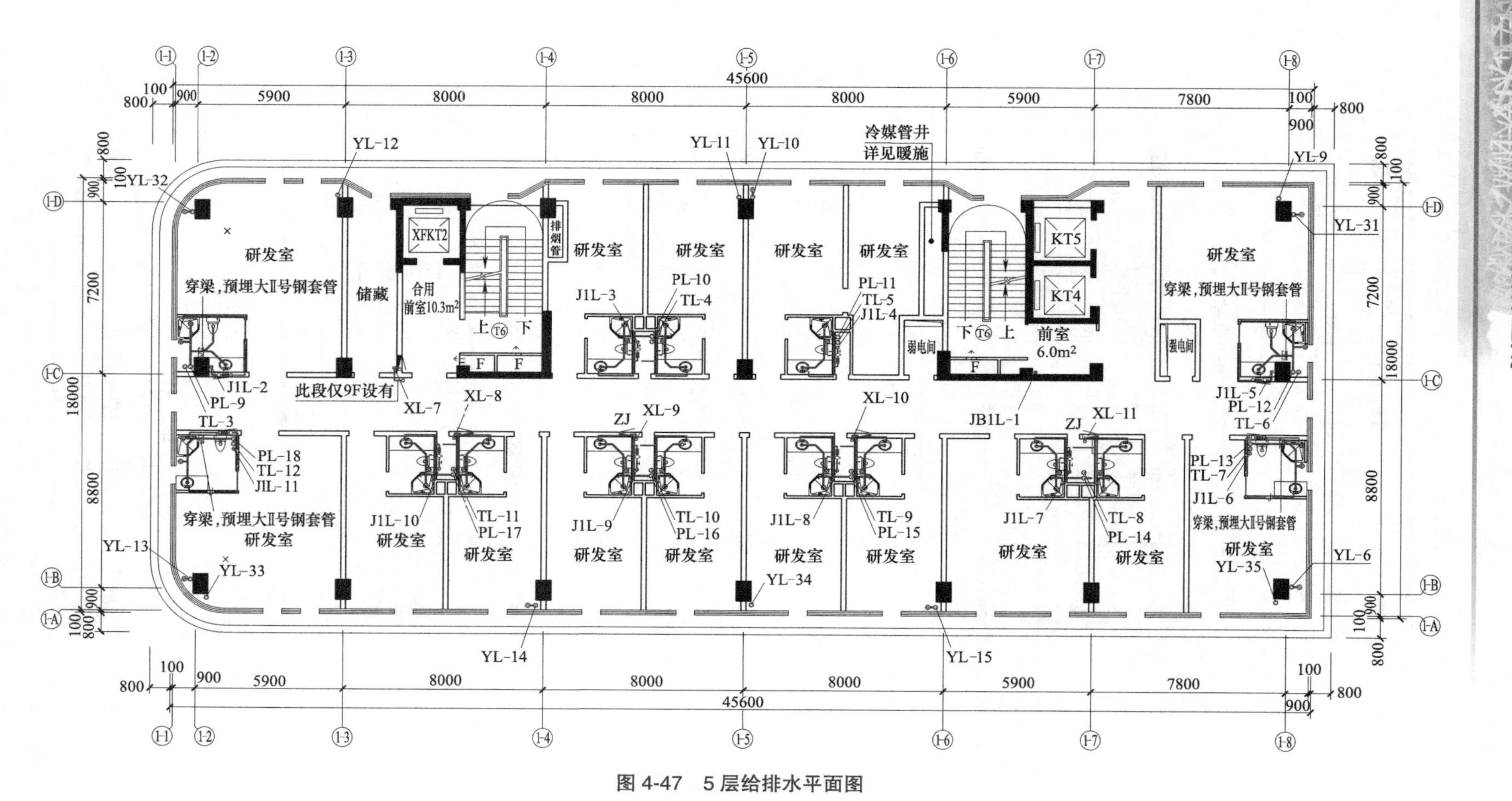

图 4-47　5 层给排水平面图

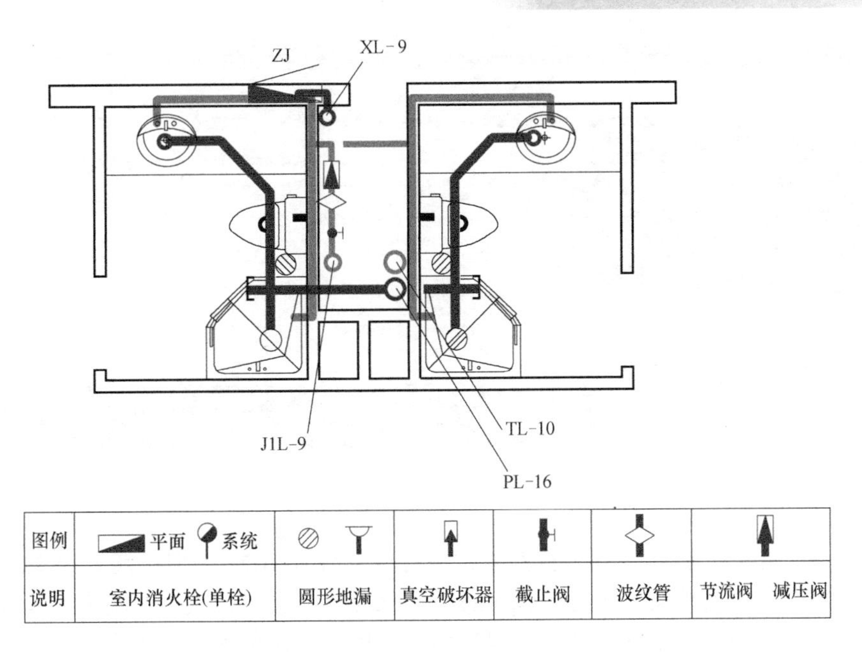

图例	平面 系统					
说明	室内消火栓(单栓)	圆形地漏	真空破坏器	截止阀	波纹管	节流阀　减压阀

图 4-48　5 层一个单元给排水平面图

项目 5

管线综合与碰撞检查

利用 Revit 建立的建筑、结构和机电设备管线各专业 BIM 模型，能方便地进行碰撞检查，直观解决空间关系冲突，优化管线排布，优化设计，极大地减少在施工阶段可能存在的错误和返工，节省成本。本项目首先学习管线综合排布优化规则，然后应用规则，针对已经完成机电系统建模的工程项目案例，进行管线综合排布与净高分析，最后进行碰撞检查与修改。

5.1 管线综合排布优化规则

1. 总体原则

1）管线综合符合国家相关规范要求。

2）尽量利用梁内空间。绝大部分管道在安装时均为贴梁底走管，梁与梁之间存在很大的空间，尤其是当梁高很大时。在管道交叉时，这些梁内空间可以被很好地利用起来。在满足弯曲半径的条件下，空调风管和有压水管均可以通过翻转到梁内空间的方法，避免与其他管道冲突，保持路由通畅，满足层高要求。

2. 避让原则

1）有压管让无压管。无压管道内的介质仅受重力作用由高处往低处流，其主要特征是有坡度要求、管道杂质多、易堵塞，所以无压管道要保持直线，满足坡度，尽量避免过多转弯，以保证排水顺畅以及满足空间高度要求。有压管道是在压力作用下克服沿程阻力沿一定方向流动，一般来说，改变管道走向、交叉排布、绕道走管不会对其供水效果产生影响。因此，当有压管道与无压管道相碰撞时，应首先考虑更改有压管道的路由。

2）小管道让大管道，施工简单的管道避让施工难度大的管道。通常来说，大管道由于造价高、尺寸重量大等原因，一般不会做过多的翻转和移动。应先确定大管道的位置，后布置小管道的位置。在两者发生冲突时，应调整小管道，因为小管道造价低且所占空间小，易于更改路由和移动安装。

3）冷水管道避让热水管道。热水管道需要保温，造价较高，且保温后的管径较大。另外，热水管道翻转过于频繁会导致集气。因此在两者相遇时，一般调整冷水管道。

4）附件少的管道避让附件多的管道。安装多附件管道时要注意管道之间留出足够的空间（需考虑法兰、阀门等附件所占的空间），这样有利于施工操作以及今后的检修、更换管件。

5）其他。临时管道避让永久管道；新建管道避让原有管道；低压管道避让高压管道；空气管道避让水管道。

3. 垂直面排列管道原则

1）热介质管道在上，冷介质管道在下。

2）无腐蚀介质管道在上，腐蚀介质管道在下。

3）气体介质管道在上，液体介质管道在下。

4）保温管道在上，非保温管道在下。

5）高压管道在上，低压管道在下。

6）金属管道在上，非金属管道在下。

7）不经常检修的管道在上（如消防、喷淋干管和消防排烟风管），经常检修的管道在下。

8）考虑后期改造方便，商业楼层重力排水管道在满足净高要求下，设置在其他管道下方，不贴梁底。

4. 管道间距

1）需考虑水管外壁、空调水管、空调风管保温层的厚度。

2）电气桥架、水管，外壁与墙壁间的距离不小于100mm。

3）直管段风管距墙壁的距离最小150mm。

4）沿构造墙需要90°拐弯风道及有消声器、较大阀门部件等区域，根据实际情况确定距墙柱距离。

5）管线布置时考虑无压管道的坡度。

6）不同专业管线间距离，尽量满足现场施工规范要求。

上述为管线布置基本原则，管线综合协调过程中根据实际情况综合布置，管间距离以便于安装、维修为原则。

5. 考虑机电末端空间

1）管线布置过程中应考虑到以后送回风口、灯具、烟感探头、喷头等的安装，合理地布置吊顶区域机电各末端在吊顶上的分布。

2）考虑到电气桥架安装后放线的操作空间以及以后的维修空间，电缆布置的弯曲半径不小于电缆直径的15倍。

6. 管道穿梁

1）塔楼：线槽和消防给水管穿梁。

2）裙房：消防、喷淋管（≥DN80）穿梁。

3）地下：有压排水管穿梁，消防、喷淋管（≥DN80）穿梁。

5.2　管线调整与净高分析

在“项目浏览器”选项板单击“楼层平面”→“协调-标高5”，再单击绘图区域，键入快捷命令<VV>，弹出“楼层平面：标高5的可见性/图形替换”对话框，如图5-1所示。单击“Revit链接”选项卡，勾选“建筑.rvt”和“结构.rvt”可见。

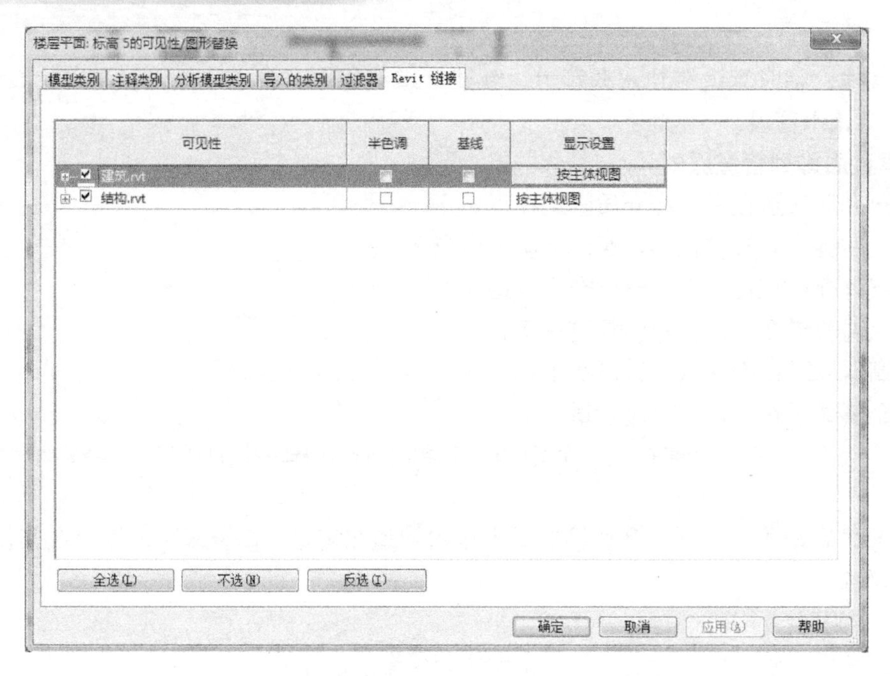

图 5-1　选择“建筑 .rvt”和“结构 .rvt”模型可见

单击“过滤器”选项卡，如图 5-2 所示，勾选“AC-PAD”“AC-CHWS”“AC-CHWR”“AC- 新风与空调机”“FS- 自喷”“卫生设备”过滤器可见。

图 5-2　勾选空调与消防设备、管道可见

单击“导入的类别”选项卡，如图 5-3 所示，设置喷淋、空调等系统 CAD 平面图不可见。

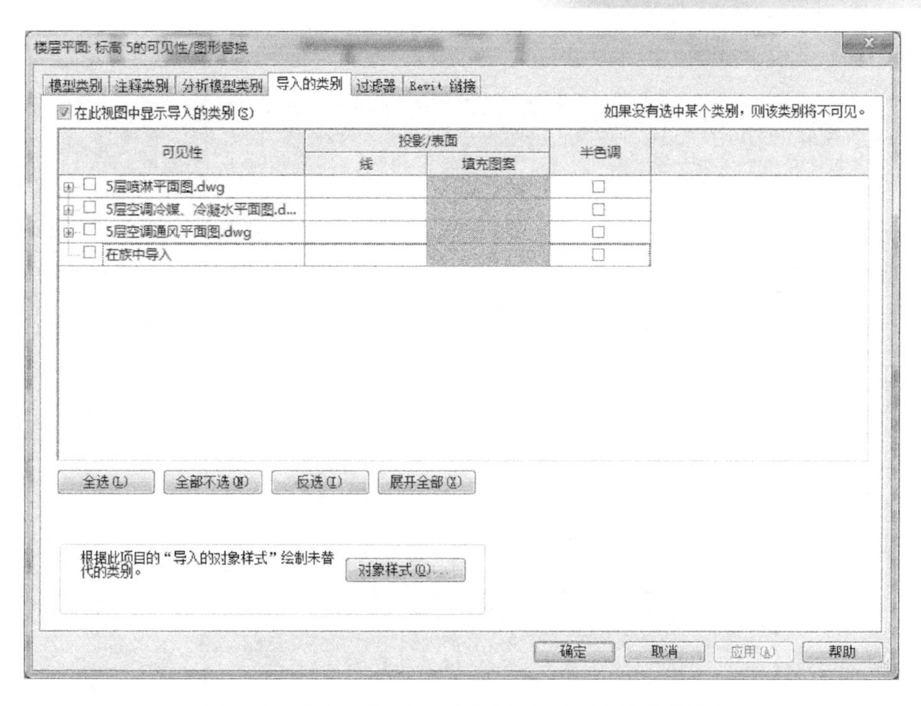

图 5-3　设置喷淋、空调等系统 CAD 平面图不可见

单击“模型类别”选项卡，如图 5-4 所示，设置“楼板”不可见。

图 5-4　设置“楼板”不可见

创建的喷淋、空调系统 Revit 模型如图 5-5 所示。

快捷菜单中单击“剖面”，创建“管线综合”剖面，如图 5-6 所示，空调风管与消防管道、空调冷冻水管出现碰撞。

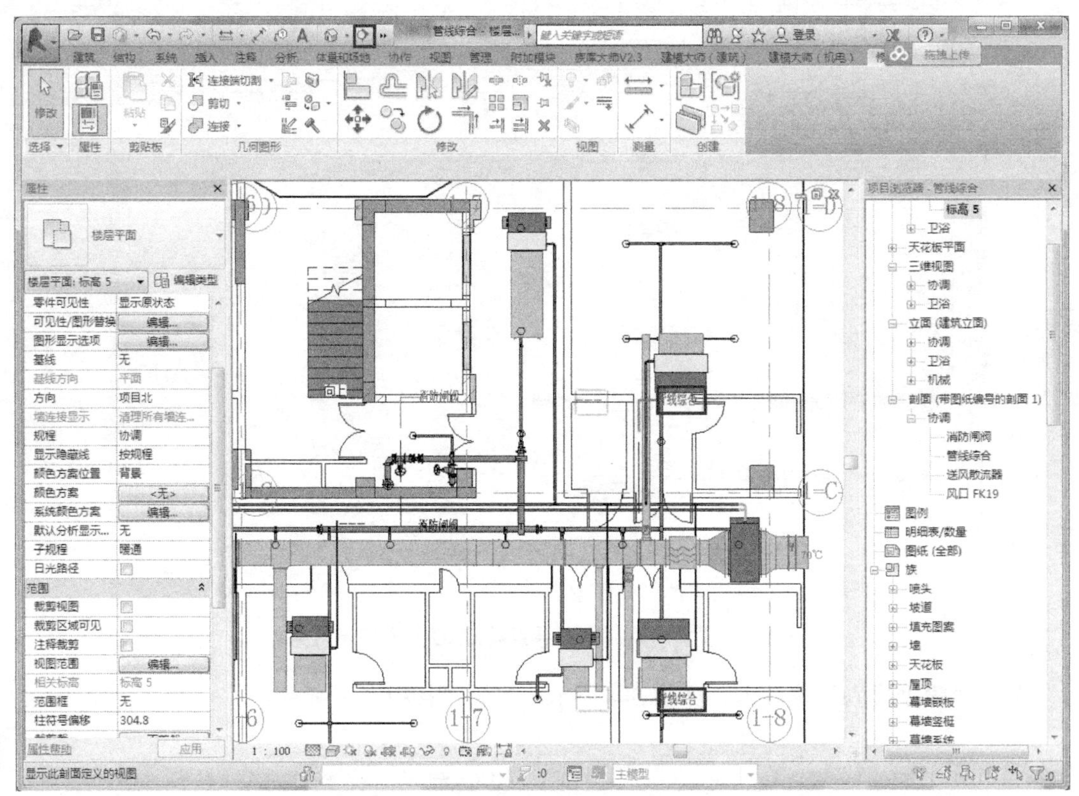

图 5-5 喷淋、空调系统 Revit 模型

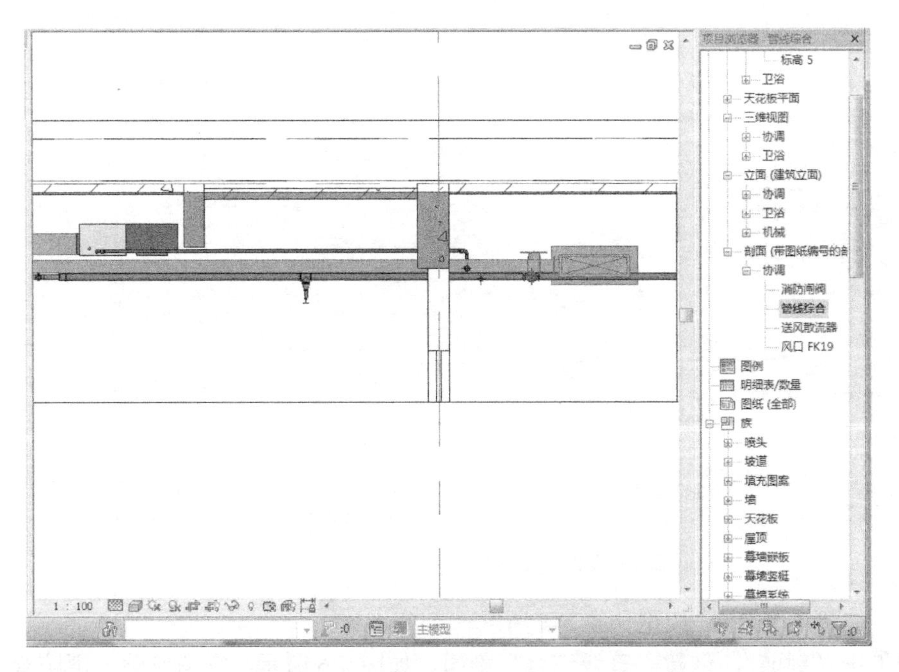

开剖面，新建和应用视图样板

图 5-6 空调风管与消防管道、空调冷冻水管出现碰撞

5.2.1　管线调整

应用本书 5.1 中的管道间距要求，调整管线之间的水平间距，避免碰撞。

如本案例，单击“楼层平面”→“协调 - 标高 5”，再单击功能区“注释”选项卡→“尺寸标注”面板→“对齐”，标注空调冷冻水管、消防管和空调新风管之间的间距，并进行调整，如图 5-7 所示，以符合国家管线综合规范，又避免水平面的碰撞。

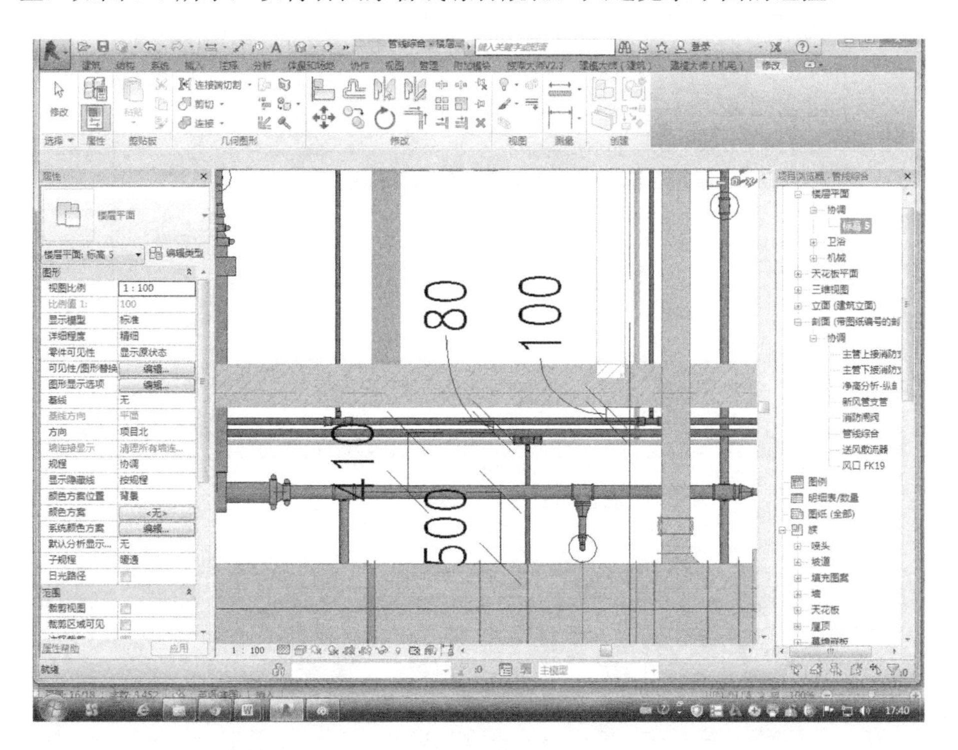

管线间距
优化排布

图 5-7　空调冷冻水管、消防管和空调新风管间距调整

5.2.2　净高分析

净高分析

应用本书 5.1 中的总体原则，给风管翻弯。首先，单击功能区“修改”选项卡→“修改”面板→“拆分图元”，如图 5-8 所示，单击新风管的一个拆分点，再单击另一个拆分点，即将新风管拆分为三段。

随后，移开穿梁的风管段。单击选中拆分出来的风管段，左键按压该风管段拖动到如图 5-9 所示位置，移开穿梁的风管段到梁下方（距梁底 30mm 以上，考虑添加保温层的厚度即可）。

最后，连接三段新风管。单击梁下方的风管段，右击该风管段的节点（如右节点），弹出快捷菜单。单击“绘制风管”，绘制一段向上倾斜的风管，如图 5-10 所示；然后，单击“修改”面板中的“修剪 / 延伸为角”，再单击倾斜风管和水平风管，即可完成新风管的翻弯连接。

新风管翻弯贴梁底（间隙不小于 30mm）安装后，再综合调整消防管、冷冻水供水 / 回水管高度，如图 5-11 所示，满足层高（不低于 2400mm）要求。

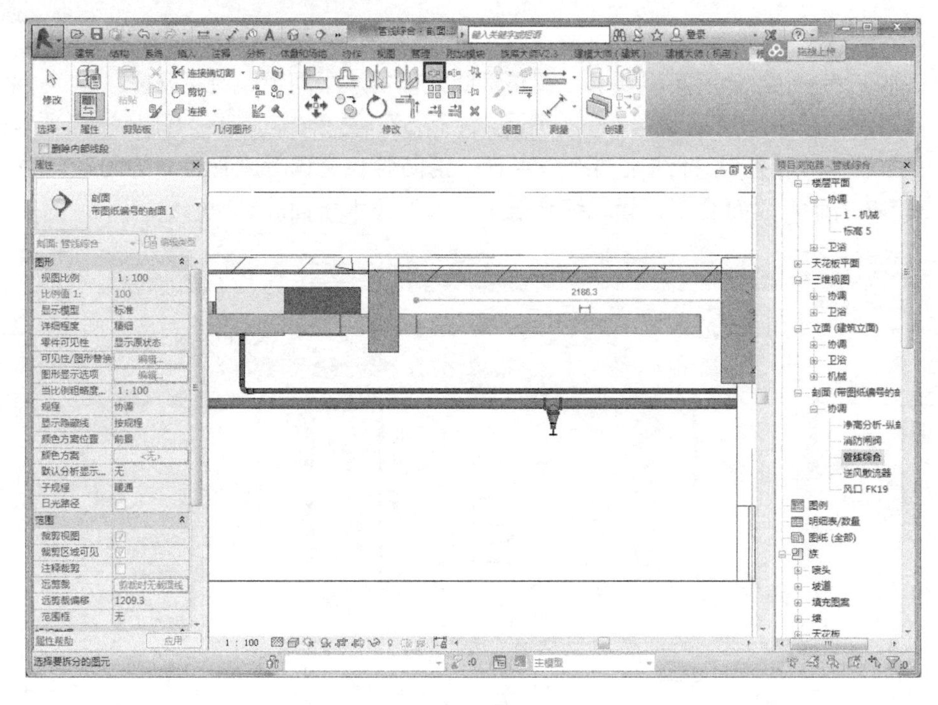

图 5-8　将新风管拆分为三段

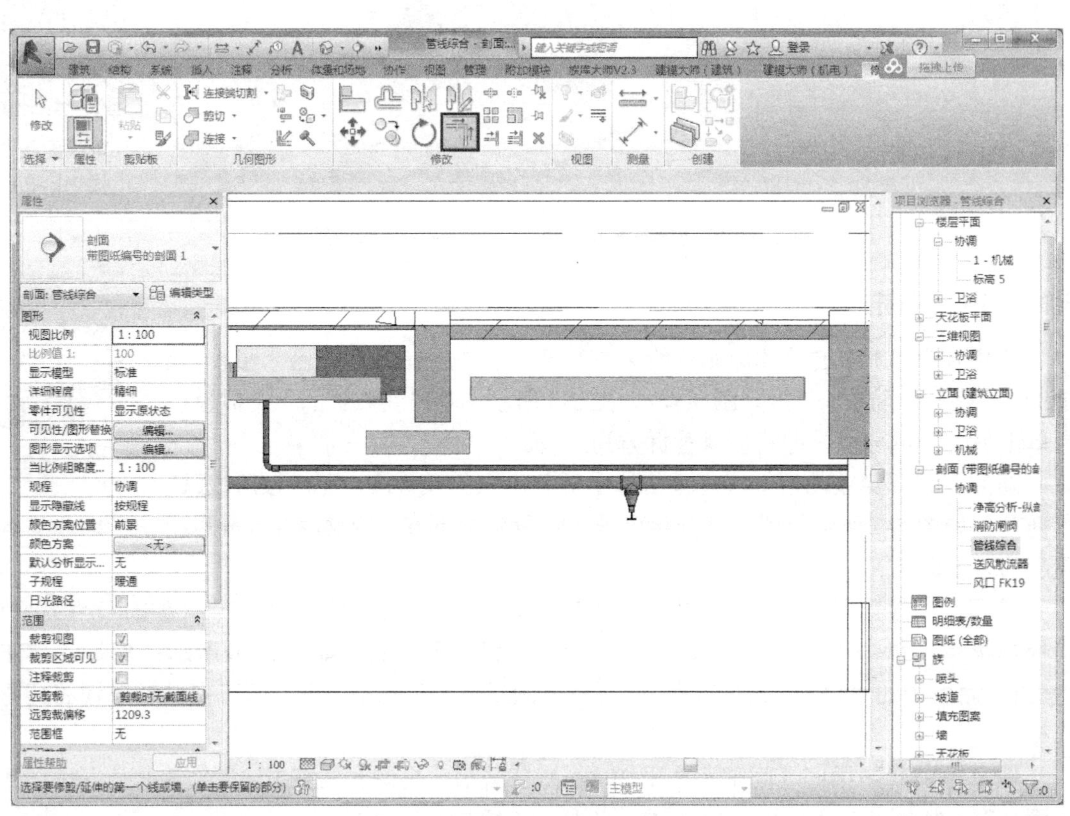

图 5-9　移动拆分出来的风管段

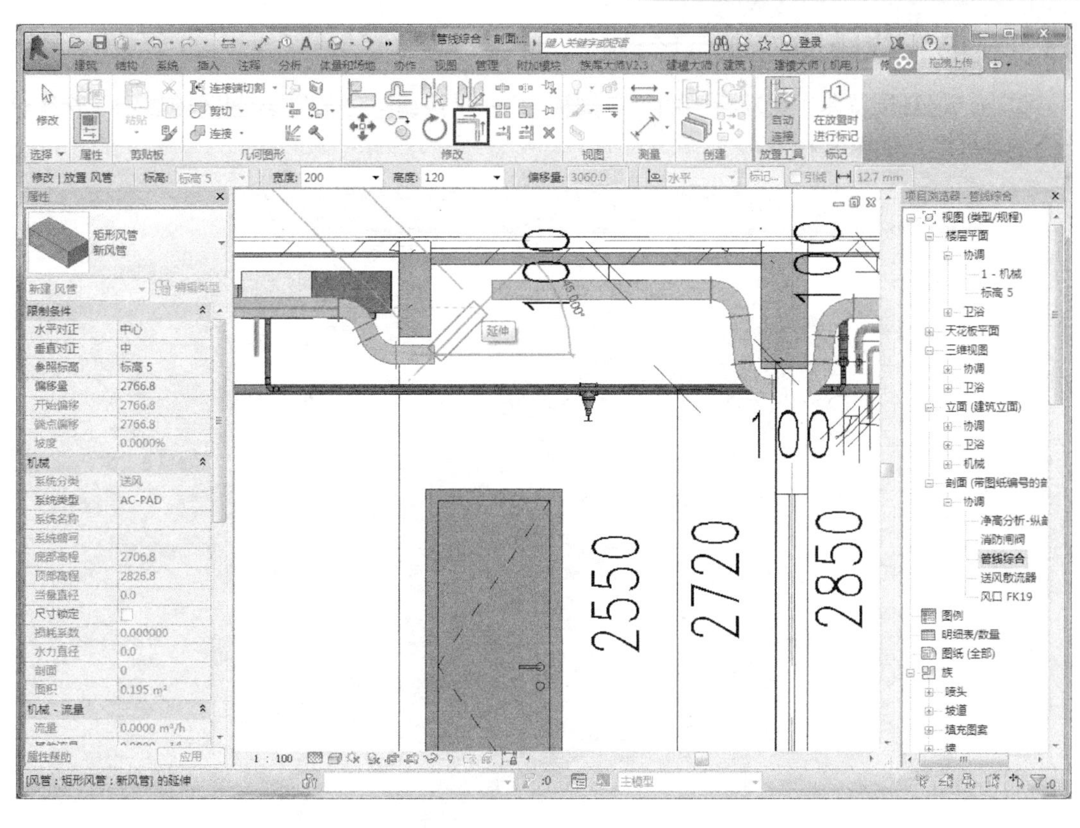

图 5-10　连接三段新风管

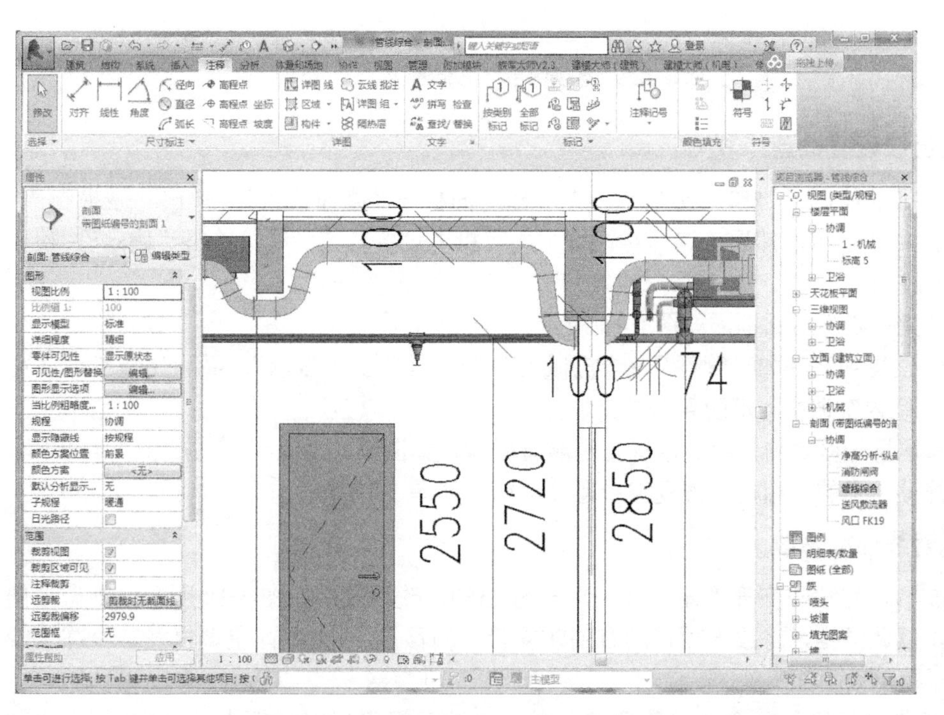

图 5-11　风管、压力水管高度综合调整偏移量参考

空调机位置调整

5.3 机电管线碰撞检查与修改

单击“项目浏览器”选项板中的“三维视图”→“协调 - 三维”，绘图区域显示“管线综合”三维模型，如图 5-12 所示。

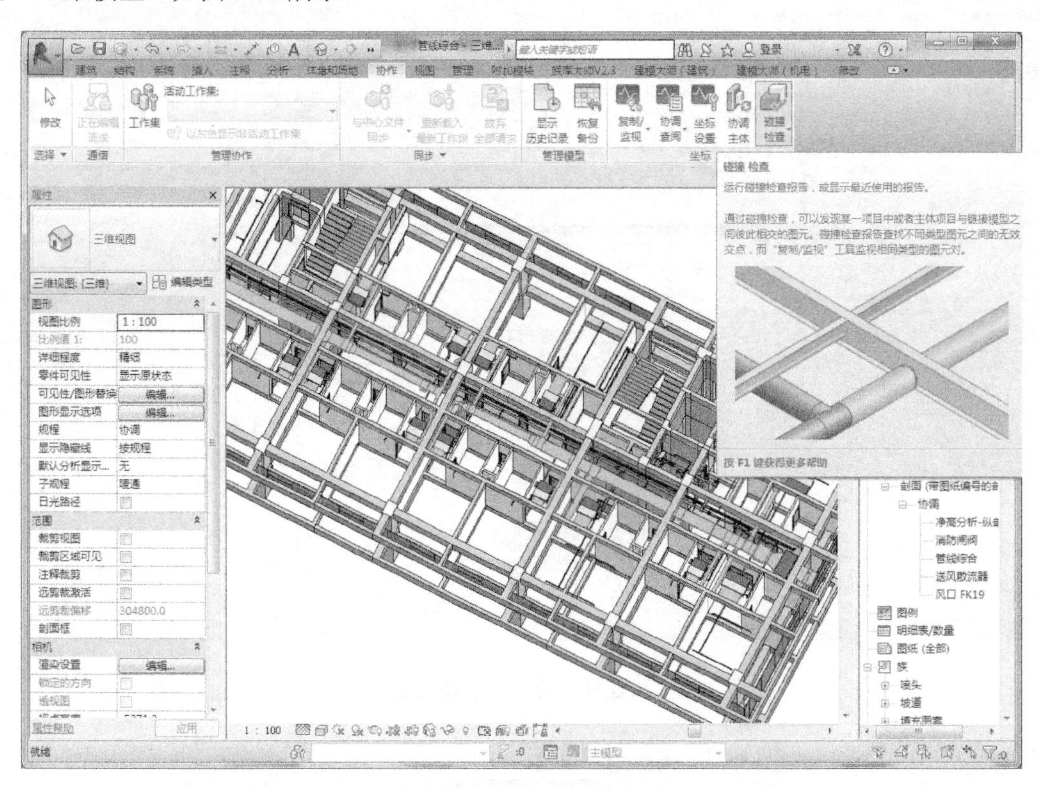

图 5-12 “管线综合”三维模型

5.3.1 机电管线碰撞检查

首先，单击功能区“协作”选项卡→“坐标”面板→“碰撞检查”，弹出“碰撞检查”对话框，如图 5-13 所示。然后，选择对话框中所有机电设备及其管线，单击“确定”，检查它们之间是否碰撞。

弹出“冲突报告”对话框，如图 5-14 所示。

单击选中碰撞项目（如“管件”→“机械设备”），再单击“显示”，显示碰撞部位，如图 5-15 所示，室内空调机与消防管碰撞。

继续查看，同一区域内，冷冻水管与消防管碰撞，如图 5-16 所示。

使用快捷菜单中的“相机”透视查看碰撞情况，如图 5-17 所示。

5.3.2 机电管线碰撞修改

按照图 5-11，将消防支管“偏移量”修改为 2550，改后效果如图 5-18 所示，则碰撞问题得以解决。以此类推，修改本项目所有消防支管“偏移量”，则室内空调机及其冷冻水管与消防管的碰撞可以全部消除。

按照管线优化规则，一个个消除碰撞，单击“冲突报告”对话框中的“刷新”，如图

5-19 所示，则消除的碰撞会自动从“冲突报告”对话框中去除。

图 5-13　“碰撞检查”对话框

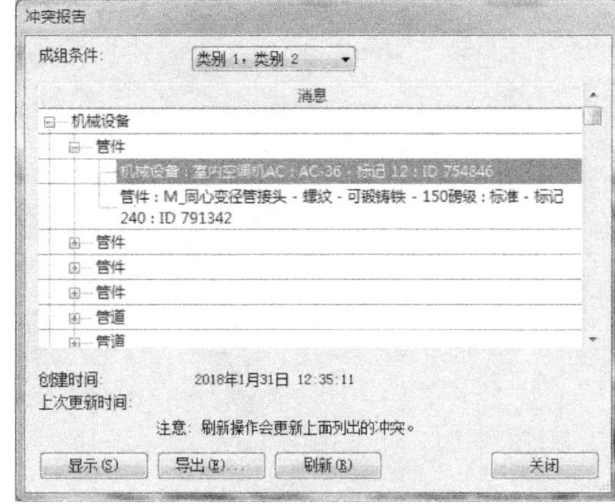

图 5-14　“冲突报告”对话框

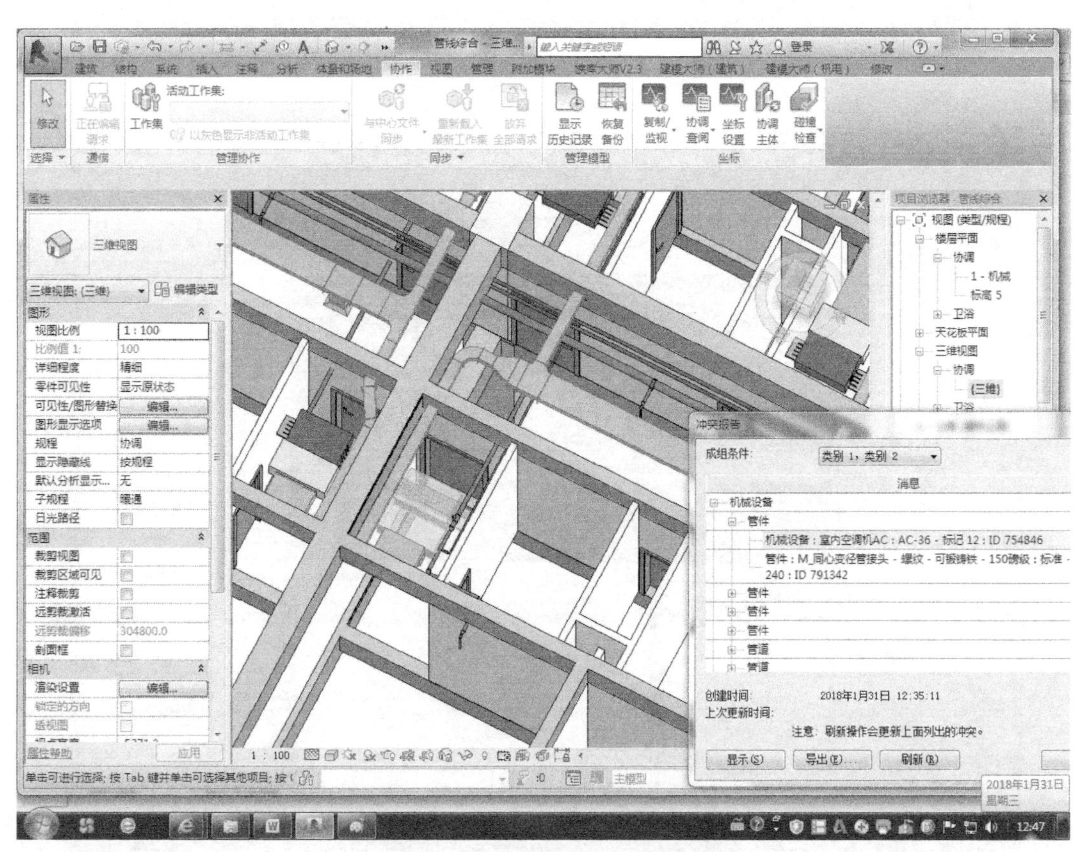

图 5-15　室内空调机与消防管碰撞

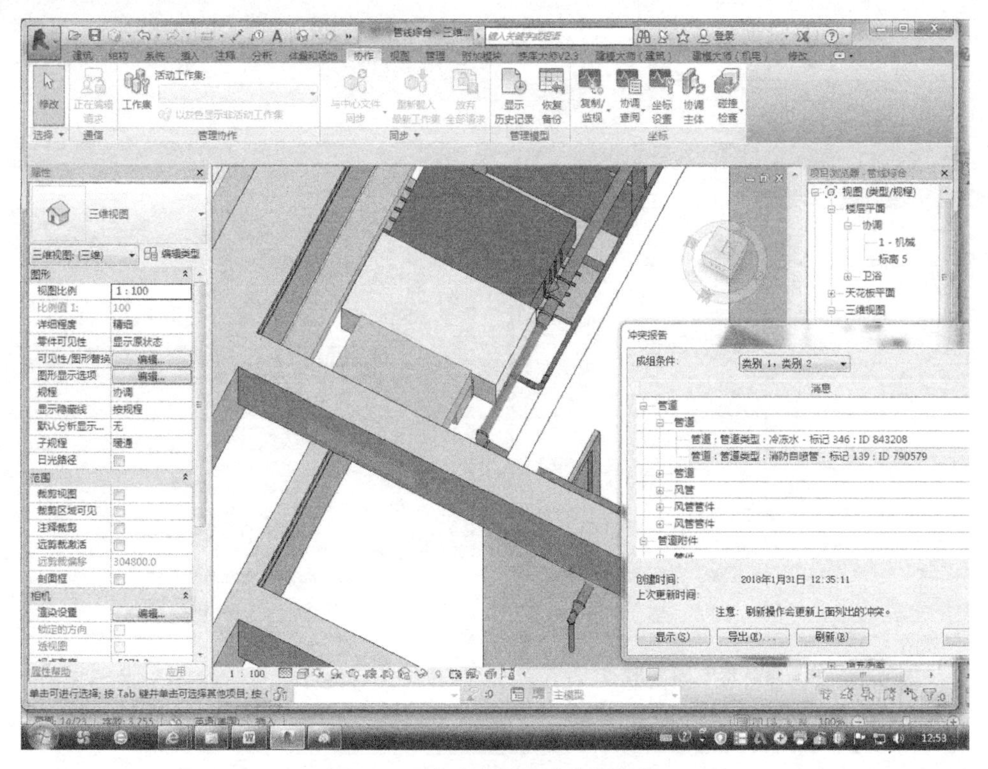

图 5-16　冷冻水管与消防管碰撞

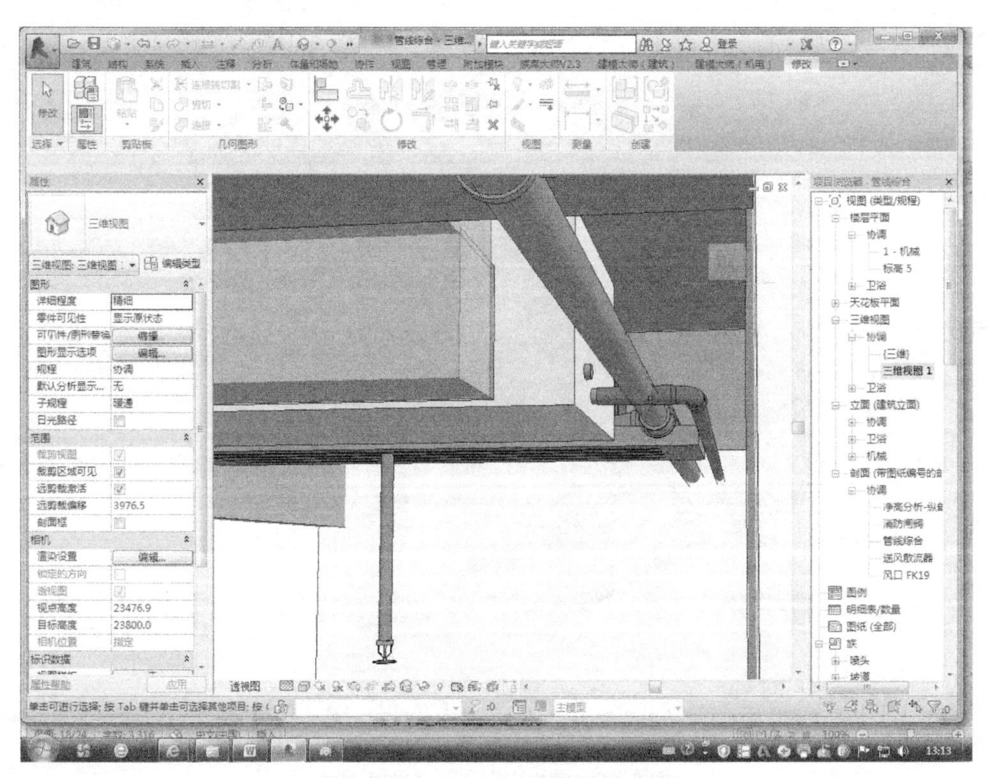

图 5-17　使用“相机”透视查看碰撞情况

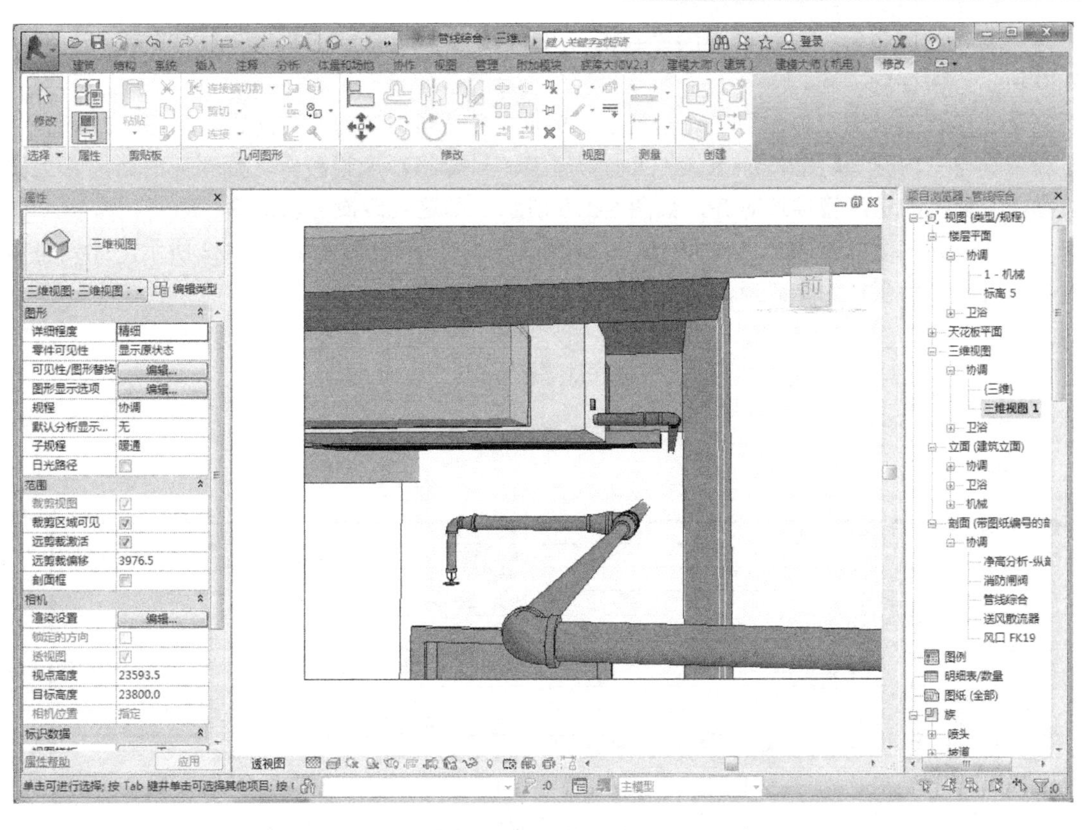

图 5-18 调整消防支管“偏移量”，消除碰撞

图 5-19 “冲突报告”刷新

单击“冲突报告”对话框中的“导出”，则可导出网页格式的机电管线冲突报告，如图 5-20 所示，保存到本地。

从机电管线冲突报告中可以看出第 1 ～ 9 项冲突是同类型的冲突问题，如图 5-21a 所示，即新风管与室内空调机的冷冻水供 / 回水管碰撞。只要将新风管翻弯，翻弯后的新风管上移与室内空调机的送风管顶边对齐，如图 5-21b 所示，则这类碰撞可以消除。

此外，机电管线冲突报告中第 10 ～ 20 项冲突为“伪碰撞”，如图 5-22 所示，此处将卡箍与管道的连接误认为是碰撞，此类“伪碰撞”无需处理。

冲突报告

冲突报告项目文件: G: \管线综合.rvt

创建时间:
上次更新时间:

	A	B
1	风管 : 矩形风管 : 新风管 - 标记 25 : ID 715783	管道 : 管道类型 : 冷冻水 - 标记 350 : ID 843898
2	风管 : 矩形风管 : 新风管 - 标记 29 : ID 715823	管道 : 管道类型 : 冷冻水 - 标记 460 : ID 871083
3	风管 : 矩形风管 : 新风管 - 标记 34 : ID 717346	管道 : 管道类型 : 冷冻水 - 标记 344 : ID 843128
4	风管 : 矩形风管 : 新风管 - 标记 37 : ID 717396	管道 : 管道类型 : 冷冻水 - 标记 339 : ID 842889
5	风管 : 矩形风管 : 新风管 - 标记 48 : ID 717633	管道 : 管道类型 : 冷冻水 - 标记 327 : ID 842338
6	风管 : 矩形风管 : 新风管 - 标记 52 : ID 717713	管道 : 管道类型 : 冷冻水 - 标记 333 : ID 842652
7	风管 : 矩形风管 : 新风管 - 标记 56 : ID 717831	管道 : 管道类型 : 冷冻水 - 标记 337 : ID 842844
8	风管 : 矩形风管 : 新风管 - 标记 59 : ID 732031	管道 : 管道类型 : 冷冻水 - 标记 358 : ID 844369
9	风管 : 矩形风管 : 新风管 - 标记 87 : ID 754847	风管 : 矩形风管 : 半径弯头/接头 - 标记 113 : ID 842084
10	风道末端 : 送风格栅 - 矩形 - 单层 - 可调 - 侧装-双风管 : FK19,1600x200 - 标记 13 : ID 763698	管道 : 管道类型 : 消防自喷管 - 标记 123 : ID 789982
11	管件 : Victaulic-IPS-Concentric Reducer No 50 : Standard - 标记 81 : ID 786042	管件 : Victaulic-Grooved Coupling OGS-AGS : Standard - 标记 82 : ID 786047
12	管件 : Victaulic-IPS-Concentric Reducer No 50 : Standard - 标记 55 : ID 789233	管件 : Victaulic-Grooved Coupling OGS-AGS : Standard - 标记 57 : ID 789237
13	管件 : Victaulic-IPS-Elbow No 10-13-定制 : Standard - 标记 121 : ID 820305	管件 : Victaulic - I - IPS - Grooved Coupling OGS-AGS : Standard - 标记 122 : ID 820307
14	管件 : Victaulic-IPS-Elbow No 10-13-定制 : Standard - 标记 121 : ID 820305	管件 : Victaulic - I - IPS - Grooved Coupling OGS-AGS : Standard - 标记 123 : ID 820309
15	管道附件 : 水流指示器 - 100 - 150 mm - 法兰式 : 100 mm - 标记 2 : ID 821357	管件 : Victaulic-Grooved Coupling OGS-AGS : Standard - 标记 171 : ID 821376
16	管道附件 : 水流指示器 - 100 - 150 mm - 法兰式 : 100 mm - 标记 2 : ID 821357	管件 : Victaulic-Grooved Coupling OGS-AGS : Standard - 标记 175 : ID 821382
17	管件 : Victaulic-IPS-Concentric Reducer No 50 : Standard - 标记 150 : ID 821372	管件 : Victaulic-Grooved Coupling OGS-AGS : Standard - 标记 171 : ID 821376
18	管件 : Victaulic-IPS-Concentric Reducer No 50 : Standard - 标记 172 : ID 821378	管件 : Victaulic-Grooved Coupling OGS-AGS : Standard - 标记 175 : ID 821382
19	[illegible]	管件 : Victaulic - I - IPS - Grooved Coupling OGS-AGS : Standard - 标记 186 :

图 5-20　网页格式的机电管线冲突报告

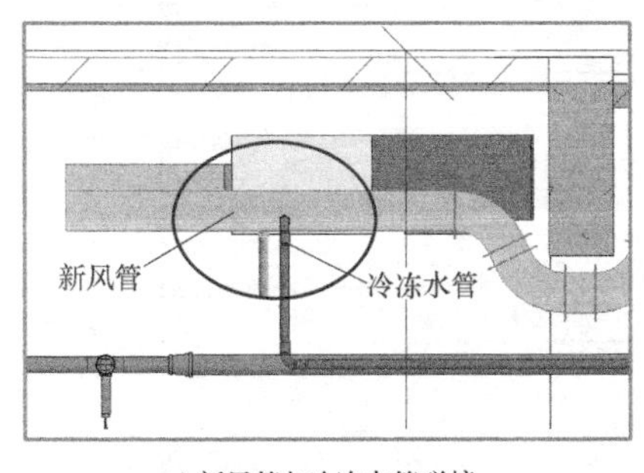

a) 新风管与冷冻水管碰撞

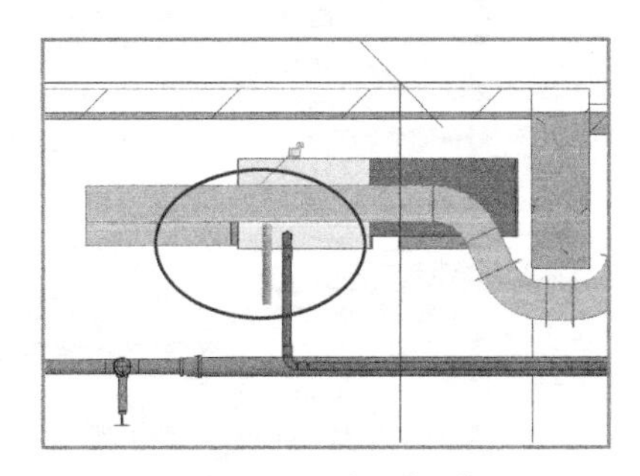

b) 新风管上对齐消除碰撞

图 5-21　新风管与冷冻水管碰撞及其解决办法

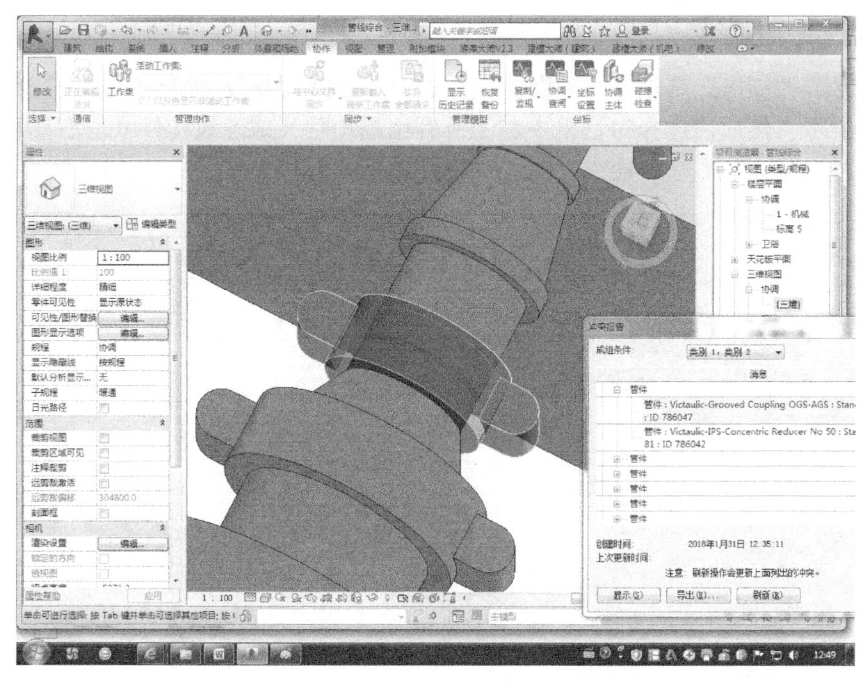

图 5-22 “伪碰撞”

碰撞检测修改与问题报告

5.4 土建与机电的碰撞检测及修改

在综合排布管线，解决完机电系统之间的碰撞冲突以后，纵观三维模型，如图 5-23 所示，机电管线与建筑和结构之间还有许多冲突问题，需要解决。主要步骤类似机电管线碰撞检查，包括冲突检测、显示、修改和冲突报告导出。

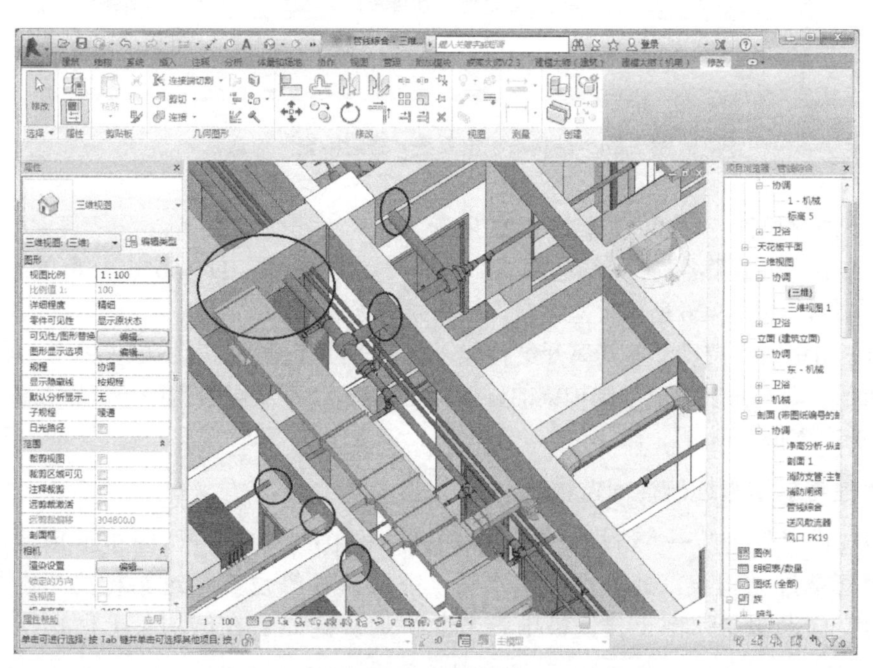

图 5-23 机电管线与建筑和结构之间的冲突

5.4.1 土建与机电管线碰撞检查

首先，单击功能区“协作”选项卡→“坐标”面板→“碰撞检查”，弹出“碰撞检查”对话框，如图 5-24 所示。然后，选择对话框中左侧所有结构构件（或建筑构件）与右侧所有机电设备及其管线，单击“确定”，检查它们之间是否碰撞。

图 5-24　结构与机电系统“碰撞检查”对话框

弹出“冲突报告”对话框，如图 5-25 所示。

单击选中“机械设备”→“结构框架”中的“室内空调机 ID755656”，再单击“显示”，显示碰撞部位，如图 5-26 所示，室内空调机与结构梁碰撞。

适当移动室内空调机，使其离开结构梁，再在“冲突报告”对话框中单击“刷新”，如图 5-27 所示，则室内空调机与结构梁的碰撞问题解决，“冲突报告”中不复存在机械设备与结构框架的冲突报告项目。

5.4.2 土建与机电管线碰撞问题报告

单击选中“管道”→“结构框架”中的“结构 ID333037”，如图 5-28 所示，有一根消防自喷管穿过结构梁。此外，冷冻水管、空调风管等也都穿过结构梁，这些碰撞问题需要提交问题报告，由土建、机电各专业协调决定是否在结构梁上做预留结构洞口设计。

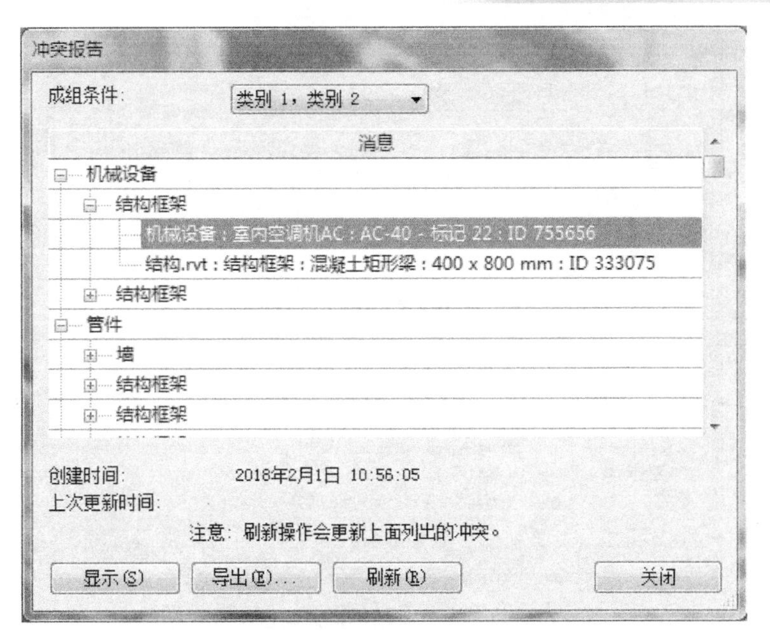

图 5-25　结构与机电管线“冲突报告”对话框

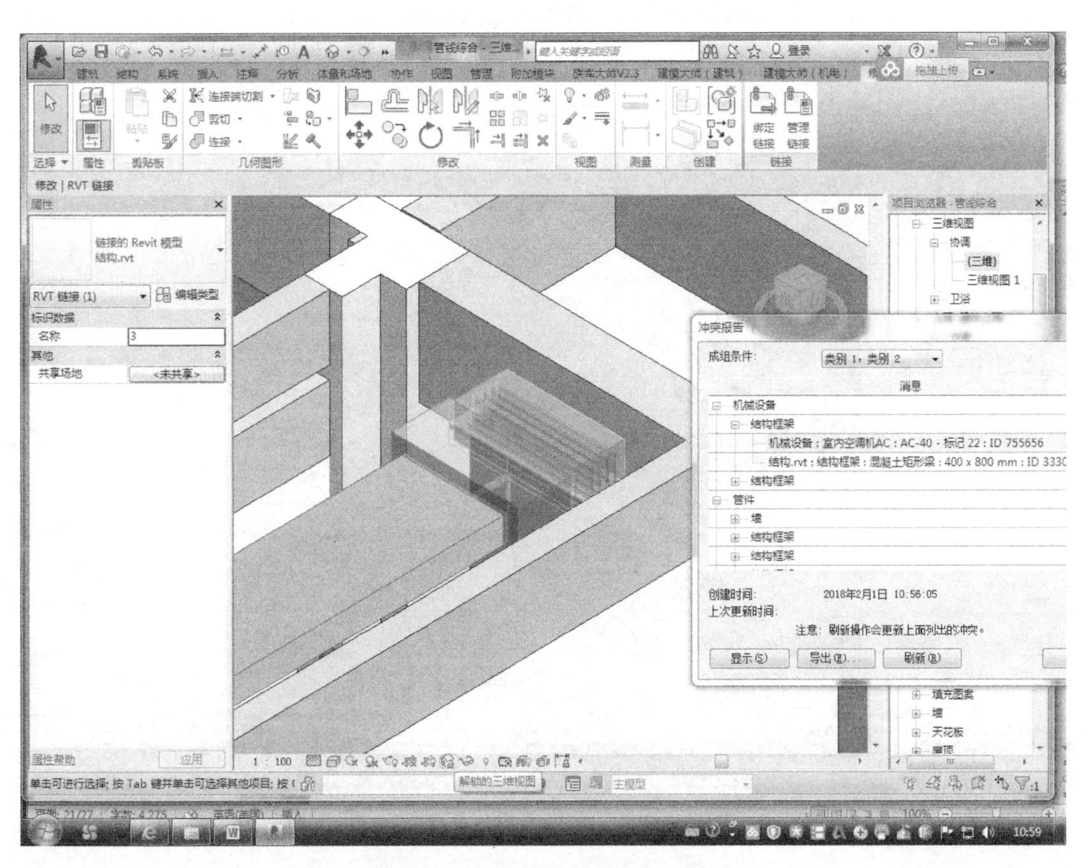

图 5-26　室内空调机与结构梁碰撞

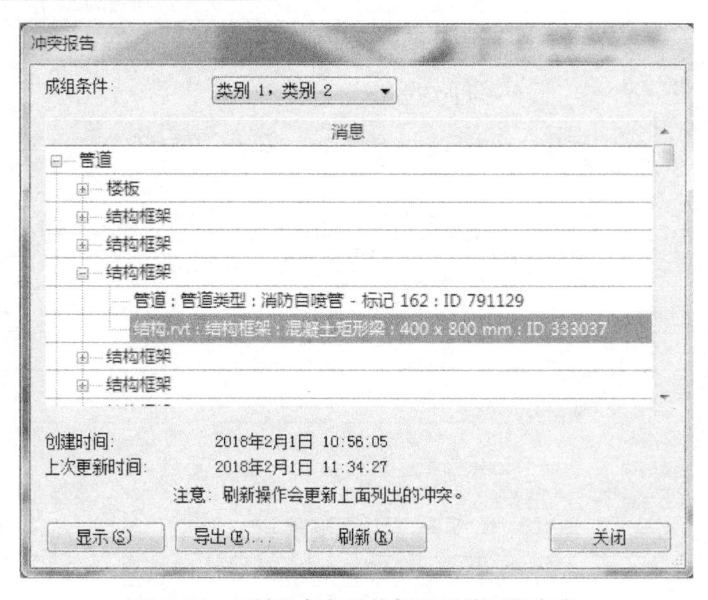

图 5-27　机械设备与结构框架碰撞不复存在

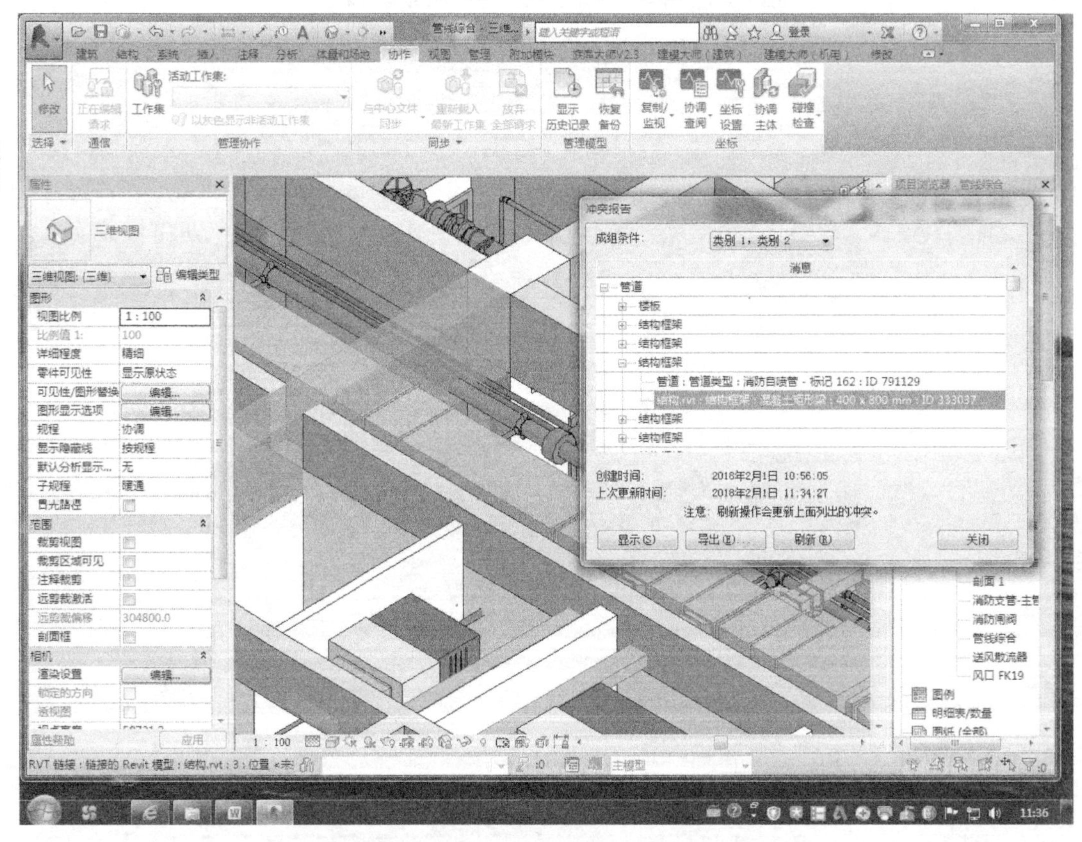

图 5-28　消防自喷管、冷冻水管及空调风管穿过结构梁

单击“冲突报告”对话框中的“导出”，则可导出网页格式文件的结构与机电管线冲突报告，如图 5-29 所示，保存到本地。

冲突报告

冲突报告项目文件: G:\管线综合.rvt

创建时间:
上次更新时间:

	A	B
1	风管管件 : 矩形 T 形三通 - 斜接 - 法兰 : 标准 - 标记 131 : ID 739838	结构.rvt : 结构框架 : 混凝土矩形梁 : 400 x 800 mm : ID 332911
2	风管 : 矩形风管 : 新风管 - 标记 68 : ID 739839	结构.rvt : 结构框架 : 混凝土矩形梁 : 400 x 800 mm : ID 332911
3	管道 : 管道类型 : 消防自喷管 - 标记 143 : ID 790630	结构.rvt : 结构框架 : 混凝土矩形梁 : 400 x 800 mm : ID 332911
4	管道 : 管道类型 : 冷冻水 - 标记 384 : ID 847164	结构.rvt : 结构框架 : 混凝土矩形梁 : 400 x 800 mm : ID 332911
5	管道 : 管道类型 : 冷冻水 - 标记 416 : ID 856160	结构.rvt : 结构框架 : 混凝土矩形梁 : 400 x 800 mm : ID 332911
6	风管 : 矩形风管 : 新风管 - 标记 19 : ID 715637	结构.rvt : 结构框架 : 混凝土矩形梁 : 200 x 550 mm : ID 332955
7	风管 : 矩形风管 : 新风管 - 标记 23 : ID 715770	结构.rvt : 结构框架 : 混凝土矩形梁 : 200 x 550 mm : ID 332957
8	风管 : 矩形风管 : 新风管 - 标记 25 : ID 715783	结构.rvt : 结构框架 : 混凝土矩形梁 : 200 x 550 mm : ID 332957
9	风管 : 矩形风管 : 新风管 - 标记 27 : ID 715811	结构.rvt : 结构框架 : 混凝土矩形梁 : 200 x 550 mm : ID 332959
10	风管 : 矩形风管 : 新风管 - 标记 63 : ID 735604	结构.rvt : 结构框架 : 混凝土矩形梁 : 200 x 550 mm : ID 332959
11	风管 : 矩形风管 : 新风管 - 标记 43 : ID 717548	结构.rvt : 结构框架 : 混凝土矩形梁 : 200 x 550 mm : ID 332961
12	风管 : 矩形风管 : 新风管 - 标记 52 : ID 717713	结构.rvt : 结构框架 : 混凝土矩形梁 : 200 x 550 mm : ID 332961
13	风管 : 矩形风管 : 新风管 - 标记 50 : ID 717696	结构.rvt : 结构框架 : 混凝土矩形梁 : 200 x 550 mm : ID 332963
14	风管 : 矩形风管 : 新风管 - 标记 46 : ID 717620	结构.rvt : 结构框架 : 混凝土矩形梁 : 200 x 550 mm : ID 332965
15	风管 : 矩形风管 : 新风管 - 标记 48 : ID 717633	结构.rvt : 结构框架 : 混凝土矩形梁 : 200 x 550 mm : ID 332965
16	风管 : 矩形风管 : 新风管 - 标记 19 : ID 715637	结构.rvt : 结构框架 : 混凝土矩形梁 : 200 x 550 mm : ID 332967
17	风管 : 矩形风管 : 新风管 - 标记 82 : ID 754531	结构.rvt : 结构框架 : 混凝土矩形梁 : 200 x 550 mm : ID 332967
18	风管 : 矩形风管 : 新风管 - 标记 23 : ID 715770	结构.rvt : 结构框架 : 混凝土矩形梁 : 200 x 550 mm : ID 332969
19	风管 : 矩形风管 : 新风管 - 标记 25 : ID 715783	结构.rvt : 结构框架 : 混凝土矩形梁 : 200 x 550 mm : ID 332969
20	风管 : 矩形风管 : 新风管 - 标记 83 : ID 754717	结构.rvt : 结构框架 : 混凝土矩形梁 : 200 x 550 mm : ID 332969
21	风管 : 矩形风管 : 新风管 - 标记 84 : ID 754802	结构.rvt : 结构框架 : 混凝土矩形梁 : 200 x 550 mm : ID 332969
22	风管 : 矩形风管 : 新风管 - 标记 27 : ID 715811	结构.rvt : 结构框架 : 混凝土矩形梁 : 200 x 550 mm : ID 332971
23	风管 : 矩形风管 : 新风管 - 标记 34 : ID 717346	结构.rvt : 结构框架 : 混凝土矩形梁 : 200 x 550 mm : ID 332971
24	风管 : 矩形风管 : 新风管 - 标记 85 : ID 754821	结构.rvt : 结构框架 : 混凝土矩形梁 : 200 x 550 mm : ID 332971
25	风管 : 矩形风管 : 新风管 - 标记 86 : ID 754836	结构.rvt : 结构框架 : 混凝土矩形梁 : 200 x 550 mm : ID 332971
26	风管 : 矩形风管 : 新风管 - 标记 43 : ID 717548	结构.rvt : 结构框架 : 混凝土矩形梁 : 200 x 550 mm : ID 332973
27	风管 : 矩形风管 : 新风管 - 标记 52 : ID 717713	结构.rvt : 结构框架 : 混凝土矩形梁 : 200 x 550 mm : ID 332973
28	风管 : 矩形风管 : 新风管 - 标记 87 : ID 754847	结构.rvt : 结构框架 : 混凝土矩形梁 : 200 x 550 mm : ID 332973
29	风管 : 矩形风管 : 新风管 - 标记 88 : ID 754862	结构.rvt : 结构框架 : 混凝土矩形梁 : 200 x 550 mm : ID 332973
30	风管 : 矩形风管 : 新风管 - 标记 50 : ID 717696	结构.rvt : 结构框架 : 混凝土矩形梁 : 200 x 550 mm : ID 332975
31	风管 : 矩形风管 : 新风管 - 标记 98 : ID 756887	结构.rvt : 结构框架 : 混凝土矩形梁 : 200 x 550 mm : ID 332975
32	风管 : 矩形风管 : 新风管 - 标记 46 : ID 717620	结构.rvt : 结构框架 : 混凝土矩形梁 : 200 x 550 mm : ID 332977
33	风管 : 矩形风管 : 新风管 - 标记 48 : ID 717633	结构.rvt : 结构框架 : 混凝土矩形梁 : 200 x 550 mm : ID 332977
34	风管 : 矩形风管 : 新风管 - 标记 89 : ID 754877	结构.rvt : 结构框架 : 混凝土矩形梁 : 200 x 550 mm : ID 332977
35	风管 : 矩形风管 : 新风管 - 标记 97 : ID 756854	结构.rvt : 结构框架 : 混凝土矩形梁 : 200 x 550 mm : ID 332977
36	管道 : 管道类型 : 冷冻水 - 标记 384 : ID 847164	结构.rvt : 结构框架 : 混凝土矩形梁 : 400 x 800 mm : ID 332981
37	管道 : 管道类型 : 冷冻水 - 标记 416 : ID 856160	结构.rvt : 结构框架 : 混凝土矩形梁 : 400 x 800 mm : ID 332981
38	管道 : 管道类型 : 消防自喷管 - 标记 446 : ID 866392	结构.rvt : 结构框架 : 混凝土矩形梁 : 400 x 800 mm : ID 332981
39	风管 : 矩形风管 : 新风管 - 标记 53 : ID 717721	结构.rvt : 结构框架 : 混凝土矩形梁 : 400 x 800 mm : ID 332987
40	管道 : 管道类型 : 冷冻水 - 标记 384 : ID 847164	结构.rvt : 结构框架 : 混凝土矩形梁 : 400 x 800 mm : ID 332987
41	管道 : 管道类型 : 冷冻水 - 标记 416 : ID 856160	结构.rvt : 结构框架 : 混凝土矩形梁 : 400 x 800 mm : ID 332987
42	管道 : 管道类型 : 消防自喷管 - 标记 450 : ID 867447	结构.rvt : 结构框架 : 混凝土矩形梁 : 400 x 800 mm : ID 332987
43	风管 : 矩形风管 : 新风管 - 标记 61 : ID 734717	结构.rvt : 结构框架 : 混凝土矩形梁 : 400 x 900 mm : ID 333007
44	风管管件 : 矩形变径管 - 角度 - 法兰 : 60 度 - 标记 123 : ID 737865	结构.rvt : 结构框架 : 混凝土矩形梁 : 400 x 900 mm : ID 333007
45	风管管件 : 风管软接头 : 标准 - 标记 125 : ID 739293	结构.rvt : 结构框架 : 混凝土矩形梁 : 400 x 900 mm : ID 333007
46	风管管件 : 矩形变径管 - 角度 - 法兰 : 60 度 - 标记 150 : ID 752386	结构.rvt : 结构框架 : 混凝土矩形梁 : 400 x 900 mm : ID 333035
47	风管 : 矩形风管 : 新风管 - 标记 81 : ID 752842	结构.rvt : 结构框架 : 混凝土矩形梁 : 400 x 900 mm : ID 333035
48	风管管件 : 风管软接头 : 标准 - 标记 164 : ID 767935	结构.rvt : 结构框架 : 混凝土矩形梁 : 400 x 900 mm : ID 333035
49	风管 : 矩形风管 : 新风管 - 标记 51 : ID 717708	结构.rvt : 结构框架 : 混凝土矩形梁 : 400 x 800 mm : ID 333037
50	管道 : 管道类型 : 消防自喷管 - 标记 162 : ID 791129	结构.rvt : 结构框架 : 混凝土矩形梁 : 400 x 800 mm : ID 333037
51	管道 : 管道类型 : 冷冻水 - 标记 384 : ID 847164	结构.rvt : 结构框架 : 混凝土矩形梁 : 400 x 800 mm : ID 333037
52	管道 : 管道类型 : 冷冻水 - 标记 416 : ID 856160	结构.rvt : 结构框架 : 混凝土矩形梁 : 400 x 800 mm : ID 333037

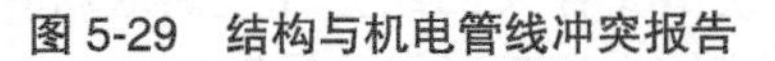

图 5-29　结构与机电管线冲突报告

结构与机电管线冲突报告中呈现的均是机电管线穿结构梁的问题，这些碰撞问题需要提交问题报告。图 5-28“管道”→“结构框架”中的“混凝土矩形梁 400×800mm: ID333037”与“消防自喷管”碰撞的问题报告式样见表 5-1。

表 5-1 BIM 冲突检查报告

<table>
<tr><td colspan="4">BIM 冲突检查报告</td></tr>
<tr><td>问题编号</td><td>1</td><td>问题分级</td><td>Ⅱ级</td></tr>
<tr><td>涉及专业</td><td>结构，消防自喷管</td><td>问题定位</td><td>详见附件“冲突报告”碰撞点 50</td></tr>
<tr><td colspan="4">建模依据</td></tr>
<tr><td>图纸编号</td><td>JD-1-5 04</td><td>图纸版本</td><td>20160314+FS 消防施工平面图(蓝图不盖章)</td></tr>
<tr><td>图纸名称</td><td colspan="3">5 层喷淋平面图</td></tr>
<tr><td colspan="4">问题分析</td></tr>
<tr><td>问题描述</td><td colspan="3">如图，消防自喷管与混凝土矩形梁 400×800 碰撞</td></tr>
<tr><td>优化建议</td><td colspan="3">建议混凝土矩形梁 400×800 预留孔洞，浇筑钢套</td></tr>
<tr><td colspan="2">平面图</td><td colspan="2">三维模型</td></tr>
<tr><td colspan="2">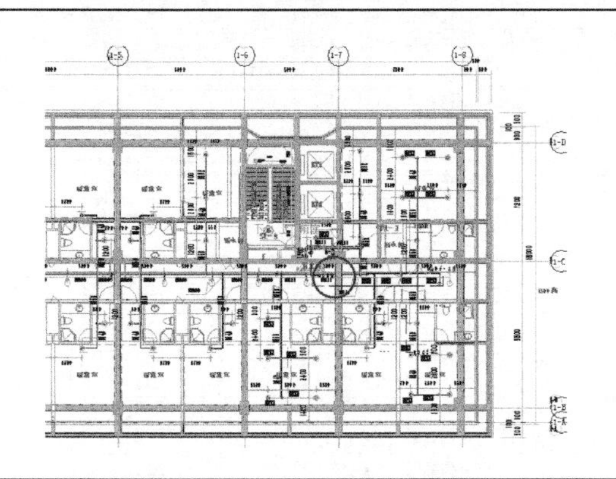</td><td colspan="2">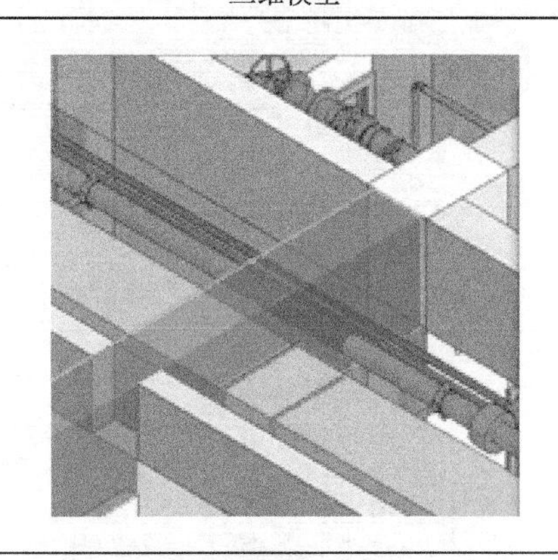</td></tr>
<tr><td colspan="2">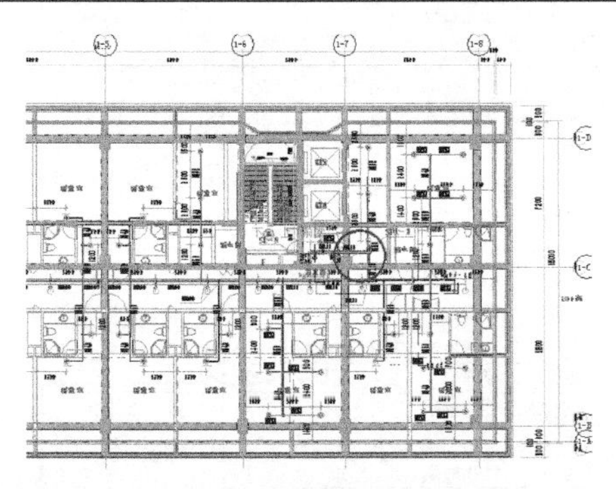</td><td colspan="2">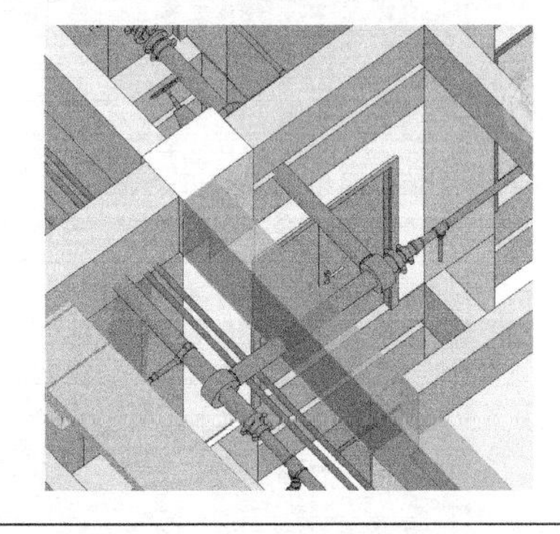</td></tr>
<tr><td colspan="4">修改复核</td></tr>
<tr><td>设计图修改意见</td><td colspan="3"></td></tr>
<tr><td>模型验证</td><td colspan="3"></td></tr>
</table>

练 习 题

1. 打开“管线综合 .rvt”模型文件（已经完成空调通风和消防喷淋系统建模）。按如图 5-11 所示的风管、压力水管高度综合调整“偏移量”参考，完成以下模型调整与修改，以最大限度地避免机电管线冲突，并保障室内最小净高（>2400mm）的要求。

1）“管线综合 .rvt”模型中，修改新风机顶面与楼板间的距离为 100mm，此时新风管主管的参照标高“偏移量”随之变化，为 3055（标高 5，垂直对正“中”）。

2）“管线综合 .rvt”模型中，如图 5-11 所示，在新风管支管遇到结构梁处，将新风管支管向下翻弯避让，修改所有新风支管的“偏移量”为 2790（参照标高 5，垂直对正“中”）。

3）“管线综合 .rvt”模型中，将室内空调机送风管顶面与翻弯后的送风支管顶面对齐（此时室内空调机送风管参照标高 5 的“偏移量”为 2700），以避免新风支管与室内空调机冷冻水管、送风格栅垂直方向碰撞。

4）在“管线综合 .rvt”模型中，修改消防喷淋（主管和支管）的参照标高“偏移量”为 2500（标高 5，垂直对正“中”），如图 5-11 所示。消防喷淋支管遇到冷冻水供、回水管道时，向上翻弯避让。

5）在“管线综合 .rvt”模型中，断开所有室内空调机冷冻水管与冷冻水供水主管之间的连接；然后，修改冷冻水供、回水主管的参照标高“偏移量”为 2500（标高 5，垂直对正“中”），如图 5-11 所示。然后，重新连接室内空调机冷冻水管与冷冻水供水主管。

6）检测土建与机电冲突碰撞，导出冲突报告。

7）针对冲突报告中一两个普遍性冲突问题，写出 BIM 冲突检查报告，以供设计方案评估修改参考。

2. 打开“管线综合 .rvt”模型文件，按照空调通风系统平面图的备注要求：通风管道原则上紧贴顶板梁底敷设，遇顶板高度变化处风管应以斜管升降，以尽可能提高有效层高，如图 5-30 所示，开轴向剖面，修改新风管为：水平对正“中心”，垂直对正“顶”。

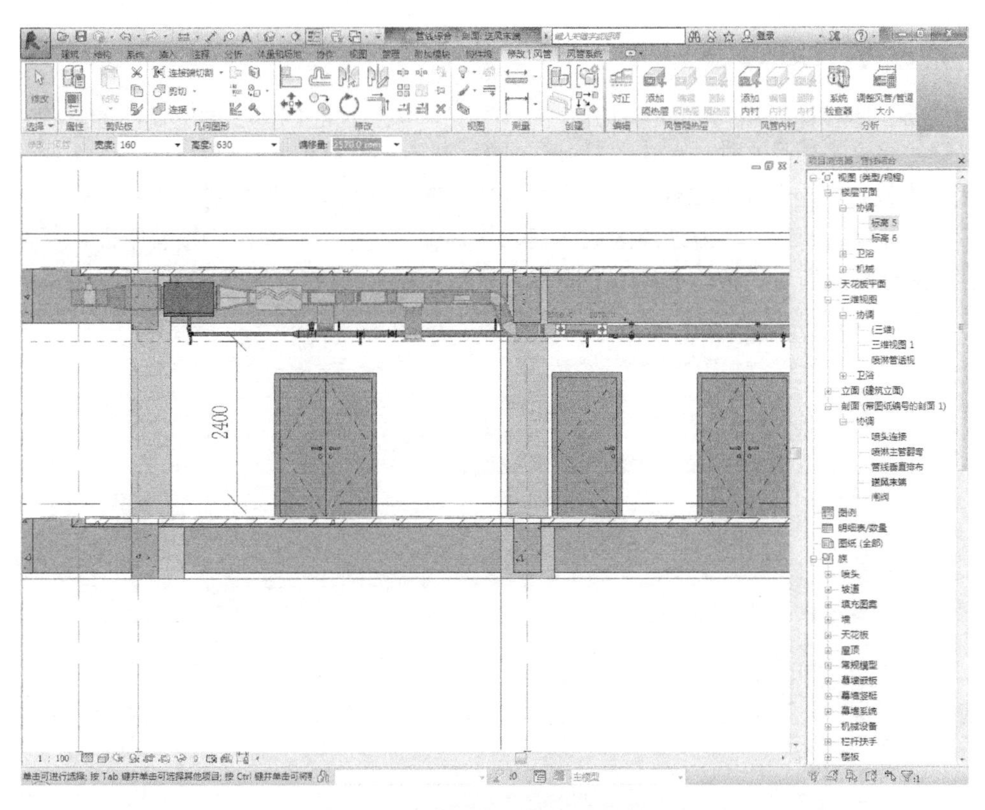

图 5-30　新风管主管轴向剖面图

项目 6

重力管道系统建模

利用 Revit 碰撞检查功能，能直观地查看与处理建筑、结构和机电设备管线各专业间的碰撞问题。由于重力管道系统都是有坡度的管道，不存在一致的标高，模型建立后，管道系统的高度分布不易调整，因此，通常在完成管线优化排布、优化设计以后，才进行重力管道系统建模。本项目学习重力管道系统 Revit 建模方法、步骤及其注意事项，内容包括：冷凝水管道系统配置、视图可见性与过滤器的应用、管道建模和设备连接等。

6.1 冷凝水管道建模

单击“应用程序菜单”→“打开”→“项目”，选择已经创建 5 层空调冷冻水管系统模型的“管线综合”项目文件，单击“打开”，即打开该 Revit 项目。

接下来设置机电与土建 Revit 模型的可见性。在“项目浏览器”选项板中单击“楼层平面”→“协调 - 标高 5”，单击绘图区域，键入快捷命令 <VV>，弹出“楼层平面：标高 5 的可见性 / 图形替换”对话框，如图 6-1 所示。单击“Revit 链接”选项卡，“可见性”不勾选

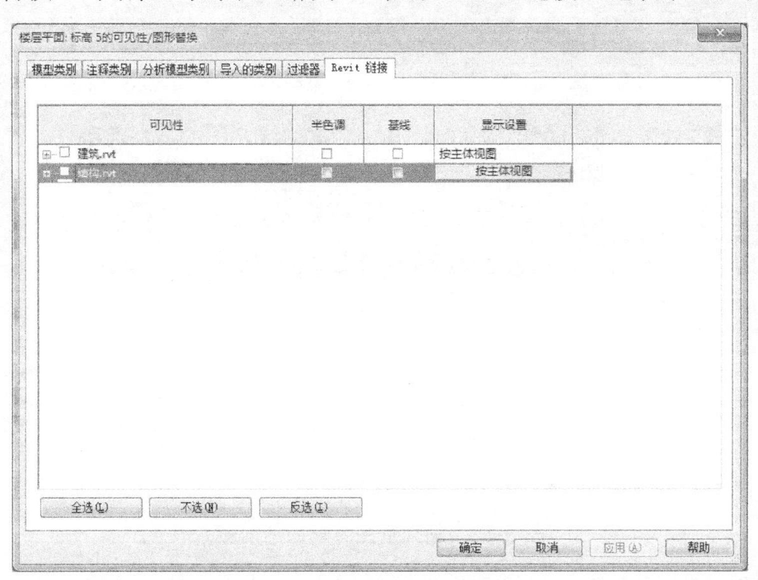

图 6-1　选择建筑和结构模型不可见

“建筑 .rvt” 和 “结构 .rvt”。

单击“过滤器”选项卡，如图 6-2 所示，“可见性”勾选“AC-CHWS”“AC-CHWR”和“AC- 新风与空调机”。

图 6-2　选择空调设备及其管道系统可见

单击“导入的类别”选项卡，如图 6-3 所示，“可见性”勾选“5 层空调冷媒、冷凝水平面图 .dwg”。

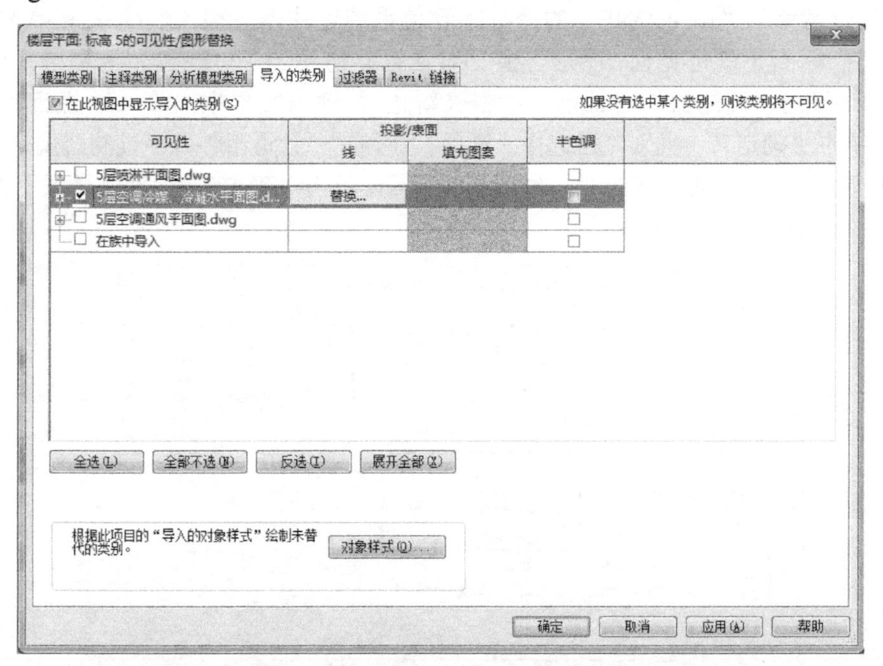

图 6-3　选择“5 层空调冷媒、冷凝水平面图 .dwg”可见

6.1.1 新建冷凝水系统过滤器

1）新建空调冷凝水“AC-CONE”系统。在“项目浏览器”选项板中单击选中“族”→“管道系统”→“卫生设施”，右击“卫生设施”，弹出快捷菜单，如图 6-4a 所示。单击“复制”，生成“卫生设施 2”，右击“卫生设施 2”，弹出快捷菜单，单击“重命名”，输入“AC-CONE”，即创建“AC-CONE”冷凝水重力管道系统，如图 6-4b 所示。

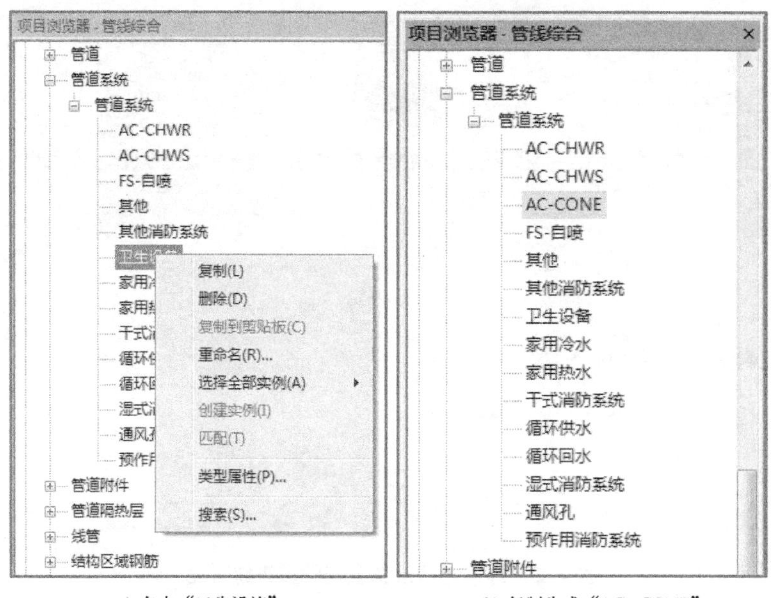

a) 右击“卫生设施”　　　　b) 复制生成“AC-CONE”

图 6-4 新建“AC-CONE”冷凝水重力管道系统

2）创建名称为“AC-CONE”的冷凝水管道系统过滤器。键入快捷命令 <VV>，弹出“楼层平面：标高 5 的可见性 / 图形替换”对话框。切换到“过滤器”选项卡，单击“编辑 / 新建”，弹出“过滤器”对话框。单击“新建”，弹出文本框，输入过滤器名称“AC-CONE”，单击“确定”。“类别”栏选择“管件”“管道”“管道附件”，“过滤器规则”栏设置为“系统类型，等于，AC-CONE”，如图 6-5 所示。单击“确定”，返回“楼层平面：标高 5 的可见性 / 图形替换”对话框。

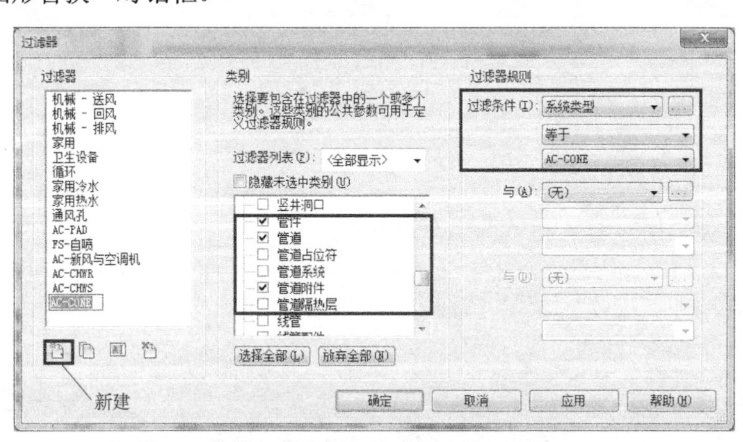

图 6-5 新建“AC-CONE”过滤器

3）添加“AC-CONE”过滤器。在“楼层平面：标高 5 的可见性 / 图形替换”对话框中单击“添加”，弹出“添加过滤器”对话框，如图 6-6 所示。单击选择“AC-CONE”，单击“确定”，即添加“AC-CONE”过滤器。

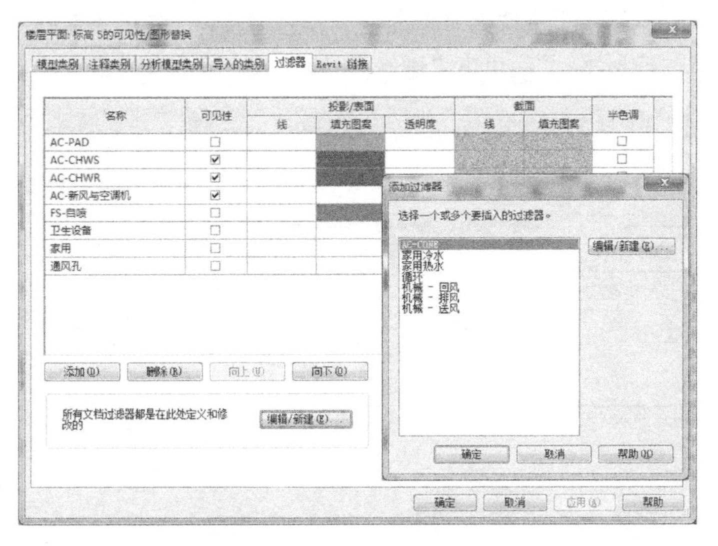

图 6-6　添加“AC-CONE”过滤器

4）配置“AC-CONE”过滤器的填充颜色。在“楼层平面：标高 5 的可见性 / 图形替换”对话框中单击选中“AC-CONE”，弹出“填充样式图形”对话框，如图 6-7 所示。单击颜色栏“无替换”，弹出“颜色”对话框，参照附录 A，冷凝水系统“AC-CONE”过滤器颜色参数定为 RGB　0-255-0。单击“确定”，完成“AC-CONE”过滤器的颜色配置。

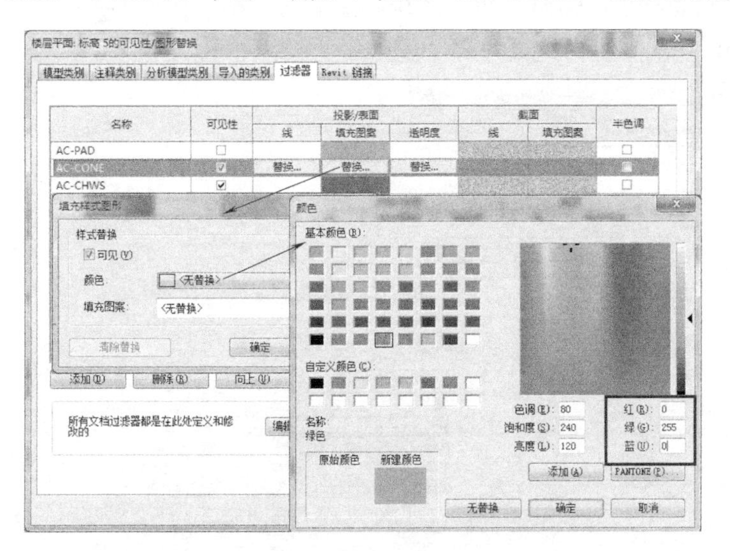

新建冷凝水管道系统及过滤器

图 6-7　配置“AC-CONE”过滤器的填充颜色

6.1.2　新建冷凝水管道类型

1）绘制一段管道。单击功能区“系统”选项卡→“卫浴和管道”面板→“管道”。“属性”选项板中，“管道类型”选为“标准”，“系统类型”选为“AC-CONE”；在绘图区域，绘制直径为 25 的管道。

2）创建冷凝水管类型。单击选中 DN25 管道，在“属性”选项板中单击“编辑类型”，弹出“类型属性”对话框。类型选为“标准”，单击“复制”，弹出“名称”对话框。在“名称”文本框中输入“冷凝水管”，单击“确定”，即完成冷凝水管类型创建，如图 6-8 所示。

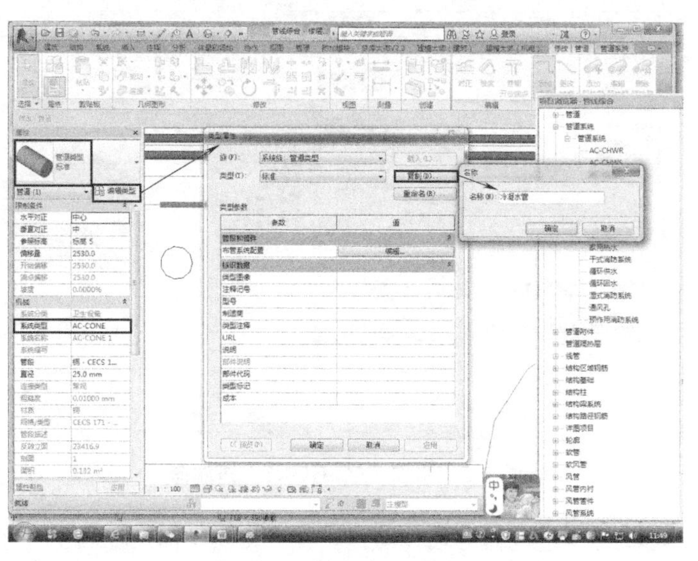

图 6-8　创建冷凝水管类型

3）冷凝水管布管系统配置。在“类型属性”对话框中，对于新建冷凝水管类型，单击“布管系统配置”右侧的“编辑”，弹出“布管系统配置”对话框，如图 6-9 所示。“管段”选择“PVC-U-GB/T 5836”，尺寸范围设定为 25 ～ 300。

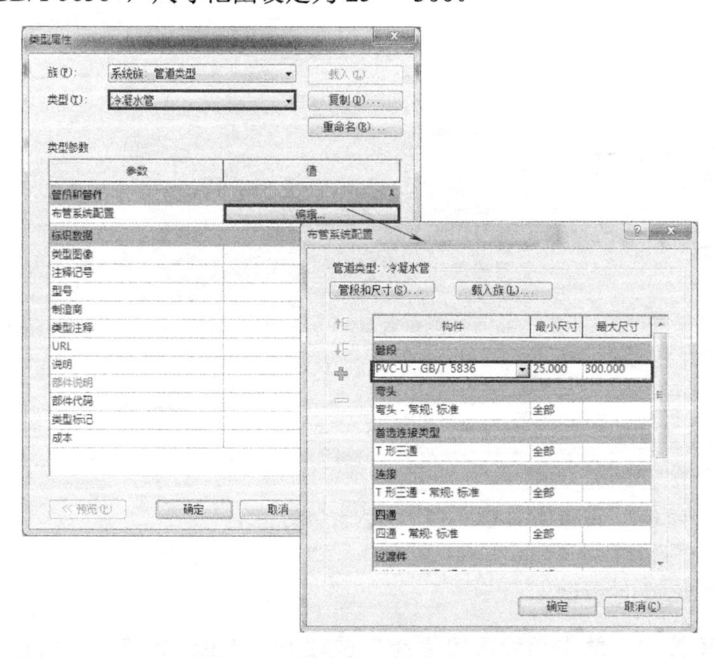

图 6-9　冷凝水管布管系统配置

在“布管系统配置”对话框中，单击“载入族（L）…”，载入项目所需的水管管件族，路径：china →机电→水管管件→ GBT 6836 →承插。如图 6-10 所示，选中全部承插 - 排水管件，单击“打开”。

图 6-10　载入“承插 - 排水”管件族

在“布管系统配置”对话框中，分别单击“弯头”“三通”“四通”“连接件”等构件的选择窗口，选择配置载入的承插 - 排水族连接件，如图 6-11 所示。单击“确定”，完成冷凝水管布管系统配置。

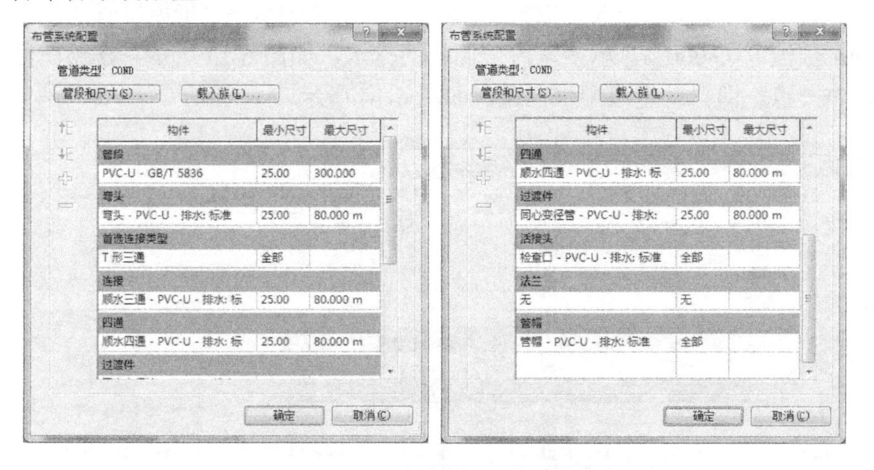

图 6-11　完成冷凝水管布管系统配置

新建冷凝水管道类型

6.1.3　绘制重力管道系统（冷凝水管）

1）绘制有坡度管道。单击功能区“系统”选项卡→“卫浴和管道”面板→“管道”。“属性”选项板中，“管道类型”选为“冷凝水管”，“系统类型”选为“AC-CONE”。在绘图区域，单击空调冷凝水排水主管最高排水点，此时，设置选项栏参数：“直径”为 25，“偏移量”为 2480［参考管线综合高度方向排布，离冷冻水管中心（偏移量 2530）下方最少

50mm]。在“修改 | 放置 管道”上下文选项卡→“带坡度管道”面板中选择“向下坡度”为 0.8000%，绘制冷凝水管排水主管道，如图 6-12 所示。

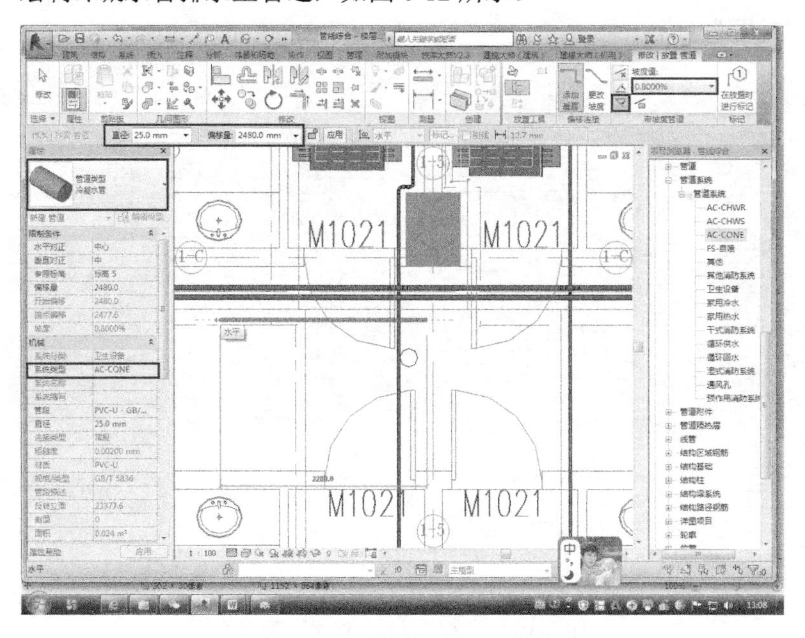

图 6-12　绘制空调冷凝水排水主管

2）自动生成顺水三通。首先，右击冷凝水管坡度主管，弹出快捷菜单，单击“创建类似实例”；然后，单击“修改 | 放置 管道”上下文选项卡→“放置工具”面板→“继承高程”，单击冷凝水管坡度管，并在“修改 | 放置 管道”上下文选项卡→“带坡度管道”面板中修改坡度为“向上坡度”0.8000%，承接室内空调机的排水，如图 6-13 所示。在绘图区域室内空调机一侧单击一点，即自动生成顺水三通，如图 6-14 所示。

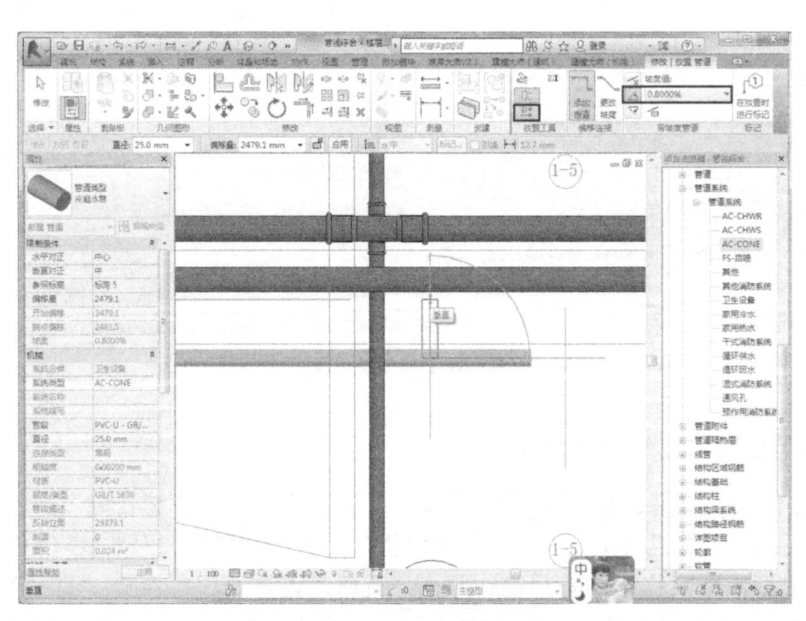

图 6-13　坡度管的高程继承

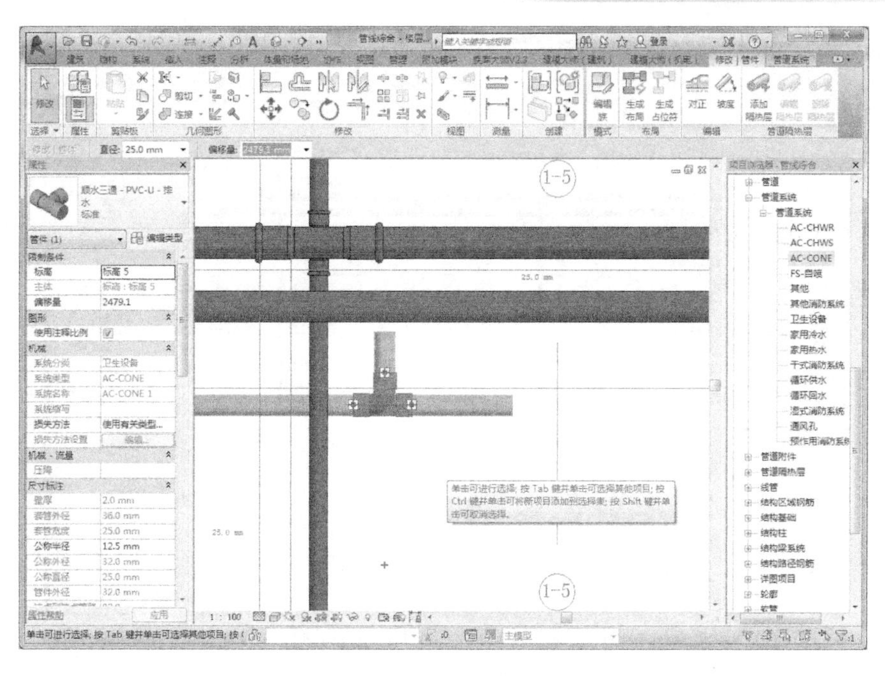

图 6-14　自动生成顺水三通

3）自动生成顺水四通。单击选中顺水三通，再单击顺水三通的“+”号，则顺水三通自动添加一通，生成顺水四通，如图 6-15 所示。

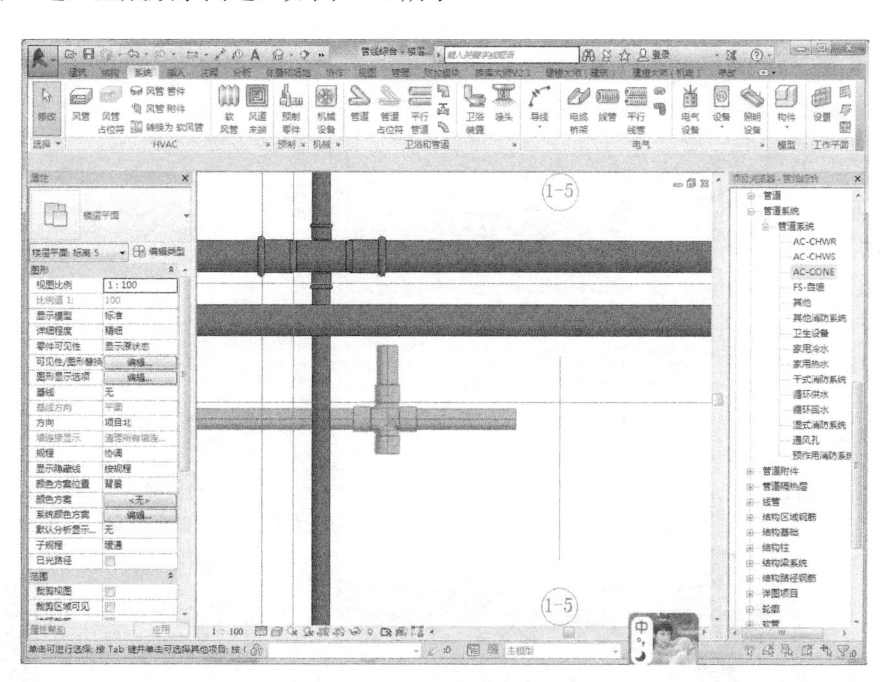

图 6-15　自动生成顺水四通

重复上述步骤，即可绘制出承接各室内空调机冷凝水管排水的顺水三通或者顺水四通，如图 6-16 所示。

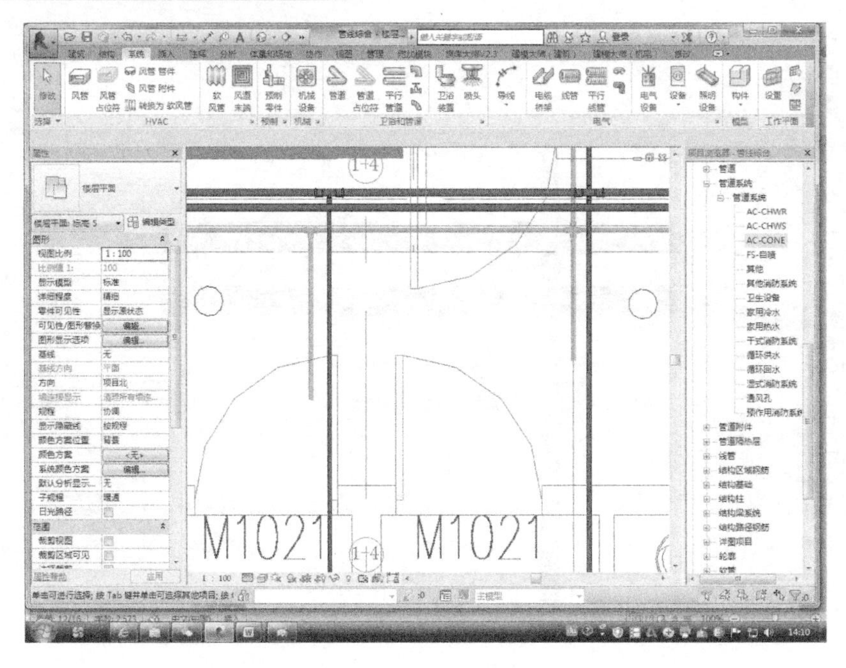

图 6-16　绘制出承接室内空调机冷凝水管排水的顺水三通或者顺水四通

4）添加管帽。单击选中冷凝水管主管高位段，再单击“修改 | 管道”上下文选项卡→“编辑”面板→“管帽开放端点”，则可为冷凝水管主管端口添加封堵管帽，如图 6-17 所示。

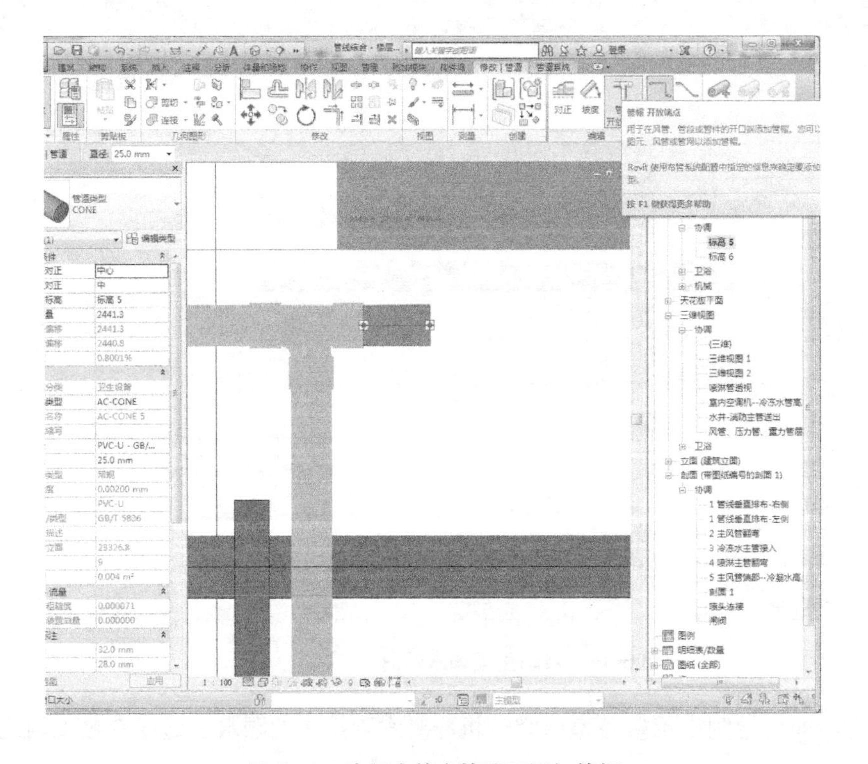

图 6-17　冷凝水管主管端口添加管帽

冷凝水管道建模

6.2　设备连接重力管网

1）绘制空调设备冷凝水管。单击选中室内空调机设备，再右击室内空调机的冷凝管节点“+”，弹出快捷菜单，单击“绘制管道”，如图 6-18 所示。选择“修改 | 放置 管道”上下文选项卡→“带坡度管道”面板→“向下坡度”0.8000% 排水，如图 6-19 所示，单击水平延伸方向，即创建室内空调机冷凝水排水管。此时，室内空调机冷凝水排水管的直径和偏移量由室内空调机空调安装高度所决定（管线综合排布确定了的高度，在此不可随意修改）。

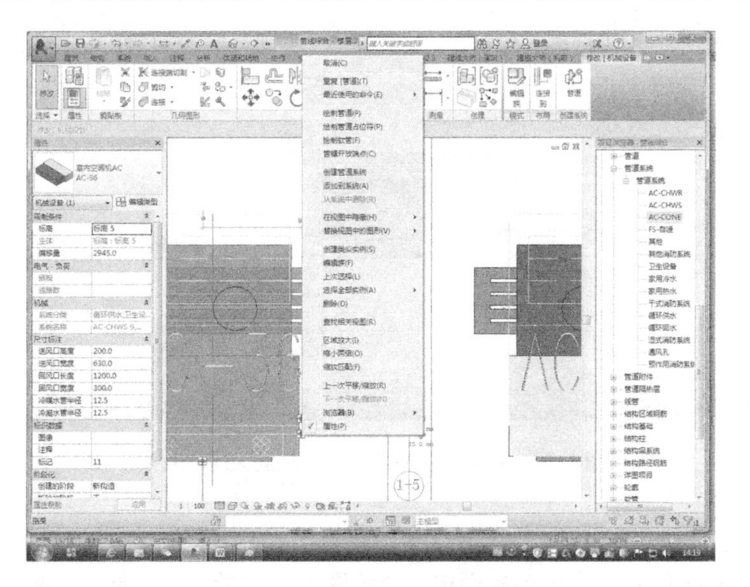

图 6-18　室内空调机的快捷菜单

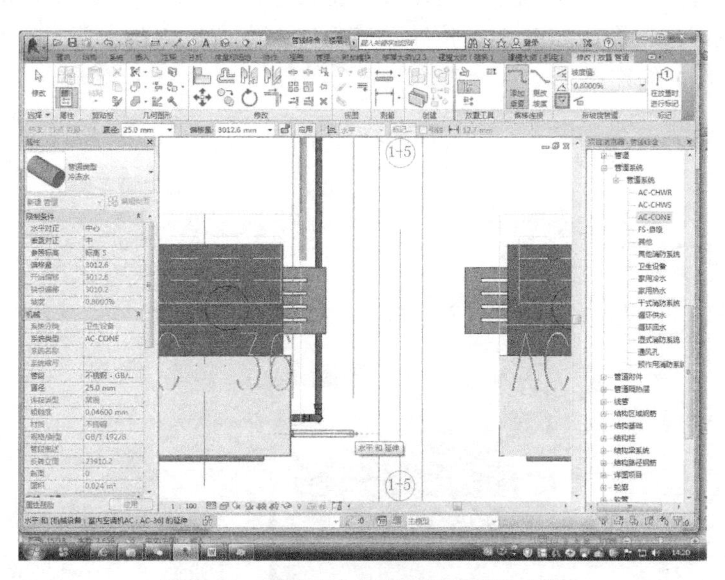

图 6-19　创建室内空调机冷凝水排水管

2）空调设备冷凝水管连接冷凝水（重力）排水管网。单击功能区“修改”选项板→“修改”面板→修剪 / 延伸为角”，再单击选择待连接的一段带坡度管道，而后单击另一段带坡度管道，则两段不同高度层面的坡度管道（通常空调设备冷凝水管与冷凝水（重力）排水管网是在不同高度层的坡度管道）能自动生成垂直立管和弯头连接，如图 6-20 所示。

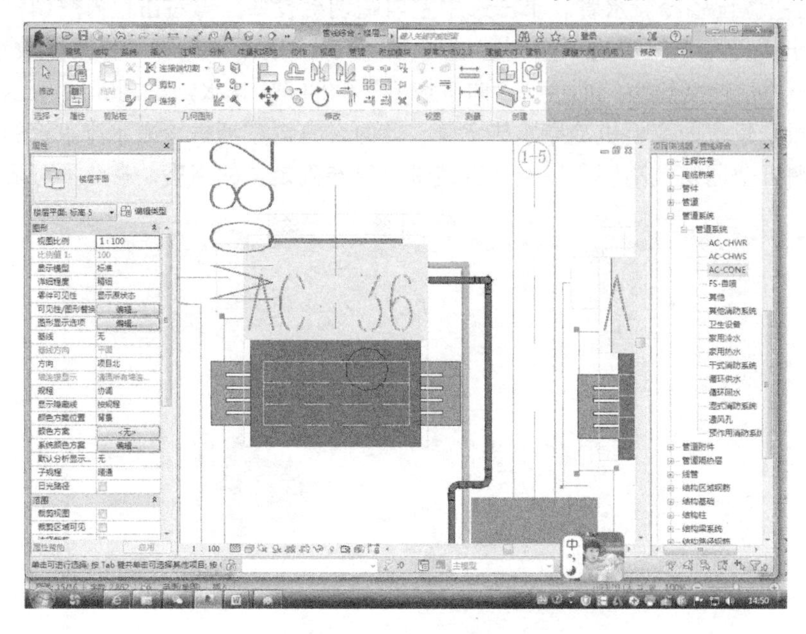

图 6-20 空调设备冷凝水管连接重力排水管网

3）三维透视图查看室内空调机坡度管道连接。在快捷访问工具栏单击“相机”（三维透视图），如图 6-21 所示。在选项栏设定“透视图”偏移量，如标高 5 偏移量 2600（近似空调机安装高度），再单击选定透视点，拖动视角至目标位置再次单击，如图 6-22 所示，即生成指定区域的三维透视图，如图 6-23 所示，查看室内空调机冷凝水管（有坡度）与冷凝水排水管网（有坡度）的连接。

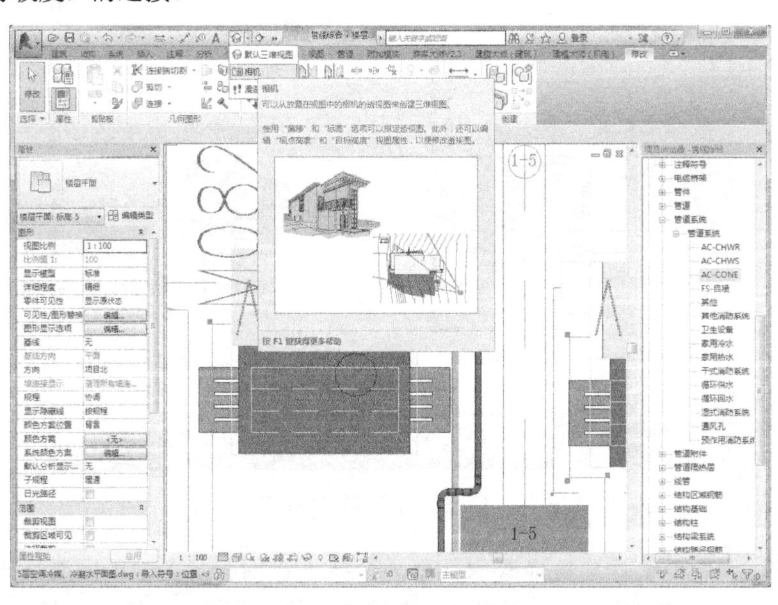

图 6-21 “相机”透视工具

图 6-22　指定“相机”视点

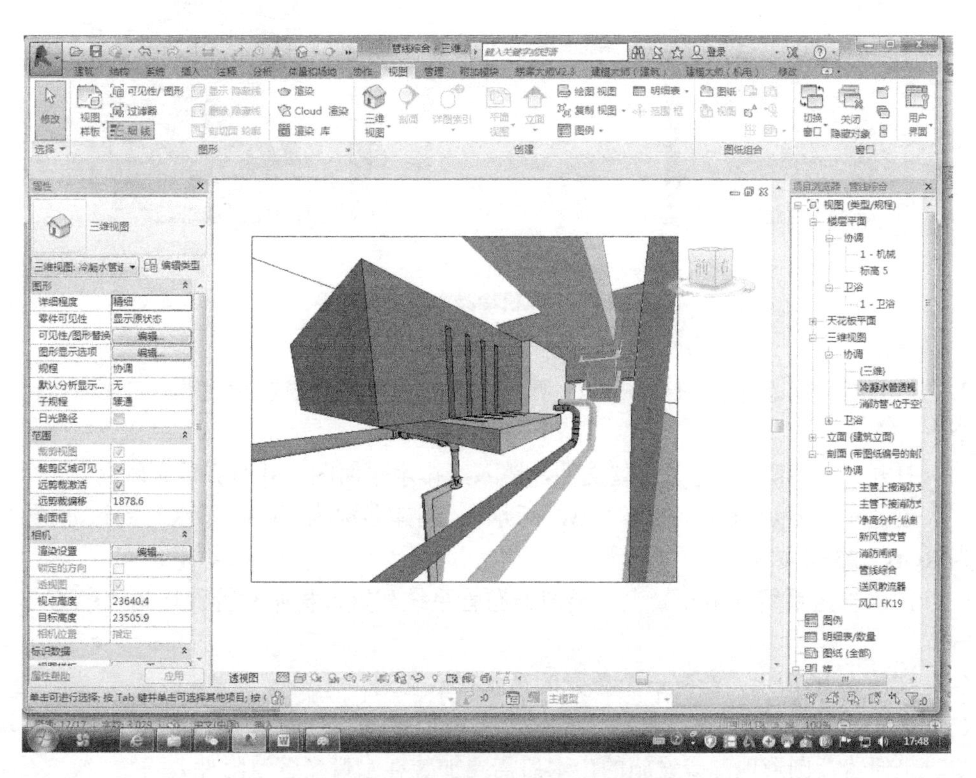

图 6-23　生成指定区域的三维透视图

练 习 题

1. 打开已经创建空调模型、冷凝水管类型和过滤器的“管线综合”项目文件，完成如下建模工作。

（1）如图 6-24 所示，按照箭头所指方向，创建顺水四通和坡度管（0.8%），将新风机冷凝水管与冷凝水排水管网连接起来。

（2）以同样方法，将本项目中室内空调机冷凝水管接入冷凝水排水管网。

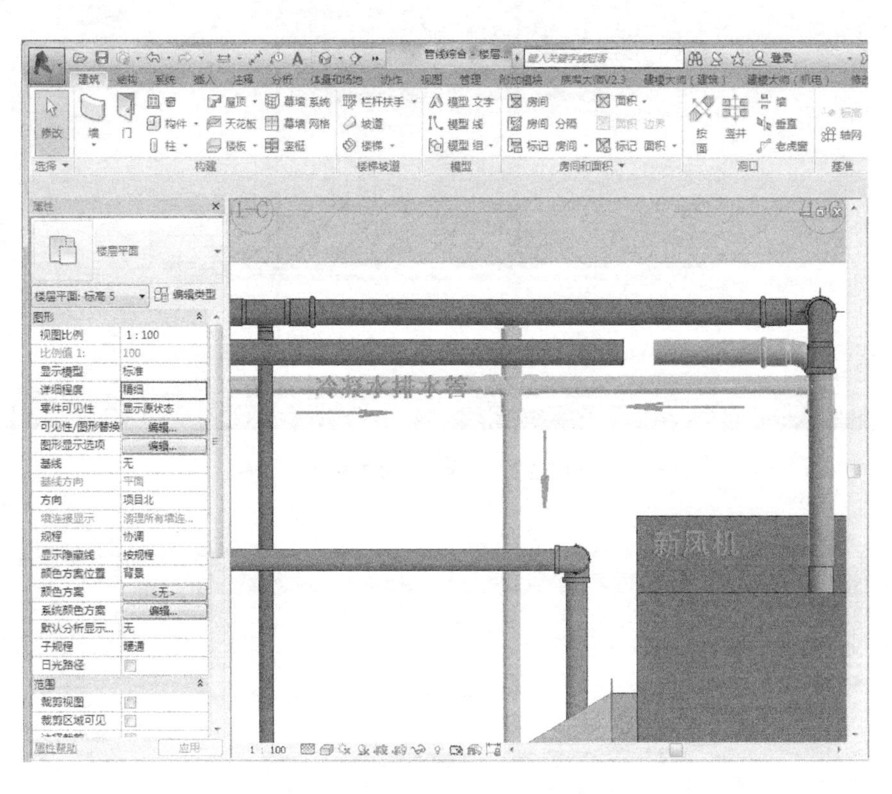

图 6-24　新风机冷凝水坡度管连接

2. 某办公楼给排水平面图如图 6-25 所示，请完成排水系统建模工作。工作内容包括以下几个。

（1）打开“管线综合 .rvt”模型文件，链入给排水平面图，并对齐锁定轴网。

（2）创建污水管道系统，命名“PW- 污水”；创建名称为“PW- 污水”的过滤器，填充颜色为 RGB　255-0-0。

（3）污水管道系统共用冷凝水管类型的布管系统配置，材质和管件均为“PVC-U - GB/T 5836”。

（4）如图 6-26 所示，绘制一个单元的污水排水管道。

（5）将已经插入的“洗手池”“坐便器”“圆形地漏”族构件连接到污水管网，注意：洗手池、坐便器、圆形地漏等设施的出水口需要加装存水弯（管道附件）。

（6）将创建的污水管道加入“PW- 污水”系统。

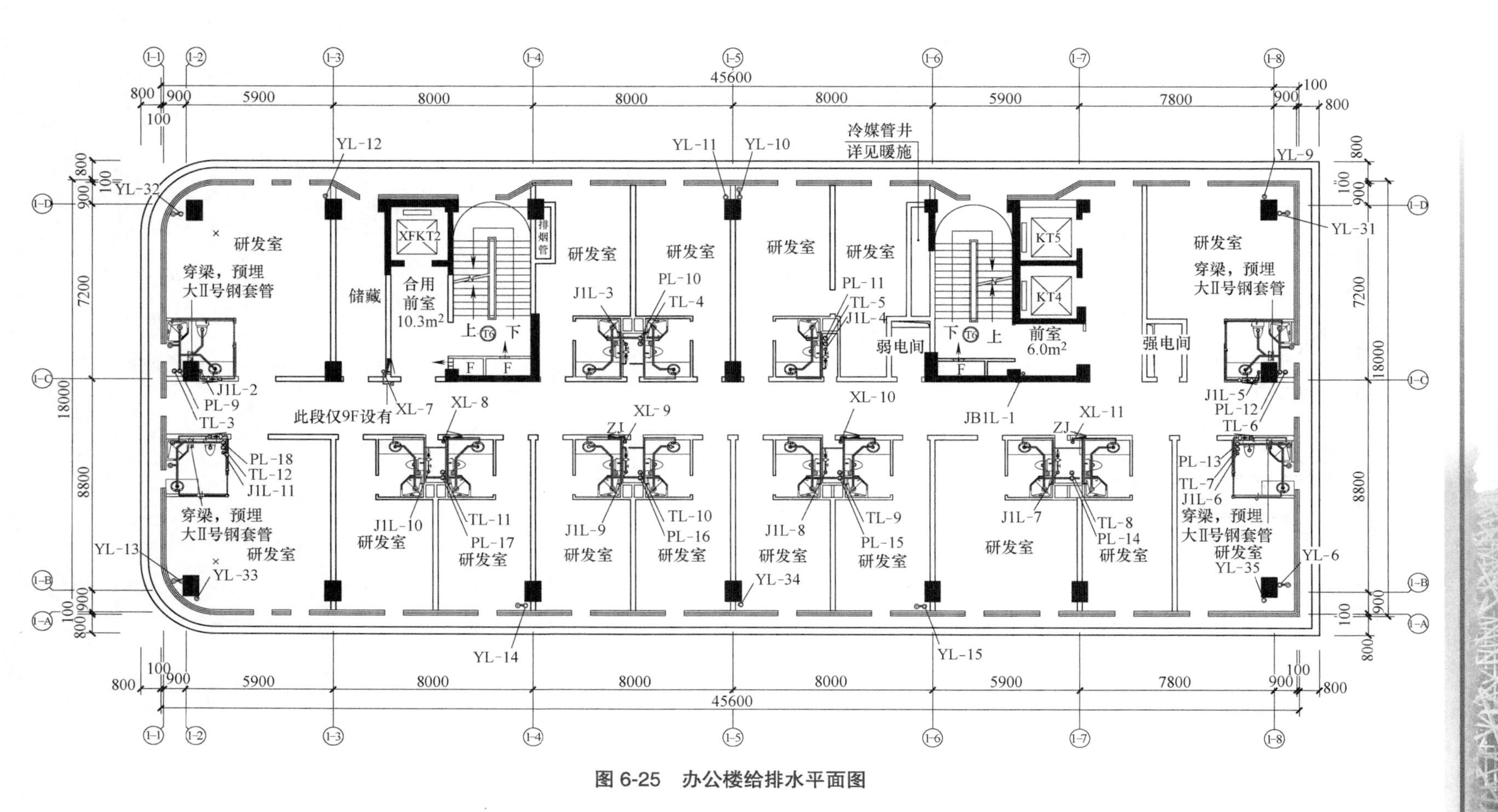

图 6-25　办公楼给排水平面图

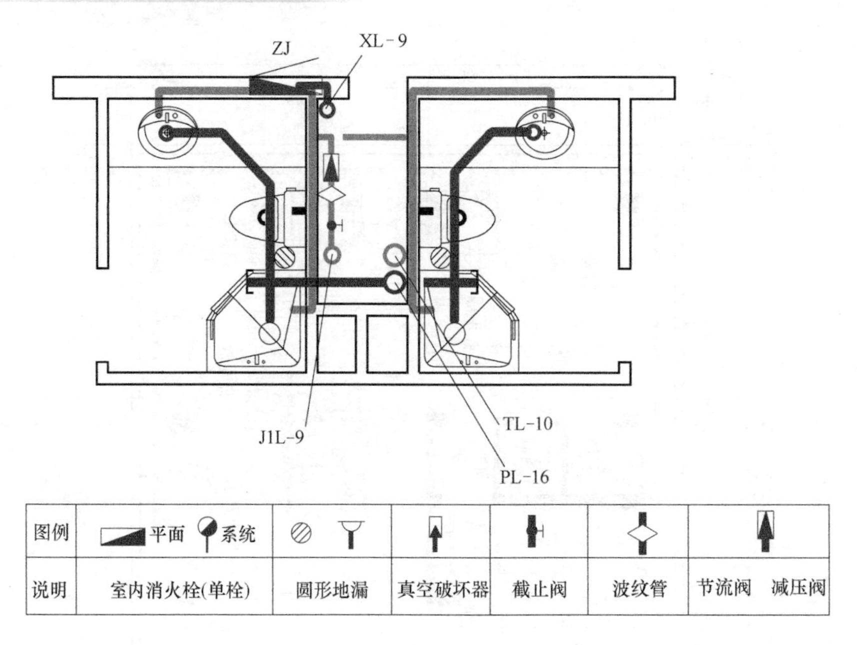

图例	平面 系统					
说明	室内消火栓(单栓)	圆形地漏	真空破坏器	截止阀	波纹管	节流阀　减压阀

图 6-26　一个单元给排水平面图

项目 7

弱电综合管线建模

电话/计算机网络、有线电视、视频监控/防盗报警以及楼宇设备监控等系统的电缆/光缆敷设用的管道与线槽，均属于弱电管线。本项目学习弱电系统管线建模方法、步骤及其注意事项，内容包括：各类弱电桥架类型创建、桥架建模，弱电线管类型创建、线管建模，弱电系统末端设备添加，以及视图可见性与过滤器在弱电管线模型管理中的应用等。

7.1 链接弱电设计 CAD 平面图

单击 "应用程序菜单"→"打开"→"项目"，打开"管线综合"项目文件。

1）链接 CAD 弱电平面图。在"项目浏览器"选项板单击选择"楼层平面"→"协调 - 标高 5"；再单击功能区"插入"选项卡→"链接"面板→"链接 CAD"，弹出"链接 CAD 格式"对话框，选择"5 层弱电平面图"。注意：勾选"仅当前视图（U）"，"导入单位（S）"设为"毫米"，"定位（P）"设为"自动 - 中心到中心"，如图 7-1 所示。单击"打开"，则"5 层弱电平面图" CAD 图纸链接到本项目中。

图 7-1 链接"5 层弱电平面图"

2）将“5 层弱电平面图”与建筑结构模型的轴网对齐。单击功能区“修改”选项卡→“修改”面板→“对齐”，先选择对齐目标，再选择需要对齐的对象，分别对齐水平轴线1-A和垂直轴线1-1，如图 7-2 所示，则“5 层弱电平面图”与建筑结构模型的轴网对齐。按两次 <Esc> 键，退出 Revit 选项卡命令。

当链入的“5 层弱电平面图”重叠在建筑结构 Revit 模型的背后时，单击选中“5 层弱电平面图”CAD 图，设置选项栏“修改 | 5 层弱电平面图 .dwg”为“前景”。单击功能区“修改”选项卡→“修改”面板→“锁定”，锁定“5 层弱电平面图”。注意：假如导入的 CAD 图纸没有锁定，在建模时很可能会不小心移动 CAD 图纸，导致弱电系统模型与土建相对位置不准确。

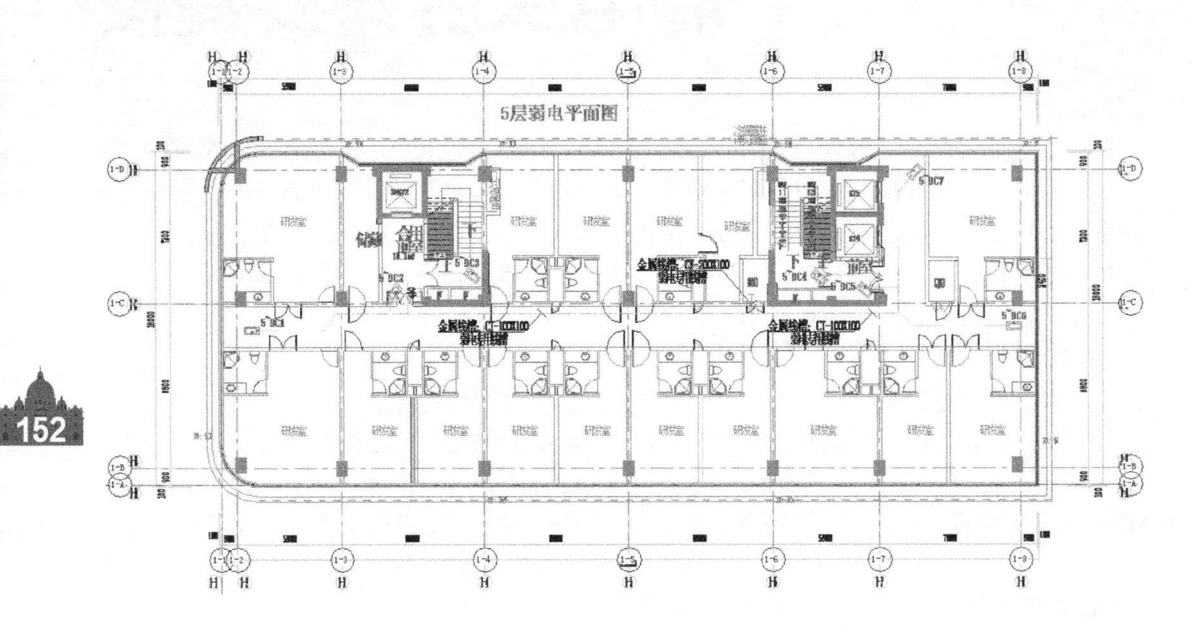

图 7-2 “5 层弱电平面图”与建筑结构模型轴网对齐并锁定

链接与识读弱电 CAD 图

7.2 桥架建模

7.2.1 添加桥架配件族与桥架族

单击功能区“插入”选项卡→“从库中载入”面板→“插入族”，弹出“载入族”对话框。选择路径“china →机电→供配电→配电设备→电缆桥架配件”，选中所有桥架配件族文件（按住 <Shift> 键或者 <Ctrl> 键选择），如图 7-3 所示。单击“打开”，则各类桥架配件族插入本项目中。

如图 7-4 所示，在“项目浏览器 - 管线综合”选项板中，单击选中“族”→“电缆桥架”→“带配件的电缆桥架”，不难发现，基于机械样板文件创建的“管线综合”项目中缺乏电缆桥架族。因此，这里采取一种特别的方法添加电缆桥架族，即从电气样板文件中复制电缆桥架族，具体方法如下。

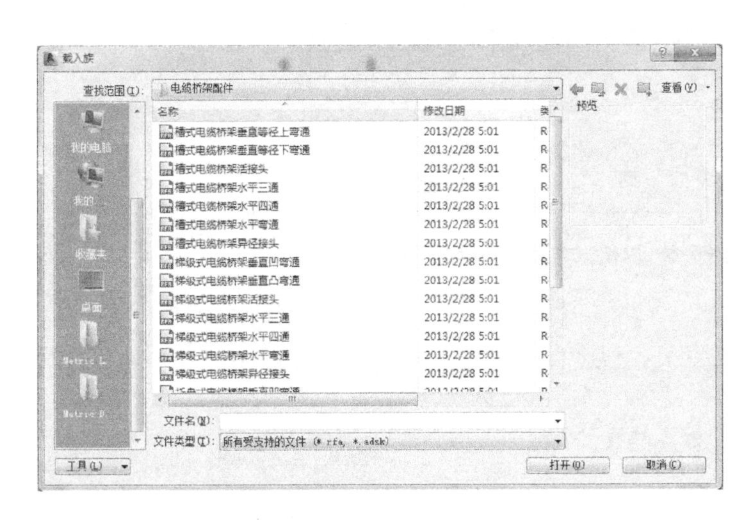

图 7-3 电缆桥架配件“载入族”对话框

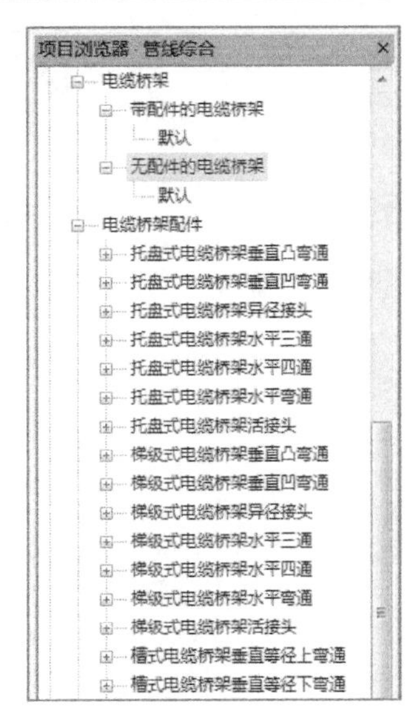

图 7-4 电缆桥架及配件族

1）新建 Revit 项目（电气样板文件）。单击“应用程序菜单”→“新建”→“项目”，弹出“新建项目”对话框。单击“浏览（B）…”，弹出“选择样板”对话框，如图 7-5 所示。选择“Electrical-DefaultCHSCHS”（电气样板），单击“打开”。

图 7-5 选择电气样板文件

返回“新建项目”对话框，如图 7-6 所示，单击“确定”。

弹出 Revit 电气样板项目建模界面，如图 7-7 所示。在“项目浏览器”选项板中单击选中“族”→“电缆桥架”→“带配件的电缆桥架”，可以看到，以电气样板新建的项目 1，各类电缆桥架族齐备。

2）设置电缆桥架与配件的视图可见性。单击绘图区域，键入快捷命令 <VV>，弹出“楼层平面：1- 照明的可见性 / 图形替换”对话框，如图 7-8 所示。单击“模型类别”选项卡，“可见性”栏勾选“电缆桥架”和“电缆桥架配件”。

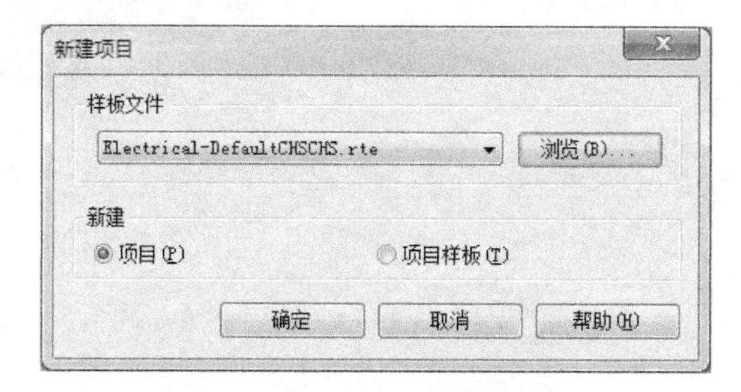

图 7-6　以电气样板文件新建项目

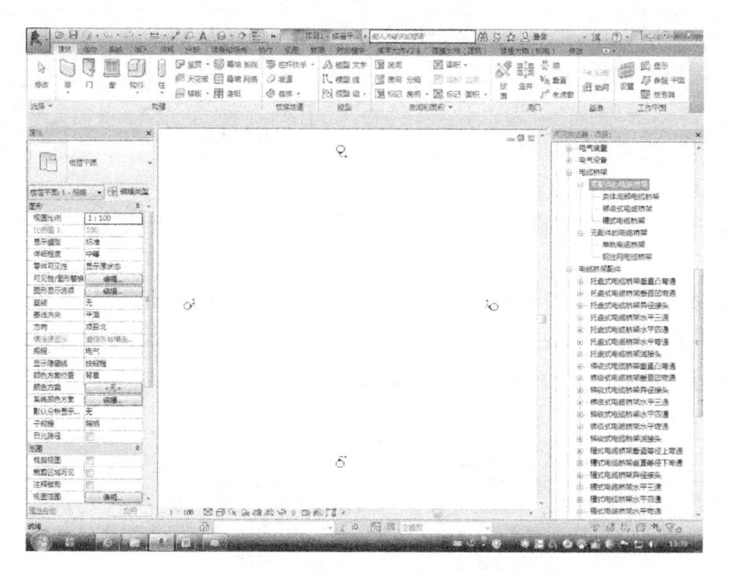

图 7-7　以电气样板文件新建项目的桥架族

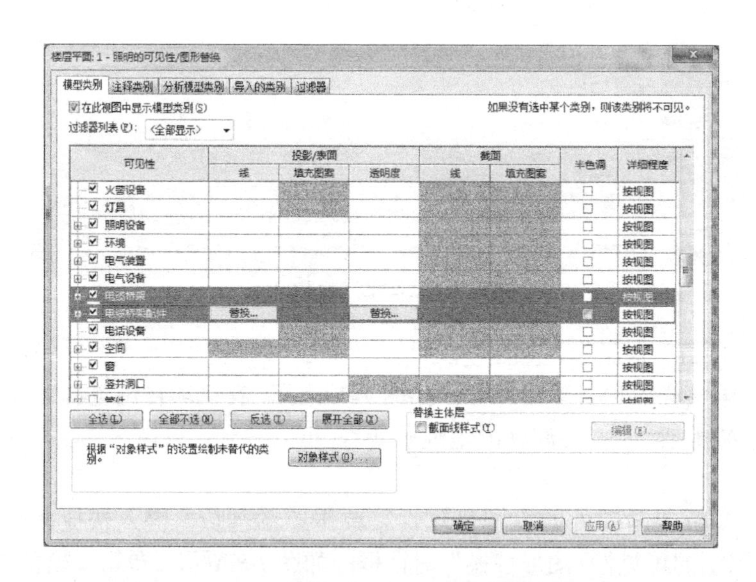

图 7-8　勾选“电缆桥架”和“电缆桥架配件”可见

3）绘制槽式、托盘式、梯级式三类桥架。单击功能区“系统”选项卡→“电气”面板→“电缆桥架”。在“属性”选项板中，“带配件的电缆桥架”类型分别选择“槽式电缆桥架”“实体底部电缆桥架（托盘）”“梯级式电缆桥架”。在绘图区域，分别绘制上述三类桥架，如图7-9所示。

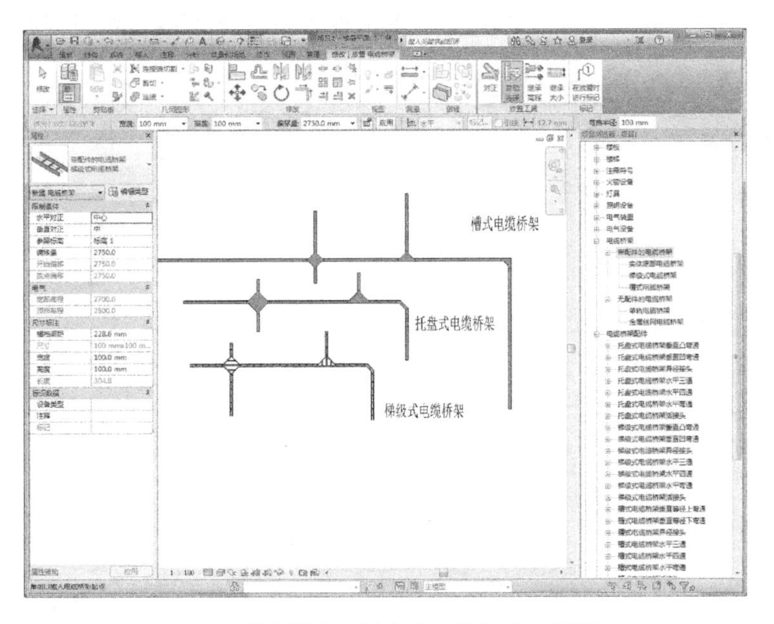

图7-9　绘制槽式、托盘式、梯级式三类桥架

4）复制槽式、托盘式、梯级式三类桥架。选中三类桥架，再单击功能区“修改丨选择多个”上下文选项卡→“剪贴板”面板→“复制到粘贴板”，如图7-10所示，则三类桥架复制到系统剪贴板上。

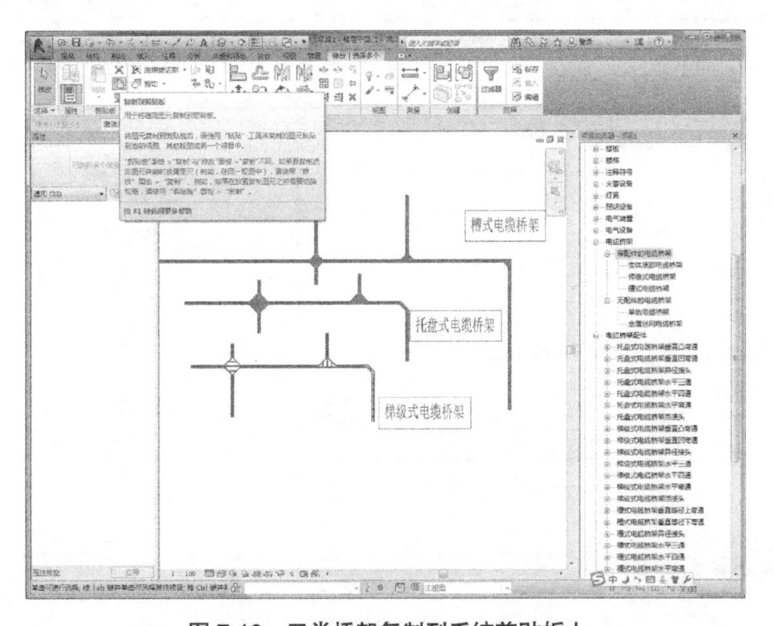

图7-10　三类桥架复制到系统剪贴板上

5）粘贴三类桥架到“管线综合”机械样板文件项目中。单击功能区“视图”选项卡→“窗口”面板→“切换窗口”，如图 7-11 所示。选择“管线综合”项目文件，则视窗切换到“管线综合”项目窗口，如图 7-12 所示。单击功能区“修改”选项卡→“剪贴板”面板→“粘贴”→“自剪贴板中粘贴”，再单击功能区“修改 | 模型组”上下文选项卡→“编辑粘贴内容”面板→“完成”，即将三类桥架及其配件族粘贴到“管线综合”项目中。

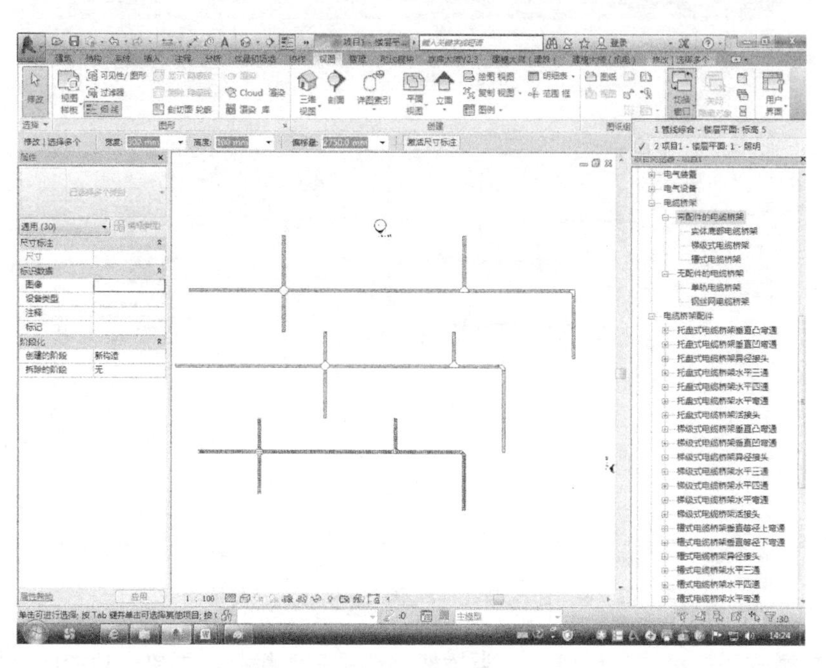

图 7-11　切换窗口

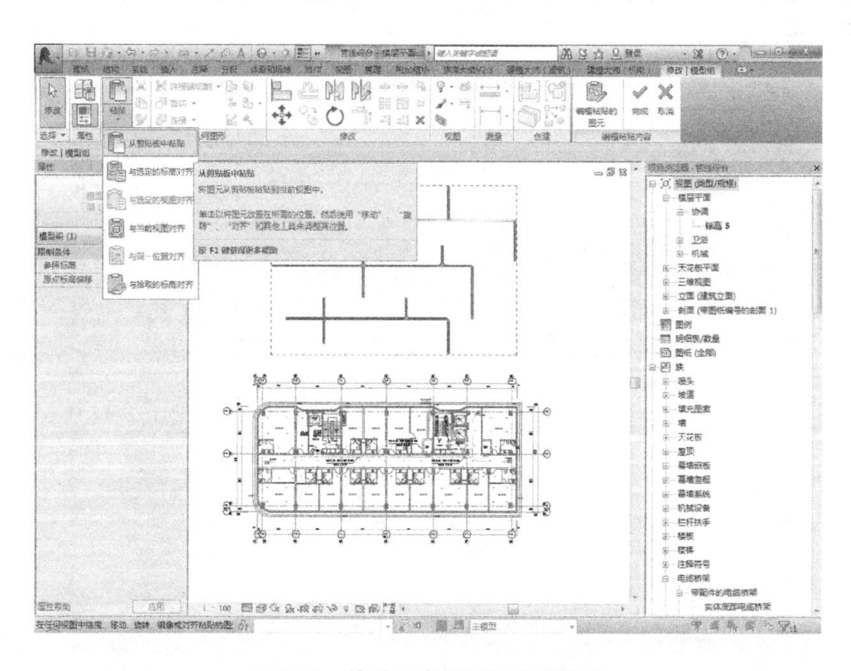

图 7-12　粘贴三类桥架及其配件族

7.2.2 新建桥架类型和过滤器

1）新建桥架类型。在“项目浏览器”选项板中单击选中“族”→“电缆桥架”→“带配件的电缆桥架”→“槽式电缆桥架”，右击“槽式电缆桥架”，弹出快捷菜单。单击“复制”，生成“带配件的电缆桥架 2”。右击“带配件的电缆桥架 2”，弹出快捷菜单。单击“重命名”，输入“ELV-C”，即创建“ELV-C”类型的槽式电缆桥架。以此类推，创建“ELV-T”托盘式电缆桥架和“ELV-TJ”梯级式电缆桥架。注意：从电气样板文件复制粘贴以上三种电缆桥架时，桥架配件已经按类别自动配置好。如图 7-13 所示为三种电缆桥架的“属性”选项板。

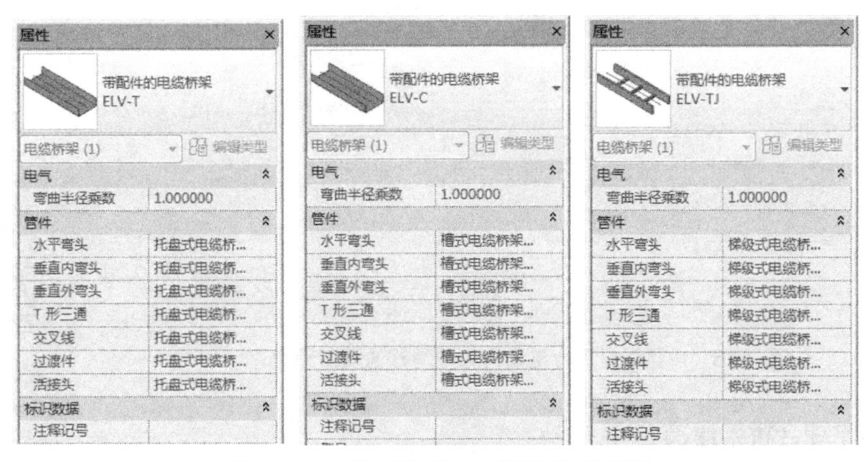

图 7-13 三种电缆桥架的“属性”选项板

2）创建名称为“ELV-C”的槽式电缆桥架过滤器。键入快捷命令 <VV>，弹出“楼层平面：标高 5 的可见性 / 图形替换”对话框。切换到“过滤器”选项卡，单击“编辑 / 新建”，弹出“过滤器”对话框。单击“新建”，弹出文本框，输入过滤器名称“ELV-C”，单击“确定”；“类别”栏选择“电缆桥架”“电缆桥架配件”，“过滤器规则”栏设置“类型名称，等于，ELV-C”，如图 7-14 所示。单击“确定”，返回“楼层平面：标高 5 的可见性 / 图形替换”对话框。以此类推，继续创建“ELV-T”和“ELV-TJ”过滤器。

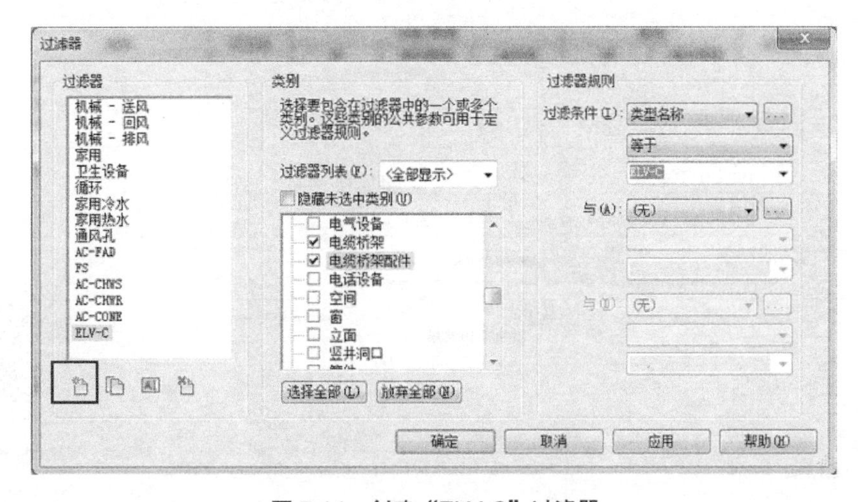

图 7-14 创建“ELV-C”过滤器

3）添加“ELV-C”“ELV-T”和“ELV-TJ”过滤器，并参照附录A，将“ELV-C”“ELV-T”和“ELV-TJ”过滤器的填充颜色均设置为RGB　255-128-64，如图7-15所示。单击“确定”，完成弱电综合电缆桥架过滤器的创建。

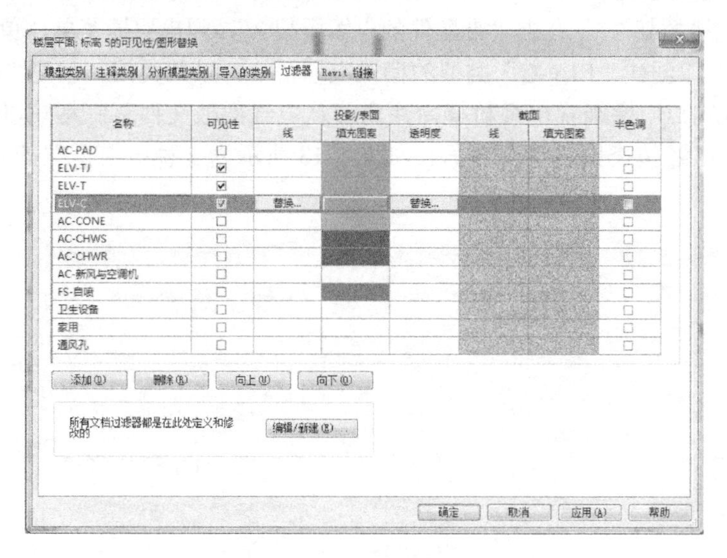

图 7-15　设置弱电综合电缆桥架过滤器的填充颜色

新建桥架类型和过滤器

7.2.3　弱电综合桥架建模

单击功能区“系统”选项卡→“电气”面板→“电缆桥架”，在“属性”选项板中，依据弱电设计 CAD 图，带配件的电缆桥架选为“ELV-C”，在选项栏“修改 | 电缆桥架”中设置：“宽度”为 100，“高度”为 100，“偏移量”为 3180（参考管线综合高度方向管线排布，桥架底部距新风管支管顶面 15mm）。绘制弱电专用金属线槽，如图 7-16 所示。

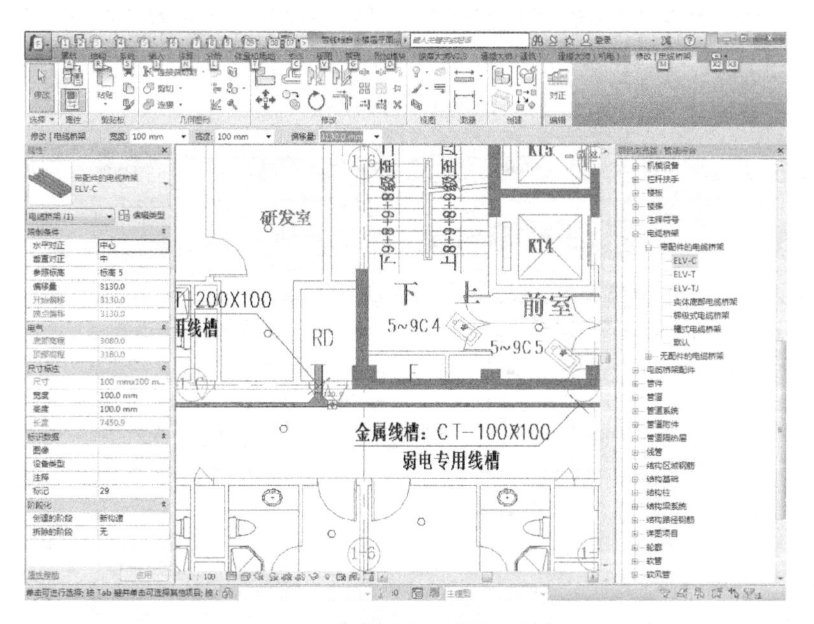

图 7-16　绘制弱电专用金属线槽

弱电桥架配件载入与建模

7.3　线管建模

7.3.1　复制线管配件族

“项目浏览器 - 管线综合”选项板中，单击选中“族”→“线管”，基于机械样板文件创建的“管线综合”项目中有线管族，但是缺乏线管配件族，如图 7-17a 所示。因此，与添加电缆桥架族类似，此时需要从电气样板文件中复制线管配件族，如图 7-17b 所示。

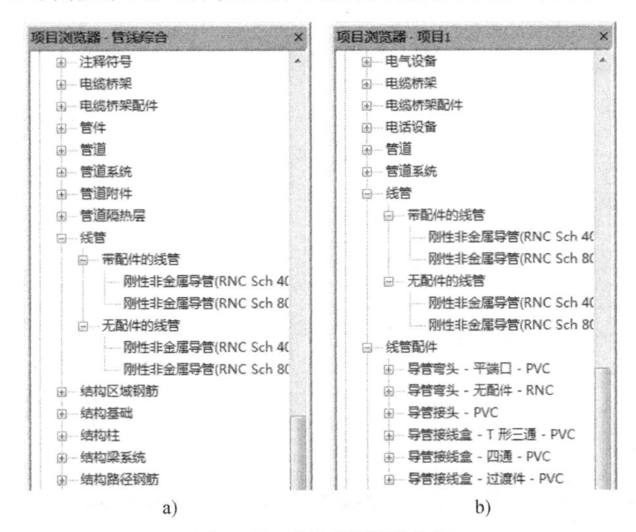

图 7-17　复制线管配件族

1）以电气样板文件为模板创建新项目（如“项目 1”），再设置“线管”与“线管配件”的视图可见性（即键入快捷命令 <VV>，在弹出的对话框中，切换到“模型类别”选项卡，在“可见性”栏勾选“线管”和“线管配件”，如图 7-18 所示）。

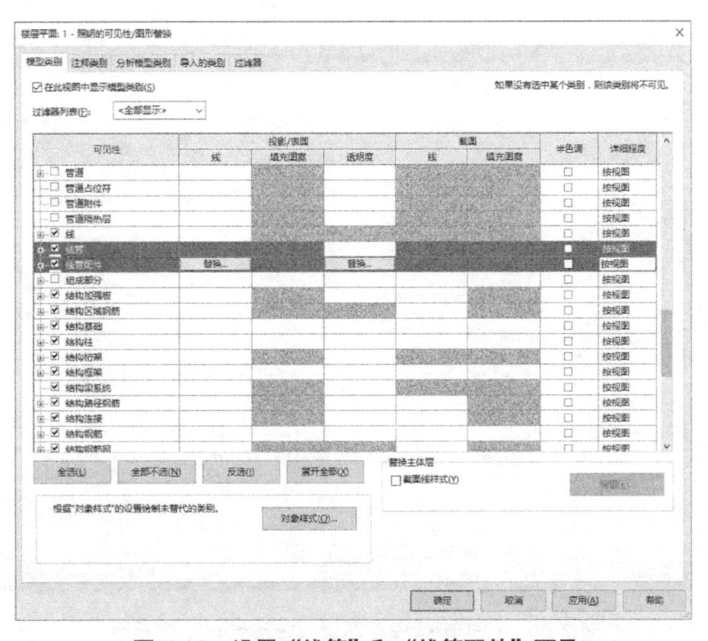

图 7-18　设置“线管”和“线管配件”可见

2）绘制“带配件的线管 - 刚性非金属导管（RNC Sch 40）”。单击功能区“系统”选项卡→“电气”面板→“线管”。“属性”选项板中，“线管类型”分别选择“刚性非金属导管（RNC Sch 40）”和“刚性非金属导管（RNC Sch 80）”。在绘图区域，分别绘制上述两种线管，如图 7-19 所示。

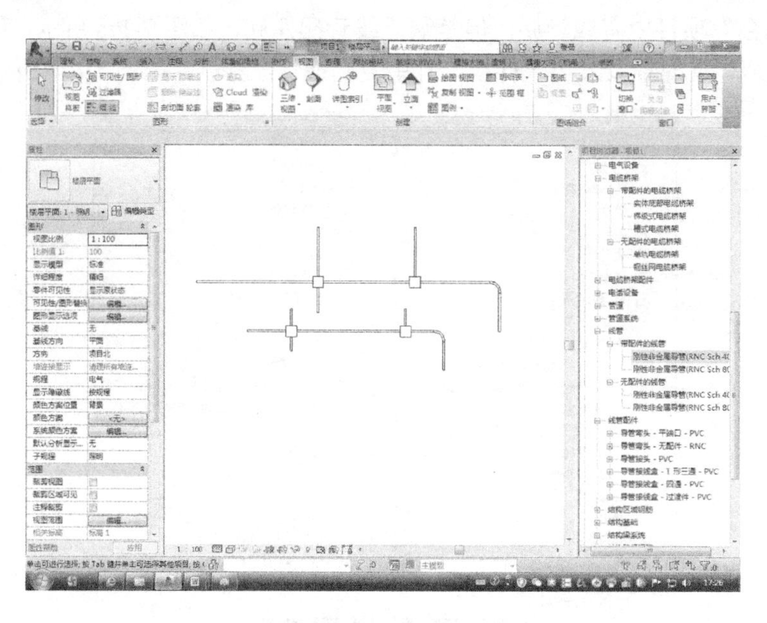

图 7-19　在“项目 1”中绘制两种带配件的线管

3）复制“刚性非金属导管（RNC Sch 40）”到剪贴板，再切换到“管线综合”项目，自剪贴板粘贴“刚性非金属导管（RNC Sch 40）”到“管线综合”项目中，单击“编辑粘贴内容”面板中的“完成”，如图 7-20 所示，线管配件族粘贴到“管线综合”项目中。

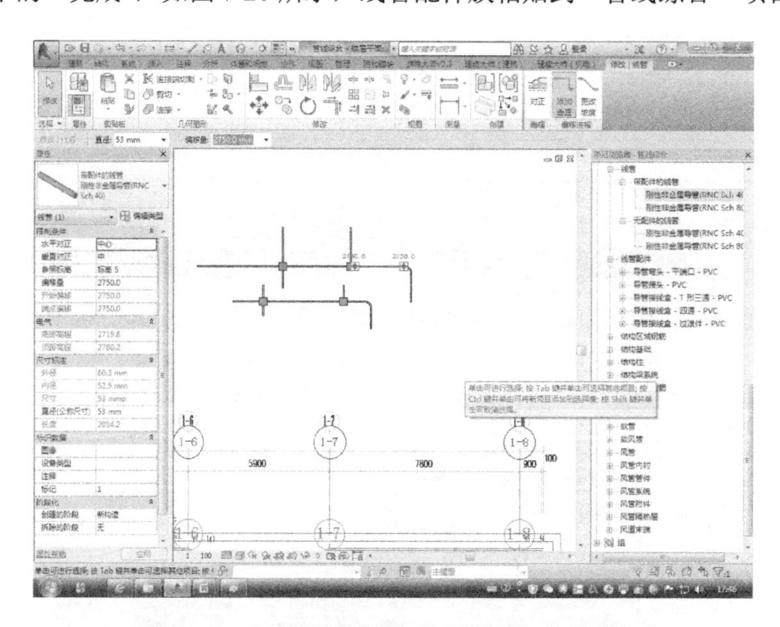

图 7-20　线管配件族粘贴到“管线综合”项目中

此刻，在“项目浏览器 管线综合”选项板中，单击“族”→“线管”→“带配件的线管 - 刚性非金属导管（RNC Sch 40）”，根据“属性”选项板的显示，“刚性非金属导管（RNC Sch 40）”类型并无“线管配件”配置。因此，需要单击选中粘贴进“管线综合”项目中的“刚性非金属导管”，再单击“编辑类型”，手动完成“线管配件”配置，如图 7-21 所示。采用同样的方法，可以完成“刚性非金属导管（RNC Sch 80）”的“线管配件”配置。

7.3.2　新建弱电线管类型和过滤器

从电气样板项目复制桥架和线管

1）新建线管类型。单击选中“管线综合”项目中的“带配件的线管 - 刚性非金属导管”，再单击“属性”选项板中的“编辑类型”，弹出“类型属性”对话框。单击“复制”，弹出“名称”对话框，输入文本“PVC-XG”，单击“确定”，即创建“PVC-XG”类型的弱电线管，如图 7-22 所示。

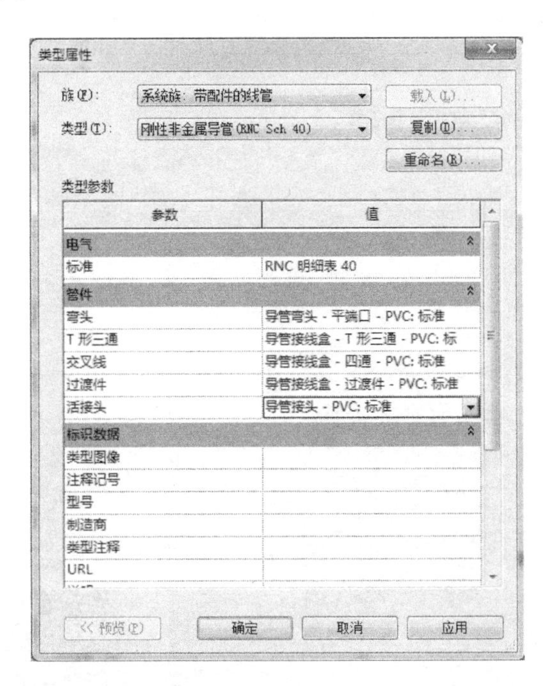

图 7-21　“刚性非金属导管（RNC Sch 40）”管件配置

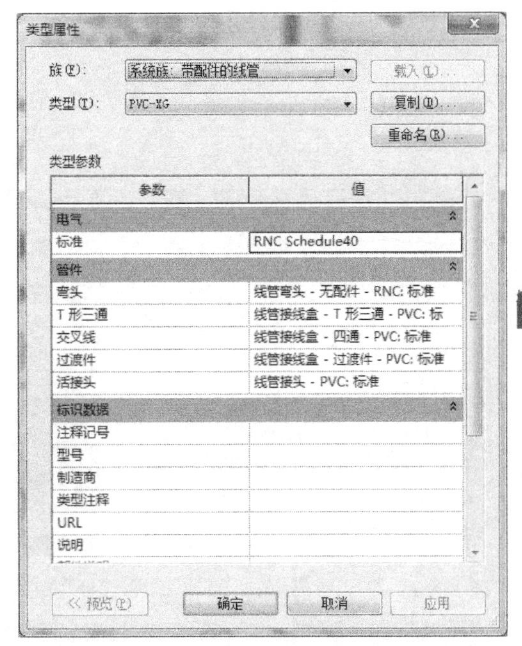

图 7-22　新建弱电线管“PVC-XG”

2）创建名称为“PVC-XG”的线管过滤器。键入快捷命令 <VV>，弹出“楼层平面：标高 5 的可见性 / 图形替换”对话框。切换到“过滤器”选项卡，单击“编辑 / 新建”，弹出“过滤器”对话框。单击“新建”，弹出文本框，输入过滤器名称“PVC-XG”，单击“确定”；“类别”栏选择“线管”“线管配件”；“过滤器规则”栏设置“类型名称，等于，PVC-XG”，如图 7-23 所示。单击“确定”，返回“楼层平面：标高 5 的可见性 / 图形替换”对话框。

3）添加“PVC-XG”线管过滤器，参照附录 A，“PVC-XG”过滤器的填充颜色设置为“RGB　255-128-64，如图 7-24 所示。单击“确定”，完成“PVC-XG”线管过滤器的创建。

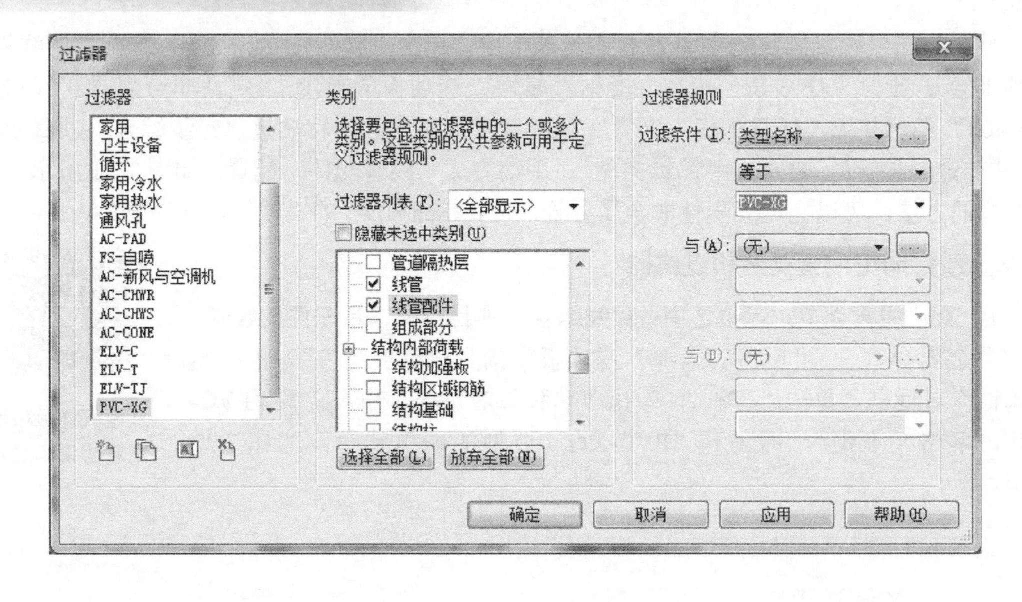

图 7-23　创建“PVC-XG”过滤器

新建线管类型和过滤器

图 7-24　设置“PVC-XG”线管过滤器的填充颜色

7.3.3　弱电线管建模

单击功能区“系统”选项卡→“电气”面板→“线管”，“属性”选项板中，依据弱电设计 CAD 图，带配件的线管选为“PVC-XG”，在选项栏“修改 | 放置 线管”中设置：“直径”为 21，“偏移量”为 3180，绘制弱电专用 PVC-XG 线管，如图 7-25 所示。

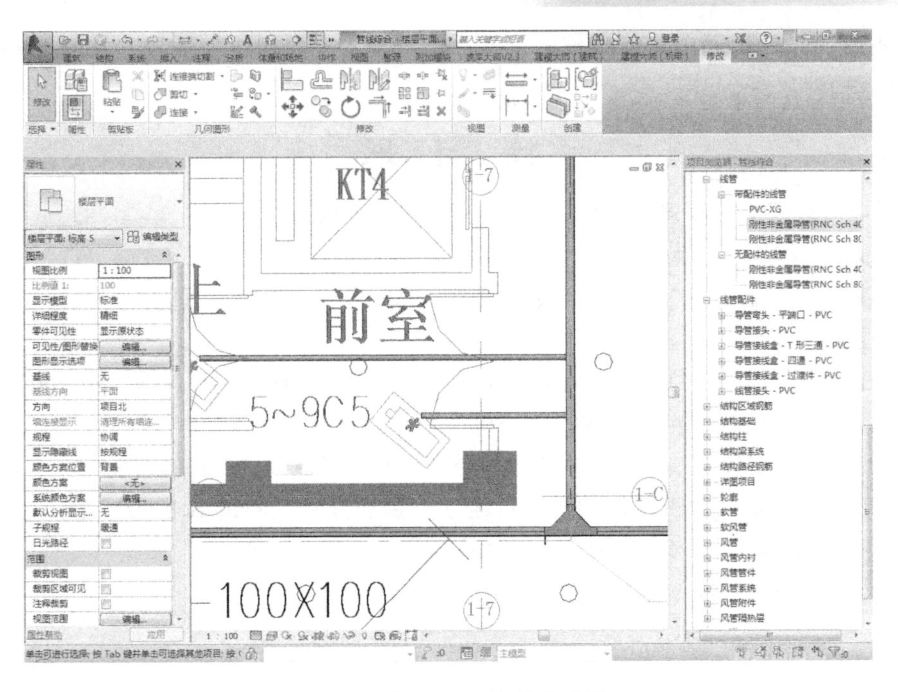

图 7-25　"PVC-XG"线管建模

7.3.4　添加摄像机

1）添加"摄像机"族构件。单击功能区"插入"选项卡→"从库中载入"面板→"载入族"，弹出"载入族"对话框（摄像机族存放路径：机电 \ 安防）。单击选中"摄像机 .rfa"族文件，单击"打开"，如图 7-26 所示，"摄像机"族即载入当前项目中。

图 7-26　载入"摄像机"族

2）放置"摄像机"构件。单击功能区"系统"选项卡→"模型"面板→"构件"→"放置构件"，在"属性"选项板搜索并选择"摄像机"构件，设置摄像机的"偏移量"（如

3200)，再移动光标到弱电线管端部附近并单击，完成“摄像机”放置。按两次 <Esc> 键，结束“放置构件”命令。

练 习 题

在以电气样板文件创建的项目中，复制带配件的线管。

（1）以电气样板文件为模板创建新项目（如“项目 1”）。

（2）使用快捷命令 <VV>，在“模型类别”选项卡中，设置“线管”与“线管配件”的视图可见性。

（3）在绘图区域，分别绘制“带配件的线管 - 刚性非金属导管（RNC Sch 40）”和“带配件的线管 - 刚性非金属导管（RNC Sch 80）”两种线管。

（4）复制“带配件的线管：刚性非金属导管（RNC Sch 40）”到剪贴板。

（5）自剪贴板粘贴“带配件的线管：刚性非金属导管（RNC Sch 40）”到“管线综合”项目中，单击“编辑粘贴内容”面板中的“完成”。

（6）查验“线管配件”粘贴到“管线综合”项目中。

项目 8

工程量统计

工程量统计通过“明细表”功能实现，明细表是 Revit 软件的重要组成部分。通过定制明细表，用户可以从所创建的模型中获取项目应用所需的各类项目信息，并用表格的形式直观地进行表达。

8.1 创建实例明细表

Revit 选项卡中有两种调用“明细表”功能的方式：第一种是单击功能区“分析”选项卡→“报告和明细表”面板→“明细表 / 数量”，弹出“新建明细表”对话框，如图 8-1 所示；第二种是单击功能区“视图”选项卡→“创建”面板→“明细表”下拉菜单，选择“明细表 / 数量”，弹出“新建明细表”对话框，如图 8-2 所示。

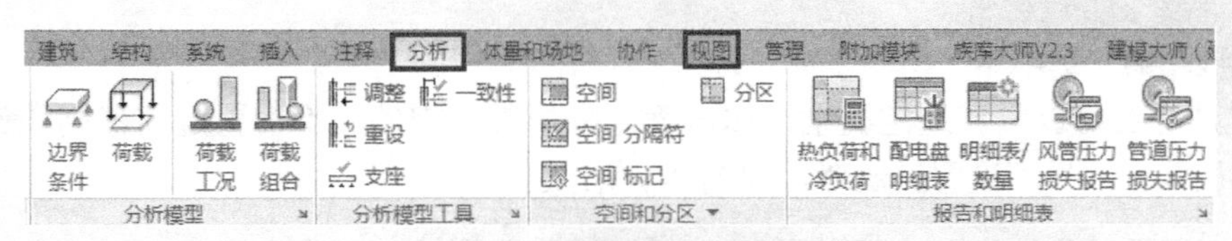

图 8-1 “明细表”功能调用

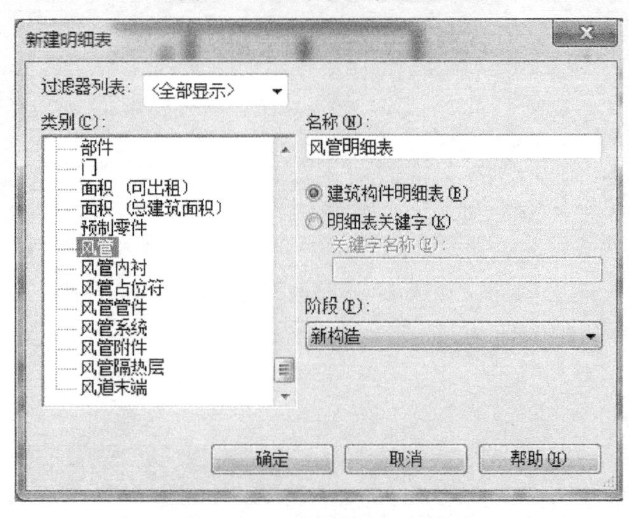

图 8-2 “新建明细表”对话框

选择要统计的构件类别，如风管，自动生成明细表名称（“风管明细表”）。选择应用阶段（如“新构造”），单击“确定”，弹出“明细表属性”对话框，如图 8-3 所示。

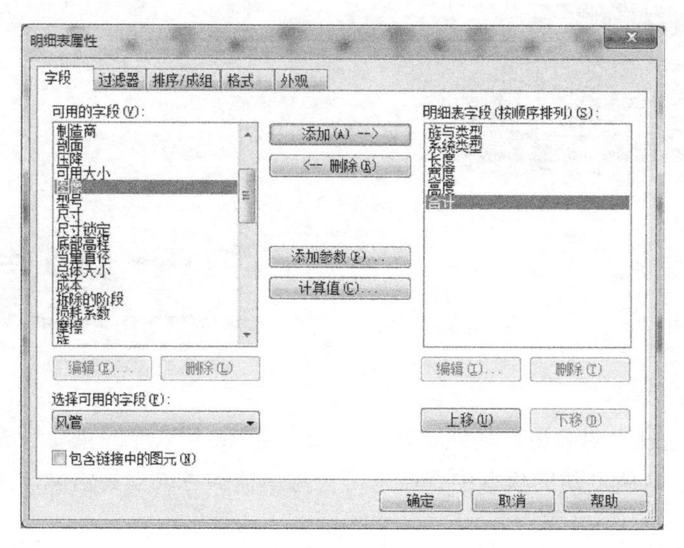

图 8-3 “明细表属性”对话框

1.“字段”选项卡

在“字段”选项卡中，从“可用的字段”列表框中选择要统计的字段，如“族与类型”“系统类型”“长度”“宽度”“高度”“合计”等，分别单击“添加”，所选字段会移动到“明细表字段”列表框中。“上移”与“下移”可用于调整“明细表字段”中各个字段的顺序。

2.“过滤器”选项卡

设置过滤器可以统计选定类别（如风管）中的部分构件，不设置过滤器则统计选定类别的全部构件。这里不设置过滤器，如图 8-4 所示。

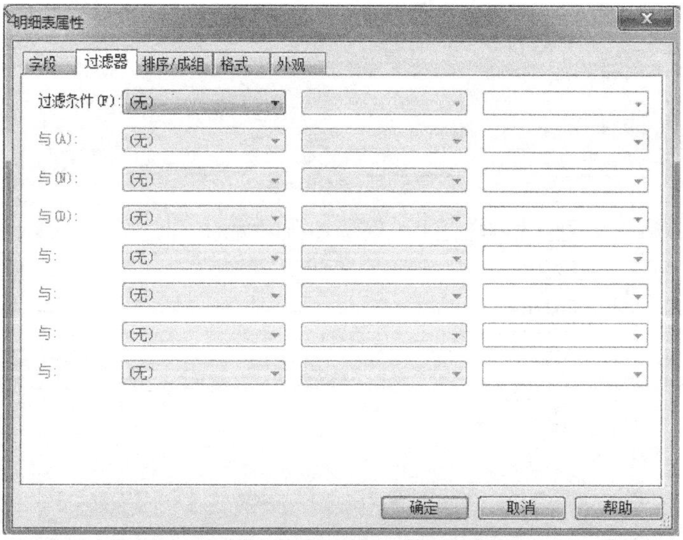

图 8-4 “过滤器”选项卡

注意：在“明细表属性”对话框的“过滤器”选项卡上，最多可以创建四个限制明细表中数据显示的过滤器，且所有过滤器都必须满足数据显示的条件。可以使用明细表字段的许多类型来创建过滤器，这些类型包括文字、编号、整数、长度、面积、体积、是 / 否、楼层和各物理量参数。

3. “排序 / 成组”选项卡

可用于设置明细表中构件按行排列的排序方式，还可以将页眉、页脚以及空行添加到排序后的行中。如图 8-5 所示，选择降序排序，先按长度从长到短，再按宽度从宽到窄，最后按高度（厚度）从高（厚）到低（薄）排列构件顺序。

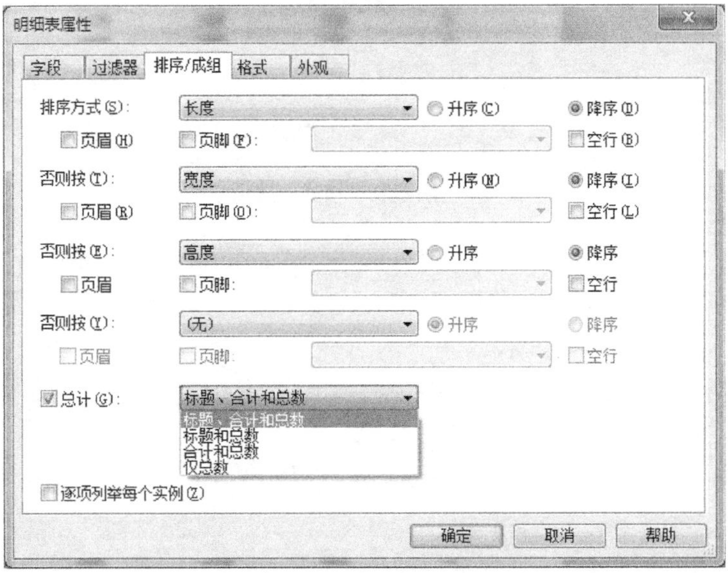

图 8-5 “排序 / 成组”选项卡

可供选择的复选框有“总计”“逐项列举每个实例”。

勾选“总计”复选框，可统计列表中所有构件的总数，一般勾选后会添加到列表最底部。“总计”下拉列表中提供有 4 种总计方式。

勾选“逐项列举每个实例”复选框，则明细表中逐项列举每个构件实例；若不勾选，则会显示相同项和总个数，其他每项参数若相同，则显示，若不同，则会呈现空白格子。明细表一开始创建时，默认勾选“逐项列举每个实例”。

4. “格式”选项卡

可用于设置字段在表格中的标题名称（字段和标题名称可以不同，如“高度”字段的标题名称可设为“风管厚度”）、标题方向（水平 / 垂直）、对齐（方式），勾选“计算总数”复选框，可统计此项参数的总数，如图 8-6 所示。

5. “外观”选项卡

可用于设置明细表表格的线宽、标题和正文，以及标题文本的字体与字号大小，如图 8-7 所示。单击“确定”按钮，可生成风管明细表，如图 8-8 所示。

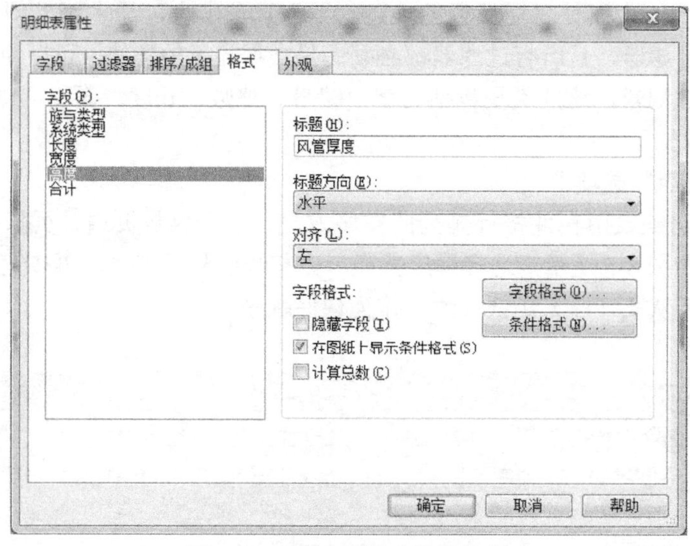

图 8-6　明细表“格式”选项卡

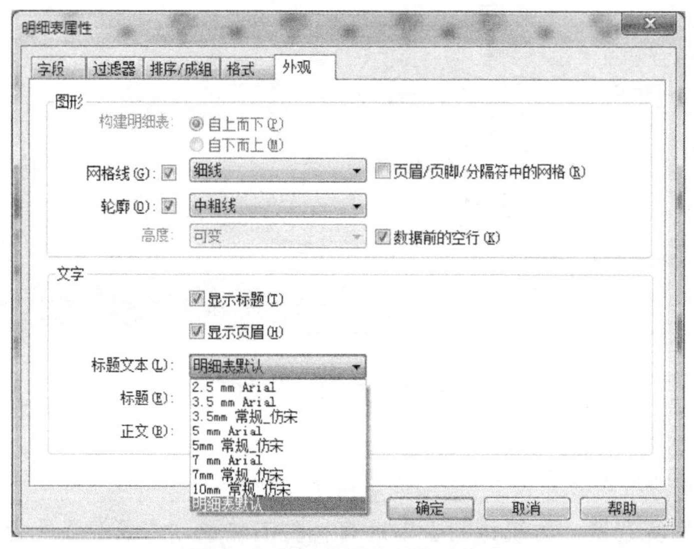

图 8-7　明细表“外观”选项卡

修改明细表/数量

属性

明细表

明细表: 风管明细表 2　编辑类型

标识数据	
视图样板	<无>
视图名称	风管明细表 2
相关性	不相关
阶段化	
阶段过滤器	全部显示
相位	新构造
其他	
字段	编辑...
过滤器	编辑...
排序/成组	编辑...
格式	编辑...
外观	编辑...

<风管明细表 2>

A	B	C	D	E	F
族与类型	系统类型	长度	宽度	风管厚度	合计
矩形风管: 新	AC-PAD	6259	830	120	1
矩形风管: 新	AC-PAD	4854	630	120	1
矩形风管: 新	AC-PAD	4115	400	120	1
矩形风管: 新	AC-PAD	3829	160	120	1
矩形风管: 新	AC-PAD	3714	160	120	1
矩形风管: 新	AC-PAD	3671	160	120	1
矩形风管: 新	AC-PAD	3669	160	120	1
矩形风管: 新	AC-PAD	3410	400	120	1
矩形风管: 新	AC-PAD	3323	200	120	1
矩形风管: 新	AC-PAD	3249	160	120	1
矩形风管: 新	AC-PAD	3150	160	120	1
矩形风管: 新	AC-PAD	3150	160	120	1
矩形风管: 新	AC-PAD	3106	160	120	1
矩形风管: 新	AC-PAD	3106	160	120	1
矩形风管: 新	AC-PAD	3101	320	120	1
矩形风管: 新	AC-PAD	3100	200	120	1
矩形风管: 新	AC-PAD	2803	200	120	1
矩形风管: 新	AC-PAD	2796	200	120	1
矩形风管: 新	AC-PAD	1988	800	200	1

图 8-8　风管明细表

创建风管
管道明细表

使用上述类似方法创建风管管件明细表，如图 8-9 所示。

A	B	C	D
族与类型	系统名称	尺寸	合计
风管软接头:		1100x320-1100x3	2
矩形变径管 -		1100x320-800x20	2
矩形变径管 -		1100x320-630x16	2
矩形 T 形三通	机械 AC-PAD 1	630x160-630x160-	1
矩形 T 形三通		630x160-630x160-	4
矩形 T 形三通	机械 AC-PAD 21	630x160-630x160-	1
矩形变径管 -		630x160-630x120	2
矩形 T 形三通	机械 AC-PAD 21	630x120-630x120-	1
矩形 T 形三通		630x120-630x120-	5
矩形变径管 -		630x120-400x120	2
矩形 T 形三通	机械 AC-PAD 21	400x120-400x120-	1
M_矩形 T 形三	机械 AC-PAD 1	400x120-160x120-	1
矩形变径管 -	机械 AC-PAD 21	400x120-160x120	1
矩形 T 形三通	机械 AC-PAD 1	250x250-120x400-	1
矩形 T 形三通	机械 AC-PAD 1	160x630-160x630-	1
矩形弯头 - 弧		160x120-160x120	5
矩形 T 形三通	机械 AC-PAD 21	120x630-120x630-	1
矩形弯头 - 弧	机械 AC-PAD 1	120x320-120x320	2
矩形弯头 - 弧	机械 AC-PAD 21	120x200-120x200	2
矩形弯头 - 弧	机械 AC-PAD 1	120x160-120x160	2
总计: 39			

图 8-9　风管管件明细表 1

注意：在“明细表属性”对话框的“排序 / 成组”选项卡中，如果勾选“逐项列举每个实例”复选框，此时，即使勾选“总计”复选项，明细表也不会统计相同实例构件的总数。

创建风管管件明细表

8.2　编辑明细表

单击“项目浏览器”→“明细表 / 数量”→“风管管件明细表”，则 Revit 绘图区域显示风管管件明细表，如图 8-10 所示。

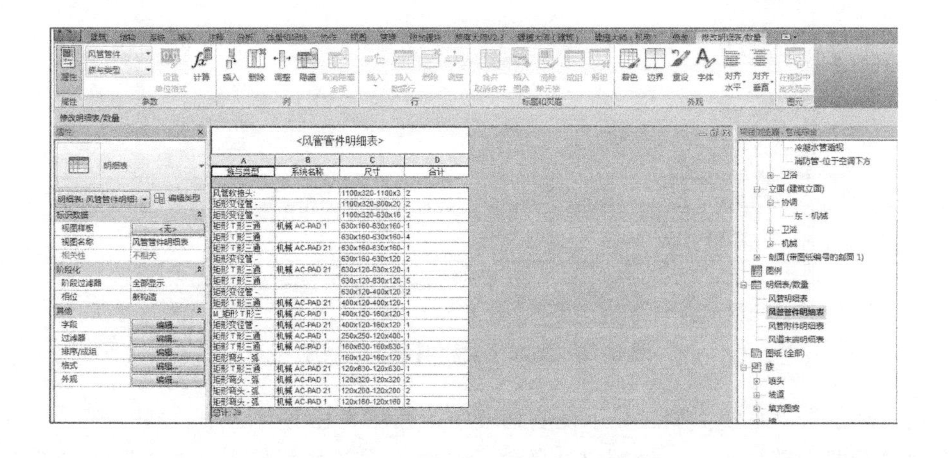

图 8-10　风管管件明细表 2

在明细表“属性”选项板，单击“字段”“过滤器”“排序 / 成组”“格式”和“外观”中任意一个选项右侧的“编辑”，均可弹出“明细表属性”对话框。此时，可对明细表的各个选项进行编辑修改。如单击“字段”右侧的“编辑”，可弹出如图 8-11 所示对话框。

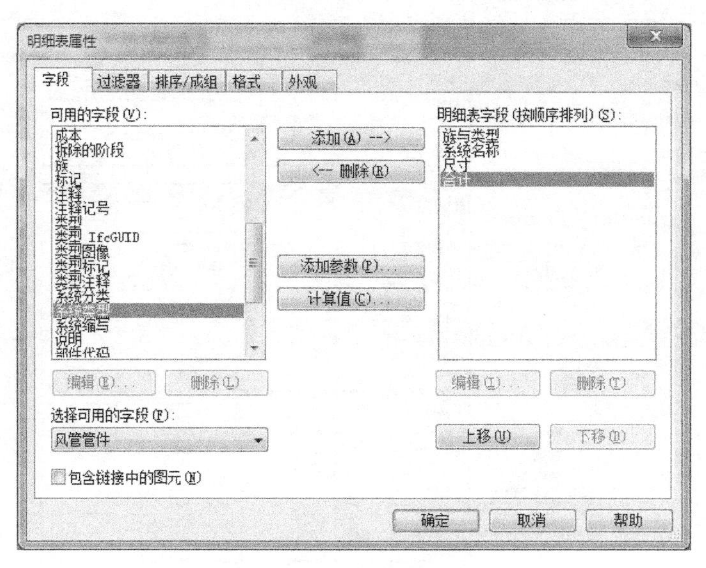

图 8-11 “明细表属性”对话框

在“可用的字段”栏单击选中“系统类型”，再单击“添加”，则“系统类型”移动到“明细表字段”栏；单击“上移”按钮，则可调整“系统类型”在明细表中的排列顺序，如图 8-12 所示。

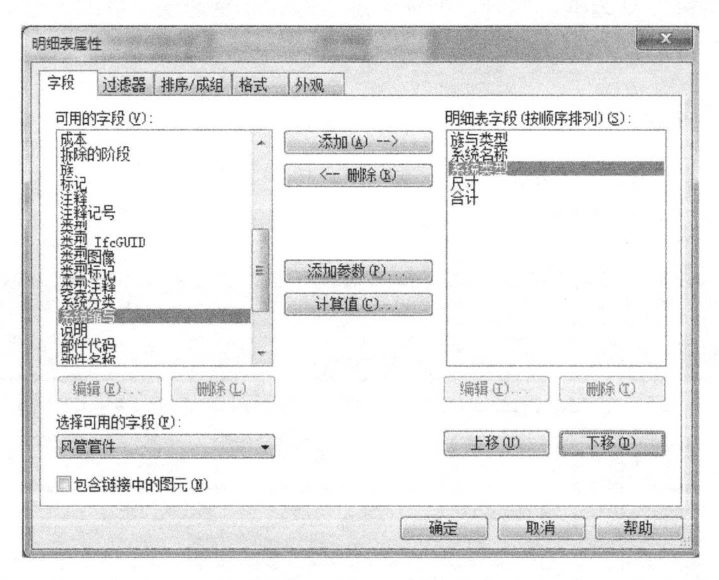

图 8-12 添加字段和调整字段顺序

单击“确定”，“系统类型”显示在明细表中，如图 8-13 所示。

在“过滤器”选项卡中，设置过滤条件，过滤出系统名称包含 2 的“风管管件”，如图 8-14 所示。

修改明细表/数量

属性

明细表

明细表: 风管管件明细 编辑类型

参数	值
标识数据	
视图样板	<无>
视图名称	风管管件明细表
相关性	不相关
阶段化	
阶段过滤器	全部显示
相位	新构造
其他	
字段	编辑...
过滤器	编辑...
排序/成组	编辑...
格式	编辑...
外观	编辑...

<风管管件明细表>

A	B	C	D	E
族与类型	系统名称	系统类型	尺寸	合计
风管软接头:		AC-PAD	1100x320-1100x3	2
矩形变径管 -		AC-PAD	1100x320-800x20	2
矩形变径管 -		AC-PAD	1100x320-630x16	2
矩形 T 形三通	机械 AC-PAD 1	AC-PAD	630x160-630x160-	1
矩形 T 形三通		AC-PAD	630x160-630x160-	4
矩形 T 形三通	机械 AC-PAD 21	AC-PAD	630x160-630x160-	1
矩形变径管 -		AC-PAD	630x160-630x120	2
矩形 T 形三通	机械 AC-PAD 21	AC-PAD	630x120-630x120-	1
矩形 T 形三通		AC-PAD	630x120-630x120-	5
矩形变径管 -		AC-PAD	630x120-400x120	2
矩形 T 形三通	机械 AC-PAD 21	AC-PAD	400x120-400x120-	1
M_矩形 T 形三	机械 AC-PAD 1	AC-PAD	400x120-160x120-	1
矩形变径管 -	机械 AC-PAD 21	AC-PAD	400x120-160x120	1
矩形 T 形三通	机械 AC-PAD 1	AC-PAD	250x250-120x400-	1
矩形 T 形三通	机械 AC-PAD 1	AC-PAD	160x630-160x630-	1
矩形弯头 - 弧		AC-PAD	160x120-160x120	5
矩形 T 形三通	机械 AC-PAD 21	AC-PAD	120x630-120x630-	1
矩形弯头 - 弧	机械 AC-PAD 1	AC-PAD	120x320-120x320	2
矩形弯头 - 弧	机械 AC-PAD 21	AC-PAD	120x200-120x200	2
矩形弯头 - 弧	机械 AC-PAD 1	AC-PAD	120x160-120x160	2

总计: 39

图 8-13 编辑添加“系统类型”后的明细表

<风管管件明细表>

A	B	C	D	E
族与类型	系统名称	系统类型	尺寸	合计
风管软接头:		AC-PAD	1100x320-1100x3	2
矩形变径管 -		AC-PAD	1100x320-800x20	2
矩形变径管 -	机械 AC-PAD 21	AC-PAD	1100x320-630x16	1
矩形 T 形三通	机械 AC-PAD 21	AC-PAD	630x160-630x160-	2
矩形 T 形三通	机械 AC-PAD 21	AC-PAD	630x160-630x160-	1
矩形变径管 -	机械 AC-PAD 21	AC-PAD	630x160-630x120	1
矩形 T 形三通	机械 AC-PAD 21	AC-PAD	630x120-630x120-	1
矩形 T 形三通	机械 AC-PAD 21	AC-PAD	630x120-630x120-	2
矩形变径管 -	机械 AC-PAD 21	AC-PAD	630x120-400x120	1
矩形 T 形三通	机械 AC-PAD 21	AC-PAD	400x120-400x120-	1
矩形变径管 -	机械 AC-PAD 21	AC-PAD	400x120-160x120	1
矩形弯头 - 弧	机械 AC-PAD 21	AC-PAD	160x120-160x120	1
矩形 T 形三通	机械 AC-PAD 21	AC-PAD	120x630-120x630-	1
矩形弯头 - 弧	机械 AC-PAD 21	AC-PAD	120x200-120x200	2

总计: 19

图 8-14 按系统名称过滤风管管件

如果在“风管管件明细表”中任意栏右击，弹出菜单可以编辑明细表表格，如图 8-15 所示。

<风管管件明细表>

A	B	C	D	E
族与类型	系统名称	系统类型	尺寸	合计
风管软接头:		AC-PAD	1100x320-1100x3	2
矩形变径管 -		AC-PAD	1100x320-800x20	2
矩形变径管 -		AC-PAD	1100x320-630x16	2
矩形 T形三通	机械 AC-PAD 1	AC-PAD	630x160-630x160-	1
矩形 T形三通		AC-PAD	630x160-630x160-	4
矩形 T形三通	机械 AC-PAD 21	AC-PAD	630x160-630x160-	1
矩形变径管 -			-630x120	2
矩形 T形三通	机械 AC-PA		-630x120-	1
矩形 T形三通			-630x120-	5
矩形变径管 -			-400x120	2
矩形 T形三通	机械 AC-PA		-400x120-	1
M_矩形 T形三	机械 AC-PA		-160x120-	1
矩形变径管 -	机械 AC-PA		-160x120	1
矩形 T形三通	机械 AC-PA		-120x400-	1
矩形 T形三通	机械 AC-PA		-160x630-	1
矩形弯头 - 弧			-160x120	5
矩形 T形三通	机械 AC-PA		-120x630-	1
矩形弯头 - 弧	机械 AC-PA		-120x320	2
矩形弯头 - 弧	机械 AC-PA		-120x200	2
矩形弯头 - 弧	机械 AC-PA		-120x160	2

总计: 39

编辑字体
编辑边框
编辑着色
在上方插入行
在下方插入行
插入数据行
插入列
隐藏列
取消隐藏全部列
删除行
删除列
合并/取消合并
使页眉成组
使页眉解组
清除单元格
重置替换

图 8-15 明细表表格编辑

练 习 题

1. 用 Revit 创建风管系统后，打开“管线综合”项目文件，用“明细表”功能创建“风管明细表”。

1）在字段中添加风管参数：族与类型、系统名称、尺寸、底部高程、面积、合计等。

2）在“排序 / 成组”选项卡，选择降序排序，勾选“总计”复选框。

3）合理设置各字段标题，网格线为细线、外框为粗线。

2. 用 Revit 创建喷淋系统后，打开“管线综合”项目文件，用“明细表”功能创建“喷淋管件明细表”。

1）在字段中添加管件参数：族与类型、系统名称、尺寸、合计等。

2）在“排序 / 成组”选项卡，选择降序排序，勾选“总计”复选框。

3）设置过滤条件，过滤出防火分区 3 的自喷系统构件。

4）合理设置各字段标题，网格线为细线、外框为粗线。

项目 9

视图与尺寸标注

9.1　Revit 三维设计制图

作为一款参数化的三维设计软件，Revit 通过相关项目设置创建三维模型，每一个平面、立面、剖面、透视、轴测、明细表都是一个视图，都是同一个三维模型的不同投影。它们的显示都是由各自视图的属性控制，且不影响其他视图。这些显示包括可见性、线型、线宽、颜色等控制。

9.1.1　生成平面视图

平面视图包括楼层平面视图、天花板投影平面视图、详图平面视图和详图索引平面视图等。这里基于机电管线三维模型，辅以可见性管理，创建机电各个系统的平面视图。

1. 设置平面视图可见性

打开“管线综合”项目，在项目浏览器中单击“楼层平面”→“协调 - 标高 5”，键入 <VV> 命令，弹出“楼层平面：标高 5 的可见性 / 图形替换”对话框，如图 9-1 所示。以喷

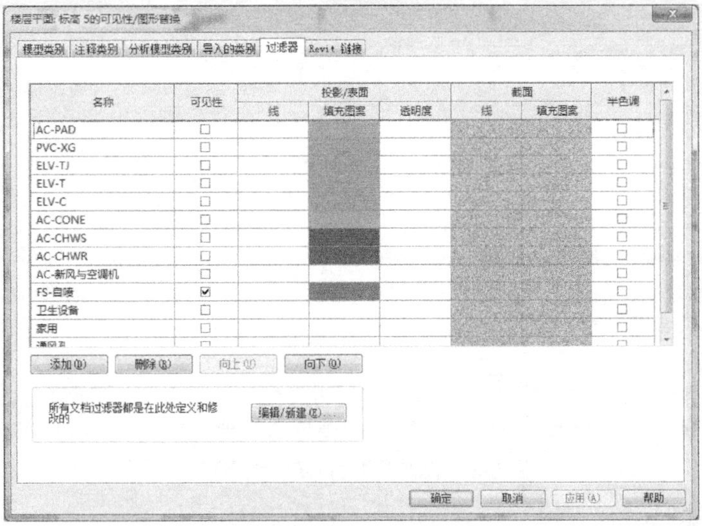

图 9-1　设置喷淋系统可见

淋系统为例，在“过滤器”选项卡仅设置“FS- 自喷”可见。

在“Revit 链接”选项卡，设置建筑、结构可见，如图 9-2 所示。

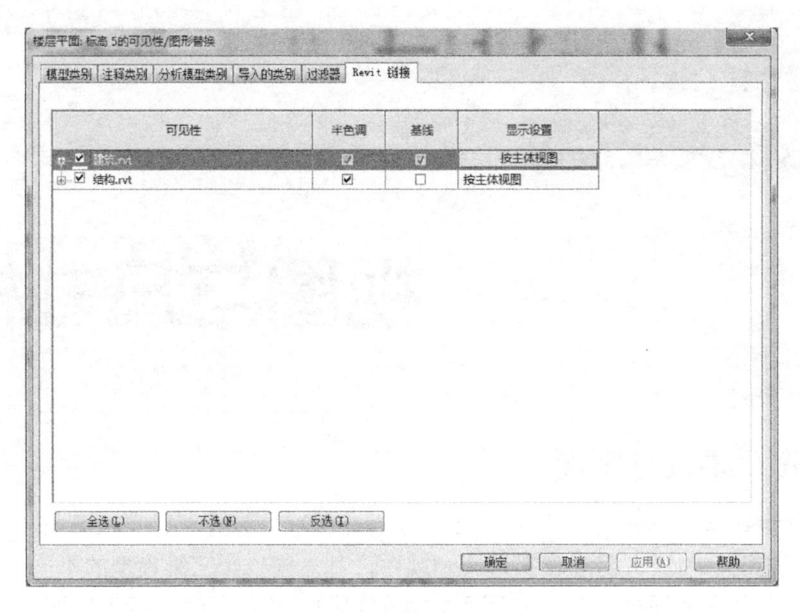

图 9-2　设置建筑、结构可见

在“导入的类别”选项卡，全部不选，如图 9-3 所示，即设置链接的 CAD 图在此平面视图中不显示。

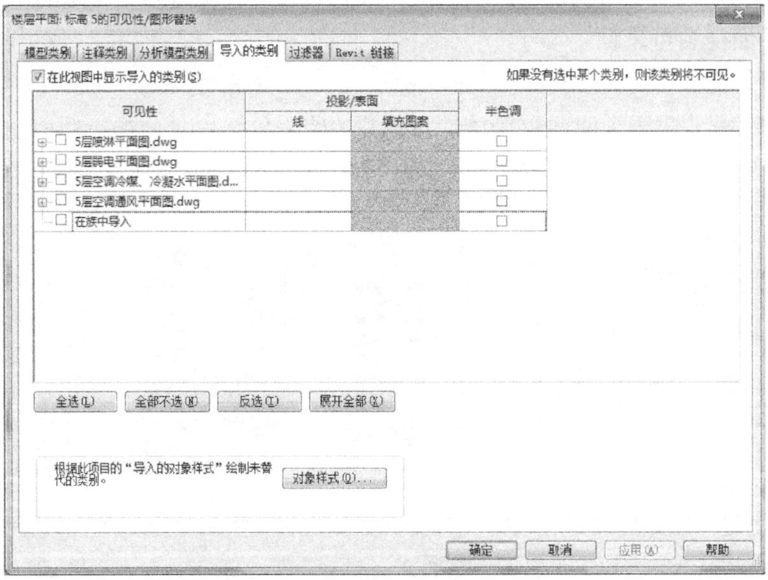

图 9-3　设置链接的 CAD 图不可见

单击“确定”，如图 9-4 所示，Revit 绘图区域仅仅显示喷淋系统和建筑、结构模型的平面视图，其他机电系统模型均隐藏不可见。

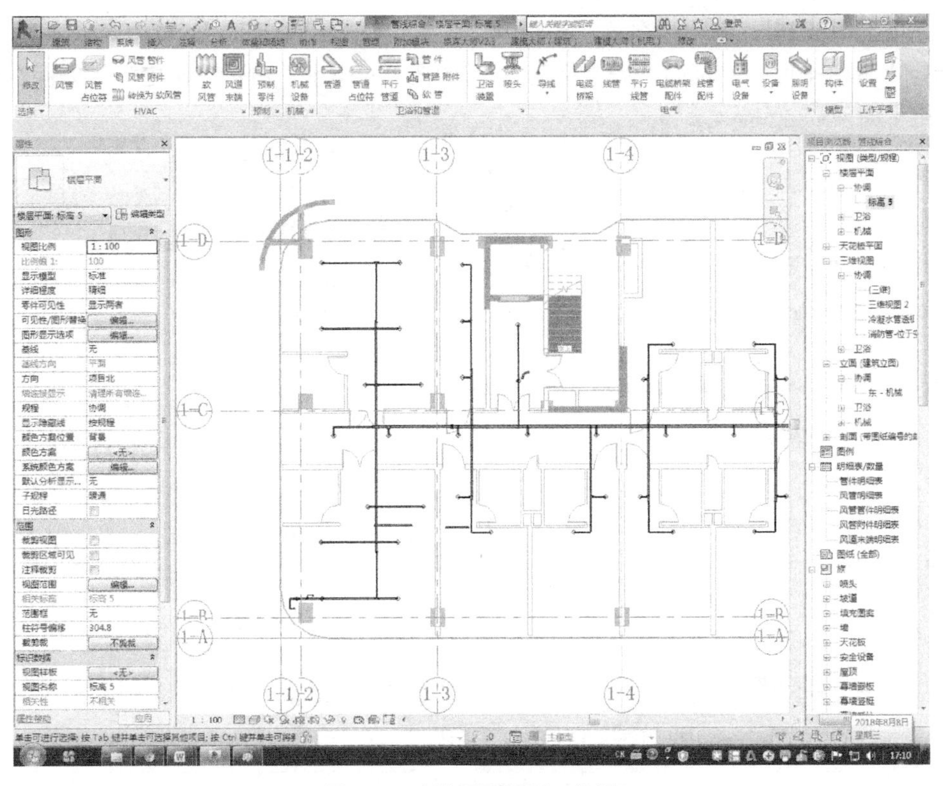

图 9-4　喷淋平面视图（协调）

2. 新建“机电平面”视图

为了把三维模型中的各个机电系统一一投影出来，生成施工平面图，可通过复制“楼层平面”→“协调 - 标高 5”平面视图，生成“机电平面”视图。具体步骤如下：

在功能区“视图”选项卡中单击“创建”面板→“平面视图”下拉列表→“楼层平面”，弹出“新建楼层平面”对话框，如图 9-5 所示。单击“编辑类型”，弹出“类型属性”

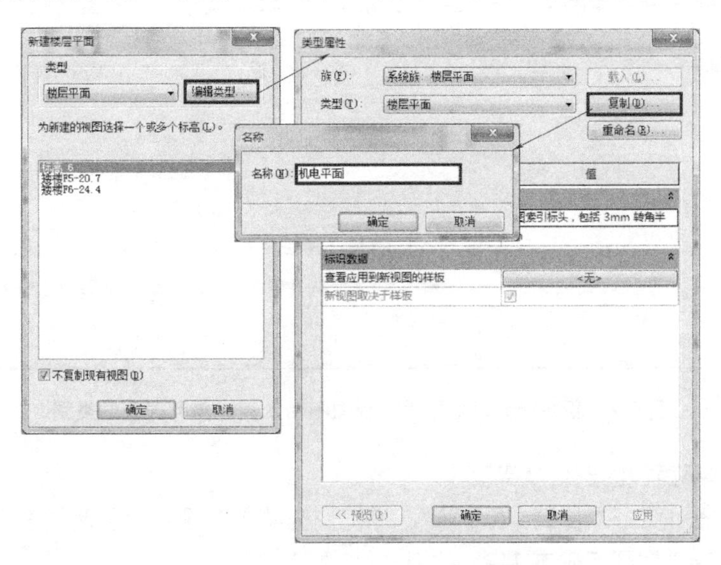

图 9-5　新建“机电平面”视图

对话框。单击“复制”，弹出“名称”对话框，输入名称“机电平面”，单击“确定”。

指定“机电平面”的标高，如“标高 5”，如图 9-6 所示。单击“确定”，新建“楼层平面（机电平面）”。

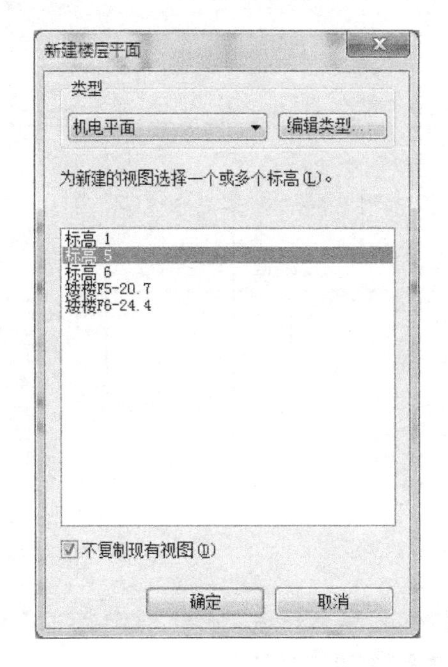

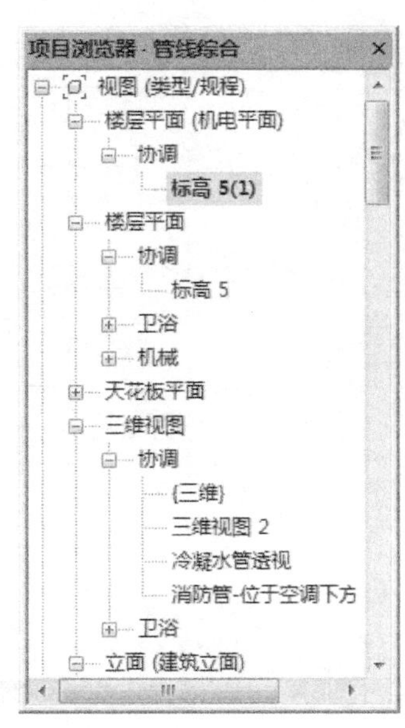

图 9-6　指定“机电平面”视图的标高

单击选中“楼层平面（机电平面）”→“协调 - 标高 5（1）”，键入 <VV> 命令，如图 9-7 所示，除 Revit 链接（建筑、结构）模型带入本图外，过滤器、导入的类别（链接 CAD）均未带入本图中。

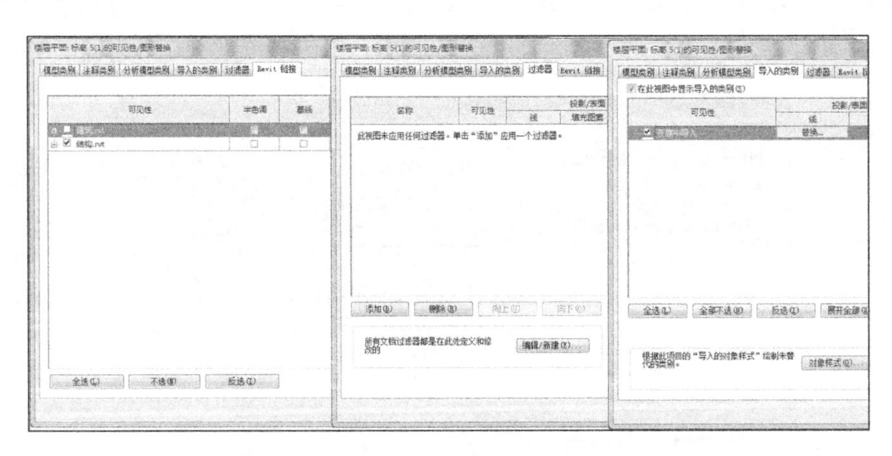

图 9-7　新建的“机电平面”视图不带入过滤器和导入的类别

3. 复制楼层平面视图到机电平面

右击“楼层平面”→“协调 - 标高 5”，弹出快捷菜单，选择“复制视图”→“复制”，如图 9-8 所示，生成“标高 5 副本 1”。

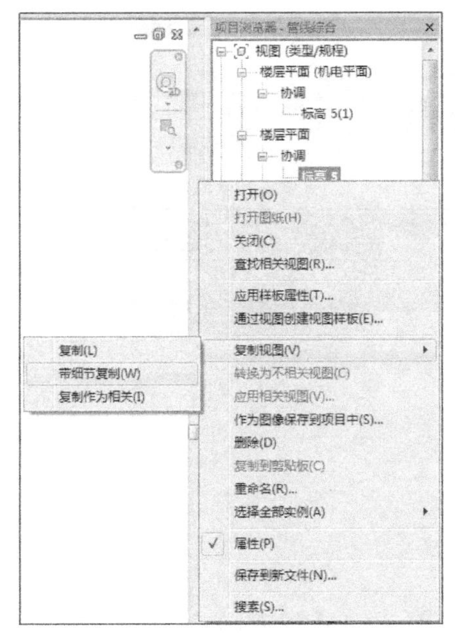

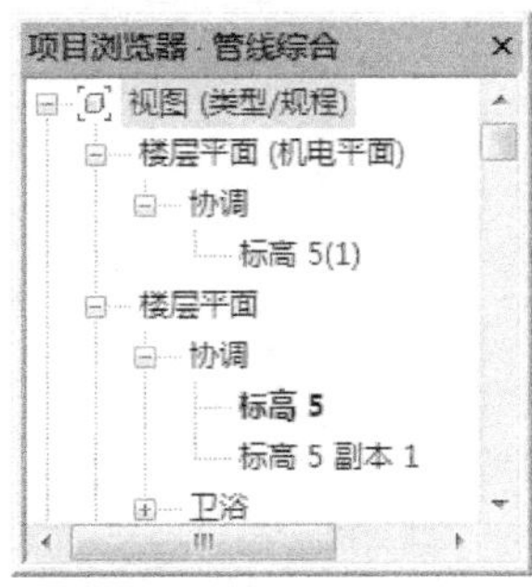

图 9-8　复制“标高 5”视图

注意：复制楼层平面视图到机电平面时，弹出快捷菜单中“复制视图”首选“复制”，此时，视图“可见性 / 图形替换”中的“过滤器”和“Revit 链接”配置被复制继承到副本，而“导入的类别”（链接 CAD）则不被复制继承。若选择“带细节复制”，则视图“可见性 / 图形替换”中的“过滤器”“Revit 链接”和“导入的类别”（链接 CAD）配置全部被复制继承到副本。然而，“导入的类别”（链接 CAD）在 Revit 三维建模完成后，由模型生成机电平面图时，通常不再有应用的需要。

右击“标高 5 副本 1”，弹出快捷菜单，选择“重命名”，弹出“重命名视图”对话框，如图 9-9 所示。输入名称“5 层喷淋平面图”，单击“确定”，生成“5 层喷淋平面图”。

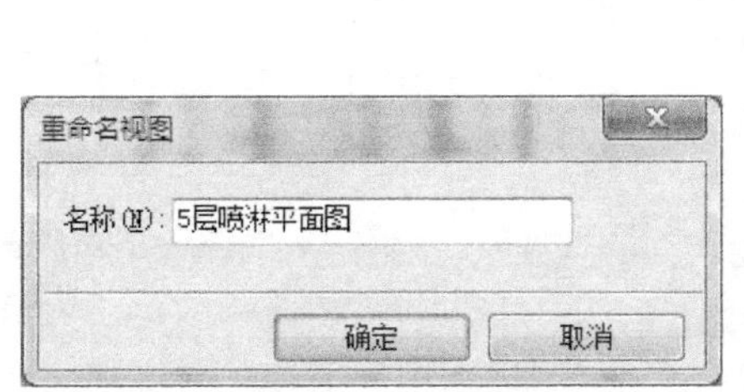

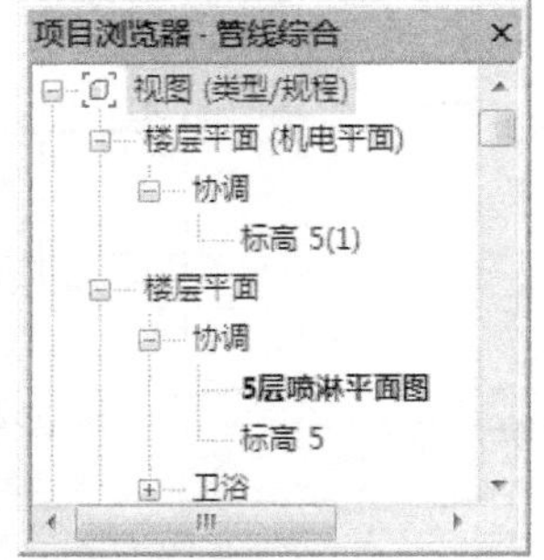

图 9-9　视图重命名为“5 层喷淋平面图”

在项目浏览器中单击选择“楼层平面”→“协调”→“5 层喷淋平面图”，在“属性（楼层平面）”选项板中单击“编辑类型”，弹出“类型属性”对话框，如图 9-10 所示。“类型”选择“机电平面”，单击“确定”，“5 层喷淋平面图”被转移到了“楼层平面（机电平面）”视图，如图 9-11 所示。

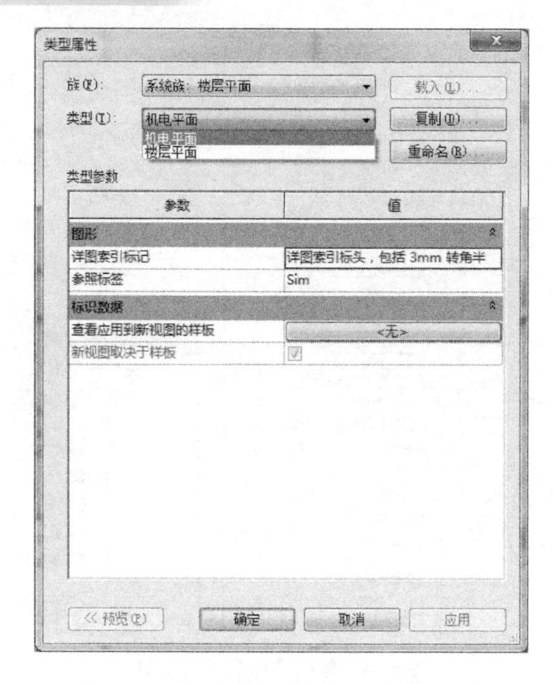

图 9-10　修改“5 层喷淋平面图”类型

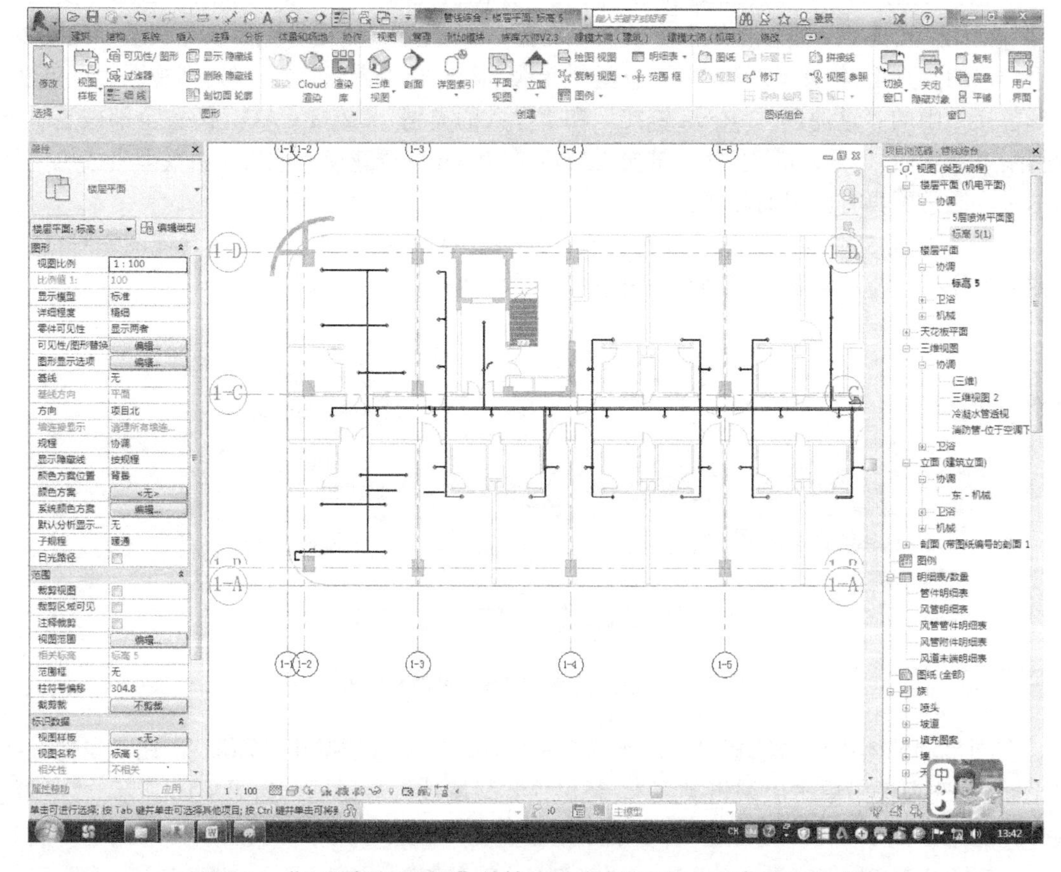

图 9-11　“5 层喷淋平面图”被转移到“楼层平面（机电平面）”视图

采用同样方法，复制“楼层平面”→“协调 - 标高 5”，重命名为“5 层空调通风平面图”，然后单击“编辑类型”，修改“类型”为“机电平面”。视图“可见性 / 图形替换”中的“过滤器”选项卡，勾选“AC-PAD”（设置空调通风系统可见），生成“机电平面”的“5 层空调通风平面图”，如图 9-12 所示。

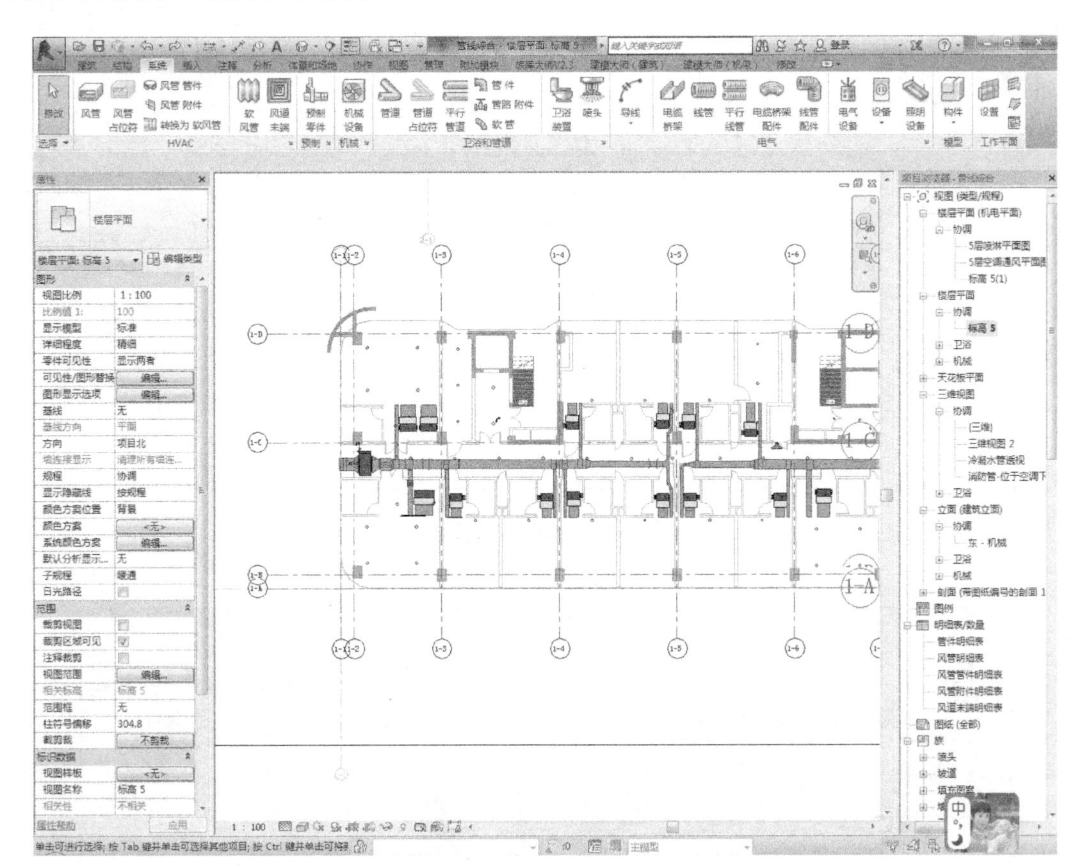

图 9-12　复制生成“5 层空调通风平面图”

4. 创建平面区域

平面区域为部分视图由于构件高度或深度不同而需要设置与整体视图不同的视图范围时定义的区域，可用于拆分标高平面，也可用于显示剖切面上方或下方的插入对象。创建平面区域的步骤如下：

1）单击功能区“视图”选项卡→“创建”面板→“平面视图”下拉列表→“平面区域”。

2）在“修改 | 创建平面区域边界”上下文选项卡→“绘制”面板中选择绘制方式，在 Revit 绘图区域绘制封闭平面图形，单击“修改 | 创建平面区域边界”上下文选项卡→“模式”面板→“完成”来创建平面区域，如图 9-13 所示。

单击选中平面区域图元，“属性”选项板单击“编辑”（或单击“修改 | 平面区域”上下文选项卡→“区域”面板→“视图范围”），打开“视图范围”对话框，如图 9-14 所示。调整平面区域的视图范围，使该范围内的构件在平面中按照局部视图需要显示。

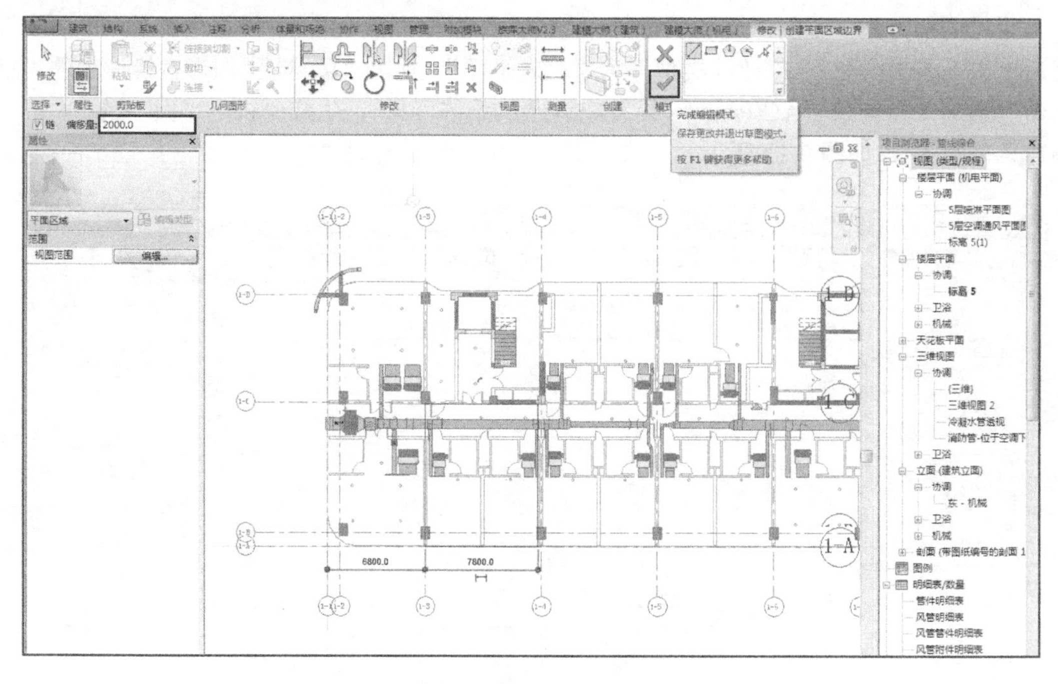

图 9-13　创建平面区域

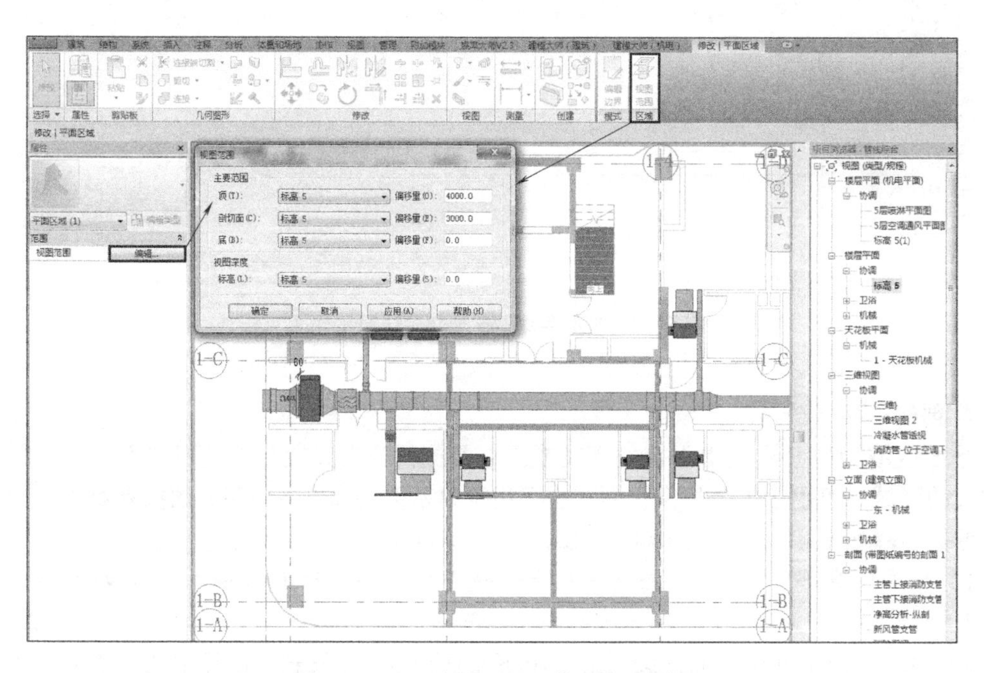

图 9-14　平面区域“视图范围”对话框

注意：平面区域是闭合草图，多个平面区域可以具有重合边，但不能彼此重叠。平面区域服从其父视图的“截剪裁”参数设置，但遵从自身的“视图范围”设置。按剪裁平面剪切平面视图时，在某些视图中具有符号表示法的图元（如结构梁）和不可剪切族不受影响，这些图元和族将显示出来，不

生成平面视图

进行剪切，此属性会影响打印。

9.1.2 生成立面视图

1. 创建立面视图

立面视图默认情况下有东、南、西、北四个正立面，如图 9-15 所示。

可以使用“立面”命令创建另外的内部和外部立面视图，如图 9-16 所示。单击功能区“视图”选项卡→“创建”面板→“立面”下拉列表→“立面”，在光标尾部会显示立面符号。在绘图区域移动光标到合适位置单击放置（在移动过程中立面符号箭头自动捕捉与其垂直的最近的墙），自动生成立面视图。

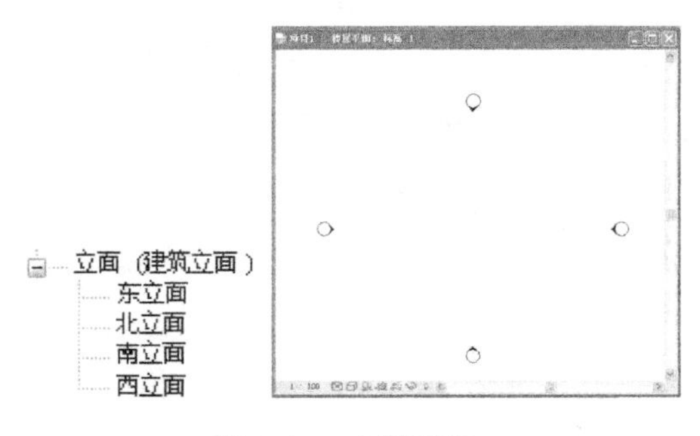

图 9-15 立面标记

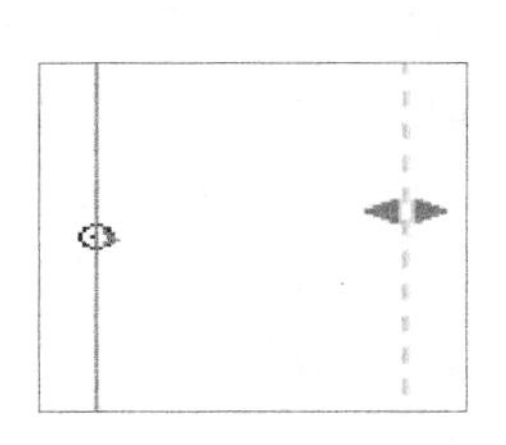

图 9-16 创建立面

单击选择立面符号，此时显示蓝色虚线为视图范围。拖拽控制柄调整视图范围，包含在该范围内的模型构件才有可能在刚刚创建的立面视图中显示。

注意：立面符号不可随意删除，删除符号的同时会将相应的立面一同删除。

四个立面符号围合的区域即为绘图区域。请不要超出绘图区域创建模型，否则立面显示可能会是剖面显示。因为立面有截裁剪、裁剪视图等设置，这些都会控制影响立面的视图宽度和深度的设置。

为了扩大绘图区域而移动立面符号时，注意全部框选立面符号，否则绘图区域的范围将有可能没有移动。移动立面符号后还需要调整绘图区域的大小及视图深度。

2. 创建框架立面

当项目中需要创建垂直于斜墙或斜工作平面的立面时，可以创建一个框架立面来辅助设计。单击功能区“视图”选项卡→“创建”面板→“立面”下拉列表→“框架立面”，将框架立面符号垂直于选定的轴网线或参照平面，并沿着要显示的视图方向单击放置，如图 9-17 所示。观察项目浏览器，“立面”中同时添加了该立面，双击可进入该框架立面。

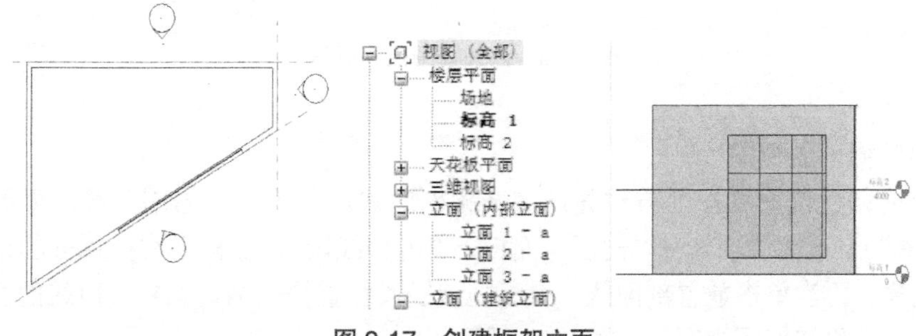

图 9-17 创建框架立面

注意：视图中必须有轴网或已命名的参照平面，才能添加框架立面视图。当需要将竖向支撑添加到模型中时，创建框架立面，有助于为支撑创建选择准确的工作平面。

9.1.3 生成剖面视图

1. 创建剖面视图

打开一个平面、剖面、立面或详图视图。单击功能区“视图”选项卡→“创建”面板→“剖面”，将光标放置在剖面的起点处并单击，然后拖曳光标穿过模型或族，当到达剖面的终点时再单击，即可完成剖面的创建。在“项目浏览器”中自动生成剖面视图，双击视图名称即可打开剖面视图。修改剖面线的位置、范围、查看方向时，剖面视图自动更新。

在剖面的“属性”选项板中单击“编辑类型”，弹出“类型属性”对话框，如图 9-18 所示。在“类型”选择器中可选择“带图纸编号的剖面 1（2）”“建筑剖面”或“墙剖面”等。

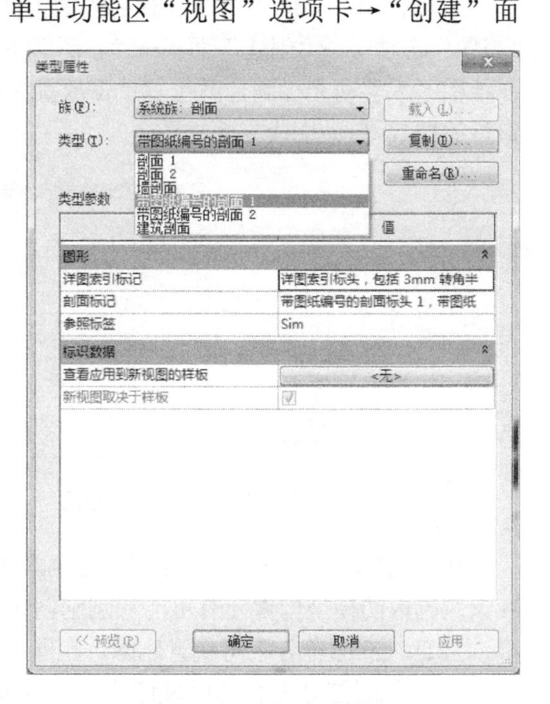

图 9-18　剖面类型选择

在“视图控制栏”上，可设置一个剖面视图的比例。选择已绘制的剖面，将显示裁剪区域，鼠标拖拽绿色虚线上的视图宽度和视景深度控制柄可调整视图范围。单击查看方向控制柄⇵可翻转视图查看方向。单击线段间隙符号，可在有缝隙的或连续的剖面线样式之间切换，如图 9-19 所示。

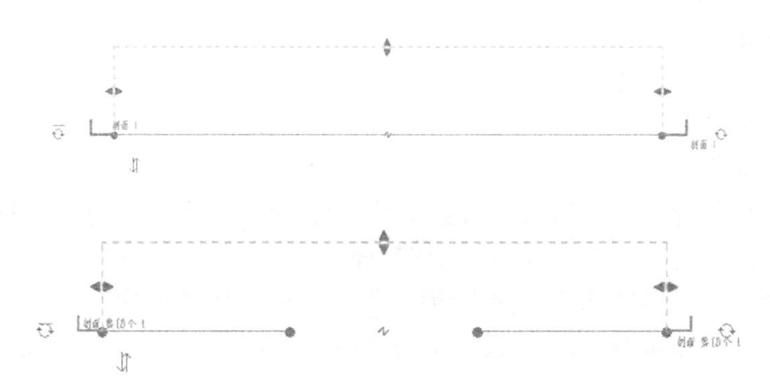

图 9-19　剖面视图范围调整

2. 创建阶梯剖面视图

按照上述创建剖面视图的方法先绘制一条剖面线。选中创建的剖面线，再单击功能区“修改 | 视图”上下文选项卡→“剖面”面板→“拆分线段”，在剖面线要拆分的位置单击并拖动到新位置，再次单击放置剖面线。鼠标拖拽线段位置控制柄，调整每段线的位置到合适位置，自动生成阶梯剖面视图，如图 9-20 所示。

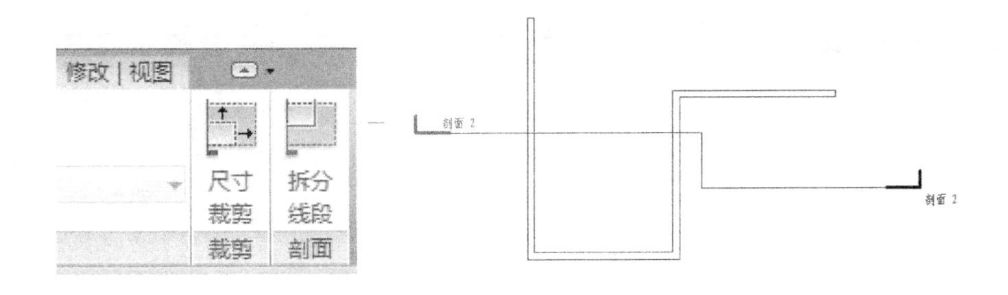

图 9-20　创建阶梯剖面视图

鼠标拖拽线段位置控制柄到与相邻的另一段平行线段对齐时，松开鼠标，两条线段合并成一条。

注意：阶梯剖面中间转折部分线条的长度可通过直接拖拽端点调整；单击功能区“管理”选项卡→“设置”面板→“对象样式”，弹出“对象样式”对话框。选中“注释对象”选项卡，单击“剖面线”的“线宽”可修改剖面线的线宽，如图 9-21 所示。

对象样式

模型对象　注释对象　分析模型对象　导入对象

过滤器列表(F)：<全部显示>

类别	线宽 投影	线颜色	线型图案
分析梁标记	5	RGB 247-150-07	实线
分析楼层标记	5	RGB 128-064-00	实线
分析楼板基础标记	5	RGB 155-187-08	实线
分析独立基础标记	7	RGB 165-165-16	实线
分析节点标记	1	黑色	实线
分析链接标记	1	黑色	实线
剖面标头	1	黑色	实线
剖面框	1	PANTONE Proce	
剖面线	1	黑色	实线
卫浴装置标记	1	黑色	实线
参照平面	2	RGB 000-127-00	对齐线
参照点	3	黑色	实线
参照线	4	RGB 000-127-00	实线
喷头标记	5	黑色	实线

全选(S)　不选(E)　反选(I)

修改子类别：新建(N)　删除(D)　重命名(R)

确定　取消　应用(A)　帮助

图 9-21　剖面线的线宽调整

9.1.4　生成透视视图

1. 创建透视视图

在项目浏览器中单击打开楼层平面视图，然后单击功能区“视图”选项卡→“创建”面板→“三维视图”下拉列表→“相机”。首先，在选项栏中设置相机“偏移量”（与查看对象的“偏移量”相当）；然后，在绘图区域单击拾取相机位置，拖拽鼠标并再次单击拾取相机目标点，如图 9-22 所示。

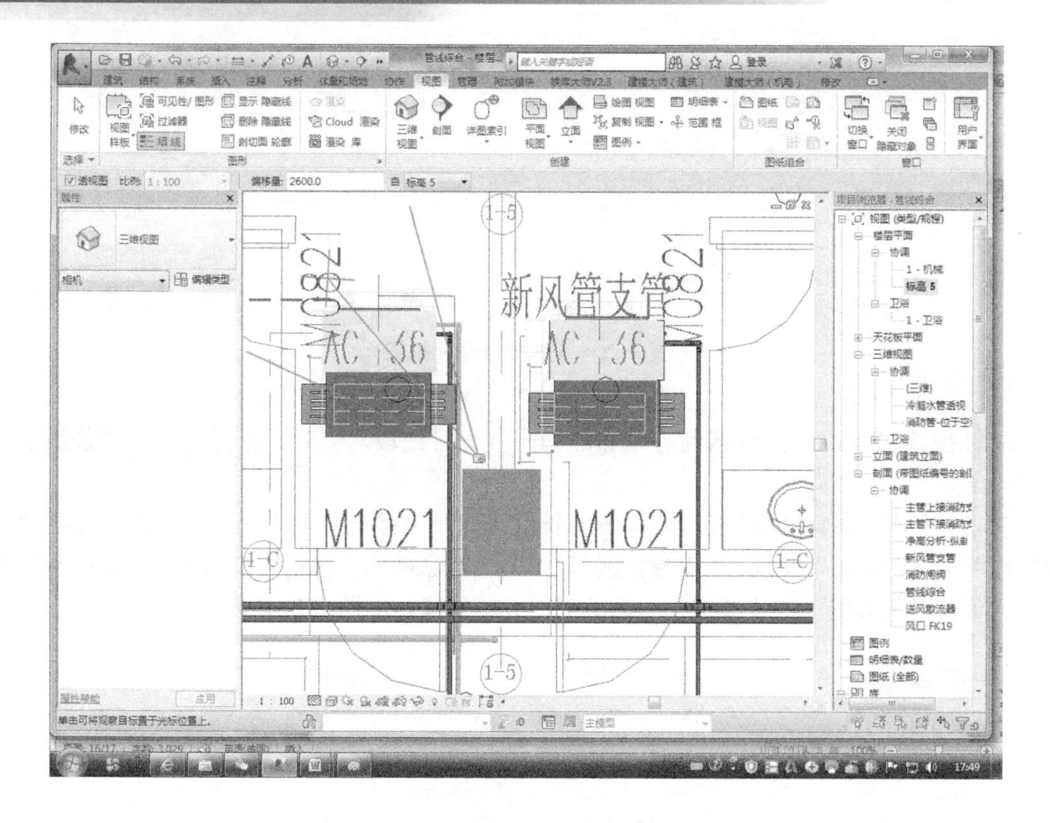

图 9-22　拾取相机位置和目标点

自动生成并打开透视视图，如图 9-23 所示。选择视图裁剪区域方框，移动蓝色夹点可调整视图范围到合适的大小。

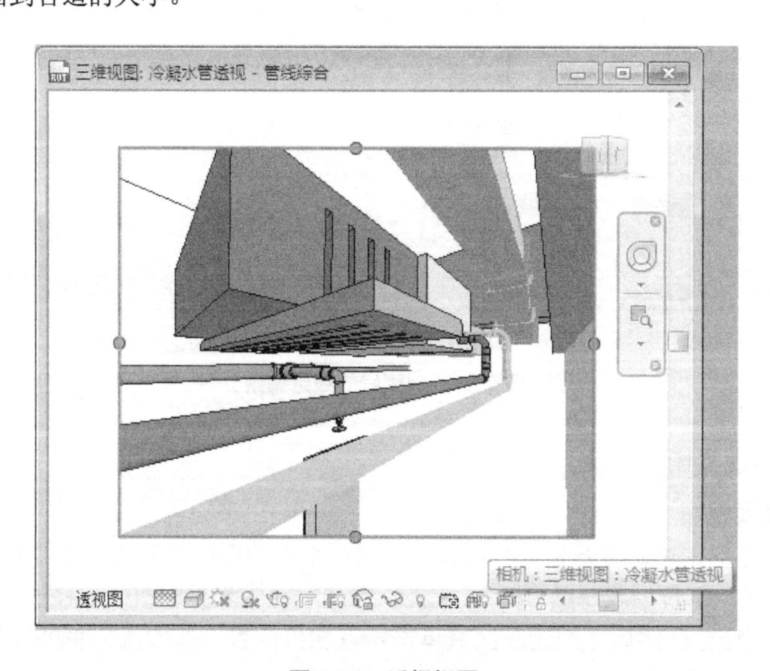

图 9-23　透视视图

单击视图裁剪区域框，再单击“修改丨相机”上下文选项卡→“裁剪”面板→“尺寸裁剪”，弹出“裁剪区域尺寸”对话框，可以精确调整视图裁剪区域尺寸，如图 9-24 所示。

图 9-24　精确调整视图裁剪区域尺寸

如要显示相机远裁剪区域外的模型，则需在三维视图“属性”选项板中取消勾选“远裁减激活”，如图 9-25 所示。

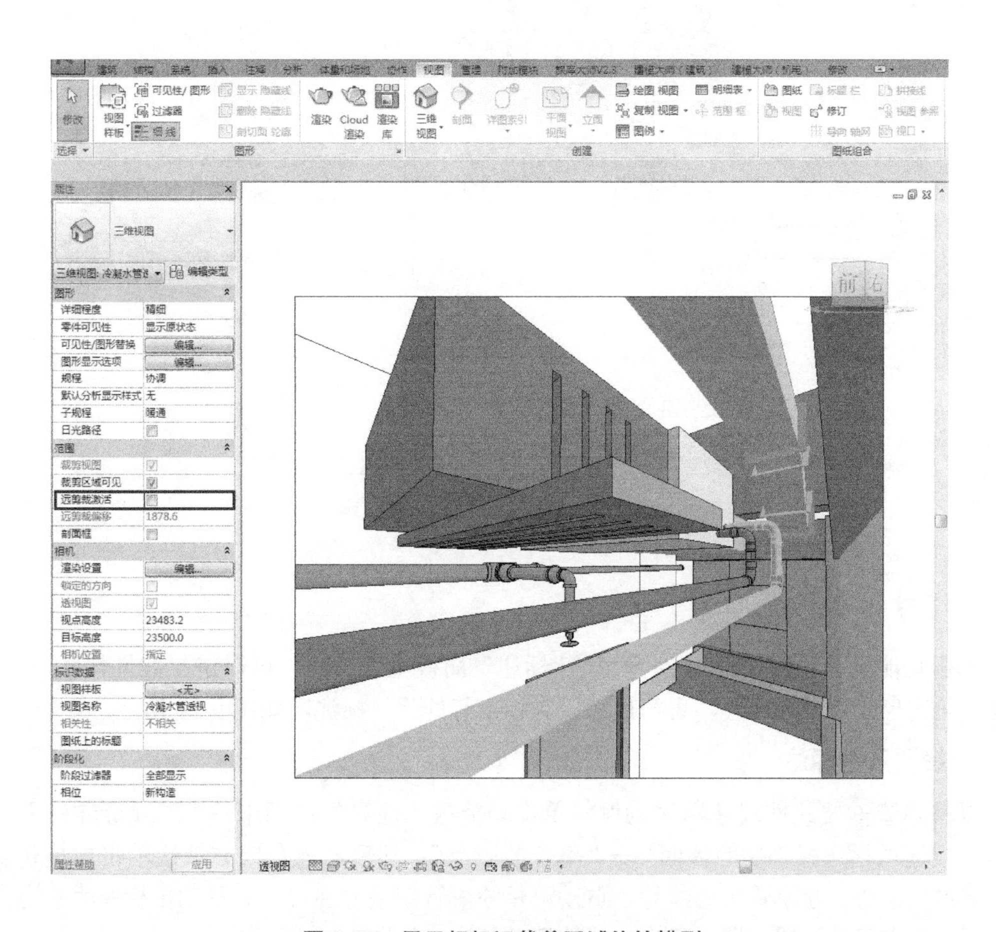

图 9-25　显示相机远裁剪区域外的模型

2. 调整视图与相机的参数

同时打开楼层平面、立面、三维、透视视图，单击功能区“视图”选项卡→“窗口”面板→“平铺”（或键入 <WT> 命令），可平铺所有视图。

单击三维视图裁剪区域框，此时楼层平面视图显示相机位置处于激活状态，相机和相机查看方向就会显示在所有视图中。在平面、立面、三维视图中均可以用鼠标拖拽相机、目标点，调整相机的位置、高度和目标位置。三维视图“属性”选项板中可以修改“视点高度”“目标高度”参数值调整相机，也可修改此三维视图的视图名称、详细程度、视觉样式等，如图 9-26 所示。

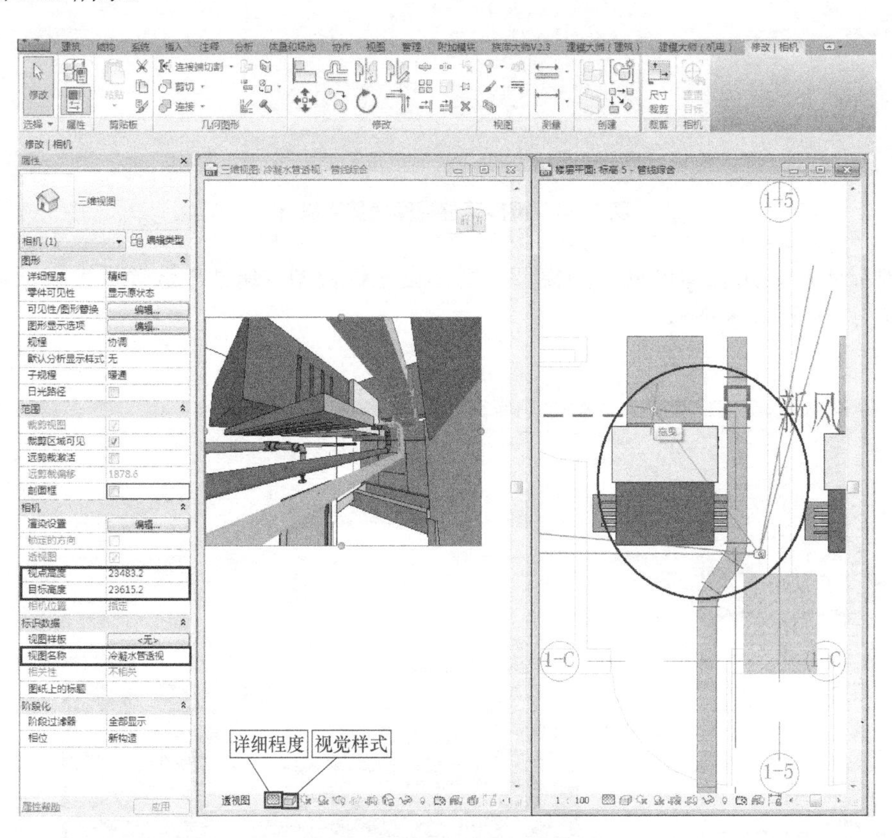

图 9-26　调整视图与相机的参数

9.2　尺寸标注

单击功能区“注释”选项卡→“尺寸标注”面板上的按钮，可以进行线性尺寸、高程、坡度、角度尺寸、半径尺寸、直径尺寸、高程点等的尺寸标注，如图 9-27 所示。

9.2.1　线性尺寸标注

以喷淋管安装线性尺寸标注为例，单击功能区“注释”选项卡→“尺寸标注”面板→“对齐”，选项栏选择“参照墙面”→“单个参照点”；然后，自左向右依次单击捕捉建筑墙面、喷淋头中心、喷淋管中心线等，自动测量喷淋管模型线性尺寸。移动鼠标在垂直方向单击一点，指定尺寸放置位置，即生成线性尺寸标注，如图 9-28 所示。

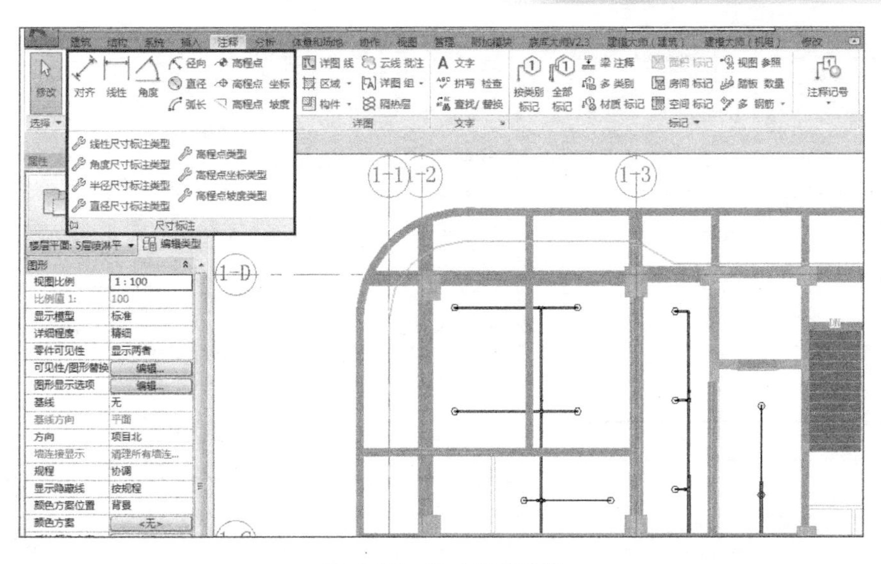

图 9-27　尺寸标注功能

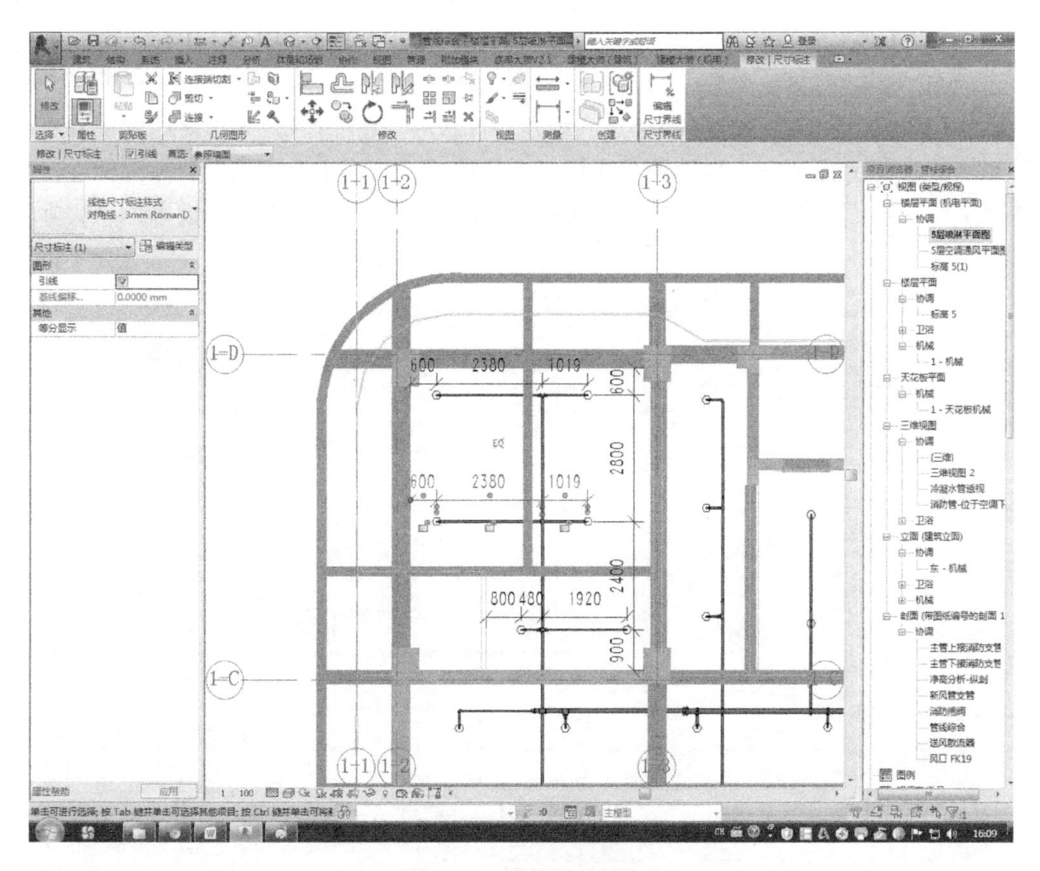

图 9-28　线性尺寸标注

单击尺寸标注“属性”选项板中的“编辑类型”，弹出“类型属性”对话框，如图 9-29 所示，可编辑尺寸标注样式族的各项参数，也可以复制、重命名、定义项目中常用的线性尺寸标注新类型。

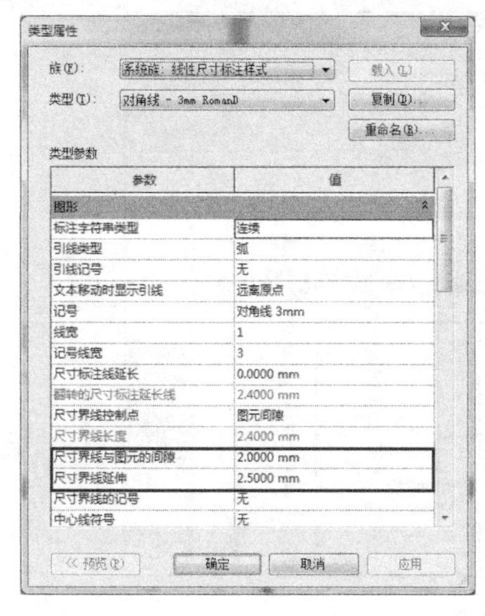

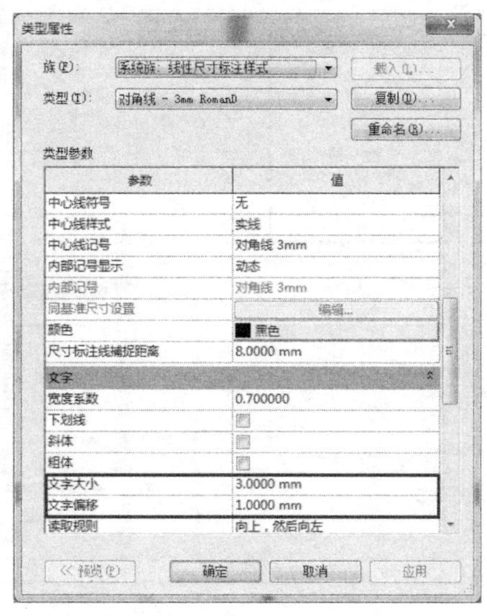

图 9-29　尺寸标注样式参数

喷淋管网线性尺寸标注

9.2.2　高程标注

单击功能区“注释”选项卡→“尺寸标注”面板→“高程点”，光标移动到风管或水管的顶部、中心或底部，Revit 自动测量高程。在构件附近单击指定一点放置高程标注，如图 9-30 所示，选项栏中“相对于基面”设置为“当前标高”，“显示高程”设置为“实际（选定）高程”。

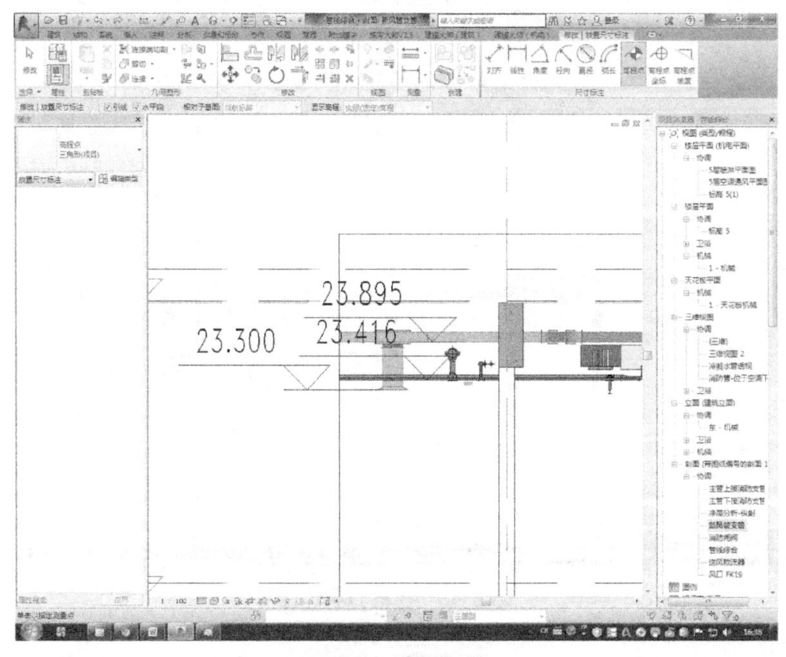

图 9-30　高程标注

单击高程标注“属性”选项板中的“编辑类型”，弹出“类型属性”对话框，如图 9-31 所示，可编辑高程标注样式族的各项参数，也可以复制、重命名、定义项目中常用的高程标

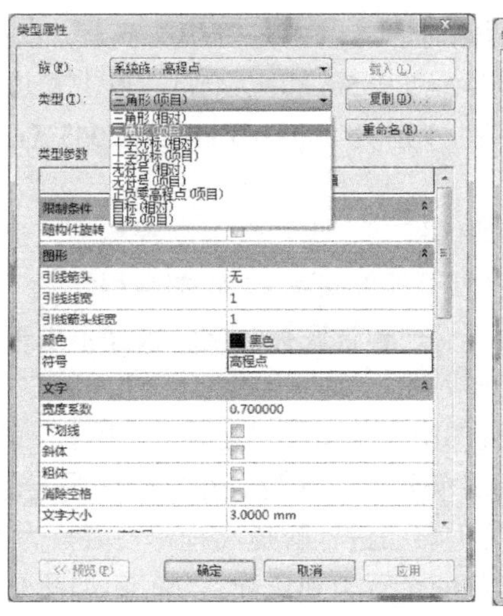

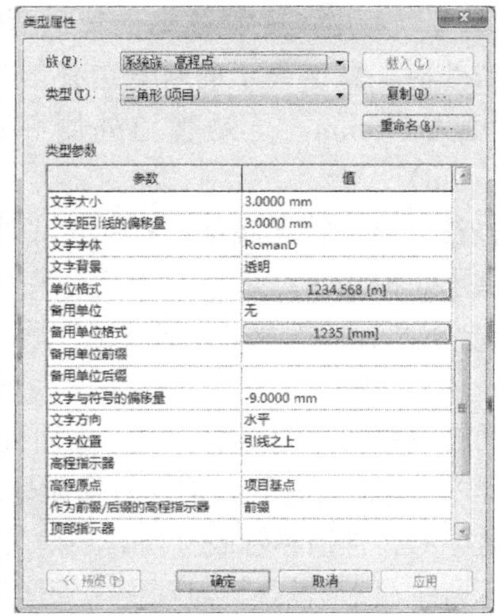

图 9-31　高程点“类型属性”对话框

注新类型。

◆（图形）符号：这里将出现所有高程点符号族，选择刚载入的新建族即可。

◆ 文字与符号的偏移量：文字和符号中心之间的距离。默认情况下，正值表明文字在符号的右侧；负值则表明文字在符号的左侧。

◆ 文字位置：控制文字和引线的相对位置。

◆ 高程指示器 / 顶部指示器 / 底部指示器：允许添加一些文字、字母等，用来提示出现的标高是顶部标高还是底部标高。

◆ 作为前缀 / 后缀的高程指示器：确认添加的文字、字母等在标高中出现的形式是前缀还是后缀。

（1）平面视图中的管道高程标注　平面视图中的管道高程标注需在“精细”模式下进行（在“粗略”模式下不能进行高程标注）。一根直径为 100mm、偏移量为 2000mm 的管道在平面视图上的高程标注如图 9-32 所示，选项栏中“相对于基面”设为“当前标高”。

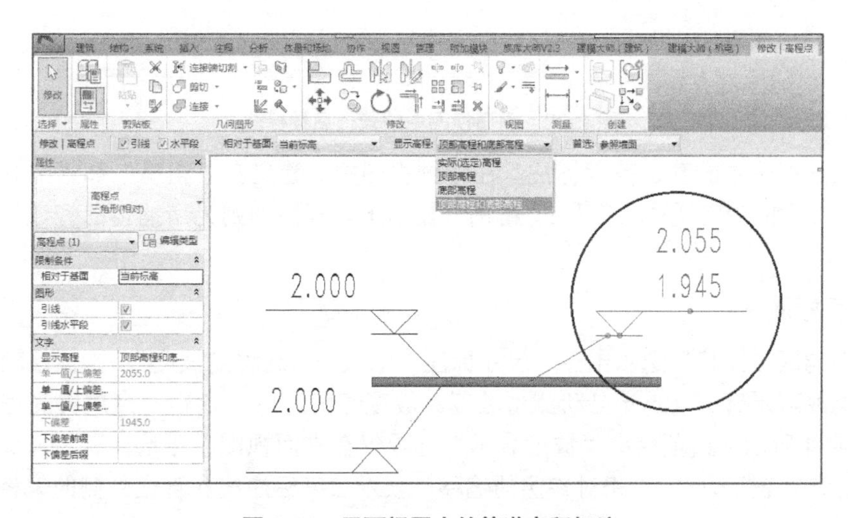

图 9-32　平面视图中的管道高程标注

从图 9-32 可以看出，光标移动到管道两侧时，显示的是管中心高程 2.000m。光标移动到管道中心线时，默认显示的是管道外侧高程 2.055m 和 1.945m。单击管道属性查看可知，管道外径为 110mm，于是管道外侧高程分别为 2.000+0.110/2=2.055（m）和 2.000−0.110/2=1.945（m）。

有没有办法只显示管道底部高程（管底外侧标高）呢？选中高程标注，选项栏中“显示高程”提供了 4 种选择：“实际（选定）高程”“顶部高程”“底部高程”及“顶部高程和底部高程”。选择“顶部高程和底部高程”后，管顶和管底标高同时被显示出来，如图 9-32 所示。

（2）立面视图中的管道高程标注　立面视图中，管道在“粗略”“中等”详细程度的视图情况下也可以进行高程标注，但此时仅能标注管道中心高程。在立面视图上也能够对管道截面进行管道中心、管顶和管底标注。当对管道截面进行管道高程标注时，为了方便捕捉，建议关闭“可见性 / 图形替换”对话框中管道的两个子类别“升”“降”，如图 9-33 所示。

图 9-33　立面视图中的管道高程标注

（3）三维视图中的管道高程标注　在三维视图中，管道在“粗略”和“中等”详细程度显示下，标注的为管道中心高程；“精细”显示下，标注的则为所捕捉的管道位置的实际高程。

9.2.3　坡度标注

单击功能区“注释”选项卡→“尺寸标注”面板→“高程点坡度”，光标移动到坡度管上（如空调冷凝水管），Revit 自动测量坡度。坡度管附近单击指定一点放置高程点坡度标注，如图 9-34 所示。选项栏中“坡度表示”选项仅在立面视图中可选，有“箭头”和“三角形”两种坡度表示方式。“相对参照的偏移”表示坡度标注线和管道外侧的偏移距离，本次标注“相对参照的偏移”设置为“6mm”。

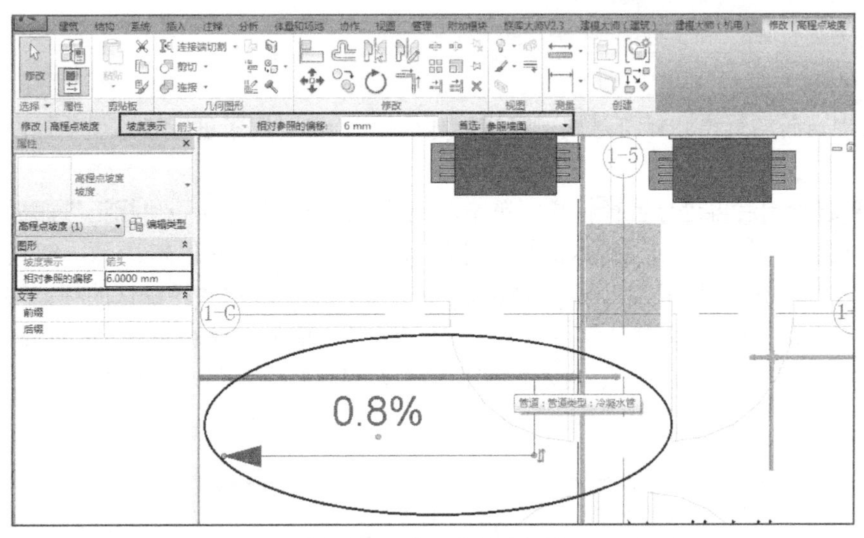

图 9-34　高程点坡度标注

选中任意一个高程点坡度标注，会出现“修改｜高程点坡度”选项栏，可修改“坡度表示”（仅立面视图）和“相对参照的偏移”。单击高程点坡度标注“属性”选项板中的“编辑类型”，弹出“类型属性”对话框，如图 9-35 所示，可编辑高程点坡度标注样式族的各项参数，也可以复制、重命名、定义项目中常用的高程点坡度标注新类型。可能需要修改的是“单位格式”设置成管道标注时习惯用的“百分比”格式。

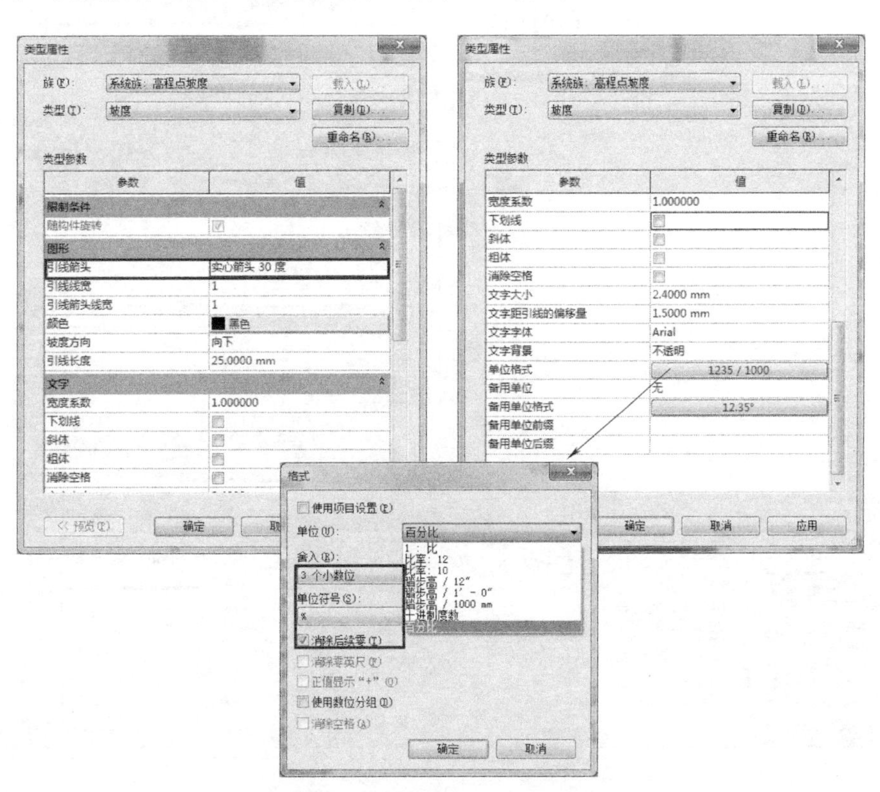

图 9-35　高程点坡度标注样式参数

9.2.4 按类别标记

1. 管道标记

Revit 中自带的管道注释符号族“管道尺寸标记”，可以用来进行管道尺寸标注，以下介绍两种方式。

（1）管道绘制后再进行管径标注　单击功能区“注释”选项卡→“标记”面板下拉列表“载入的标记和符号”，弹出“载入的标记和符号”对话框，如图 9-36 所示，能查看到当前项目文件中加载的所有标记族。某个族类别下排在第一位的标记族为默认的标记族。当单击“按类别标记”后，Revit 将默认使用“管道尺寸标记”。单击“载入族”，弹出“载入族”对话框，在“注释”→“标记”→“管道”文件夹中，可选择所需要的管道标记族，加载到项目中。

图 9-36　加载管道标记族到项目中

单击功能区“注释”选项卡→“标记”面板→“按类别标记”，光标移动到模型构件上（如消防喷淋管），Revit 自动识别构件类型和公称尺寸。移动光标可以选择标注出现在构件（如管道）上方还是下方，单击“确定”，完成标记，如图 9-37 所示。

选项栏为用户提供方便修改标记的功能。“水平”“竖直”可以控制标记放置的方式；“引线”复选框确认标记的引线是否可见；勾选“引线”复选框即引线时，可选择引线为“附着端点”或是“自由端点”，“附着端点”表示引线的一个端点固定在被标记图元上，“自由端点”表示引线两个端点都不固定，可以进行调整。图 9-37b 中，管道标注设置为：标记水平放置；引线“附着端点”；标记和管道外侧的偏移距离为 5mm。

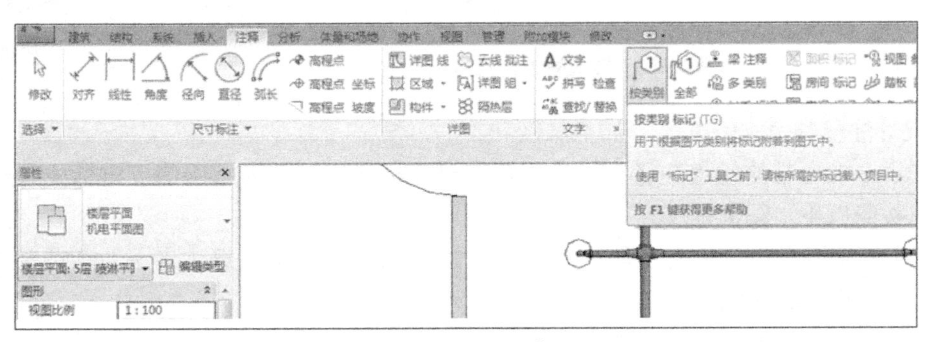

a) 单击“按类别标记”

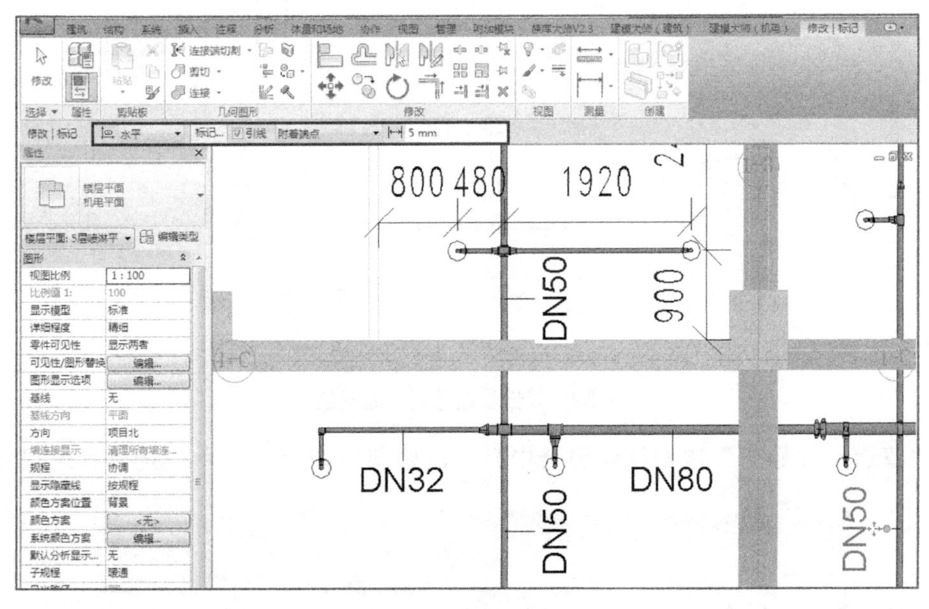

b) 选项栏参数设置

图 9-37　管道标记

（2）绘制管道的同时进行标注　进入绘制管道模式后，单击功能区“修改 | 放置 管道”上下文选项卡→“标记”面板→“在放置时进行标记”，如图 9-38 所示，绘制出的管道将会自动完成管径的标注。

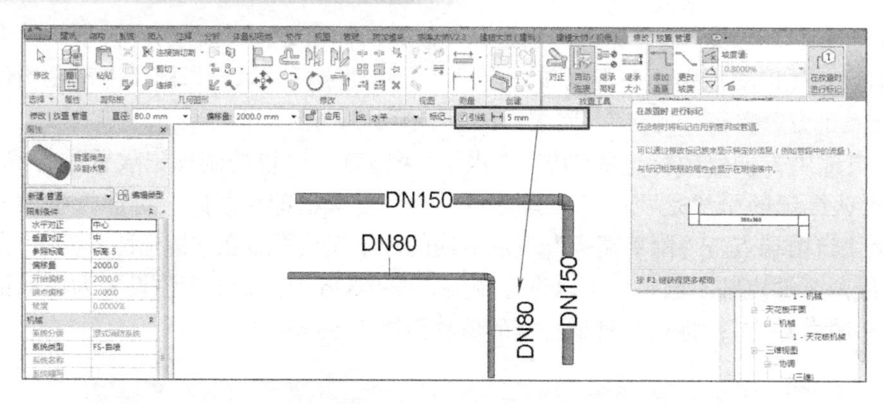

图 9-38　放置管道时进行标记

按类别标记管道

2. 尺寸注释符号族修改

在 Revit 中自带的管道注释符号族“管道尺寸标记”和国内常用的管道标注有些许不同，可以按照以下步骤进行修改。

1）选中管道标记，单击功能区“修改｜管道标记”上下文选项卡→“模式”面板→“编辑族”，如图 9-39 所示。

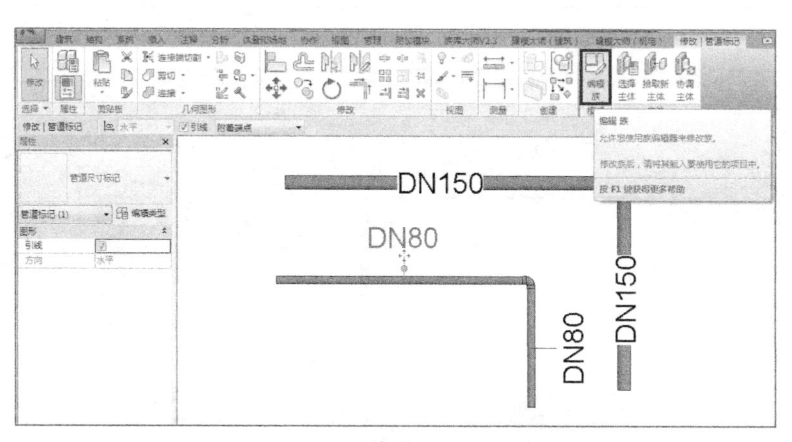

图 9-39　单击管道标记“编辑族”

2）“管道尺寸标记”族在族编辑器中打开，如图 9-40 所示。单击选中管道尺寸标记

图 9-40　编辑“管道尺寸标记”族

“DN 直径”标签，再在“属性”选项板中，单击“标签”右侧的“编辑”，弹出“编辑标签”对话框。

3）在“编辑标签”对话框中，可以删除标签参数（如“尺寸”）。添加新的标签参数“直径”，并在“前缀”列中输入“DN”，如图 9-41 所示。单击“编辑参数的单位格式”，弹出“格式”对话框。设置“单位符号”为“无”，单击“确定”，完成管道标签的编辑。单击“族编辑器”面板中的“载入到项目”，将修改后的“管道尺寸标记”族重新加载到项目环境中。

图 9-41　管道标签编辑

注意：单击功能区“管理”选项卡→“设置”面板→“项目单位”，弹出“项目单位”对话框，如图 9-42 所示。“规程”选择“管道”，单击“管道尺寸”右边的数据，弹出“格式”对话框，将“单位符号”设置为“无”，亦可以设置管道尺寸的单位符号。

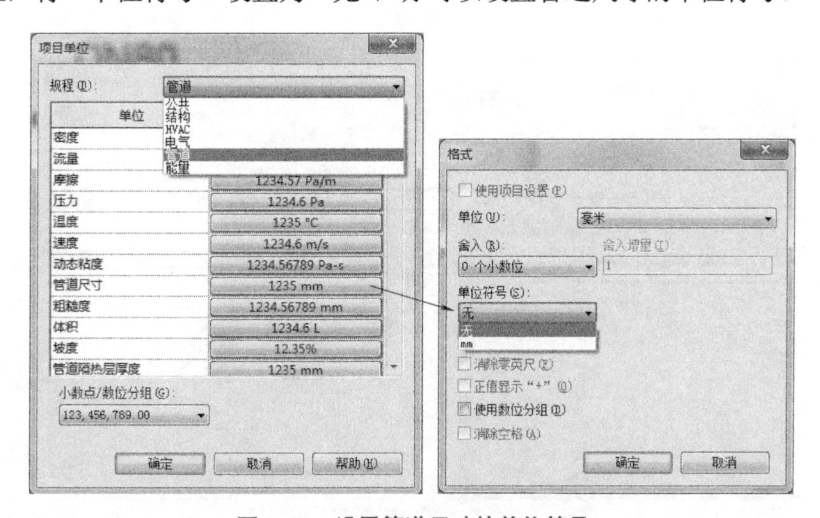

图 9-42　设置管道尺寸的单位符号

3. 新风设备及其风管标记

1）新风设备标记。单击功能区“注释”选项卡→“标记”面板→“按类别标记”，光标移动到新风机上，Revit 自动识别新风机，移动光标可以选择标注放置在新风机上、下或左、右位置。单击“确定”，完成标记，如图 9-43 所示。

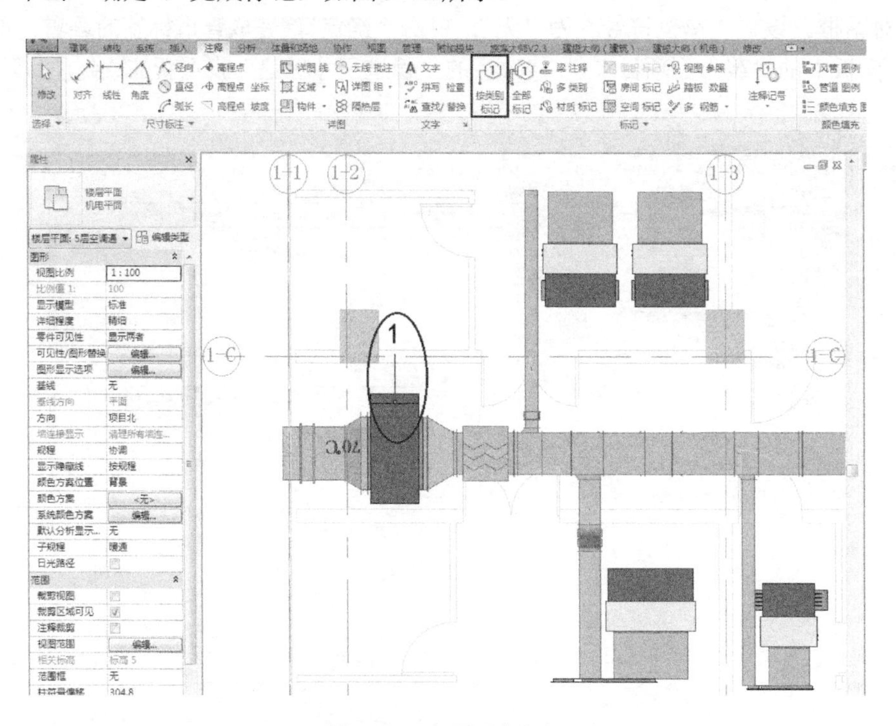

图 9-43　新风设备标记

单击新风机“1”标记，可以修改新风机标记信息（如编号及其设计参数），如图 9-44

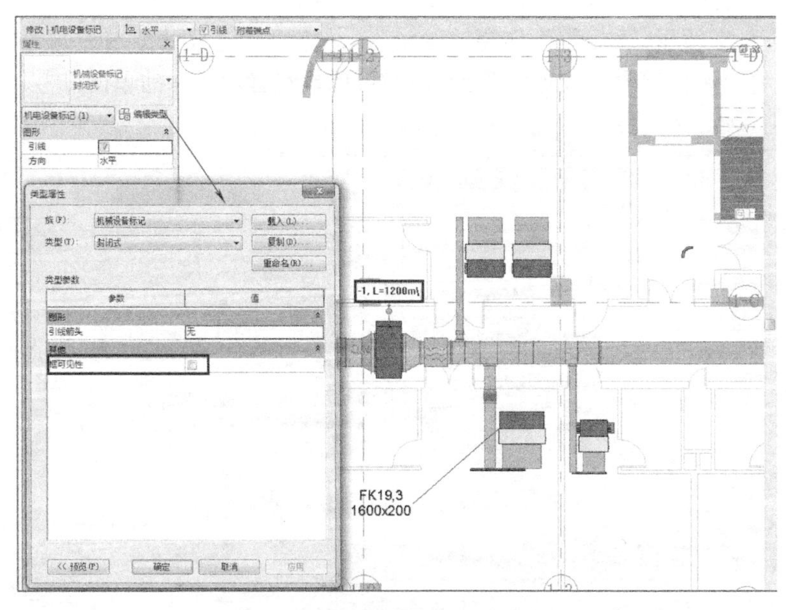

图 9-44　修改新风机标记信息

所示。此时，在机械设备标记“属性”选项板，单击“编辑类型”，弹出“类型属性”对话框，可以设置机械设备标记的“引线箭头”“框可见性”等。以新风机标记为例，不勾选“框可见性”。

注意：对机械设备标记，修改标记信息较多需要换行时，换行处插入空格。

2）风管标记。单击功能区“注释”选项卡→“标记”面板→“按类别标记”，光标移动到新风管上，Revit 自动识别新风管。移动光标可以选择标注放置在新风管上方或下方位置。单击“确定”，完成风管标记，如图 9-45 所示。单击新风管“630×120 B+2995”标记，在风管尺寸标记 H 标高“属性”选项板单击“编辑类型”，弹出“类型属性”对话框，可以设置风管标记为“尺寸”“标高和尺寸”或“标高”。新风管标记示例中，勾选“标高和尺寸”，标记风管的尺寸和底部高程。

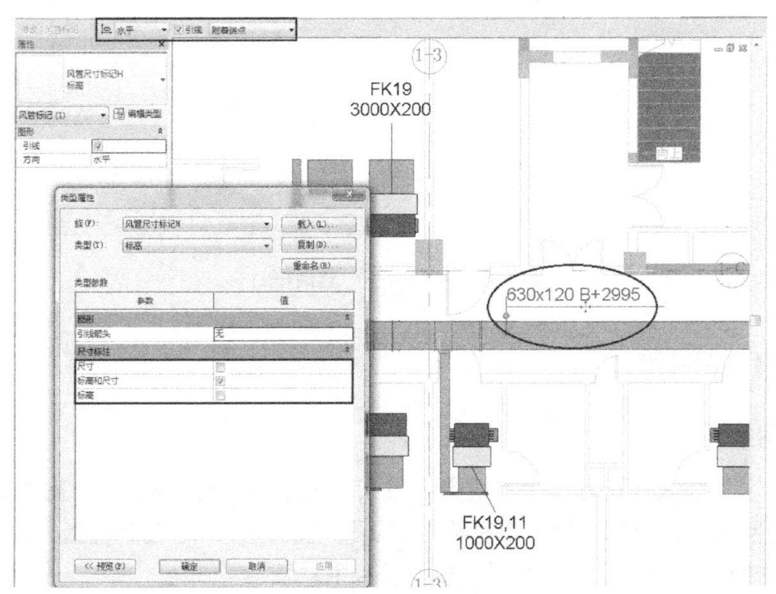

图 9-45　风管标记

单击选中新风管“630×120 B+2995”标记，再单击参数，弹出“更改参数值”对话框，如图 9-46 所示，可以添加“注释”值，对新风管加以注释。

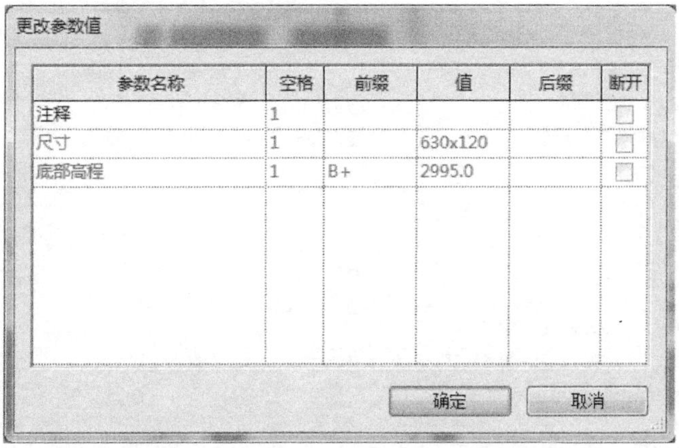

更改参数值

参数名称	空格	前缀	值	后缀	断开
注释	1				☐
尺寸	1		630x120		☐
底部高程	1	B+	2995.0		☐

确定　取消

图 9-46　风管标记“更改参数值”对话框

注意：“更改参数值”对话框中的参数项是在“风管尺寸标记”族中定义的。选中新风管“630×120 B+2995”标记，单击功能区“修改 | 管道标记”上下文选项卡→“模式”面板→“编辑族”，“管道尺寸标记”族在族编辑器中打开。在族编辑器中，单击风管尺寸标记“这是样本注释 尺寸 B+ 底部高程”标签，在标签“属性”选项板中，单击“标签”右侧的“编辑”，弹出“编辑标签”对话框，如图 9-47 所示，在此可以添加或删除标签参数。

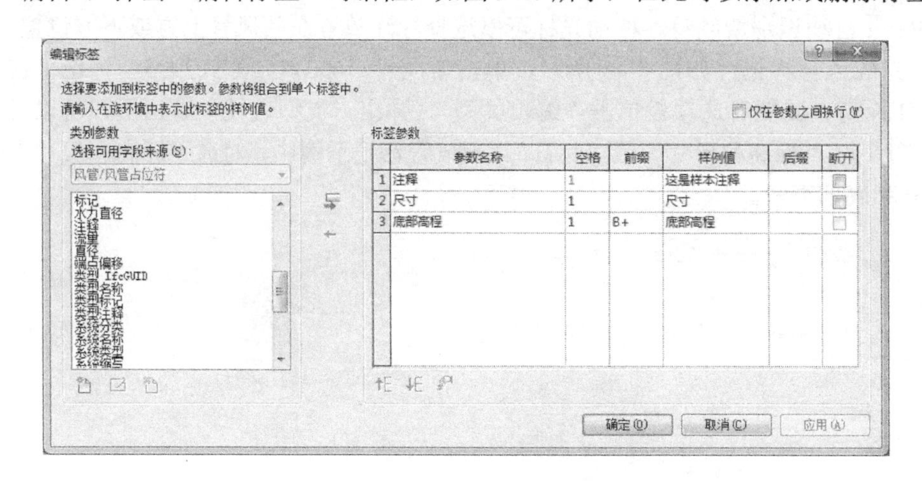

按类别标记风管

图 9-47　风管标记“编辑标签”对话框

9.3　生成工程图纸

9.3.1　插入图纸族

单击功能区“插入”选项卡→“从库中载入”面板→“载入族”，弹出“载入族”对话框，如图 9-48 所示。在“标题栏”中有符合制图规范的 A0 ～ A3 公制图纸。选择“A0 公制”图纸，单击“打开”，“A0 公制”图纸族载入项目中。

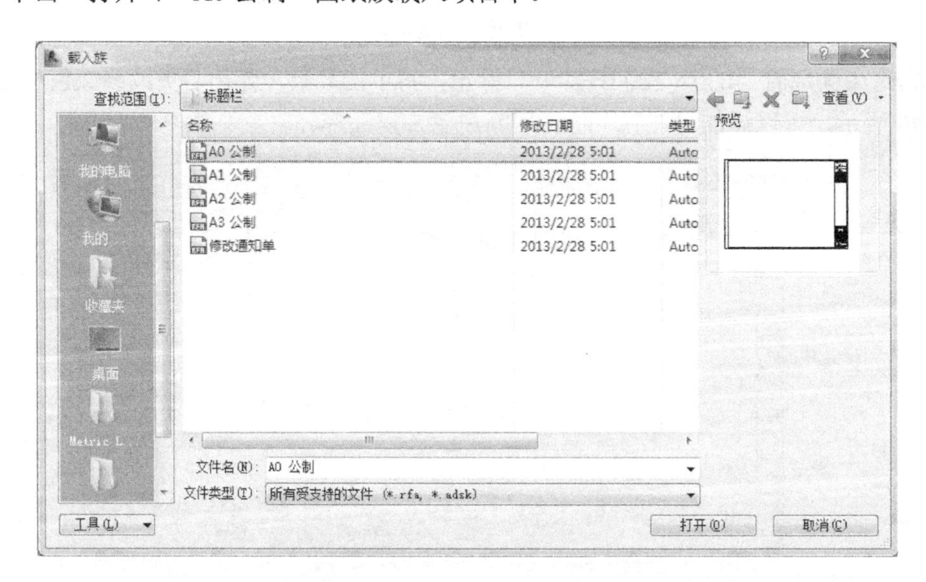

图 9-48　载入“A0 公制”图纸族

项目浏览器如图 9-49 所示，右击“图纸（全部)”，弹出快捷菜单。单击“新建图纸”，弹出“新建图纸”对话框。选择“A0 公制”，单击“确定”。

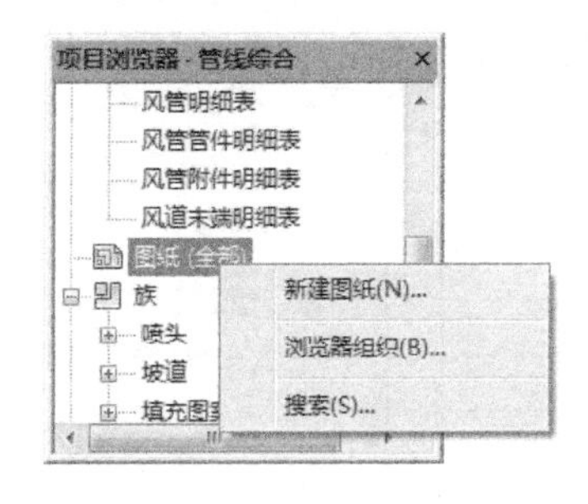

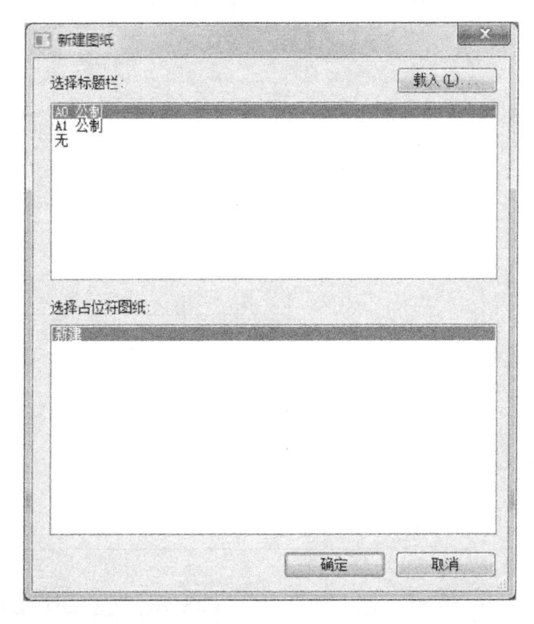

图 9-49　新建 A0 公制图纸

在项目中新建 A0 工程图框，如图 9-50 所示。项目浏览器中，可以查看到“图纸（全部)”目录下新建子目录“A101- 未命名”。右击“A101- 未命名”，弹出快捷菜单，单击“重命名”，弹出“图纸标题”对话框。按工程规范命名图纸的“编号”和“名称”。

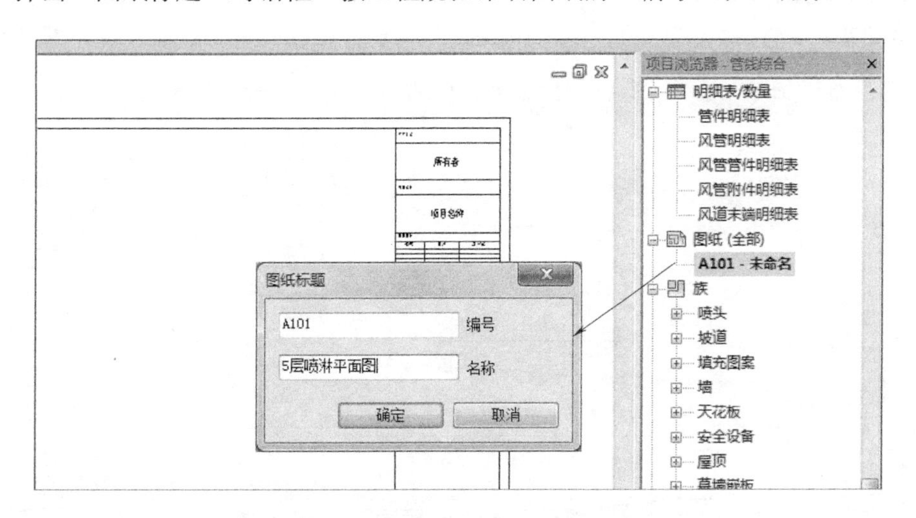

图 9-50　在项目中新建 A0 工程图框

项目浏览器中，图纸的“编号”和“名称”与绘图区域 A0 图纸标题栏中的“图纸编号”和“图纸名称”直接关联，如图 9-51 所示。A0 图纸标题栏中的其余属性参数，如“客户名称”“项目名称”等可以直接单击激活修改；不可以直接激活修改的属性参数，则可以通过单击“编辑族”命令，进入“族编辑器”进行修改。

图 9-51　图纸标题栏属性参数

9.3.2　布置平面图纸

机电系统出图

将喷淋平面图、剖面图、3D 图、明细表等拖入 A0 图框，布置平面图纸，如图 9-52 所示。

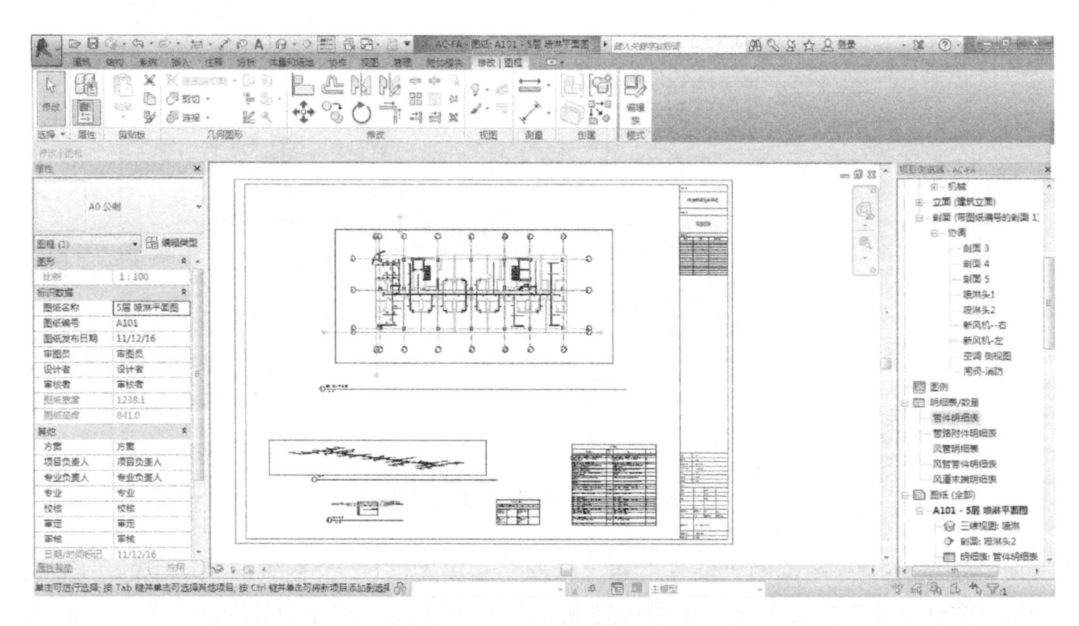

图 9-52　布置平面图纸

练　习　题

1. 打开“管线综合”项目文件，创建楼层平面（机电平面）的“5 层空调通风平面图”。

（1）复制“楼层平面”→“协调 - 标高 5”视图，重命名为“5 层空调通风平面图”。

（2）编辑“5 层空调通风平面图”类型，修改楼层平面属性类型为“机电平面”，生成楼层平面（机电平面）的“5 层空调通风平面图”。

（3）设置“5 层空调通风平面图”视图的“可见性 / 图形替换”，在“过滤器”选项卡中仅仅勾选空调通风系统可见，生成“机电平面”的“5 层空调通风平面图”，如图 9-12 所示。

2. 打开“管线综合”项目文件，如图 9-53 所示，完成楼层平面（机电平面）“5 层空调通风平面图”中的设备与风管标记。

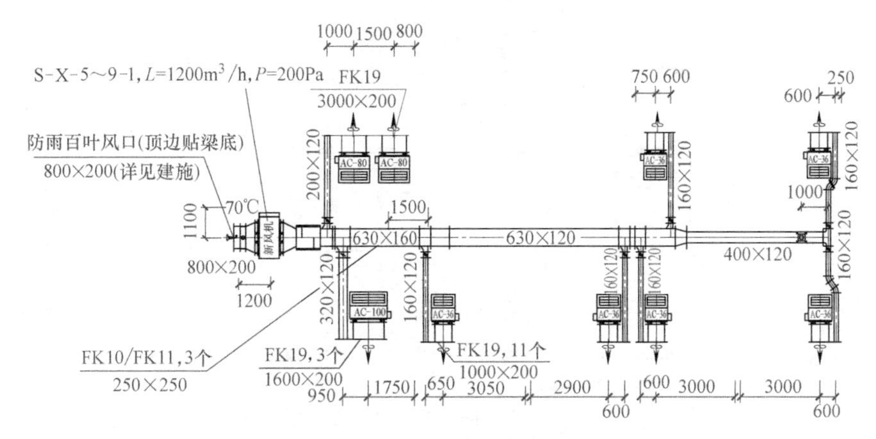

图 9-53　设备与风管标记

3. 将“5 层空调通风平面图”出图，如图 9-54 所示。

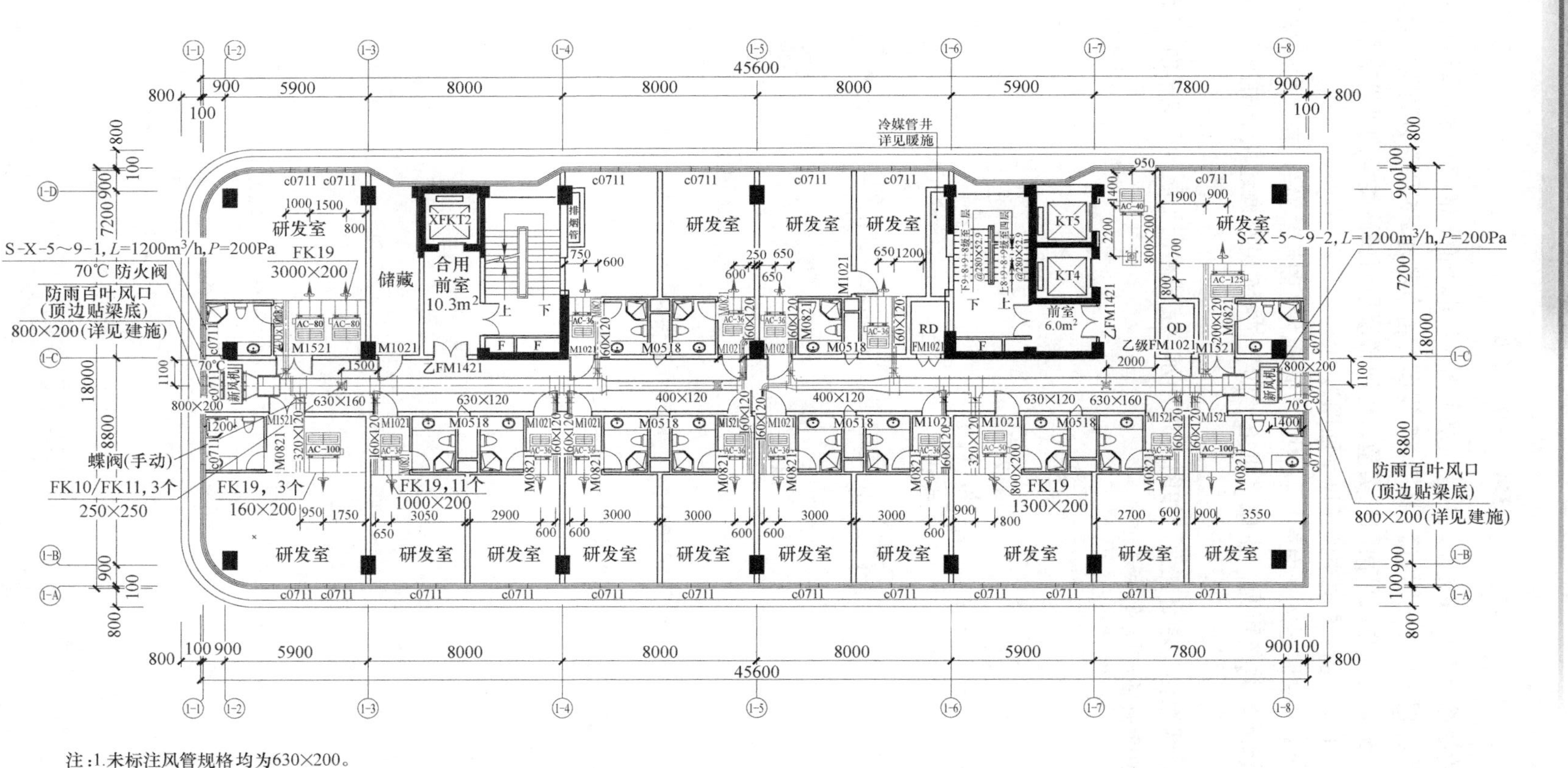

注：1.未标注风管规格均为630×200。

2.未标注标高通风管道原则上紧贴顶板梁底敷设，遇顶板高度变化处风管应以斜管升降，以尽可能提高有效层高。

3.空调室内机回风口均采用单层铝合金带初效过滤器百叶风口(回风口规格AC 36、AC 50：800×300，AC 80：1000×300，AC 100、AC 125：1250×300)，风口位置在本图基础上可根据施工现场情况适当调整。

图 9-54 “5 层空调通风平面图”出图

项目 10

创建族

族是 Revit 软件非常重要的构成要素，正是族的引入，才使建筑及其机电设备系统的参数化设计得以实现。在项目设计开发过程中，所有添加到项目中的图元都是使用族创建的，如建筑柱、梁、门窗、管、线、阀门、设备，以及详图、注释和标题栏等。此外，用于记录模型的详图索引、标记等也都是利用族工具创建的。在 Revit 中，族是组成项目的构件，同时是参数信息的载体。族具有高度的开放性和灵活性，可以通过修改其参数来实现建筑构件和设备尺寸、材质的修改，可以使用预定义族（如“标准构件”族）创建新族，可以将标准图元和自定义图元添加到模型中。通过族，还可以对用法和行为类似的图元进行分级控制，以便轻松地修改设计和更高效地管理项目。因此，学会族的创建和使用，是熟练应用 Revit 软件的关键技能之一。本项目认识族分类，学会应用族编辑器和族样板创建族，以及三维模型建模。

10.1 族编辑器

族构件有三种：可载入族、系统族和内建族。可载入族是使用族样板，在项目外创建的 RFA 文件，可以载入项目中。系统族包括风管、管道和导线等，它们不能作为单个文件载入或创建，但是可以使用不同参数（属性）组合创建其他类型的管件。系统族可以在项目之间传递，系统族和可载入族（如 Revit 提供的标准构件族库）是样板文件的重要组成部分。内建族是在项目环境中创建的自定义族，每个内建族都只包含一种类型。与系统族和可载入族不同，内建族不能创建多种类型。

这里以风管弯头族的创建为例，使读者在使用“族编辑器”创建简单的可载入族构件过程中，认识“族编辑器”工具，并理解“族类别”“族类型参数”“参照平面（线）”“工作平面”等重要概念。为了满足不同项目需要，用户往往需要修改和新建构件族，Revit 中的“族编辑器”是一个非常专业的族创建工具。

【例 10-1】 应用 Revit 软件的“族编辑器”创建圆形风管弯头族构件，如图 10-1 所示，并载入项目测试。规范要求：

1）转弯半径 = 风管半径 ×2。

2）长度 = 转弯半径 ×tan（角度 /2）。

【解】创建圆形风管弯头族的基本步骤：新建族→选择族样板→设置族类别和族参数→创建族类型（参数）→锁定/隐藏参照标高→创建参照平面/参照线→“放样”创建 3D 实体形状→尺寸标注和约束（标签：关联族类型参数）→添加风管连接件/链接连接件→修改连接件属性→测试族类型参数/命名保存族构件→载入项目中验证。

10.1.1 族编辑界面

打开“族编辑器”的步骤：单击 Revit 界面左上角的“应用程序菜单”，弹出应用程序菜单，如图 10-2 所示。

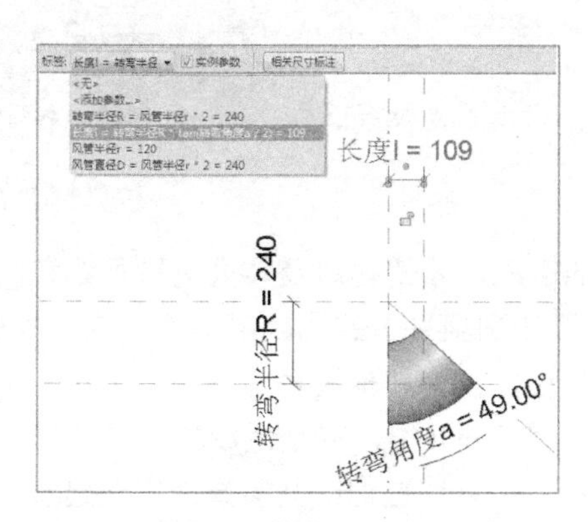

图 10-1 圆形风管弯头尺寸标注参数

图 10-2 应用程序菜单

单击“新建”下拉菜单中的“族”，弹出“新族 - 选择样板文件”对话框，如图 10-3 所示，选择“公制常规模型”族样板文件。

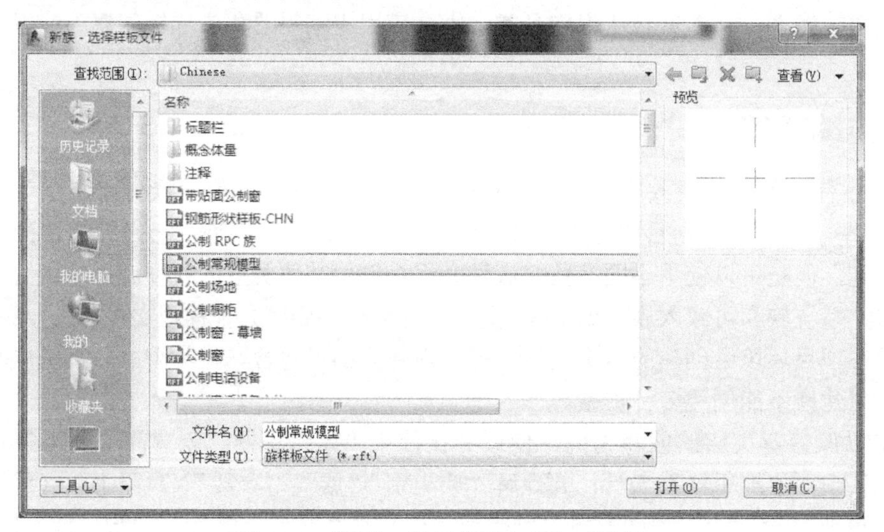

图 10-3 “新族 - 选择样板文件”对话框

重要提示

族的样板文件

创建族时提示选择一个与该族所要创建的图元类型相对应的族样板。族样板相当于一个构件块，其中包含在开始创建族时以及在 Revit 项目中放置族时所需要的信息。使用不同的样板创建的族有不同的特点。

1）公制常规模型。该样板最常用，用它创建的族可以放置在项目的任何位置，如家具、电气器具、风管以及管件等，不用依附于任何一个工作平面和实体表面。

2）基于面的公制常规模型。用该样板创建的族可以依附于任何工作平面和实体表面，但是不能独立地放置到项目的绘图区域。

3）基于墙、天花板、楼板和屋顶的公制常规模型。这些样板统称为基于实体的族样板，用它们创建的族一定要依附在某一个实体表面。

① 使用基于墙的样板可以创建插入墙中的构件。有些墙构件（例如门、窗、照明设备）可以包含洞口，因此在墙上放置该构件时，它会在墙上剪切出一个洞口。每个样板中都包括一面墙；为了展示构件与墙之间的配合情况，这面墙是必不可少的。

② 使用基于天花板的样板可以创建插入天花板中的构件。 有些天花板构件包含洞口，因此在天花板上放置该构件时，它会在天花板上剪切出一个洞口。 基于天花板的族包括喷水装置和隐蔽式照明设备等。

③ 使用基于楼板的样板可以创建插入楼板中的构件。 有些楼板构件包含洞口（如加热风口），因此在楼板上放置该构件时，它会在楼板上剪切出一个洞口。

④ 使用基于屋顶的样板可以创建插入屋顶中的构件。有些屋顶构件包含洞口，如天窗和屋顶风机，因此在屋顶上放置该构件时，它会在屋顶上剪切出一个洞口。

4）基于线的公制常规模型。该样板用于创建详图族和模型族。与结构梁相似，这些族使用两次拾取放置。用该样板创建的族，在使用上类似于画线或风管的效果。

5）公制轮廓族。该样板用于画轮廓，轮廓被广泛应用于族的建模中，如“放样”命令。

6）常规注释。该样板用于创建注释族。注释族用来注释标注图元的某些属性。和轮廓族一样，注释族也是二维族，在三维视图中不可见。

7）公制详图构件。该样板用于创建详图构件，建筑族使用得比较多，机电族也可以使用，其创建、使用方法与注释族类似。

此外，Revit 提供了一个简单的族样板创建方法，只要将族文件的扩展名“.rfa”通过文件重命名修改成“.rft”，就能将一个族文件转变成一个样板文件。

单击“打开”，弹出“族编辑器”界面，如图 10-4 所示。

“族编辑器”界面（有类似 Revit 用户界面之处），由应用程序菜单、快速访问工具栏、信息中心、功能区（包含：选项卡、上下文选项卡、附加模块、当前选项卡的面板及其工具按钮）、选项栏、“属性”选项板（选中对象时）、状态栏、视图控制栏、绘图区域和项目浏览器等组成。

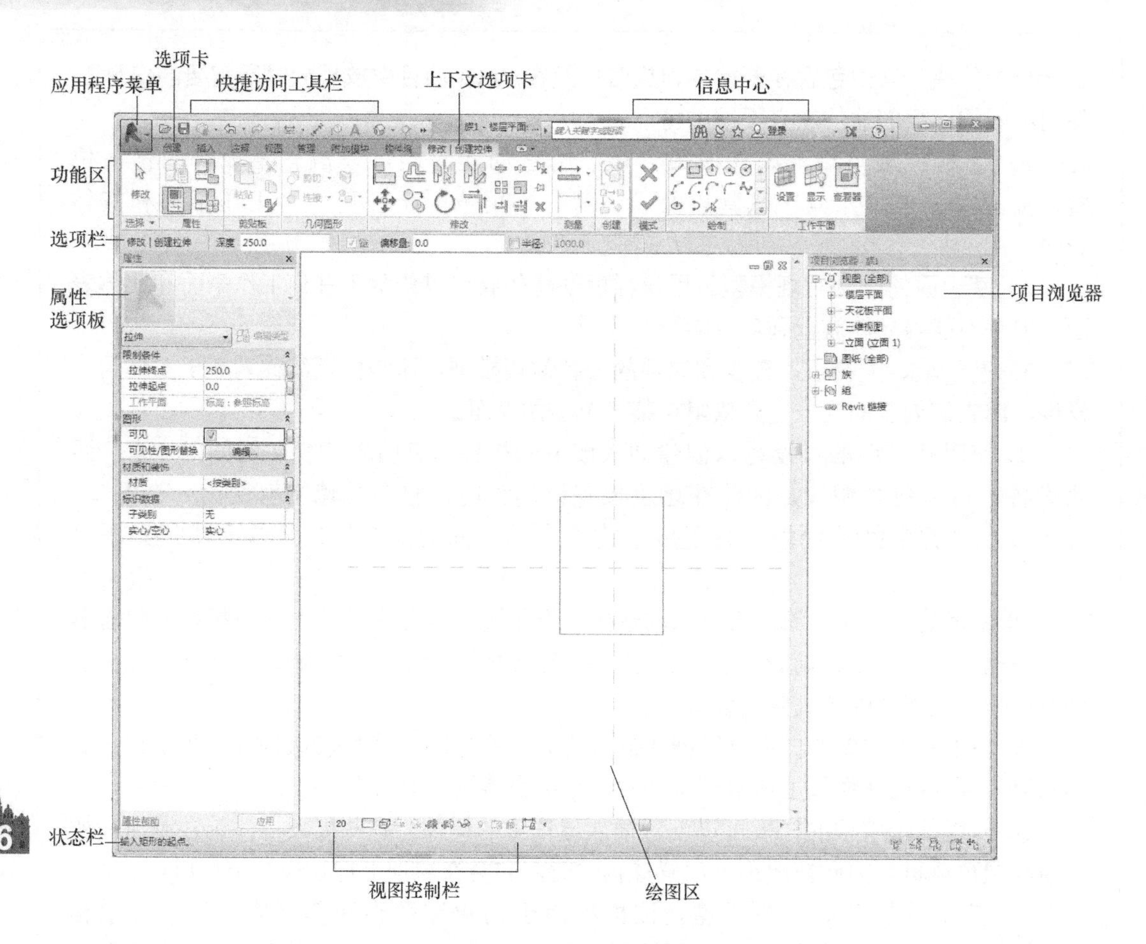

图 10-4 “族编辑器”界面

重要提示

功能区创建和编辑族的工具

功能区提供创建和编辑族的工具，这些工具根据不同类别，分别放置在不同的选项卡中，包括:“创建”“插入”“注释”“视图”“管理”和“修改”。若安装了基于 Revit 的插件，则会增加“附加模块”选项卡。功能区的各个选项卡及其面板和命令按钮如图 10-5 所示。功能区选项卡及其包含命令用途见表 10-1。

表 10-1 功能区选项卡及其命令用途

功能区选项卡	命令用途
创建	创建和修改图元族所需的工具
插入	用于添加和管理次级项目（如光栅图像和 CAD 文件）的工具
注释	用于将二维信息添加到设计中的工具
视图	用于管理和修改当前视图以及切换视图的工具
管理	用于管理对象材质、线型、线宽、度量单位、填充、注释等样式的工具
修改	用于编辑现有图元、数据和系统的工具。使用“修改”选项卡时，应首先选择工具，然后选择要修改的内容

a)“创建”选项卡

b)“插入”选项卡

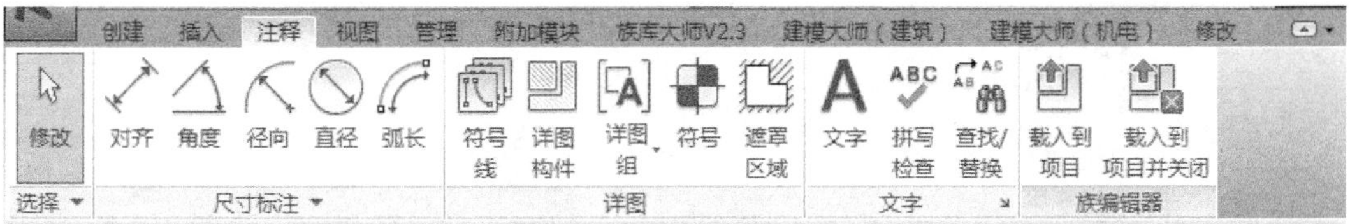

c)“注释”选项卡

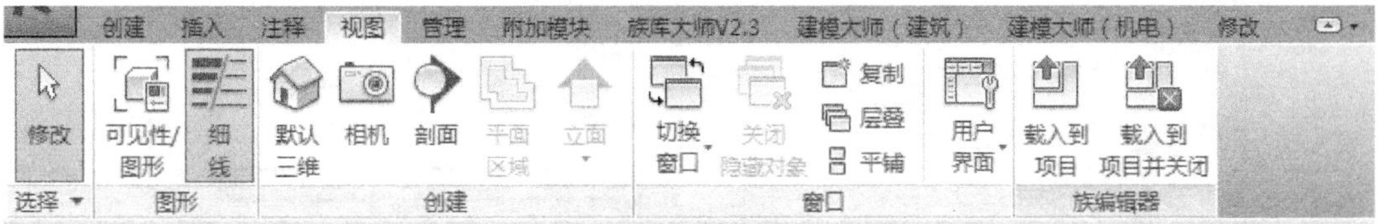

d)“视图”选项卡

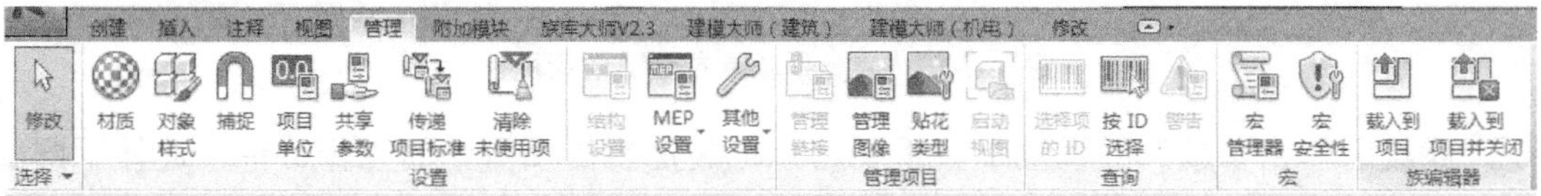

e)“管理”选项卡

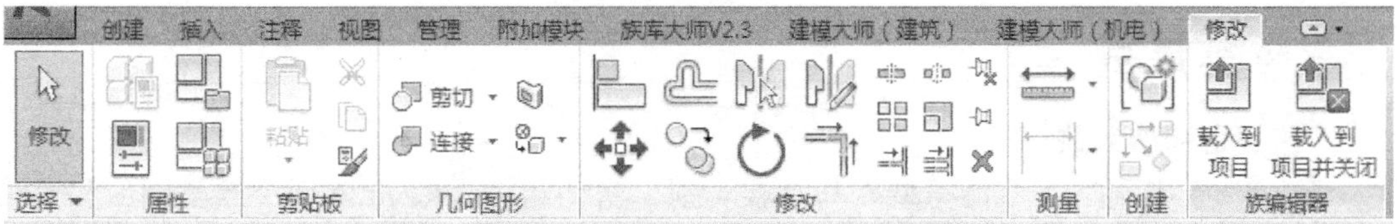

f)“修改”选项卡

图 10-5　功能区选项卡及其面板和命令按钮

10.1.2　族类别和族参数

单击功能区“创建”选项卡→“属性”面板→“族类别和族参数”，如图 10-6 所示，弹出“族类别和族参数”对话框。“族类别”选“风管管件”，“零件类型”选“弯头”，如图 10-7 所示。

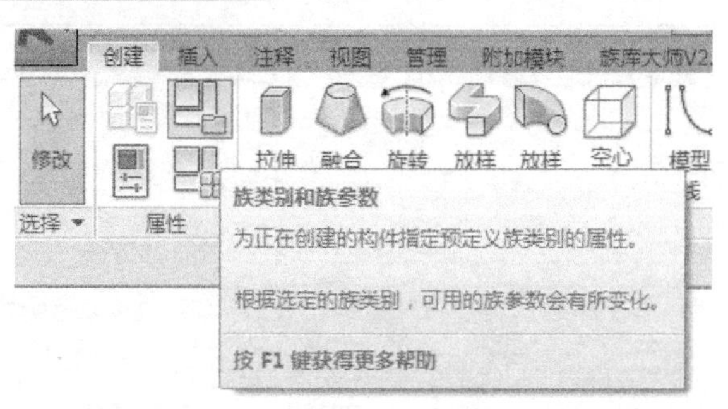

图 10-6 “族类别和族参数”工具

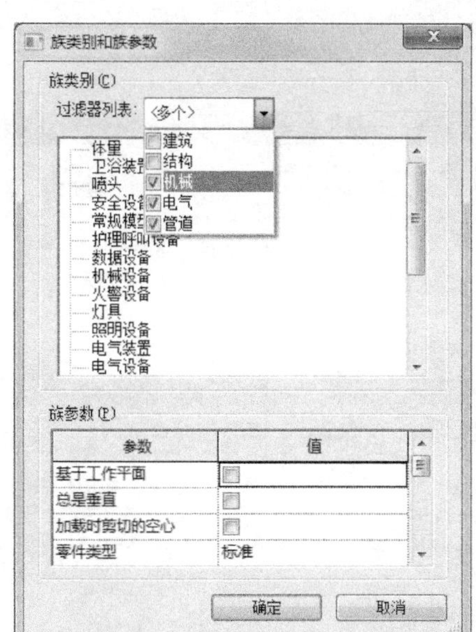

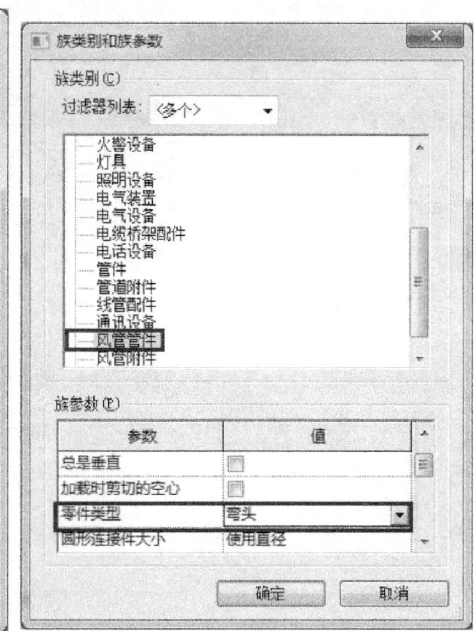

图 10-7 “族类别和族参数”对话框

“族类别和族参数”的设置十分重要，它将决定族在项目中的工作特性。选择不同的“族类别”，会显示不同的“零件类型”和系统参数。

重要提示

族类别和族参数

（1）“族类别”“零件类型”与“族类别”密切相关，Revit 常用“族类别”和零部件的适用情形见表 10-2。

表 10-2 “族类别”与“零件类型”适用对照表

族类别	零件类型
风道末端、风管附件、机械设备、管路附件、管件、卫生装置	阻尼器、风管安装设备、弯头、进口、出口、设备、风扇和系统干扰、罩（暖气罩）、连接、遮蔽、过渡件、阀等
电缆桥架	槽式弯头、槽式三通 / 四通、槽式过渡件、梯式弯头、梯式三通 / 四通、梯式过渡件、梯式活接头等
线管配件	弯头、管帽、活接头、接线盒、三通 / 四通等

（2）“族参数” 选择不同的“族类别”，可能会有不同的“族参数”显示。以“常规模型”族为例，如图 10-7 所示，需要理解其中一些“族参数”的含义。

如果勾选了“基于工作平面”复选框，创建的族只能放在一个工作平面或实体表面，类似于选择了“基于面的公制常规模型”样板创建族。通常不勾选该项。

对于勾选了“基于工作平面”复选框的族，和用“基于面的公制常规模型”样板创建的族，如果勾选“总是垂直”复选框，族将相对于水平面垂直，如图 10-8a 所示；如果不勾选“总是垂直”复选框，族将垂直于某个工作平面，如图 10-8b 所示。

如果勾选了“共享”复选框，当这个族作为嵌套族载入另一个父族中，该父族又被载入项目中后，则嵌套族在项目中能被单独调用，实现共享。默认不勾选。

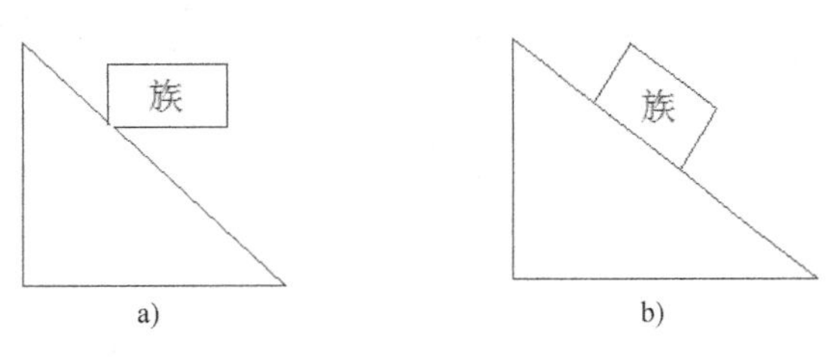

图 10-8 族参数“总是垂直”示意图

“OmniClass 编号和标题”，用来记录 OmniClass 标准产品分类。“族类别和族参数”对话框中，“族类别”选择“风管管件”，“族参数”选择“OmniClass 编号和标题”→“值”，弹出“OmniClass 表 23 产品分类”（即欧洲的风管管件分类编码），如图 10-9 所示。对于中国地区的族，可以不作分类选择（中国产品分类标准不同于 OmniClass）。

图 10-9 “风管管件”的 OmniClass 标准产品分类

10.1.3 族类型和参数

“族类型”是族构件载入 Revit 项目文件后，在项目中用户可以看到的族的类型。一个族可以有多个类型，每个类型可以有不同的形状与尺寸，并且可以分别调用。创建数字化族构件的一项重要内容是设置“族类型和参数”。单击功能区“创建”选项卡→“属性”面板→“族类型”，如图 10-10 所示。

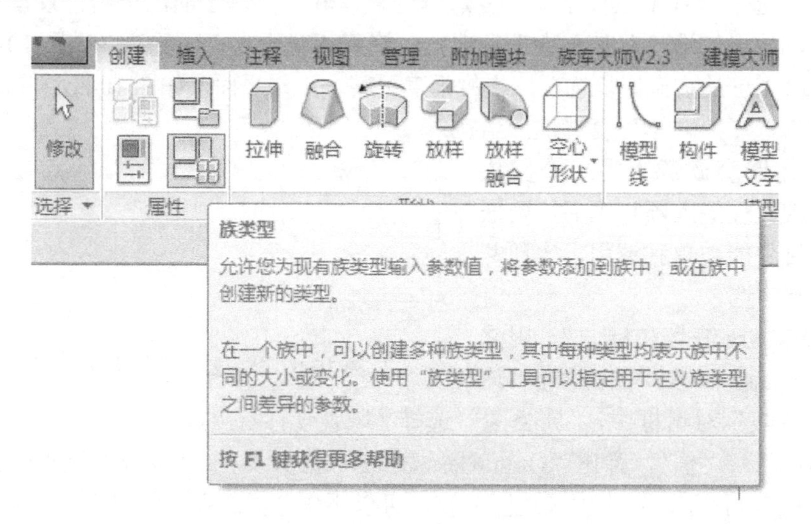

图 10-10　单击“族类型”

弹出“族类型”对话框，如图 10-11 所示。单击“新建”，弹出“名称”对话框，键入名称“风管弯头 - 圆形”。单击“确定”，即新建“风管弯头 - 圆形”族类型，并返回“族类型”对话框。

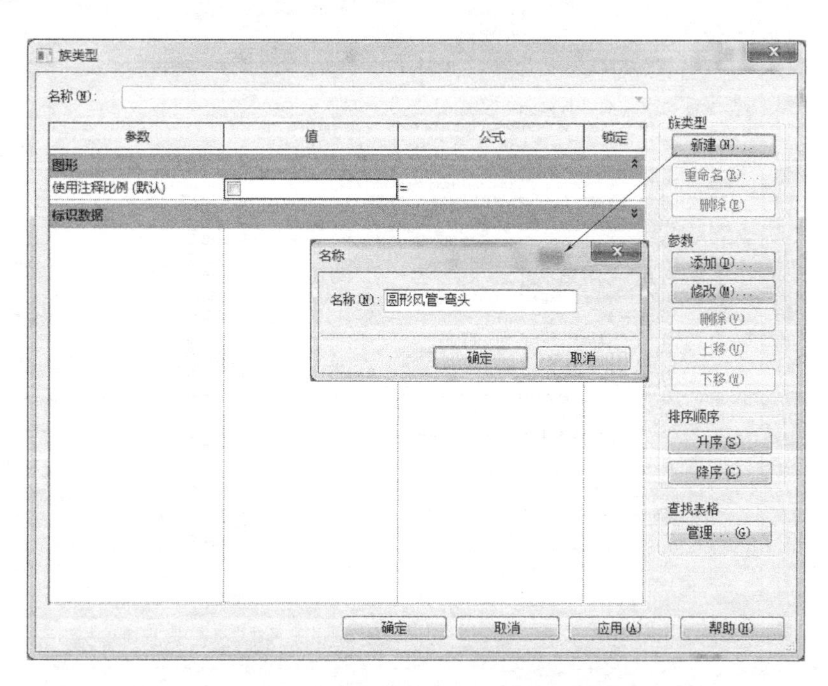

图 10-11　新建“风管弯头 - 圆形”族类型

已创建的族类型还可以重命名和删除。参数对于族构件十分重要，正是有了参数来传递信息，族才具有强大的数字化生命力。单击“族类型”对话框→“添加”，打开“参数属性”对话框，如图 10-12 所示，即可添加族参数。

图 10-12　添加族参数

分别添加“转弯半径 R”“风管半径 r”“长度 l”和“转弯角度 a”4 个参数，并设置“参数属性”：4 个参数均为实例参数，“规程”为“公共”，前 3 个参数的“参数类型”为“长度”（单位毫米），最后 1 个参数的“参数类型”为“角度”（单位：度）。

添加“尺寸标注”约束关系公式：转弯半径 R= 风管半径 r*2；长度 l= 转弯半径 R*tan（转弯角度 a/2）。注意：公式应在英文模式下输入。

重要提示

族类型的参数属性

1. 参数类型

参数类型有“族参数”和“共享参数”两种可供选择。

参数类型为“族参数”的参数，载入项目文件后，不能出现在明细表或标记中。

参数类型为“共享参数”的参数，可以由多个项目和族共享。载入项目文件后，可以出现在明细表和标记中。如果使用“共享参数”，将在一个 TXT 文档中记录这个参数。

在 Revit 中还有一类参数，叫“系统参数”。用户不能自行创建这类参数，也不能修改或删除其参数名。选择不同的“族类别”，在“族类型”对话框中会出现不同的“系统参数”。“系统参数”也可以出现在项目的明细表中。

2.“类型”参数与“实例”参数

用户可以根据族的使用习惯，选择参数数据为“类型”参数或“实例”参数，表 10-3 的说明可供选择参考。

表 10-3 “类型”参数与“实例”参数选用参考说明

参数数据类型	说 明
“类型”参数	如果同一个族多个相同的类型被载入项目中，那么类型参数的值一旦被修改，所有相同类型的个体都会发生相应的变化
“实例”参数	同一个族多个相同的类型被载入项目中，其中一个类型的实例参数值被修改，只有该类型的构件会相应变化；对该族其他类型，该实例参数的值仍然保持不变。在创建实例参数后，所创建的参数名后面将自动加上“（默认）”字样

3. 参数数据

1）“名称”。可以任意输入（英文），参数名称区分大小写。在同一个族内，参数名称不能相同。

2）“规程”。有 6 种可供选择，见表 10-4。Revit MEP 常用规程有“公共”“结构”“HVAC”“电气”“管道”和“能量”5 种。

表 10-4 参数数据“规程”

规程	说 明
公共	可以用于定义任何族的几何、文字、性能等参数
结构	用于结构族参数的定义
HVAC	用于定义暖通族的风量、速度、温度、压力、摩擦等性能参数
电气	用于定义电气族的电流、电压、频率、照度、光通量、功率等性能参数
管道	用于定义管道族的流量、压力、温度、动力黏度、密度等性能参数
能量	用于能量、传热系数、热传导率等参数的定义

3）“参数类型”。6 类“规程”各有其不同的“参数类型”，每个“参数类型”描述族构件表征产品的不同性能特征，采用不同参数单位。以“公共”规程为例，其“参数类型”如图 10-13 所示。

4）“参数分组方式”。如图 10-14 所示，定义了参数的组别，其作用是使参数在“族类型”对话框中按组分类显示，方便用户查找参数。该定义对于参数的特性没有任何影响。

4. 参数单位格式

参数单位格式在项目单位中设置。方法是：单击功能区“管理”选项卡→“设置”面板→“项目单位”，如图 10-15 所示。

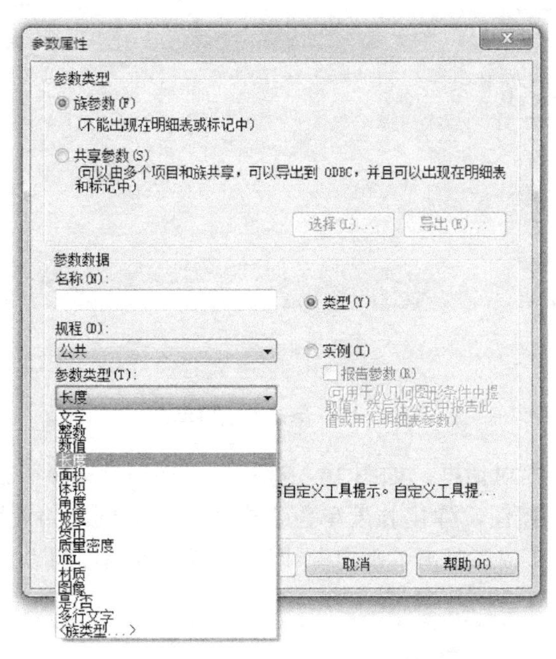

图 10-13 “公共”规程的“参数类型”

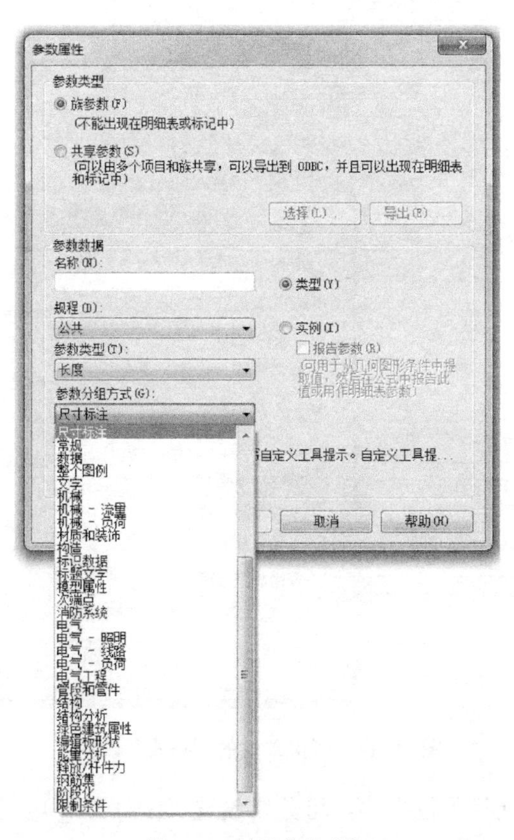

图 10-14　族参数分组

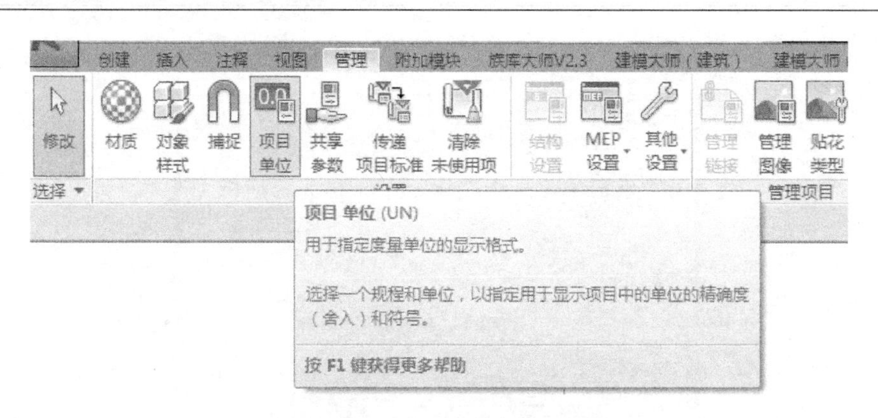

图 10-15 单击“项目单位”

弹出“项目单位”对话框，如图 10-16 所示。“规程”选择“公共”，单击“长度”单位栏后的“格式”按钮，弹出长度单位“格式”对话框。如设置长度参数单位为：毫米，小数点后保留 2 位，单击“确定”，即可完成长度单位的“格式”设置。

图 10-16 长度单位的“格式”设置

以此类推，在“项目单位”中，可分别设置“HVAC”“电气”“管道”和“能量”几个“规程”的参数单位格式，如图 10-17 所示。

项目单位

规程(D)：HVAC

单位	格式
密度	1234.5679 kg/m³
摩擦	1234.57 Pa/m
功率	1235 W
功率密度	1234.57 W/m²
压力	1234.6 Pa
温度	1235 °C
速度	1234.6 m/s
风量	1234.6 L/s
风管尺寸	1235 mm
横截面	1235 mm²
热增益	1235 W
粗糙度	1234.57 mm

小数点/数位分组(G)：123, 456, 789.00

确定　取消　帮助(H)

项目单位

规程(D)：电气

单位	格式
电流	1235 A
电压	1235 V
频率	1235 Hz
照度	1235 lx
亮度	1235 cd/m²
光通量	1235 lm
发光强度	1235 cd
效力	1235 lm/W
瓦特	1235 W
色温	1235 K
功率	1235 W
视在功率	1235 VA

小数点/数位分组(G)：123, 456, 789.00

确定　取消　帮助(H)

项目单位

规程(D)：管道

单位	格式
密度	1234.5679 kg/m³
流量	1234.6 L/s
摩擦	1234.57 Pa/m
压力	1234.6 Pa
温度	1235 °C
速度	1234.6 m/s
动态粘度	1234.6 Pa-s
管道尺寸	1235 mm
粗糙度	1234.568 mm
体积	1234.6 L
坡度	12.35%
管道隔热层厚度	1235 mm

小数点/数位分组(G)：123, 456, 789.00

确定　取消　帮助(H)

项目单位

规程(D)：能量

单位	格式
能量	1235 J
传热系数	1234.5679 [W/(m²·K)]
热阻	1234.5679 (m²·K)/W
热质量	1234.57 kJ/K
热传导率	1234.5679 W/(m·K)
比热	1234.5679 J/(g·°C)
蒸汽比热	1234.5679 J/g
渗透性	1234.5679 ng/(Pa·s·m²)

小数点/数位分组(G)：123, 456, 789.00

确定　取消　帮助(H)

图 10-17 “HVAC”“电气”“管道”和“能量”参数单位的“格式”设置

10.1.4 参照平面和参照线

“参照平面”和“参照线”在族的创建过程中很常用，它们是族参数化建模的重要工具。创建族的原理是参数驱动参照平面，参照平面驱动几何形状。也就是说需要控制几何形状的时候，首先创建可以驱动几何形状的参照平面，将实体“对齐”放在参照平面上并锁住，然后在参照平面上添加尺寸、进行约束，并给约束尺寸添加参数，由“参照平面”驱动实体。该操作方法严格贯穿族建模的整个过程。

通常在大多数族样板（RFT 文件）中已经画有 3 个中心参照平面，平面视图中 2 个，立面视图中 1 个，它们分别为 X、Y 和 Z 平面方向，其交点是（0，0，0）点。这 3 个中心参照平面被固定锁住，并且不能被删除。通常情况下不要去解锁和移动这 3 个参照平面，否则可能导致所创建的族原点不在（0，0，0）点，无法在项目文件中正确使用。

1. 锁定参照标高和参照平面

1）锁定参照标高。双击“项目浏览器”→“立面”→“左”，进入“立面：前”视图，

如图 10-18 所示。单击选择参照标高，再单击“修改 | 标高”选项卡→修改面板→“锁定”，将标高锁定。

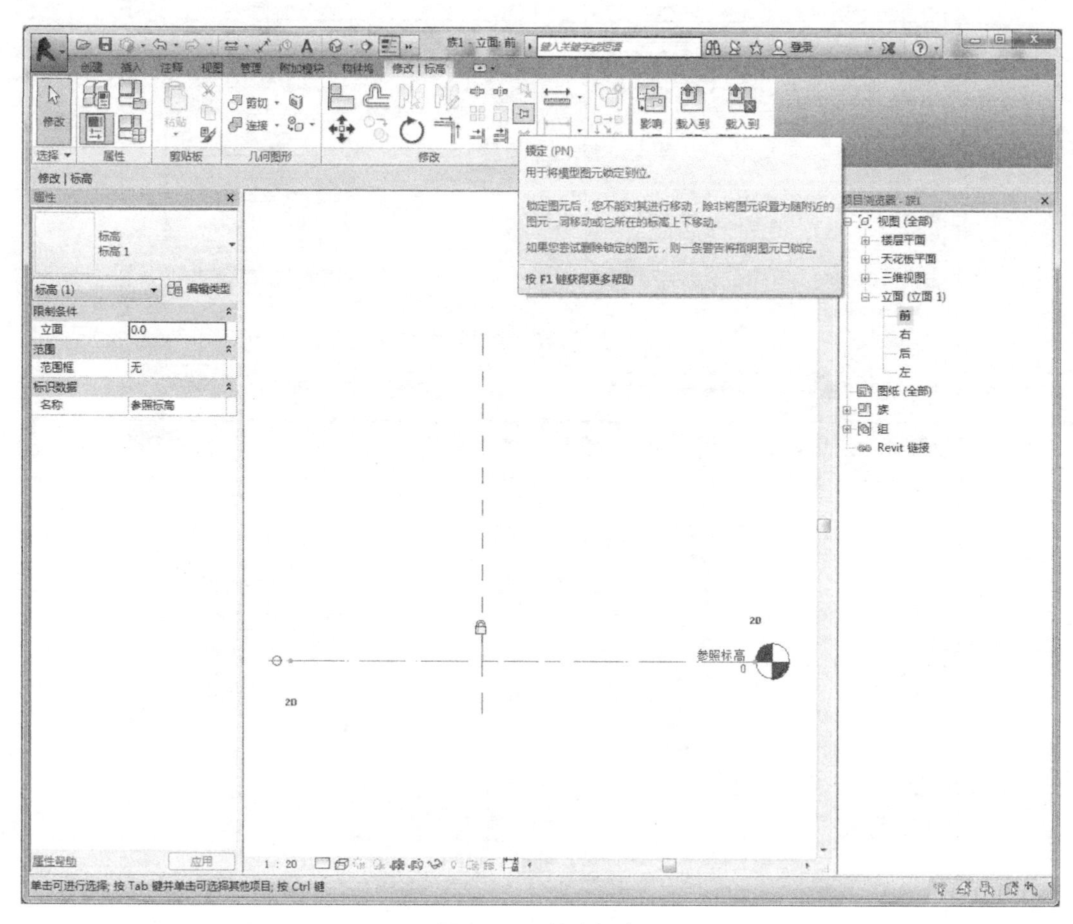

图 10-18　锁定标高

2）锁定参照平面。在“立面：前”视图中，单击选择参照平面，再单击“修改 | 参照平面”选项卡→“修改”面板→“锁定”，将参照平面锁定，可防止参照平面意外移动。锁定好的参照平面和标高如图 10-19 所示。

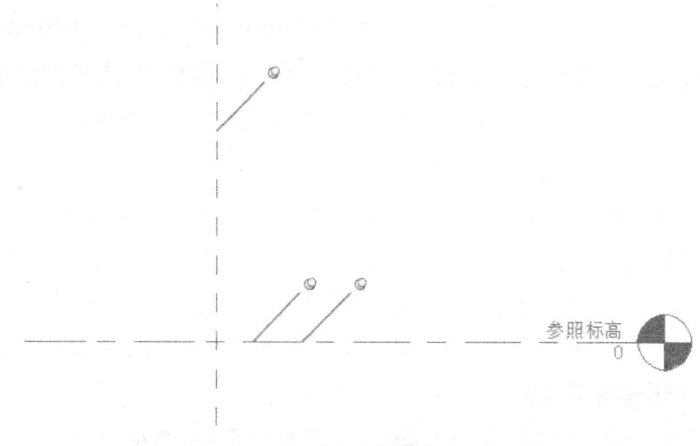

图 10-19　锁定好的参照平面和标高

2. 隐藏参照标高

键入 <VV> 命令，弹出“立面：前的可见性 / 图形替换”对话框，如图 10-20 所示。选择“注释类别”选项卡，取消勾选“标高”复选框，隐藏族样板文件中的参照标高（图形与符号）。

图 10-20　隐藏族样板文件中的参照标高

3. 在参照标高平面视图上绘制 2 个参照平面

单击功能区“创建”选项卡→“基准”面板→“参照平面”，如图 10-21 所示。将光标移动至绘图区域，单击指定参照平面的起点，移动光标至终点位置再次单击，即完成一个参照平面的绘制。继续移动光标绘制下一个参照平面，按两次 <Esc> 键，退出“参照平面”命令。

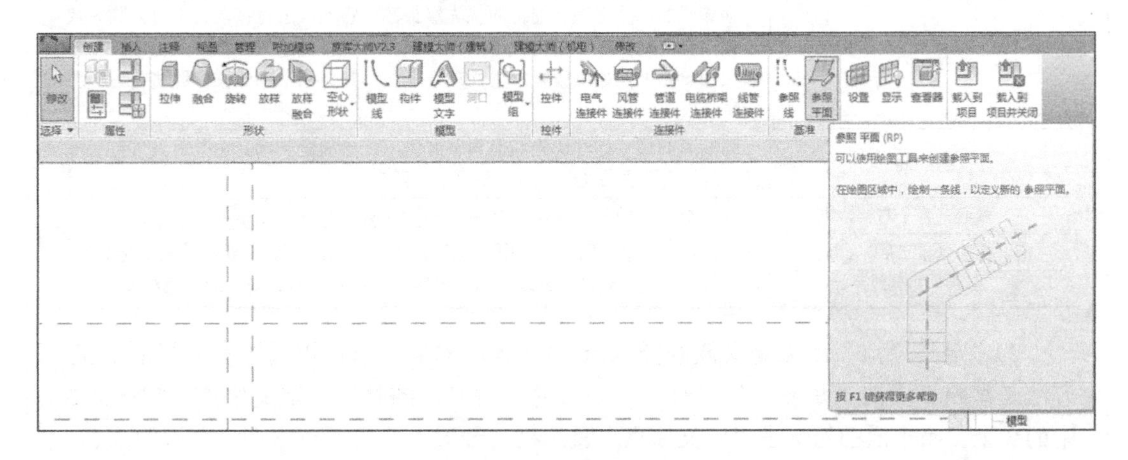

图 10-21　绘制参照平面

重要提示

参照平面的属性

单击选中“参照平面”，“属性”面板将显示参照平面的属性，如图 10-22 所示。

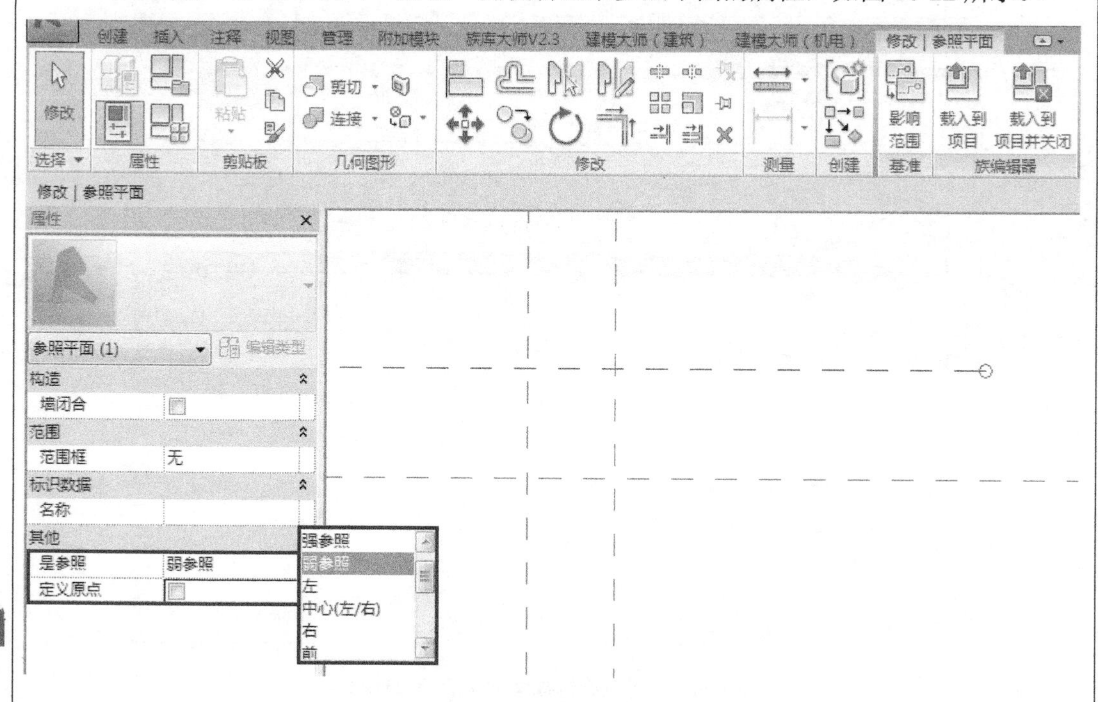

图 10-22 参照平面的属性

1）“是参照”的设置决定了参照平面的特性。表 10-5 为“是参照”的各项特性。

表 10-5 “是参照”的各项特性

参照类型	说　明
非参照	该参照平面在项目中无法捕捉和标注尺寸
强参照	强参照的尺寸标注和捕捉的优先级最高。将此族放置在项目中时，临时尺寸标注会捕捉到族中任何强参照。在项目中选择此族时，临时尺寸标注将显示在强参照上。如果放置永久性尺寸标注，几何图形中的强参照将首先高亮度显示出来
弱参照	弱参照的尺寸标注优先级比强参照低。将族放置到项目中并对其进行尺寸标注时，需要先按 Tab 键再选择“弱参照”
左，中心（左 / 右），右	这些参照在同一个族中只能用一次，其特性和强参照类似。通常用来表示样板自带的 3 个参照平面：中心（左 / 右）、中心（前 / 后）和中心（标高），还可以用来表示族的最外端边界的参照平面：左、右、前、后、底和顶
前，中心（前 / 后），后	
底，中心（标高），顶	

2）“定义原点”用来定义族的插入点。Revit 族的插入点可以通过参照平面定义，方法是参照平面的“是参照”选择“中心（前 / 后）”，同时勾选定义原点。默认样板中的 3 个参照平面都勾选了“定义原点”复选框，一般不要去更改它们。在族的创建

过程中，常利用样板自带的 3 个参照平面，族默认的（0，0，0）点作为族的插入点。如果想改变族的插入点，可以先选择要设置插入点的参照平面，然后在“属性”选项板中勾选“定义原点”复选框，这个参照平面即成为插入点。

3）“名称”。当一个族中有很多参照平面时，可通过命名参照平面来区分。选择设置名称的参照平面，然后在“属性”选项板→“名称”文本框中输入名字。参照平面的名称不能重复。参照平面被命名后，可以重命名，但无法清除名称。

4. 标注参照平面的尺寸，锁定参数

1）标注参照平面的尺寸。单击功能区“注释”选项卡→“尺寸标注”面板→“对齐”，如图 10-23 所示。单击选中垂直方向的中心参照平面，再单击选中与其平行的参照平面，此时距离值随附光标显示，在绘图区域中单击一点指定距离尺寸的放置位置，即完成参照平面到中心参照平面距离的标注；移动光标，依次选中水平方向的中心参照平面和要标注的水平参照平面，即可完成该水平参照平面到中心参照平面距离的标注。按两次 <Esc> 键，退出“标注”命令。

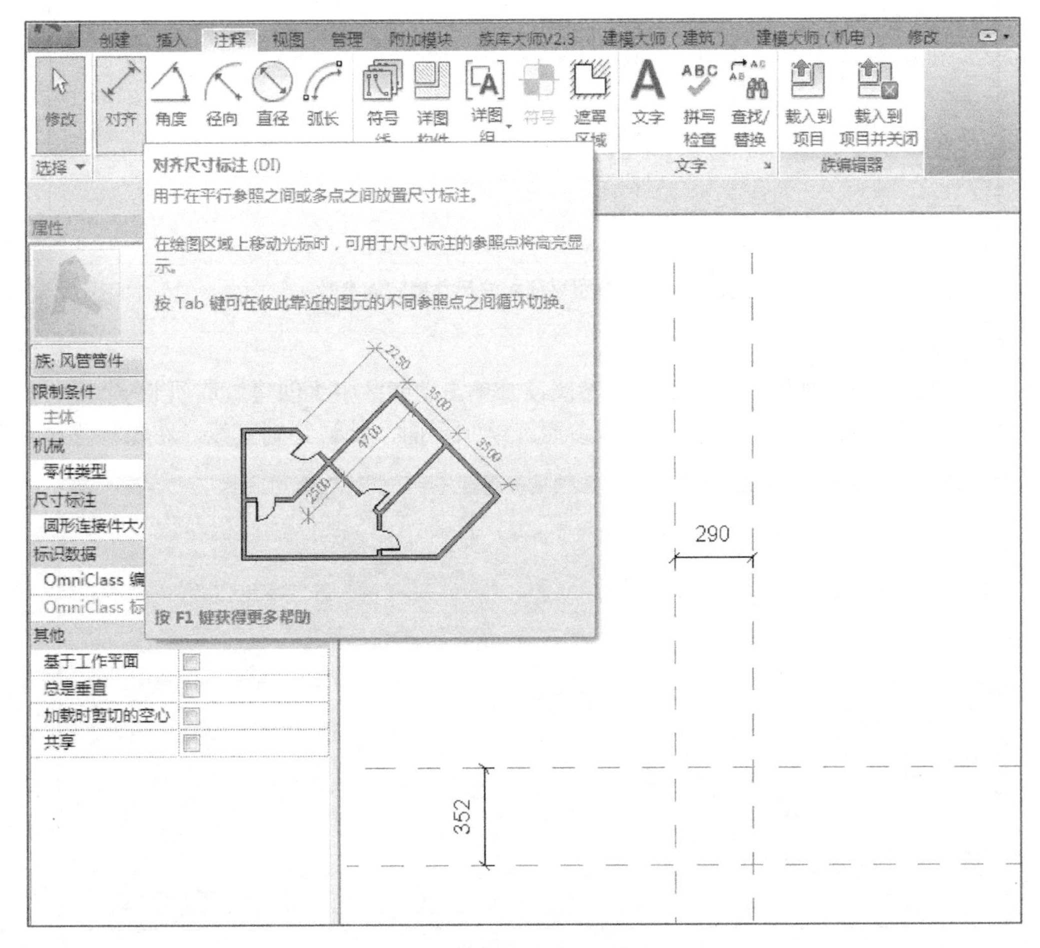

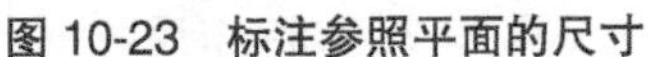
图 10-23　标注参照平面的尺寸

2）锁定族类型参数。单击选中垂直方向的参照平面距离尺寸标注线，此时距离尺寸被激活，“修改 | 尺寸标注”选项栏中，“标签”为“无”。如图 10-24 所示，单击“标签”下拉菜单，显示出在族类型中定义好的各项参数的列表，选择“长度 l…”，垂直方向参照平面的标注尺寸即锁定“长度 l”参数。采用同样方法，可使水平方向参照平面的标注尺寸锁定“转弯半径 R”参数。

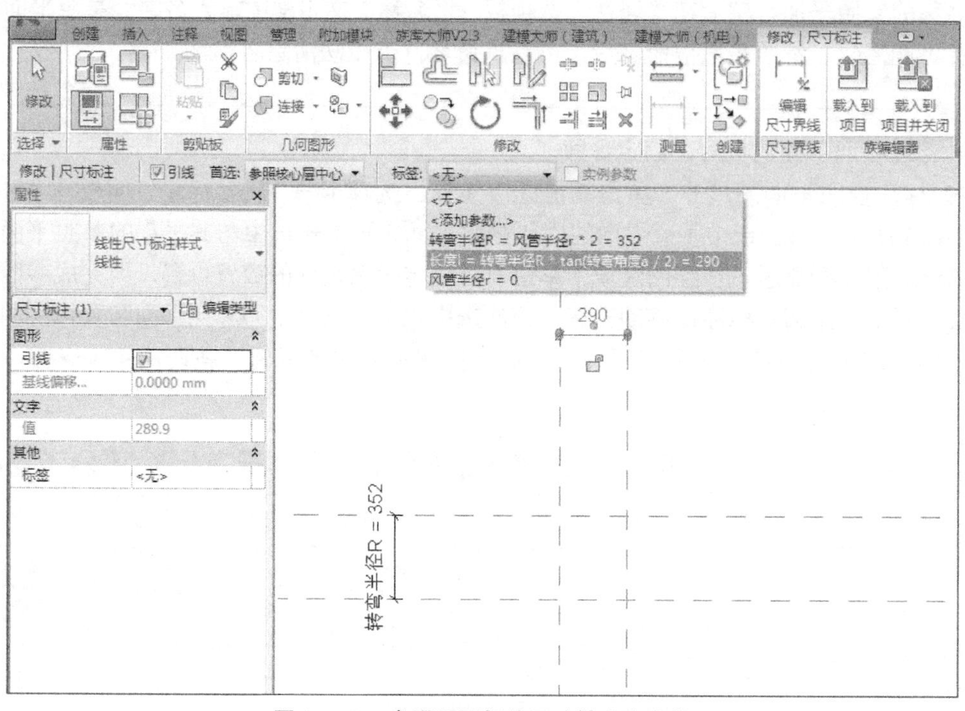

图 10-24　参照平面标注尺寸锁定族参数

5. 绘制参照线

在参照标高平面视图上，绘制角度参照线。单击功能区中“创建”选项卡→“基准”面板→“参照线”，如图 10-25 所示，进入参照线绘制界面，默认绘制直线。将光标移至绘图

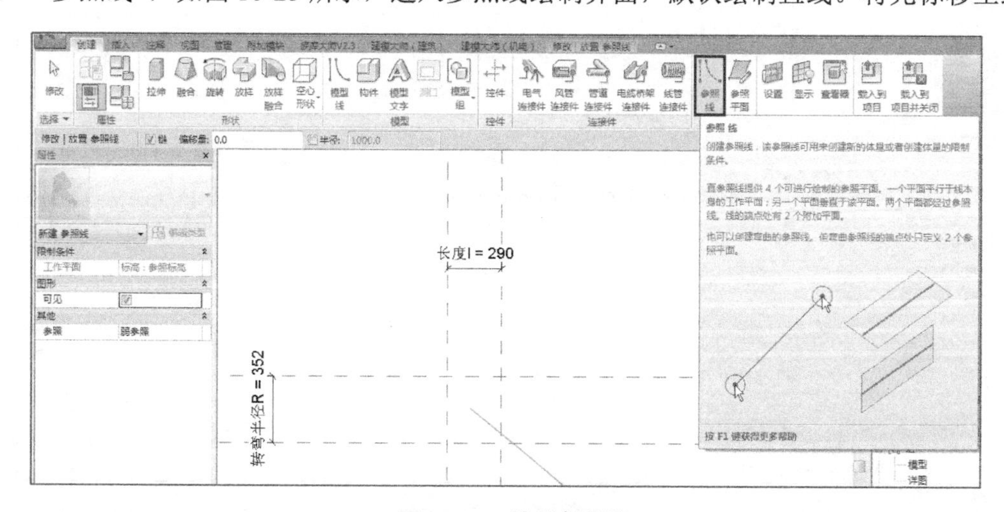

图 10-25　绘制参照线

区域，单击即可指定参照线起点，移至终点再次单击，即完成一条参照线的绘制。按两次 <Esc> 键退出命令。

参照线和参照平面的功能基本相同，主要用于实现角度变化。要实现参照线的角度自由变化，首先要将参照线与中心参照平面锁定，然后标注参照线的尺寸并关联参数。

1）将参照线与中心参照平面锁定。单击功能区“修改”选项卡→“修改”面板→“对齐”，如图 10-26 所示，先选择垂直方向的中心参照平面，然后选择参照线的端点（如选不到端点可以按 <Tab> 键进行切换选择）。这时出现一个锁形状的图标，默认是打开的，单击一下锁，将该锁锁住，使这条参照线和垂直方向的中心参照平面对齐锁住。同理，将参照线和水平中心参照平面对齐锁住。

注意： 红色圈分别标记族样板自带的 X、Y 中心参照平面和族原点（0，0，0）点，也是默认的族的插入点。

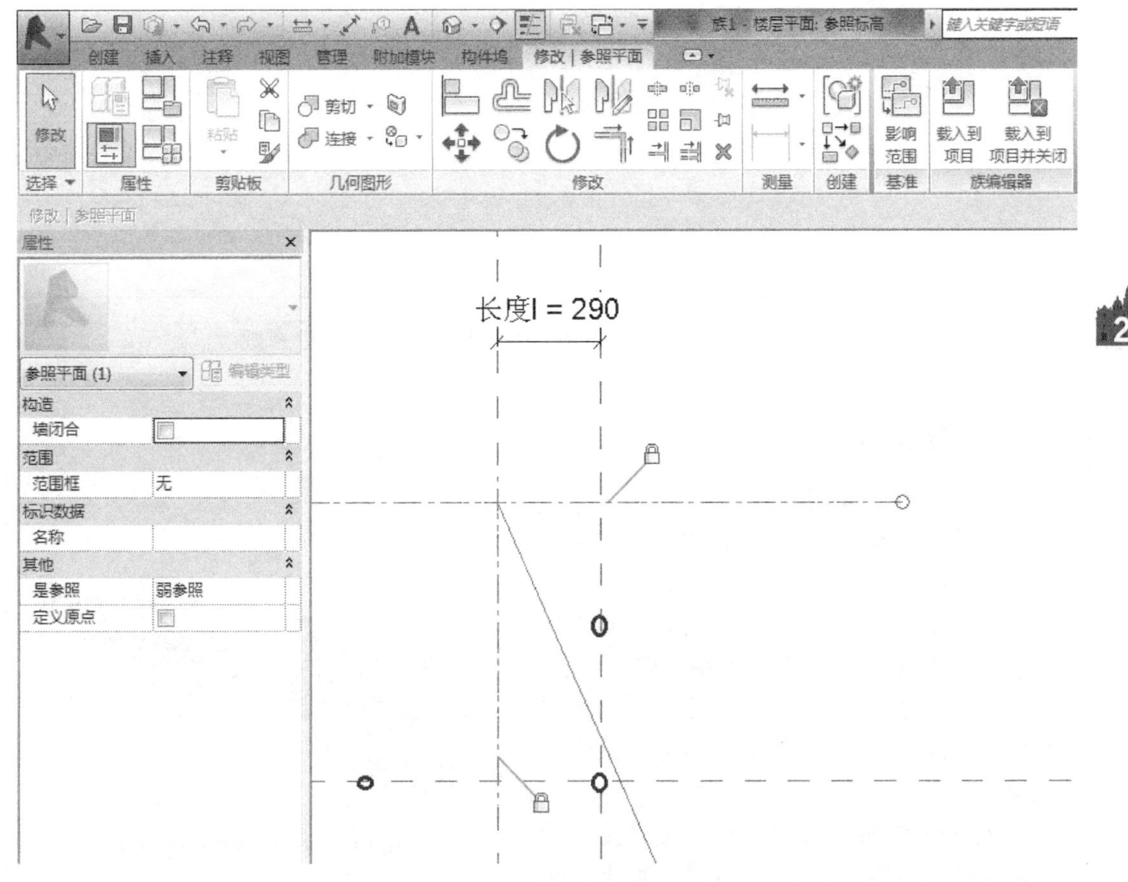

图 10-26 将参照线与中心参照平面锁定

2）标注参照线与一个中心参照平面之间的夹角尺寸。单击功能区“注释”选项卡→“尺寸标注”面板→“角度”，如图 10-27 所示。单击垂直方向的中心参照平面，再单击选择参照线，然后在绘图区域选择合适的地点单击，放置尺寸标注。按两次 <Esc> 键退出，完成参照线角度尺寸的标注。

3）给夹角添加参数。单击选中角度标注尺寸线，在“修改 | 尺寸标注”选项栏“标签”

下拉列表中选择“转弯角度 a”参数，将角度标注尺寸与“转弯角度 a”族类型参数锁定。

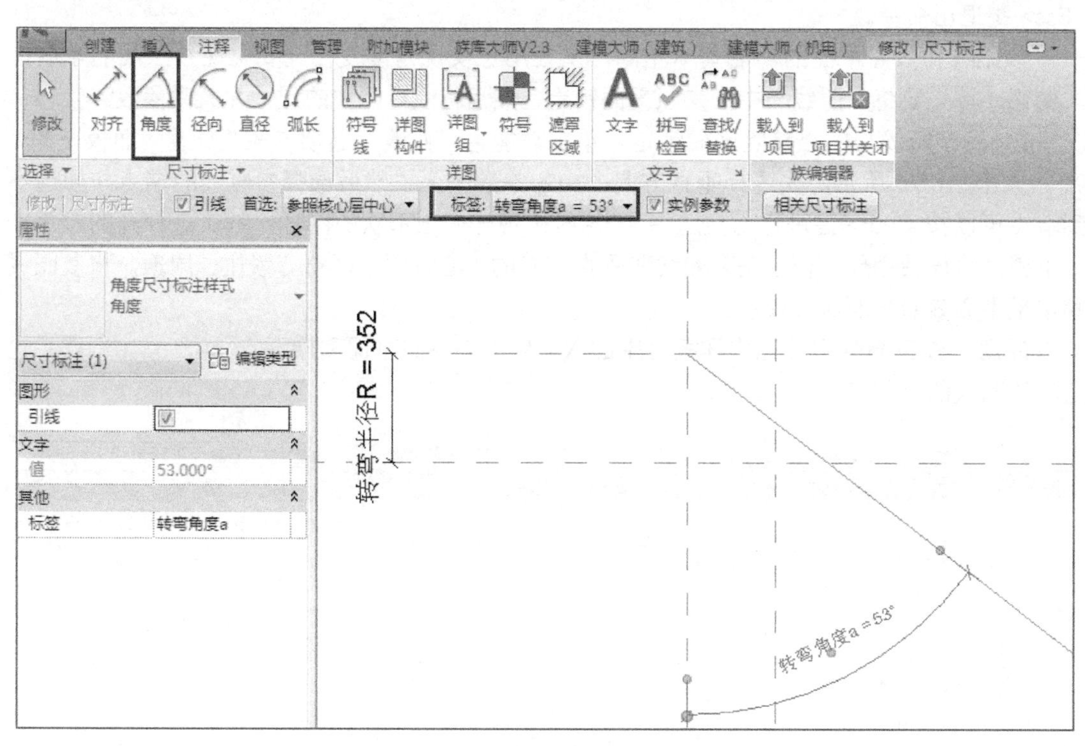

图 10-27　标注参照线的角度尺寸并锁定“转弯角度 a”参数

重要提示

参照线的工作平面

参照线和参照平面相比，除了多了两个端点外，还多了两个工作平面。切换到三维视图，将光标移到参照线上，可以看到水平和垂直的两个工作平面，如图 10-28 所示。在建模时，可以选择参照线的平面作为工作平面，这样创建的实体位置可以随参照线的位置而改变。

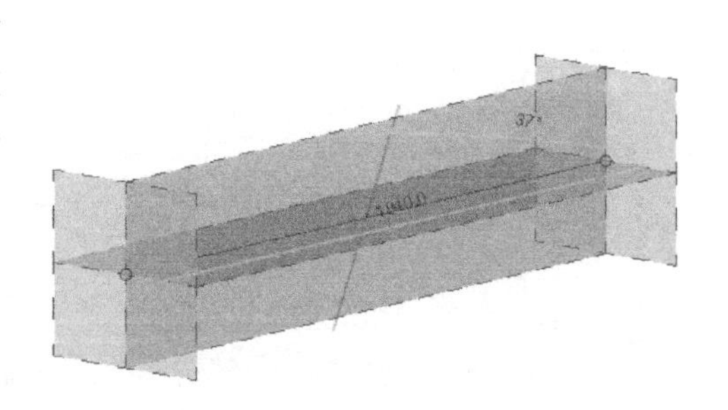

图 10-28　三维视图中的参照线

Revit 中的每个视图都与工作平面相关联，所有的实体都在某一个工作平面上。在族编辑器的大多数视图中，工作平面是自动设置的。执行某些绘图操作及在特殊视图中启用某些工具（如在三维视图中启用“旋转”和“镜”）时，必须使用工作平面绘图。绘图时，可以捕捉工作平面网格，但不能相对于工作平面网格进行对齐或尺寸标注。

单击功能区“创建”选项卡→“工作平面”面板→“设置”，打开“工作平面”对话框，如图 10-29 所示。可以通过以下方法来指定工作平面。

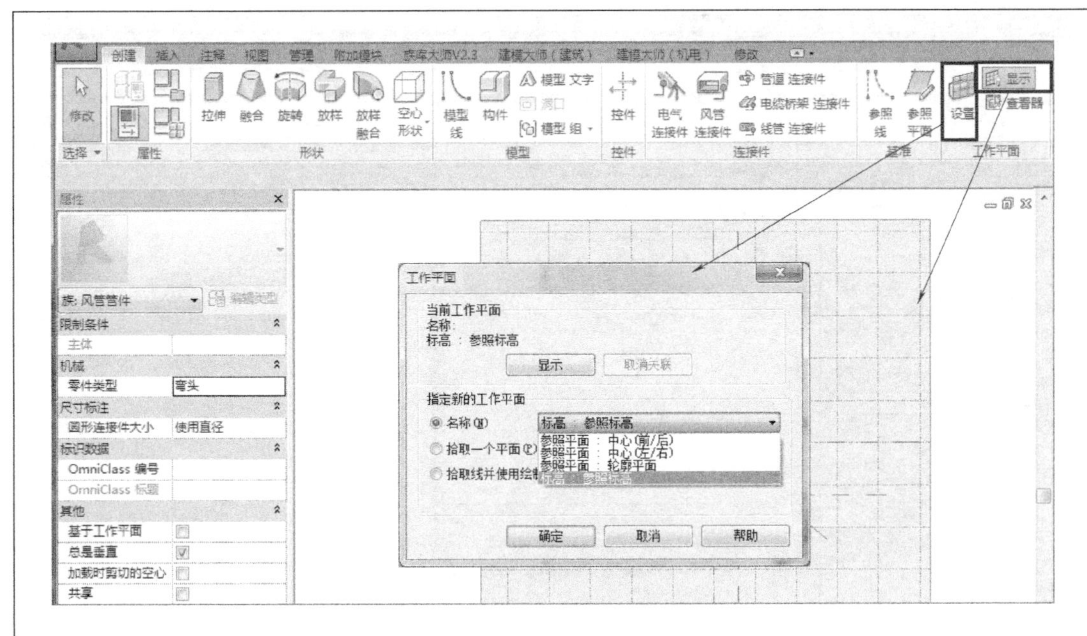

图 10-29 工作平面设置与显示

1）在“名称”下拉列表中选择已经命名的参照平面的名字。

2）拾取一个参照平面，或者拾取实体的表面。

3）拾取参照线水平面或垂直面，或者拾取任意一条线，并将这条线的所在平面设为当前工作平面。

单击功能区“创建”选项卡→“工作平面”面板→“显示”，可显示或隐藏工作平面，工作平面默认状态下隐藏不可见。

10.1.5 族构件放样建模与验证

创建圆形风管弯头族1：设置参照平面、参照线和参数

1. “放样”创建圆形风管弯头三维模型

“放样”是一种沿路径拉伸封闭轮廓创建族构件的建模方式。基本步骤：先绘制拉伸路径，再绘制封闭轮廓（或应用封闭轮廓族）。

单击功能区“创建”选项卡→“形状”面板→“放样”，如图10-30所示，进入“放样”建模界面。

单击功能区“修改 | 放样”选项卡→“放样”面板→“绘制路径”，如图10-31所示，画出路径。

注意：用户也可以单击“拾取路径”，通过选择已经创建的模型线的方式来定义放样路径。

绘制圆弧参照线。首先，单击功能区“修改 | 放样 > 绘制路径”选项卡→“绘制”面板→“圆心 - 端点弧”，如图10-32所示。单击参照线端点（圆心）→单击垂直参照平面与中心参照平面的交点（弧起点）→单击圆弧与参照线的交点（弧终点）。

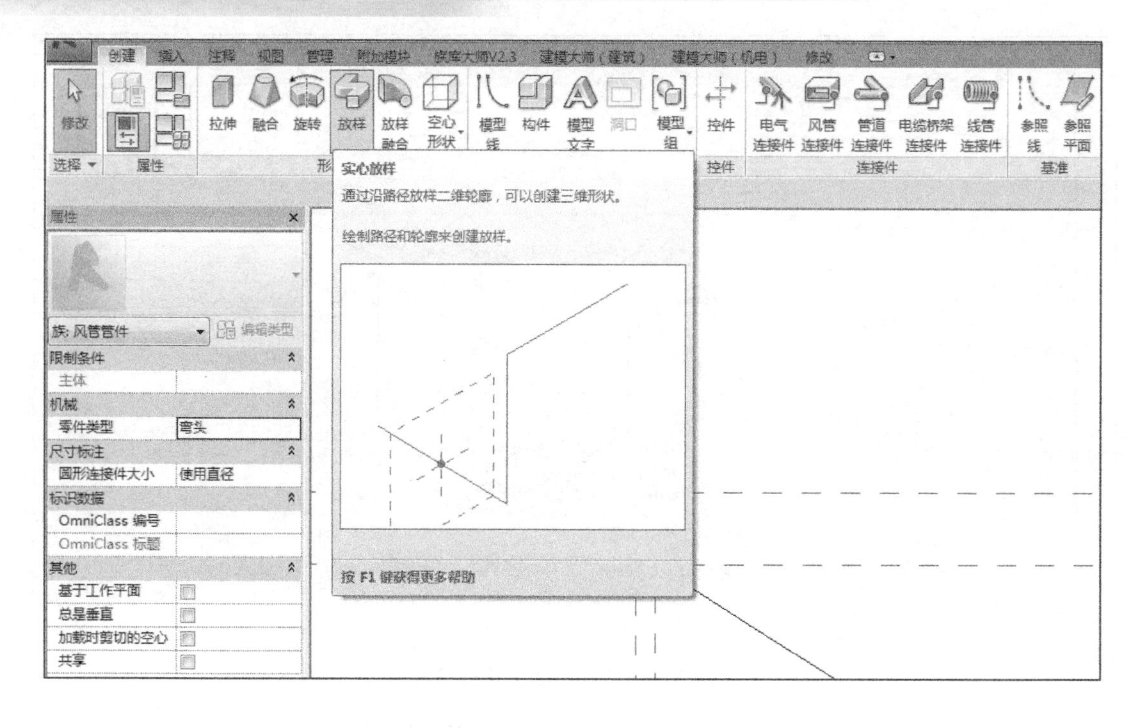

图 10-30 “放样”建模界面

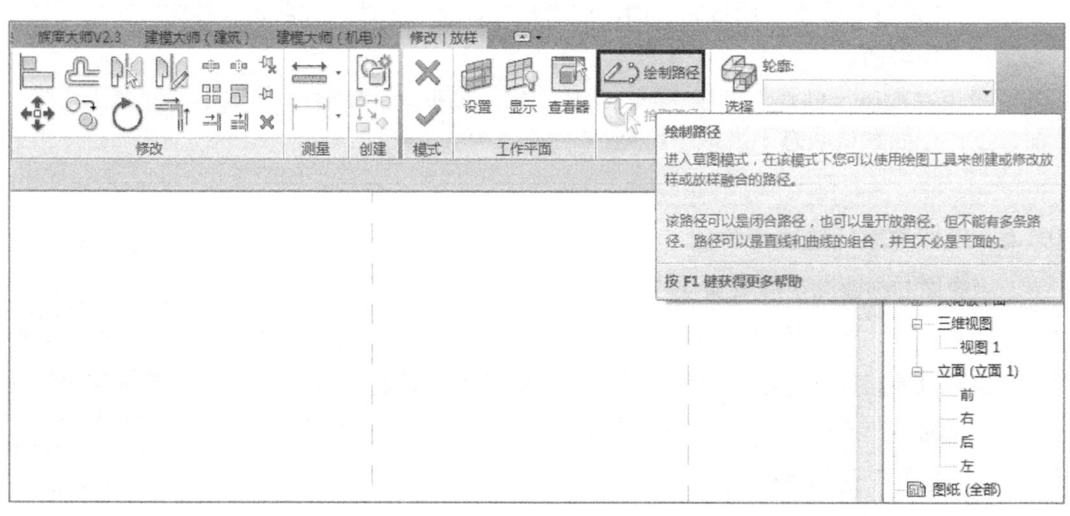

图 10-31 单击“绘制路径”画出路径

对齐并锁定圆弧线的起点和终点。单击“修改 | 放样 > 绘制路径”选项卡→“修改”面板→“对齐”，先选择垂直参照平面，然后选择圆弧线的端点（如选不到端点可以按 <Tab> 键进行切换选择），这时出现一个锁形状的图标，默认是打开的。单击一下锁，将该锁锁住，使圆弧线的起点与垂直方向的参照平面对齐并锁住，如图 10-33 所示。同理，将圆弧线的终点与角度参照线对齐并锁住。

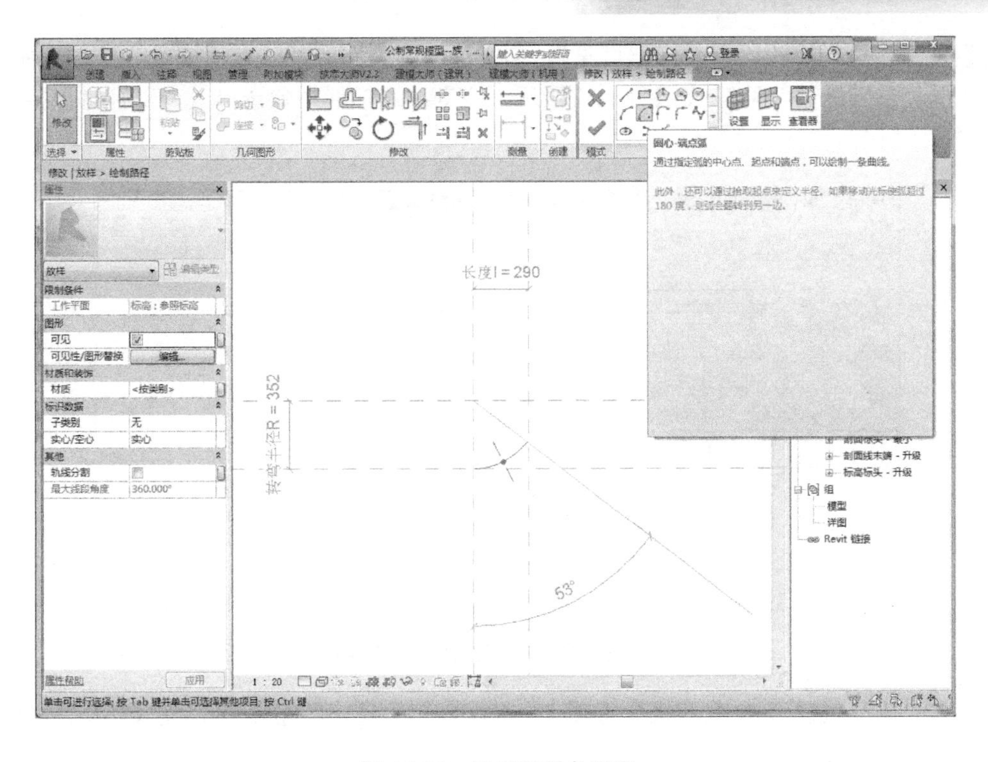

图 10-32　绘制圆弧参照线

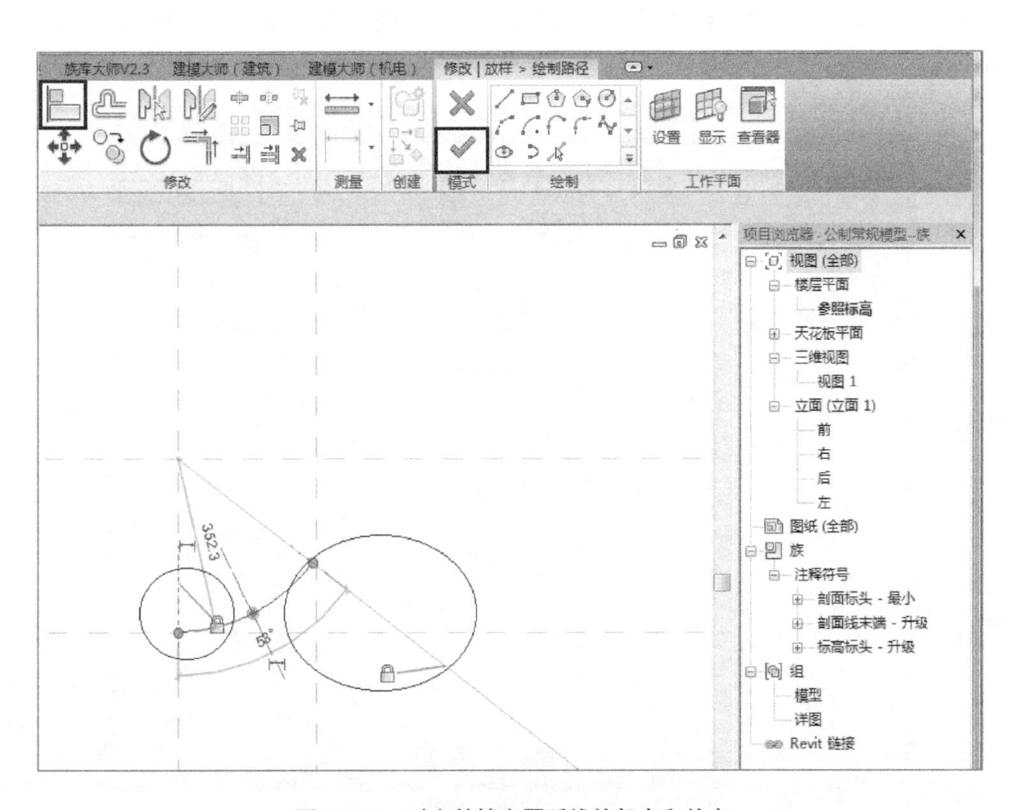

图 10-33　对齐并锁定圆弧线的起点和终点

设置圆弧路径线的“中心标记可见”。单击选中圆弧路径线，在“属性”选项板中，勾选复选框“中心标记可见”，如图 10-34 所示。注意：选项栏中勾选“改变半径时保持同心”复选框。

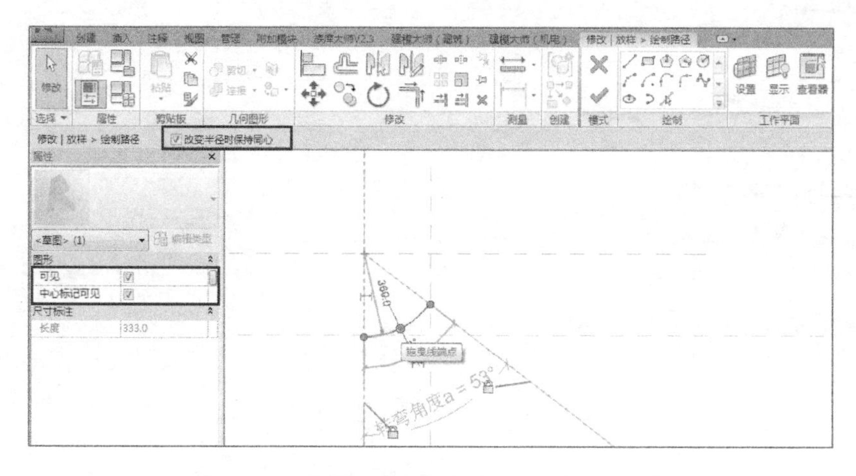

图 10-34　设置圆弧路径线的“中心标记可见”

单击“修改 | 放样 > 绘制路径”选项卡→“模式”面板→“完成”，完成放样路径（圆弧）绘制。

单击功能区“修改 | 放样”选项卡→“放样”面板→“选择轮廓”，此时“编辑轮廓”和“载入轮廓”被激活。单击“编辑轮廓”，弹出“转到视图”对话框，如图 10-35 所示。选择“立面：左”，单击“打开视图”。

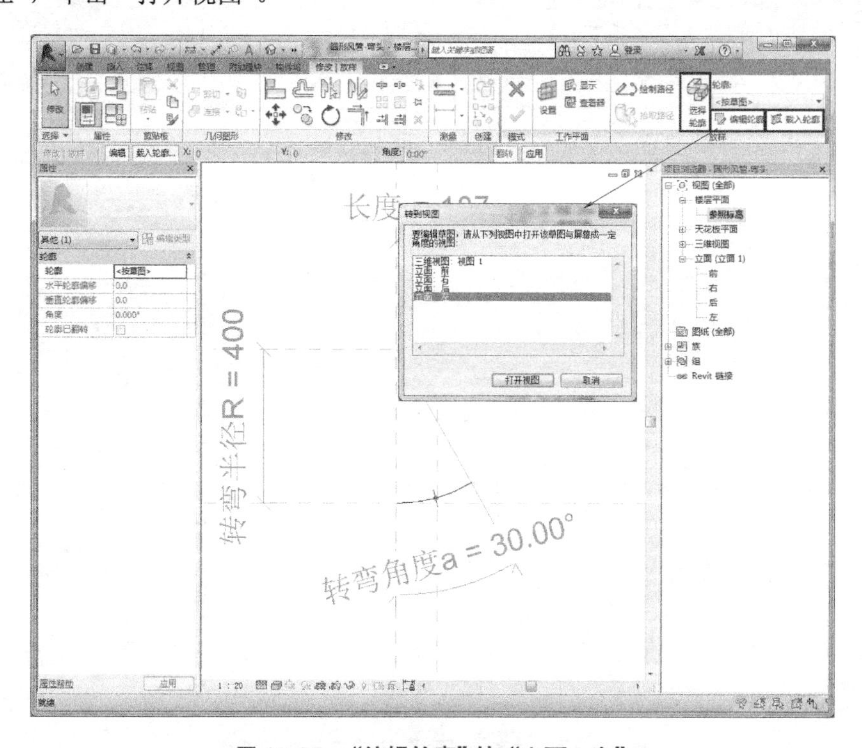

图 10-35　“编辑轮廓”转“立面：左”

单击功能区“修改 | 放样 > 轮廓编辑”选项卡→“绘制”面板→“圆形”，开始绘制圆形轮廓线。单击一点（指定圆心），移动光标再单击，即绘制出圆形，如图 10-36 所示。单击功能区“修改 | 放样 > 轮廓编辑”选项卡→“模式”面板→“完成”，完成圆形轮廓编辑，并退出“编辑轮廓”命令。

注意：轮廓的圆心应锁定“红色”点标识的放样线中心。

1）单击选中轮廓，“属性”选项栏中勾选复选框“中心标记可见”。

2）单击“修改 | 放样 > 编辑轮廓”→“修改”面板→“对齐”，对齐轮廓中心与水平参照平面，并单击锁标记，锁定轮廓中心。

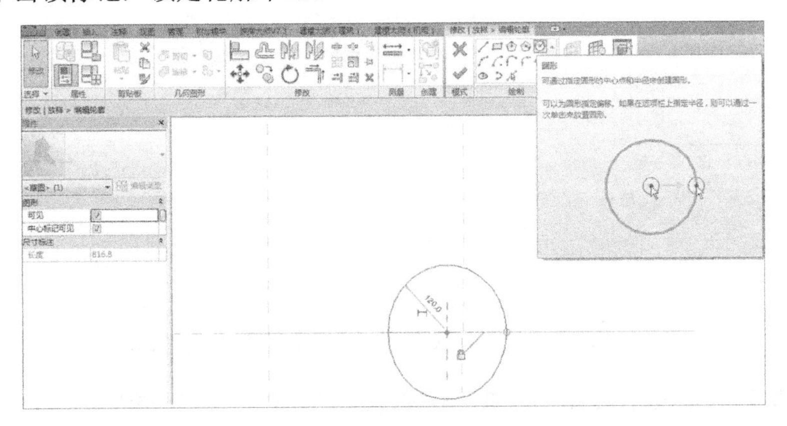

图 10-36 完成轮廓编辑

轮廓尺寸标注。单击轮廓草图尺寸标注旁的“使此临时尺寸标注成为永久性尺寸标注”符号，如图 10-37 所示，使径向临时尺寸标注成为永久性尺寸标注。

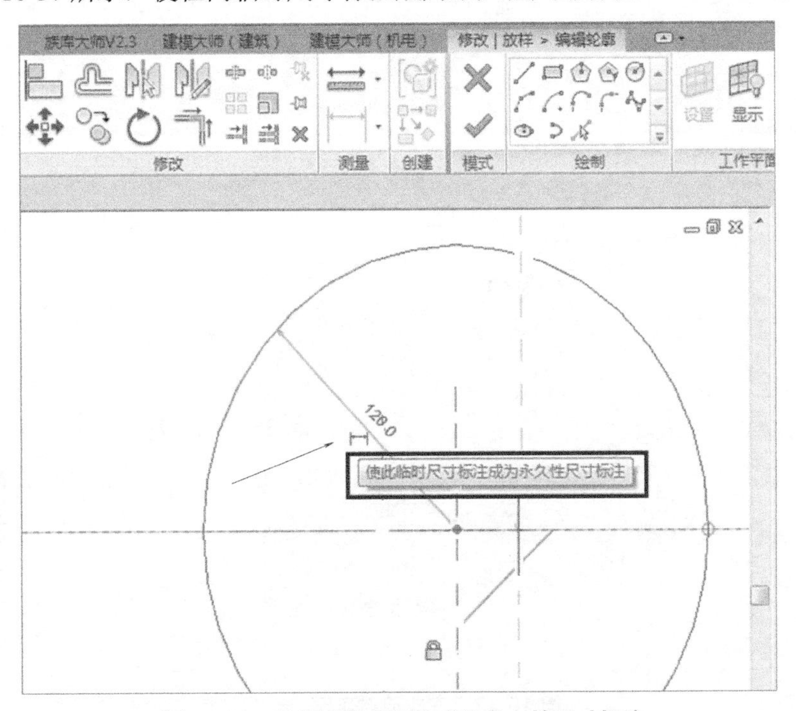

图 10-37 使临时尺寸标注成为永久性尺寸标注

给风管轮廓添加半径参数。单击选中径向尺寸标注线，如图 10-38 所示，在“尺寸标注”选项栏“标签”下拉列表中选择“风管半径 r”参数，将径向标注尺寸与“风管半径 r”族参数锁定。

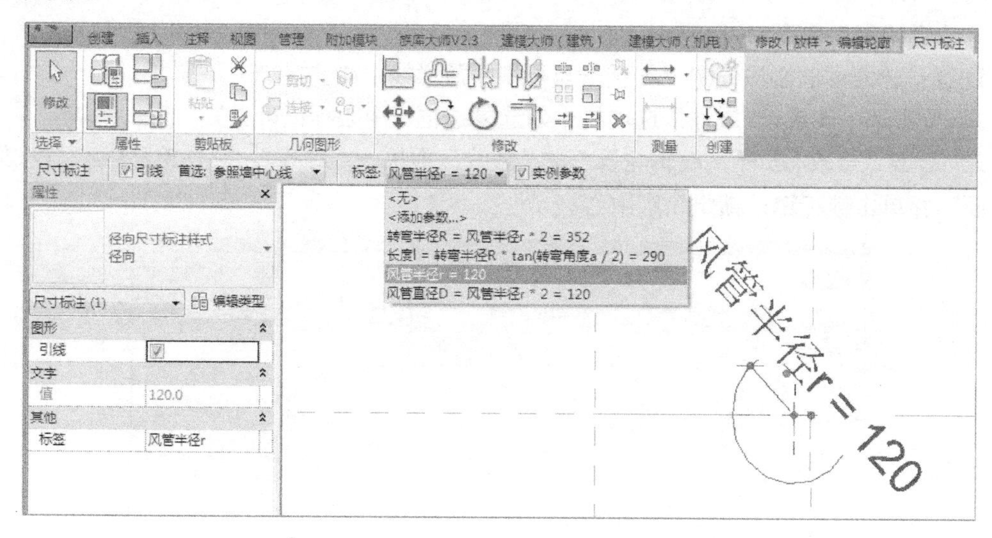

图 10-38　将径向标注尺寸与“风管半径 r”族参数锁定

单击功能区“修改 | 放样”选项卡→“模式”面板→“完成”，完成放样建模，如图 10-39 所示。

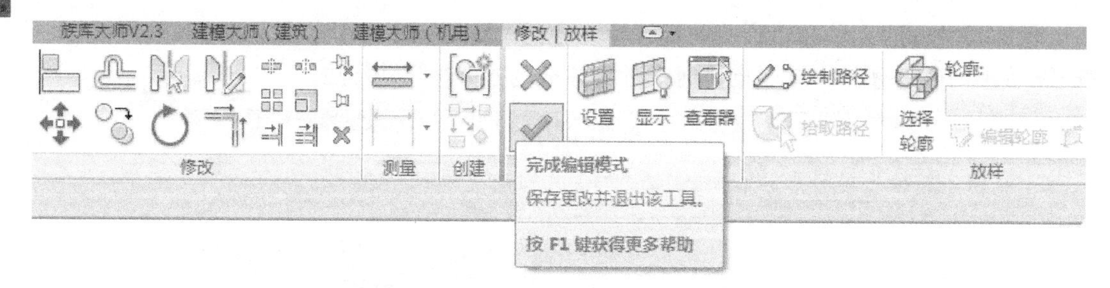

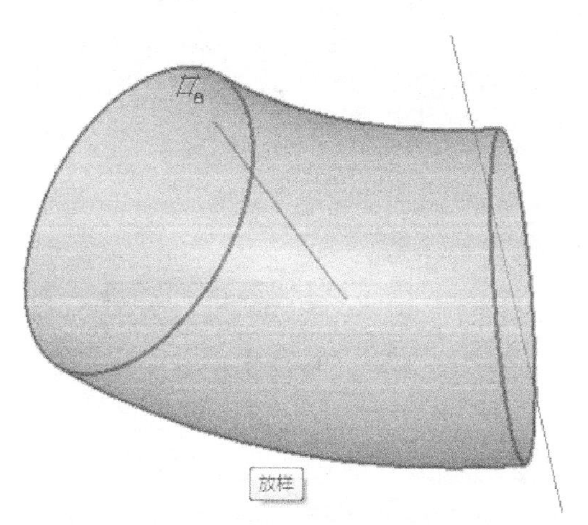

图 10-39　完成放样建模

创建圆形风管弯头族 2：放样建模

2. 风管两端添加连接件，设置链接属性

1）放置风管连接件。在三维视图中，单击功能区“创建”选项卡→“连接件”面板→“风管连接件”，如图 10-40 所示，进入放置风管连接件界面。

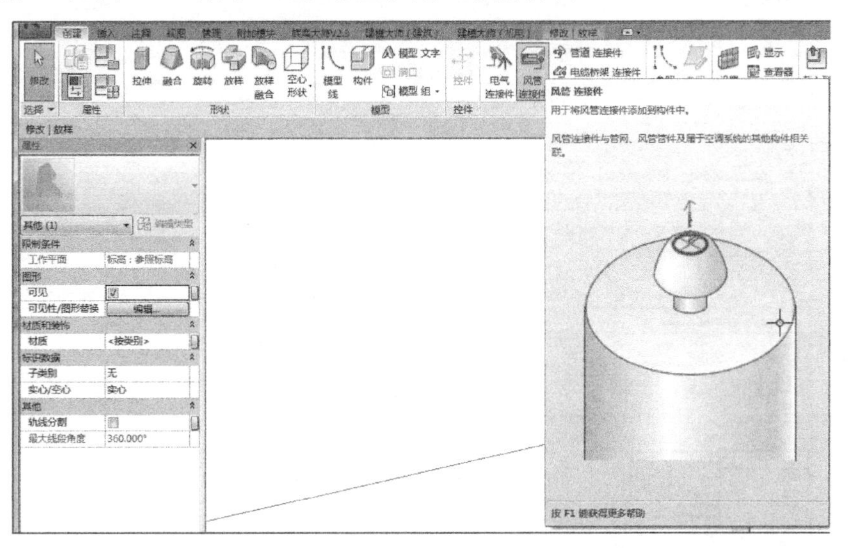

图 10-40　进入放置风管连接件界面

单击功能区“修改|放置 风管连接件”选项卡→“放置”面板→“面”，如图 10-41 所示。单击选中风管弯头的（边）面，风管连接件即放置在风管弯头的端面。注意：风管弯头另一端面用同样的方法，放置风管连接件。

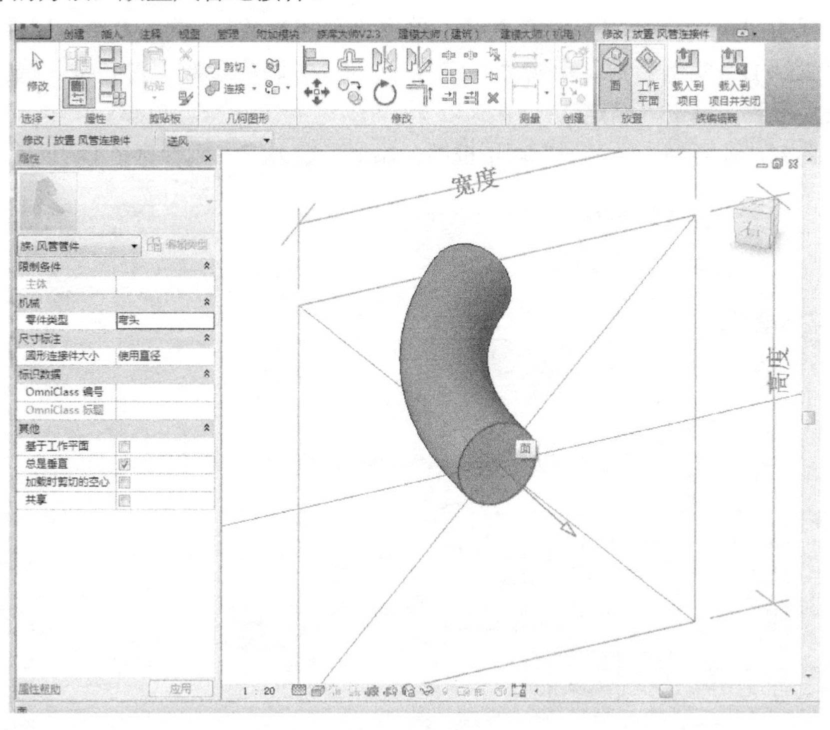

图 10-41　放置风管连接件

2）修改风管连接件的属性。首先，修改风管连接件“造型”属性。单击选中风管连接件，在“属性”选项栏→“尺寸标注”→“造型”下拉菜单中选择“圆形”，将连接件由矩形修改为圆形，如图 10-42 所示。

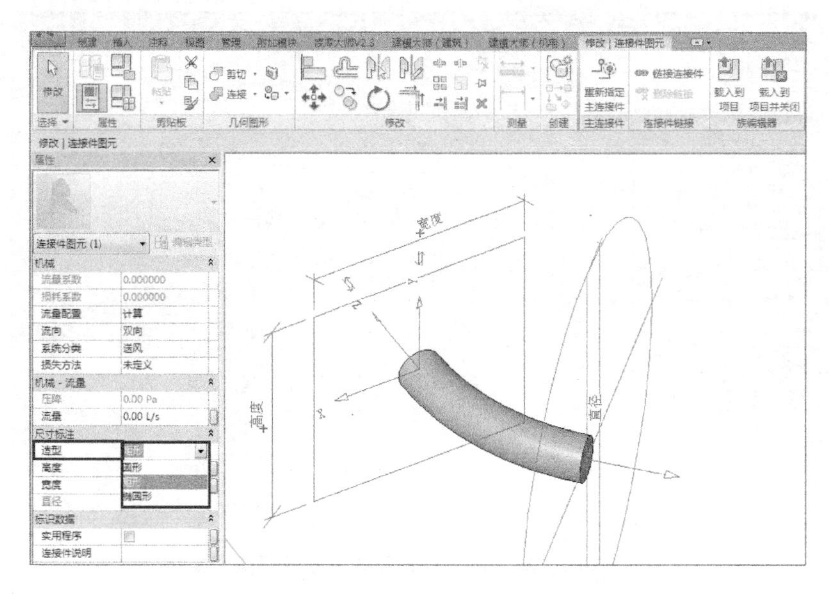

图 10-42　修改风管连接件“造型”属性

其次，风管连接件的尺寸关联族参数。单击选中风管连接件，在“属性”选项栏中，单击“尺寸标注”→“直径”栏→“关联族参数”，弹出“关联族参数”对话框，如图 10-43 所示。这里只有“风管半径 r”，没有直径。单击“添加参数”，弹出“参数属性”对话框，添加“风管直径 D”实例参数，单击“确定”，返回“关联族参数”对话框。选择“风管直径 D”关联族参数，单击“确定”。

注意：此刻，还要到“族类型”对话框中，添加参数公式“风管直径 D= 风管半径 r*2”。

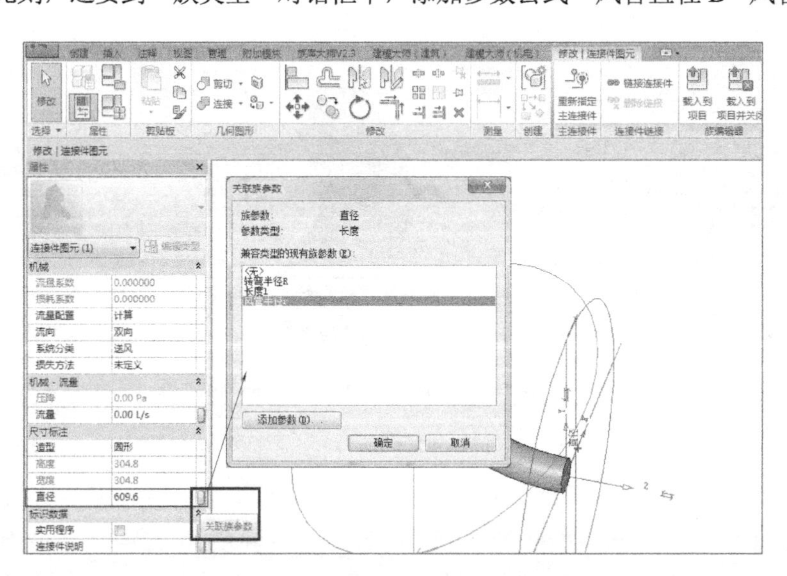

图 10-43　风管连接件的直径关联族参数

在“属性”选项栏中单击“限制条件”→“角度”栏→“关联族参数”，弹出“关联族参数”对话框，选择关联“转弯角度 a”，如图 10-44 所示。

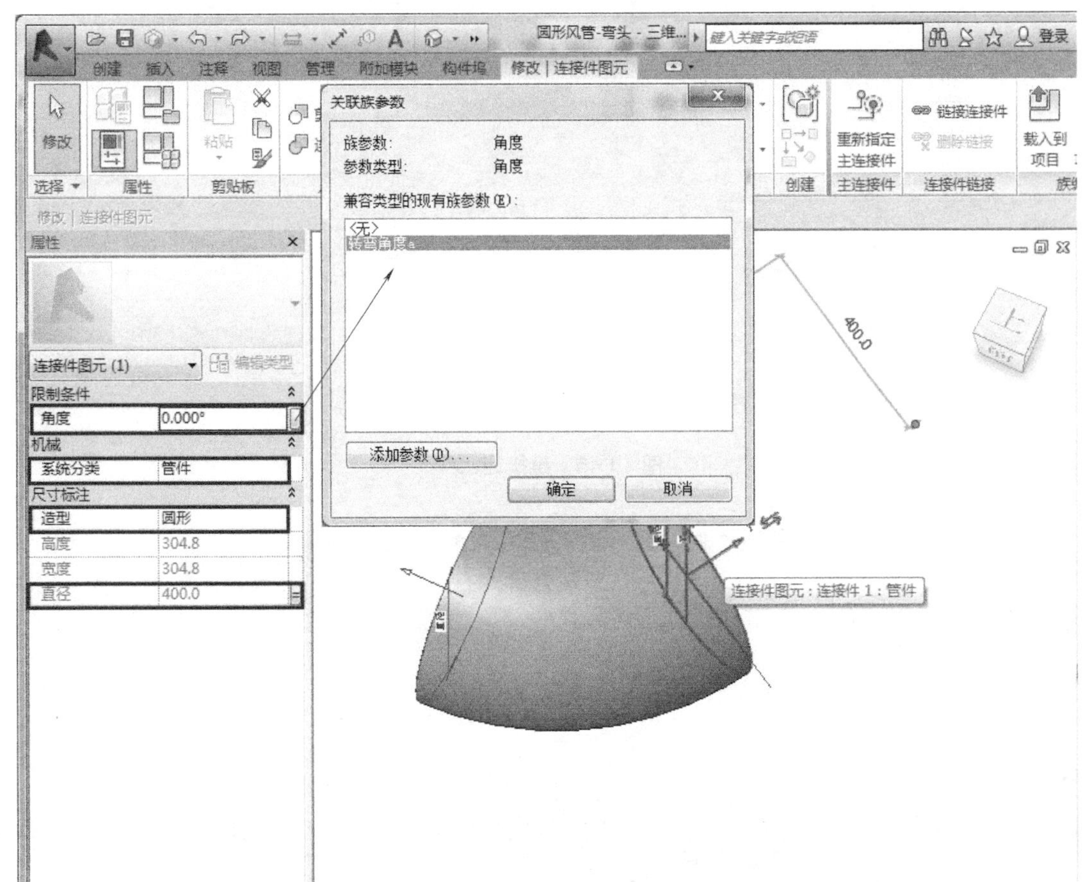

图 10-44 风管连接件的角度关联族参数

最后，设置风管连接件系统分类。选中风管连接件，在“属性”选项栏中单击“系统分类”下拉菜单，修改为“管件”。

3）链接连接件。在三维视图里，单击一个风管连接件，然后单击功能区“修改 | 连接件图元”选项卡→“链接连接件”，再单击选择风管弯头的另一个风管连接件，即完成风管弯头两端风管连接件的链接。如图 10-45 所示，此时，单击任何一个风管连接件，都会出现两个风管连接件的相互链接状态。

3. 测试风管弯头族类型参数

三维视图中，在功能区“创建”选项卡→“属性”面板单击“族类型”，弹出“族类型”对话框，如图 10-46 所示，可以看到为风管弯头定义的各项参数。选择一个参数测试，修改参数值，看三维视图中的几何外形是否发生变化，如将风管半径宽由 120 改为 250，然后单击“应用”。

4. 命名“风管弯头 - 圆形”，保存风管弯头族构件。

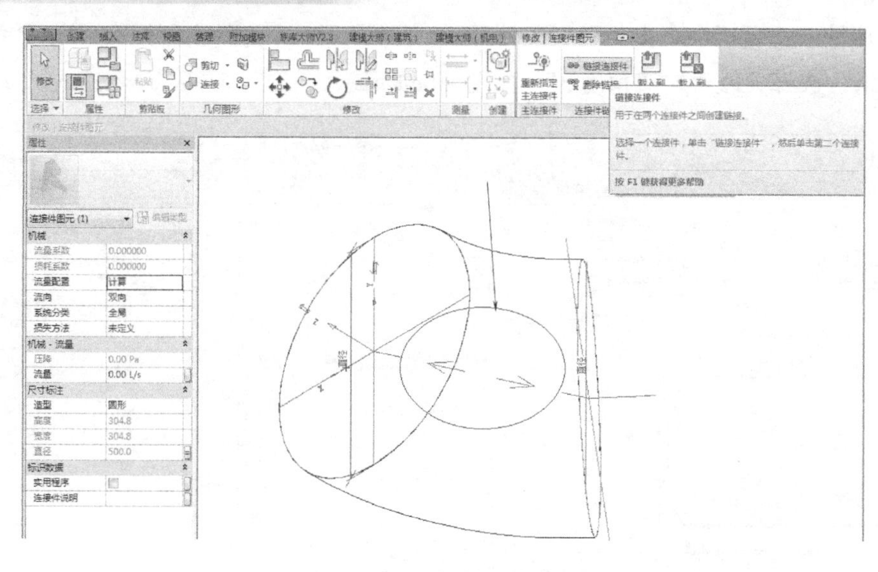

图 10-45　链接连接件

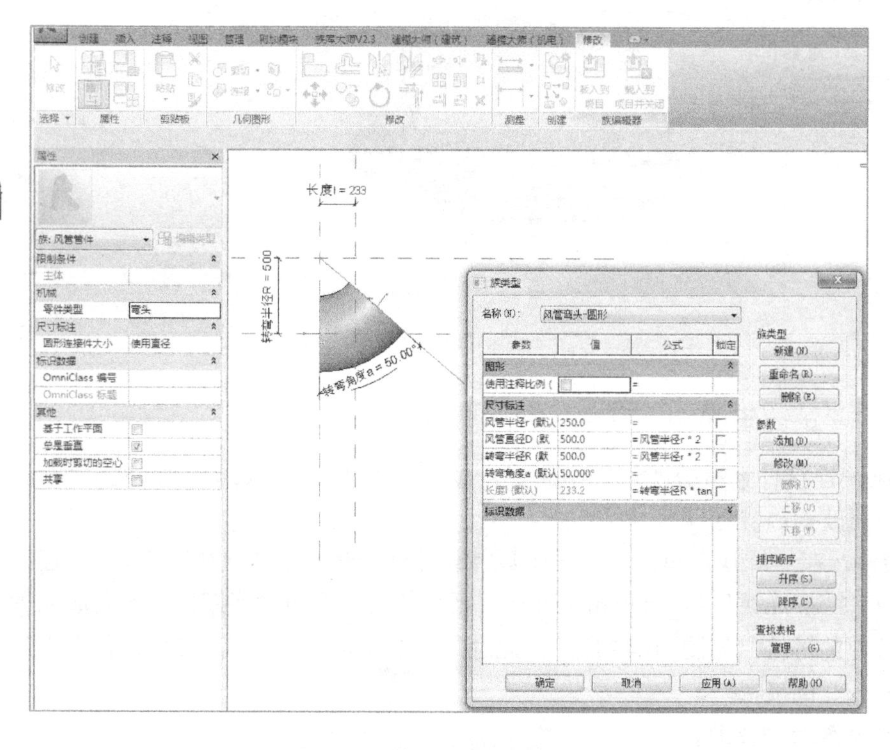

图 10-46　测试风管弯头族类型参数

创建圆形风管弯头族 3：添加风管连接件，测试族参数

5. 将风管弯头族载入项目中验证

新建 Revit 项目，插入“风管弯头 - 圆形”族，在“项目浏览器”→“族”→“风管管件”类别中，可以查看到“风管弯头 - 圆形”族类型，如图 10-47 所示。

在绘图区域放置“风管弯头 - 圆形”构件，并绘制风管，在“修改 / 管件”选项栏，分别修改“直径”为“300”“200”“100”，“风管弯头 - 圆形”构件的形状、大小随之改变。

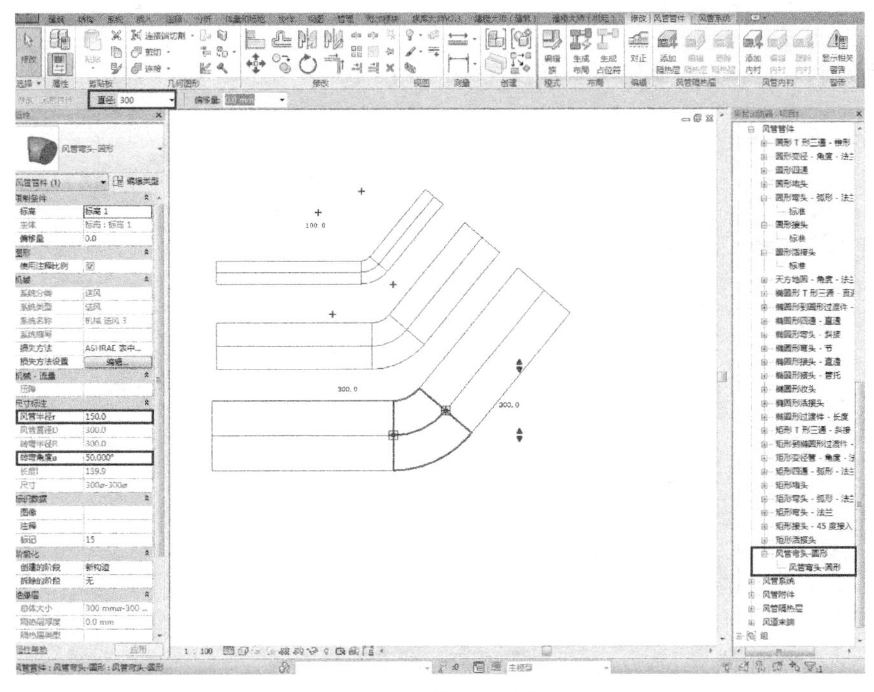

图 10-47 将风管弯头族载入项目

单击选中风管弯头，在“属性”选项栏修改“风管半径 r”“转弯角度 a”参数值，“风管弯头 - 圆形”构件的形状、大小和角度也会随之改变。验证参数化的族构件创建成功。

10.2 二维族的创建与族嵌套

Revit 除了三维构件族外，还有一些二维构件族。轮廓族、注释族、详图构件族是 Revit 中常用的二维族，它们有各自的创建样板，只能在“楼层平面”视图的“参照标高”工作平面上绘制。这些二维构件族可以单独使用，也可以作为嵌套族在三维构件族中使用，它们主要用于辅助建模和显示控制。

轮廓族用于绘制构件轮廓截面，在用“放样”“放样融合”等方式建模时作为放样界面使用。用轮廓族辅助建模，可以使建模更加简单，用户可以通过替换轮廓族随时改变实体的形状。

注释族和详图构件族主要用于平面视图中注释和绘制详图。不同的是注释族会随视图比例变化自动缩放显示，详图构件族不会随视图比例的变化而改变大小。注释族只能附着在“楼层平面”视图的“参照标高”工作平面上，详图构件族可以附着在任何一个平面上。

10.2.1 轮廓族的创建

创建轮廓族时所绘制的是二维封闭图形，该图形可以载入相关的族或项目中进行建模或其他应用。需要注意的是，只有“放样”和“放样融合”才能用轮廓族辅助建模。下面通过实例介绍轮廓族的创建和应用。

【例 10-2】 应用 Revit“族编辑器”，创建“风管 - 圆”轮廓族。

【解】 创建“风管 - 圆”轮廓族的基本步骤：新建族→选择族样板→绘制圆形轮廓→对齐锁定圆形轮廓中心与参照平面→添加族类型（参数）→命名保存“风管 - 圆 .rfa”

族文件。

1）新建族。选择“公制轮廓”样板文件，如图 10-48 所示，单击“打开”。

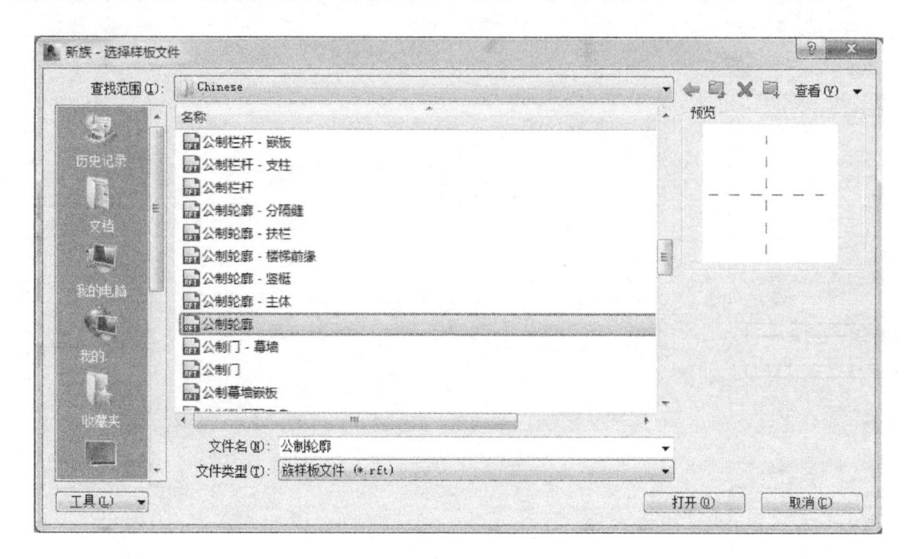

图 10-48　新建族

2）绘制圆形轮廓。单击功能区“创建”选项卡→“详图”面板→“直线”，如图 10-49 所示。

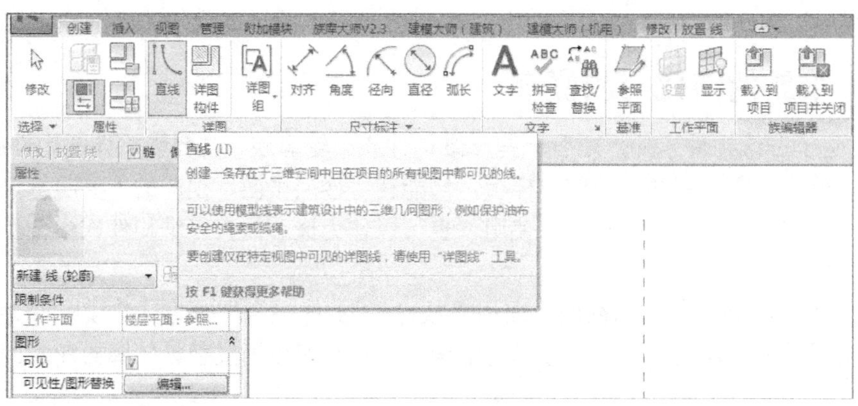

图 10-49　单击“直线”

单击功能区“修改 | 放置 线”选项卡→“绘制”面板→“画圆”，如图 10-50 所示。首先，勾选“半径”，输入半径值，如“1000”；然后，绘制圆，单击选择参照平面交点为圆心，完成圆的绘制。

3）圆形轮廓中心与参照平面对齐并锁定。单击选中圆形，“属性”选项板勾选“中心标记可见”复选框，如图 10-51 所示。单击功能区“修改 | 线”选项卡→“修改”面板→“对齐”，选择参照平面，再选择圆心，出现锁时，单击锁锁定。

4）添加径向尺寸参数。单击选中圆形轮廓线，此时出现临时尺寸标注，单击临时尺寸标注旁的“使此临时尺寸标注成为永久性尺寸标注”符号，使径向临时尺寸标注成为永久性尺寸标注。

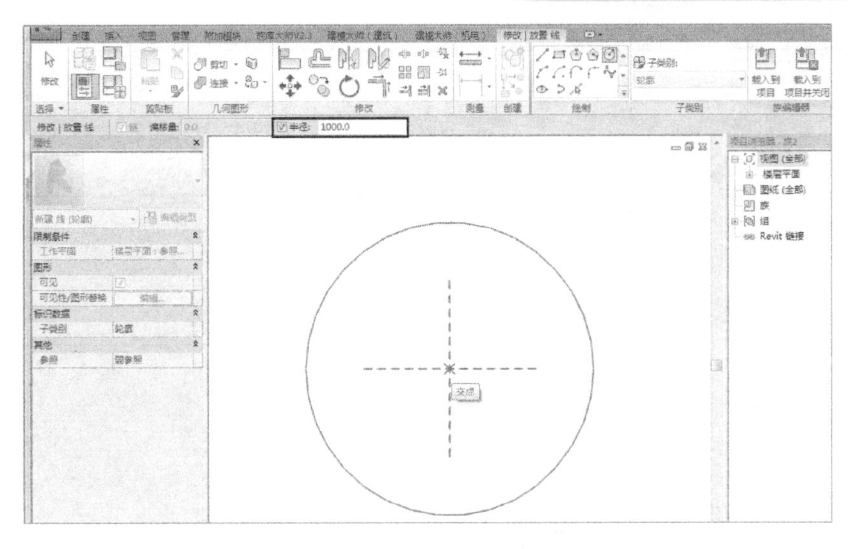

图 10-50　绘制圆形轮廓

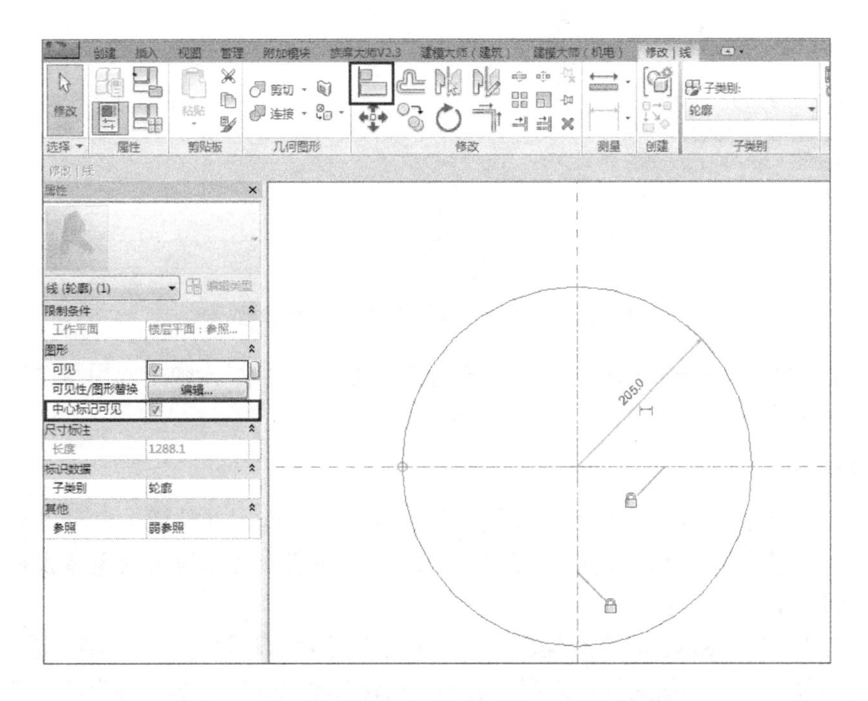

图 10-51　圆形轮廓中心与参照平面对齐并锁定

单击径向尺寸标注线，在“修改 | 尺寸标注”选项栏→“标签”下拉列表中选择“添加参数”，如图 10-52 所示，弹出“参数属性”对话框。添加“风管半径 r”族参数值，参数指定为“类型”，单击“确定”，则“风管半径 r”族参数添加到“标签”下拉列表中，并且径向尺寸与“风管半径 r”相关联。

注意：此处，“风管半径 r”参数必须指定为“类型”，以保证轮廓族嵌套到三维构件族中以后，“风管半径 r”参数在圆形轮廓族“类型属性”尺寸标注中呈现，风管半径尺寸数值在三维构件族中可以修改，测试参数有效性，并能设置与三维构件族类型参数的关联。

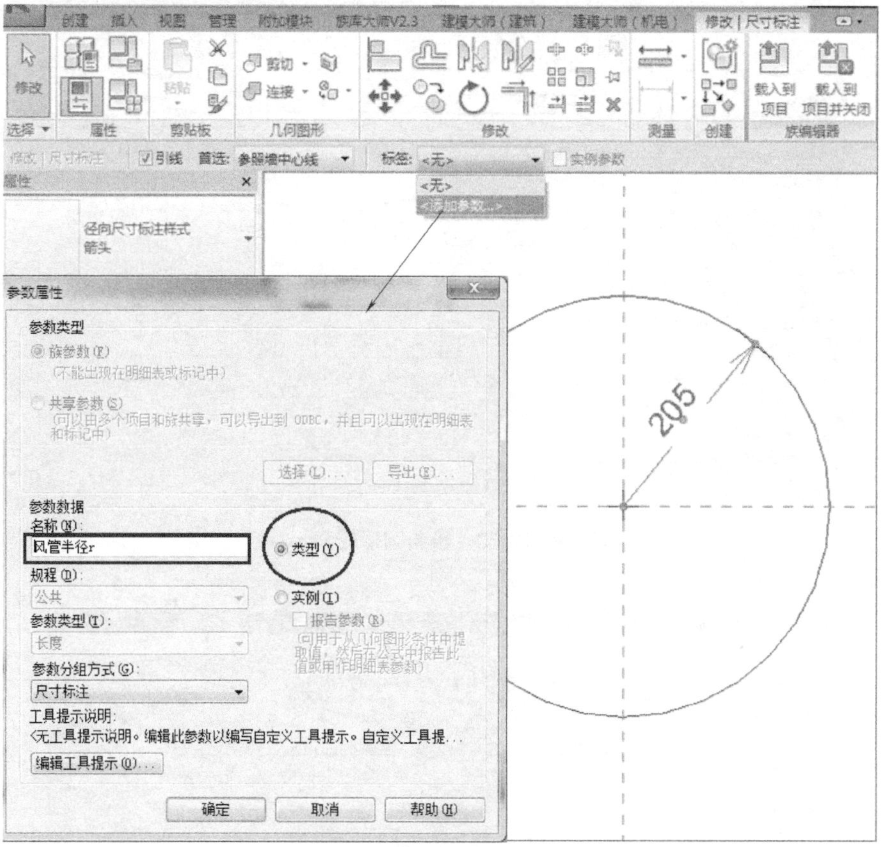

图 10-52　添加“风管半径 r”类型参数

5）保存轮廓族。单击 Revit 界面左上角的“应用程序菜单”，弹出应用程序菜单。单击“另存为”，轮廓族以“风管 - 圆”文件名保存。

10.2.2　族嵌套

可以被载入其他族中的族称为嵌套族。将现有的族嵌套在其他族中，可以节约建模时间。下面以一个实例说明如何使用嵌套族，以及使用嵌套族时如何关联主体族和嵌套族的“类型”参数信息。

【例 10-3】 应用 Revit 的“族编辑器”，以及【例 10-2】创建的“风管 - 圆”轮廓族，选择“公制风管弯头”样板文件，采用“放样”+ 载入轮廓（族嵌套）的方法，创建“风管弯头 - 嵌圆”族。

【解】 创建“风管弯头 - 嵌圆”族的基本步骤：新建族→选择族样板→创建三维模型“放样”→选择路径 / 选择轮廓→载入“风管 - 圆”轮廓族→测试族类型参数 / 嵌套轮廓族的尺寸参数与主体族的“族类型”参数信息的关联→命名保存“风管 - 嵌圆”族文件。

新建族，选择“公制风管弯头”样板文件，如图 10-53 所示，单击“打开”。

“公制风管弯头”样板文件如图 10-54 所示，其中已经定义好“长度 1”“中心半径”“角度”等族参数，并已经创建圆弧路径，还嵌套有“风管 - 圆形”和“风管 - 矩形”轮廓族。

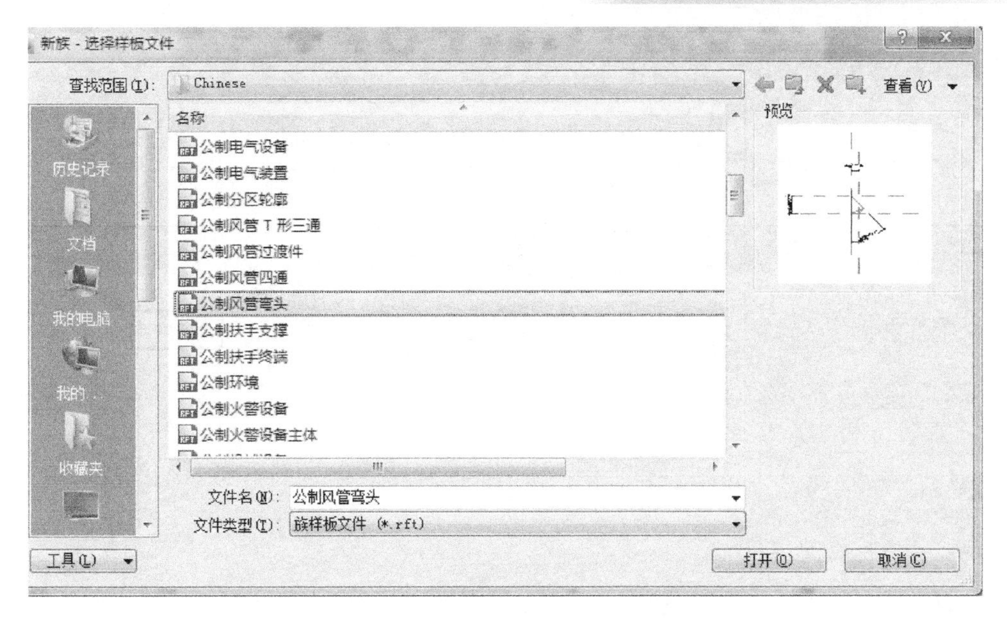

图 10-53　选择“公制风管弯头”样板文件

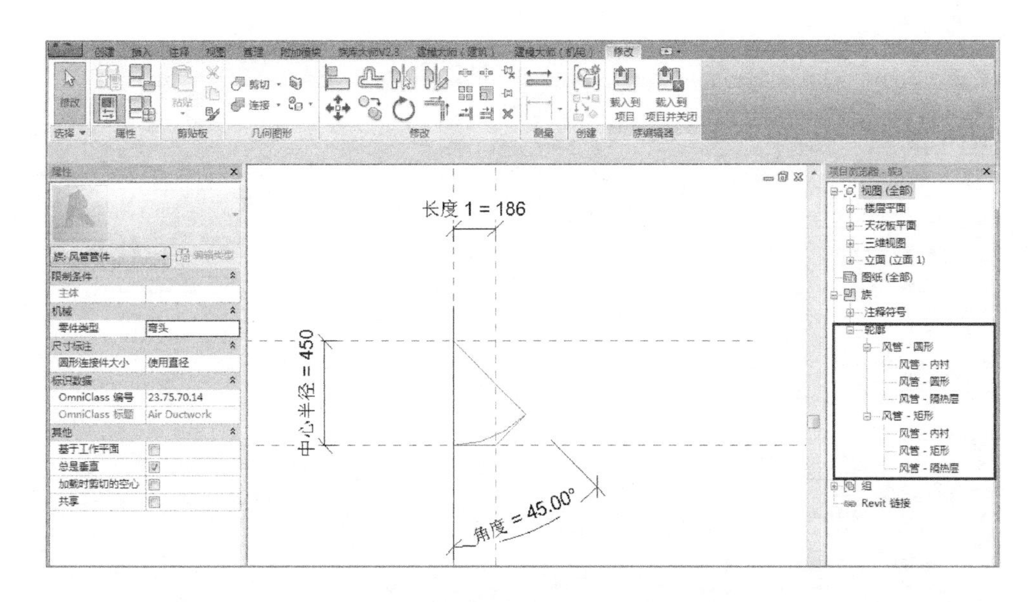

图 10-54　“公制风管弯头”样板与参数

放样拾取路径。单击功能区“创建”选项卡→“形状”面板→“放样”，进入“修改 | 放样”上下文选项卡，如图 10-55 所示。单击“放样”面板→“拾取路径”。

功能区弹出“修改 | 放样 > 拾取路径”选项卡，如图 10-56 所示。在绘图区域，单击拾取圆弧线（图中箭头所指位置），在功能区“修改 | 放样 > 拾取路径”选项卡→“模式”面板上单击“✓”，完成放样路径拾取。

返回功能区“修改 | 放样”选项卡，单击“放样”面板→“载入轮廓”，如图 10-57 所示，选择“风管 - 圆”轮廓族文件（见【例 10-2】），单击“打开”。

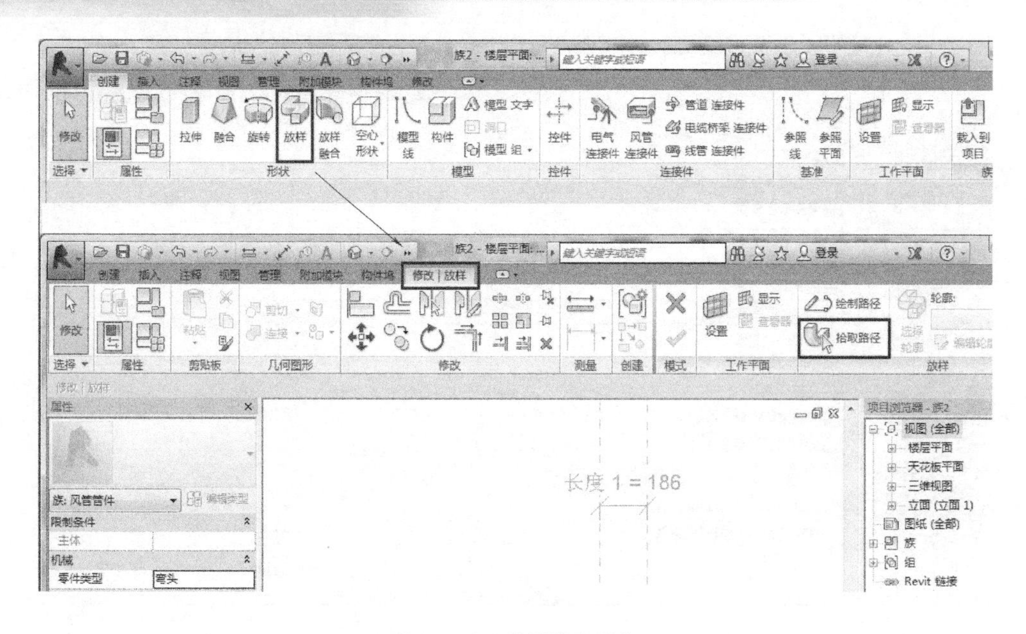

图 10-55　放样拾取路径

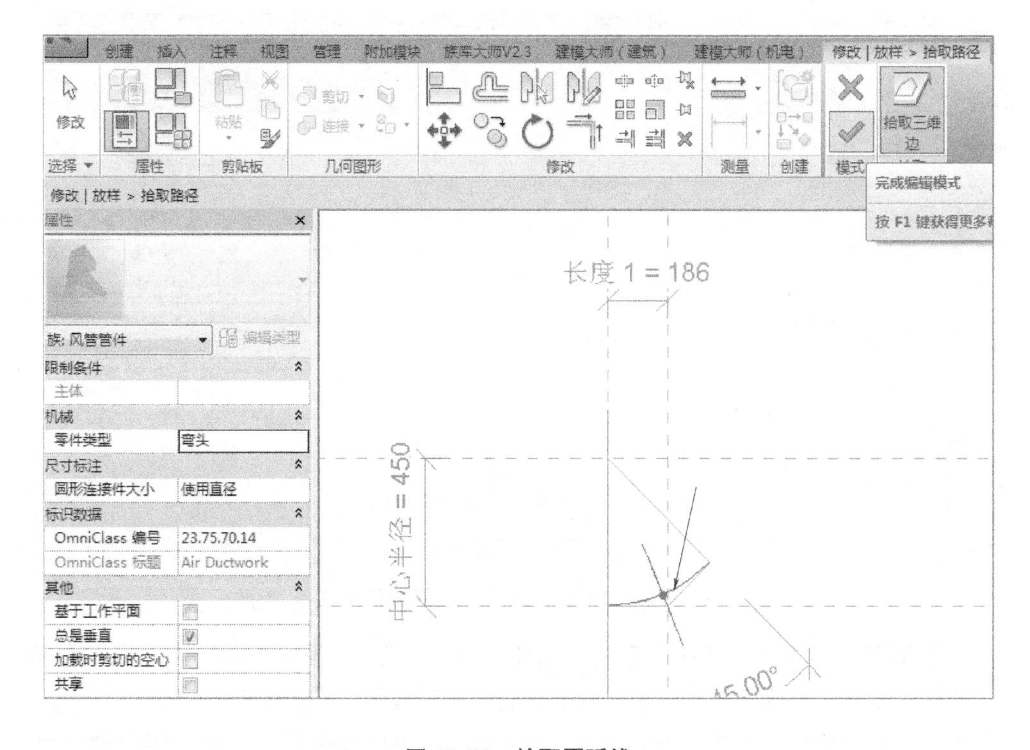

图 10-56　拾取圆弧线

选择轮廓，如图 10-58 所示，在项目浏览器中，载入的“风管 - 圆”轮廓族可查见。在“属性”选项板→“轮廓”下拉菜单选取载入的“风管 - 圆”轮廓。单击功能区“修改 | 放样”选项卡→“模式”面板上的“✓”，完成放样建模。

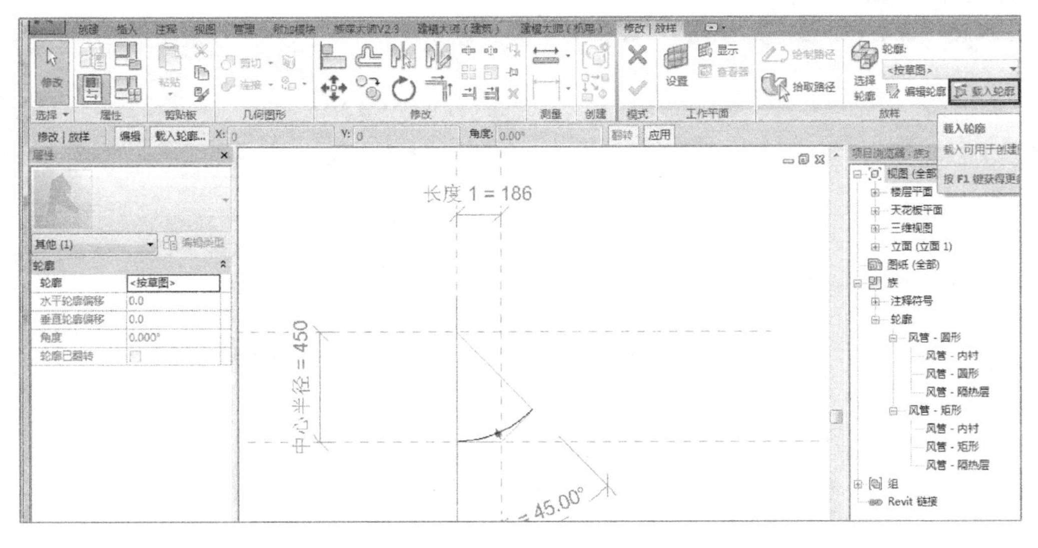

图 10-57 载入“风管 - 圆”

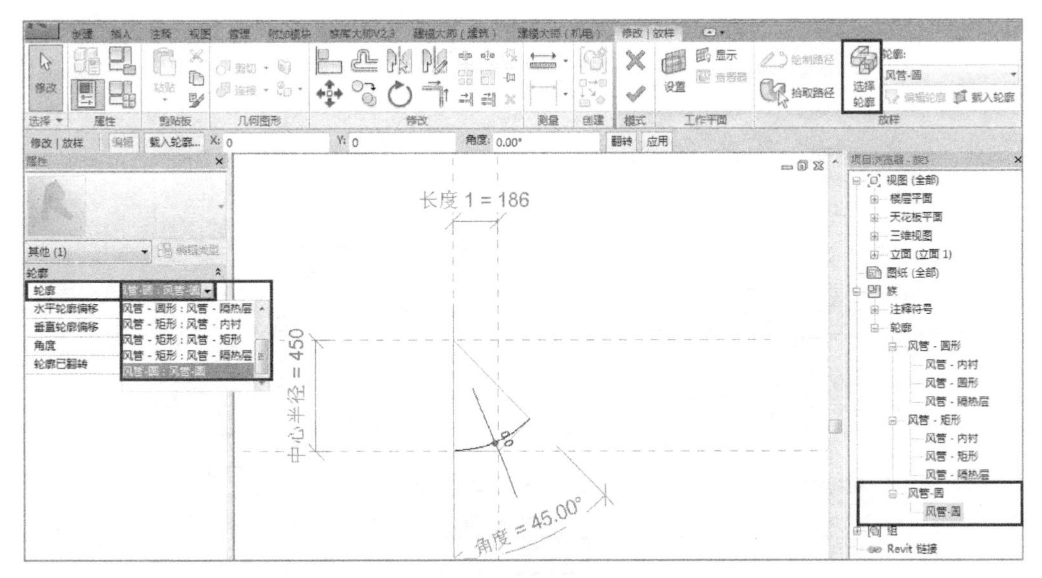

图 10-58 选取载入的轮廓族

单击功能区“创建”→“属性”面板→“族类型”，弹出“族类型”对话框，如图 10-59 所示。修改尺寸标注栏的尺寸值，可见风管弯头模型相应变化。

在“族类型”对话框中，没有“风管半径”参数，因此，需要添加“风管半径”实例参数，并给“中心半径”添加限定公式“= 风管半径 *2”，如图 10-60 所示。

注意：实际工程施工项目中，风管转弯半径与风管半径之间是有规范要求的。

在新建风管弯头族的项目浏览器中，双击“风管 - 圆”嵌套族，弹出“类型属性”对话框，如图 10-61 所示。在这里可以看到嵌套族中定义的“风管半径 r”尺寸参数。此时，进行以下两种操作。

1）修改“风管半径 r”尺寸参数值的大小，观察风管弯头三维模型变化，测试该参数。

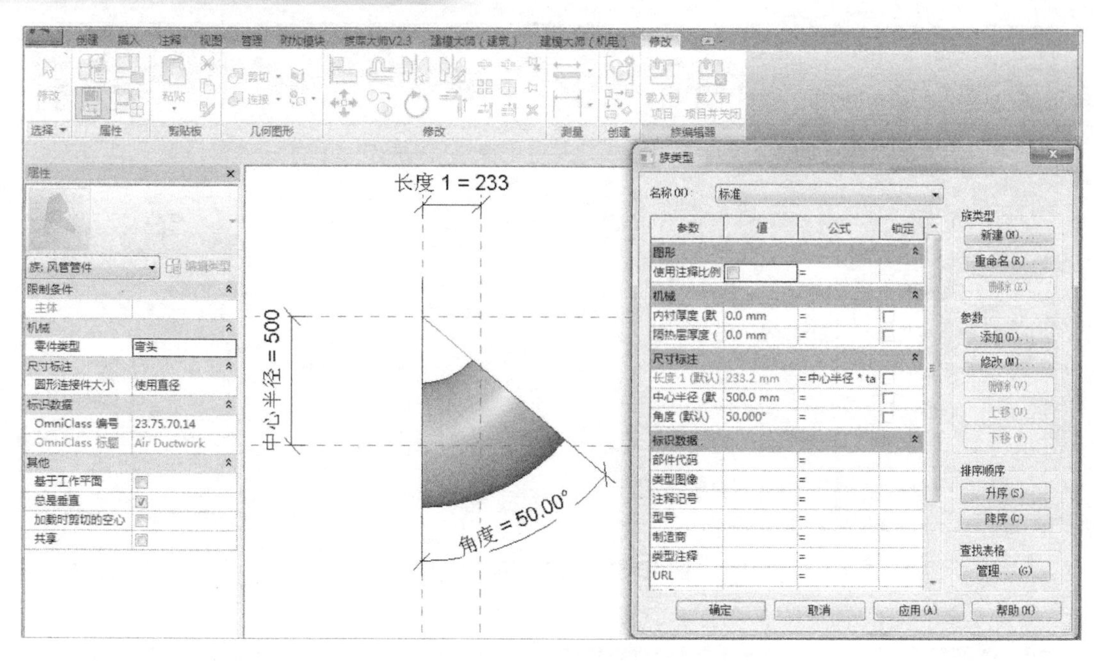

图 10-59　测试族类型参数

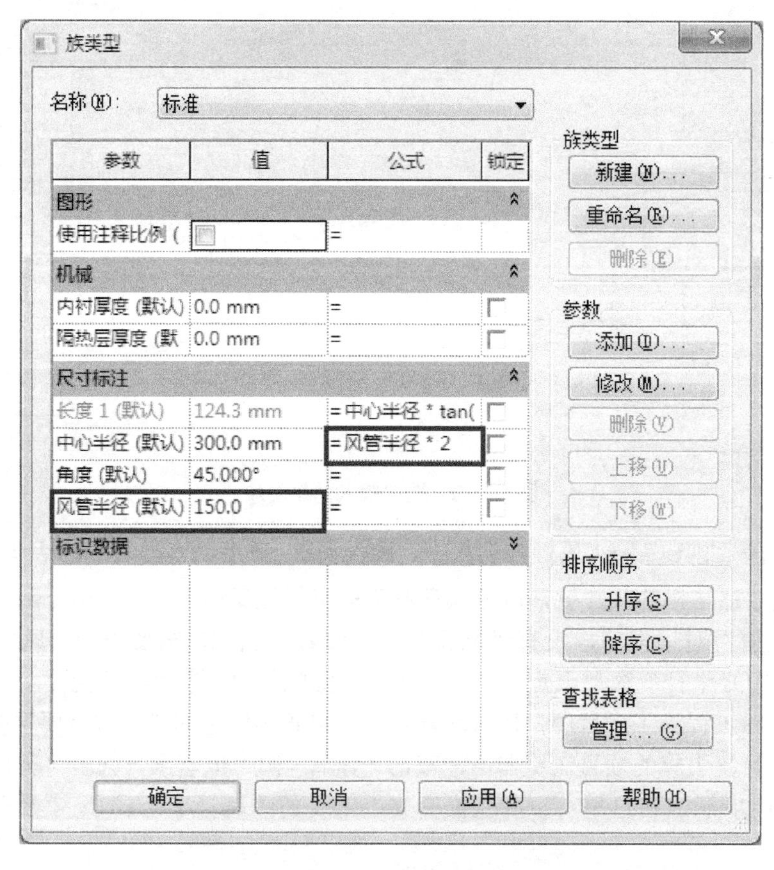

参数	值	公式	锁定
图形			
使用注释比例 (		=	
机械			
内衬厚度 (默认)	0.0 mm	=	
隔热层厚度 (默	0.0 mm	=	
尺寸标注			
长度 1 (默认)	124.3 mm	= 中心半径 * tan(	
中心半径 (默认)	300.0 mm	= 风管半径 * 2	
角度 (默认)	45.000°	=	
风管半径 (默认)	150.0	=	
标识数据			

图 10-60　添加“风管半径”实例参数

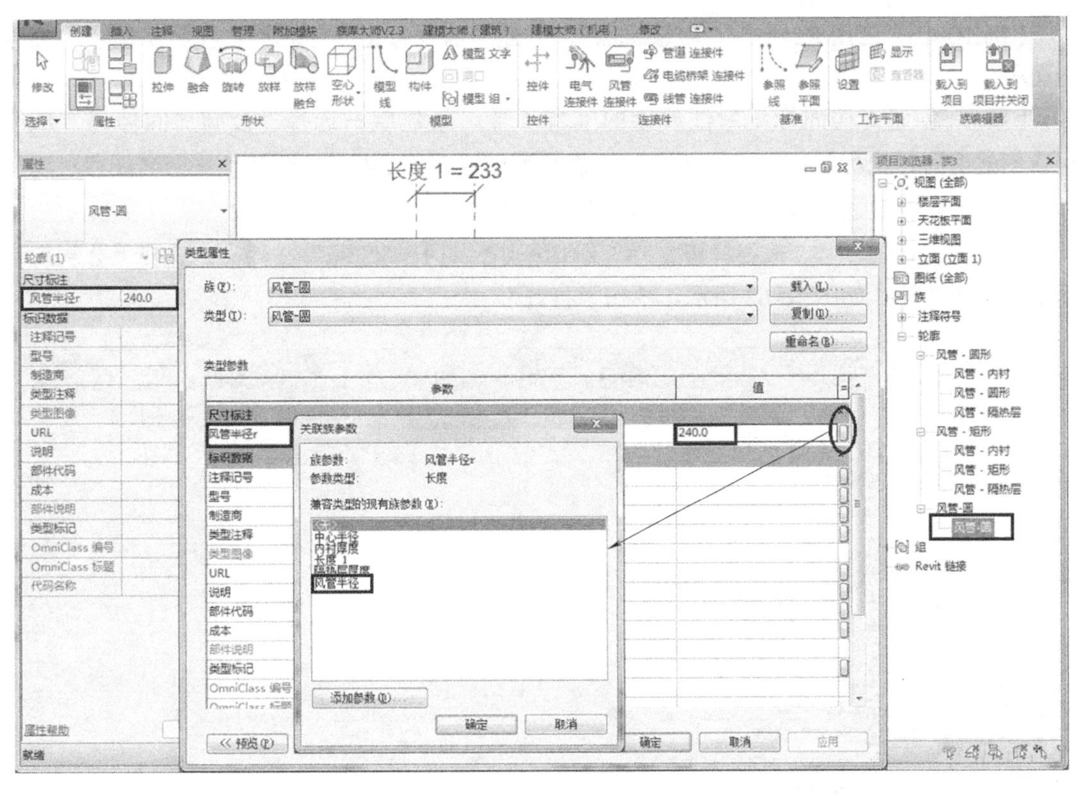

图 10-61　关联嵌套族与主体族的参数

注意：嵌套族的“风管半径 r”尺寸参数可见，是因为“风管半径 r”尺寸参数在“风管 - 圆”嵌套轮廓族“参数属性”对话框中，被指定为“类型”参数。如果参数属性是“实例”参数，则嵌套后不可见。

2）“风管 - 圆”嵌套轮廓族的“风管半径 r”参数可与风管弯头主体族“族类型”参数关联。单击尺寸标注“风管半径 r”最右边的“关联族参数”，打开“关联族参数”对话框。选择主体族的“风管半径”，单击“确定”，这样就可以用主体族中的“风管半径”参数去驱动嵌套族中的“风管半径 r”参数了。

单击 Revit 界面左上角的“应用程序菜单”，弹出应用程序菜单，单击“另存为”，风管弯头族以“风管弯头 - 嵌圆”为文件名保存。

注意：创建嵌套族时，“族类型”对话框→“参数类型”栏→“共享参数”选项的意义在于：如果勾选了“共享参数”选项，主体族嵌套“共享参数”的嵌套族，则主体族载入项目中，每个嵌套族可以在项目中分别被标记和录入明细表。反之，若主体族嵌套非“共享参数”的嵌套族，则主体族将在项目内当作单个族，并且它会作为单一族录入明细表中。需要提醒的是，“共享参数”的嵌套族中，只有“实例”参数才能和主体族的参数关联，“类型”参数不能关联。

10.2.3　注释族的创建

注释族是用来在平面视图中进行二维注释的族文件，它被广泛运用于很多构件的二维视图中。下面以一个实例来说明注释族的创建。

【例 10-4】 应用 Revit 的“族编辑器”，创建“房间标记”注释族，注释房间名、编号和面积。

【解】 创建“房间标记”注释族的基本步骤：新建族→选择“公制房间标记”族样板→创建房间标记标签→调整标签类型参数的可见性 / 设置类型参数属性→命名保存“房间标记”注释族→载入项目测试“房间标记”注释族。

新建族，在“新族 - 选择样板文件”对话框中，打开“注释”文件夹，选择“公制房间标记”样板文件，如图 10-62 所示，单击“打开”。

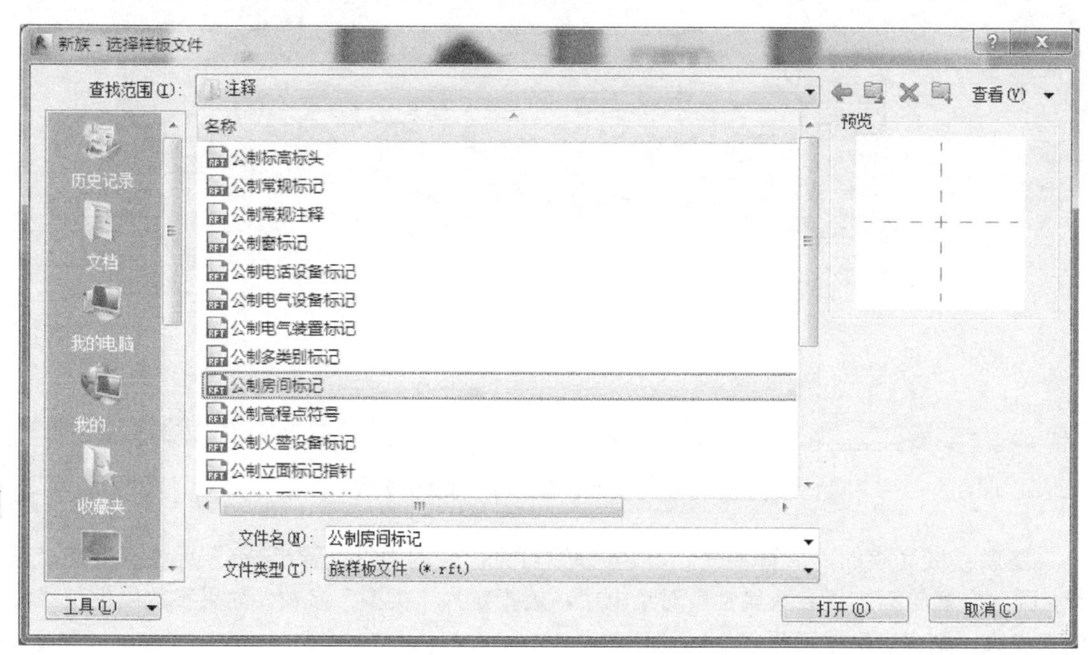

图 10-62 用“公制房间标记”样板新建族

添加标签到房间标记。单击功能区“创建”→“文字”面板→“标签”，功能区出现“修改 | 放置 标签”选项卡，如图 10-63 所示。单击“格式”面板→“居中”，“属性”选项板上，标签的类型选择 3mm。单击参照平面的交点（图中箭头所指），以此确定标签的位置，弹出“编辑标签”对话框。

在“类别参数”栏下，选择“名称”，单击“→”按钮，将“名称”添加为“标签参数”，如图 10-64 所示，采用同样方法将“编号”添加为标签参数。“样例值”栏里可以填写“房间名称”“101”等样例值。单击“确定”，即创建房间标记标签。

如果想要房间标记里含有面积，可以用相同的方法添加“面积”标签，“样例值”里填写面积大小，单位为 m^2，例如 $150m^2$，单击“确定”。

调整“标签”值可见性。单击“面积”标签，在面积“属性”选项板上单击“可见”栏右侧的“关联族参数”按钮，弹出“关联族参数”对话框，如图 10-65 所示。单击“添加参数”，弹出“参数属性”对话框。在“名称”栏里命名，如“标记可见性”（类型），单击“确定”。

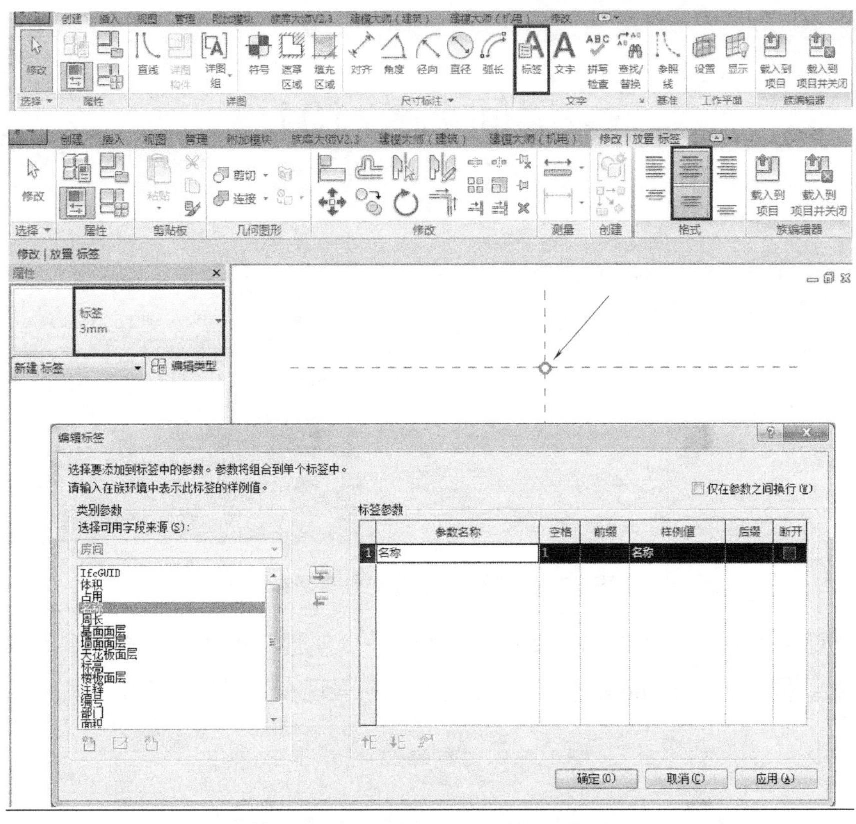

图 10-63 添加标签到“房间标记”

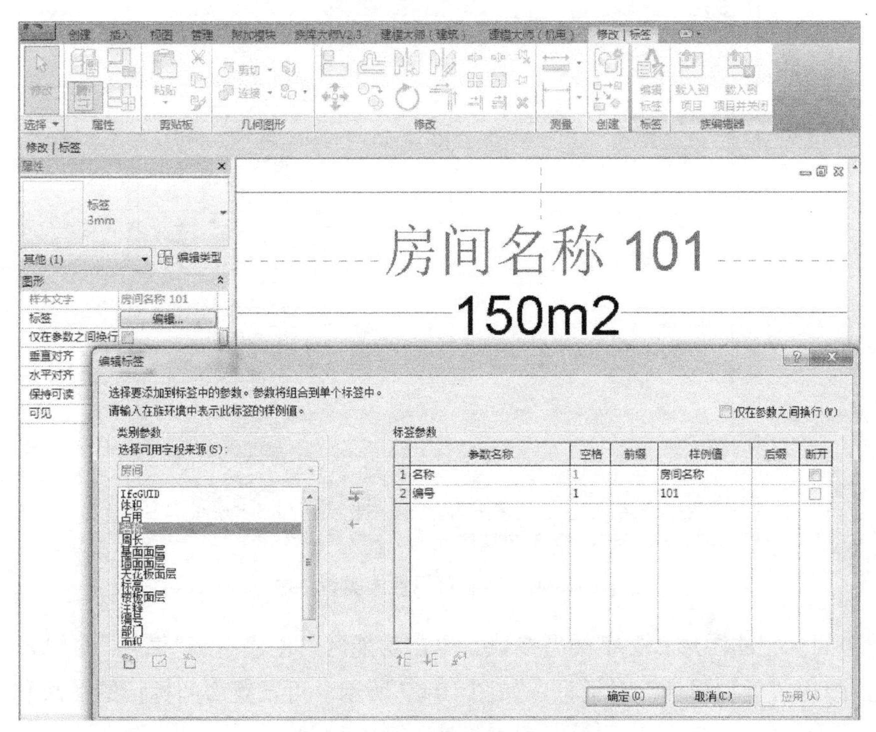

图 10-64 创建房间标记标签

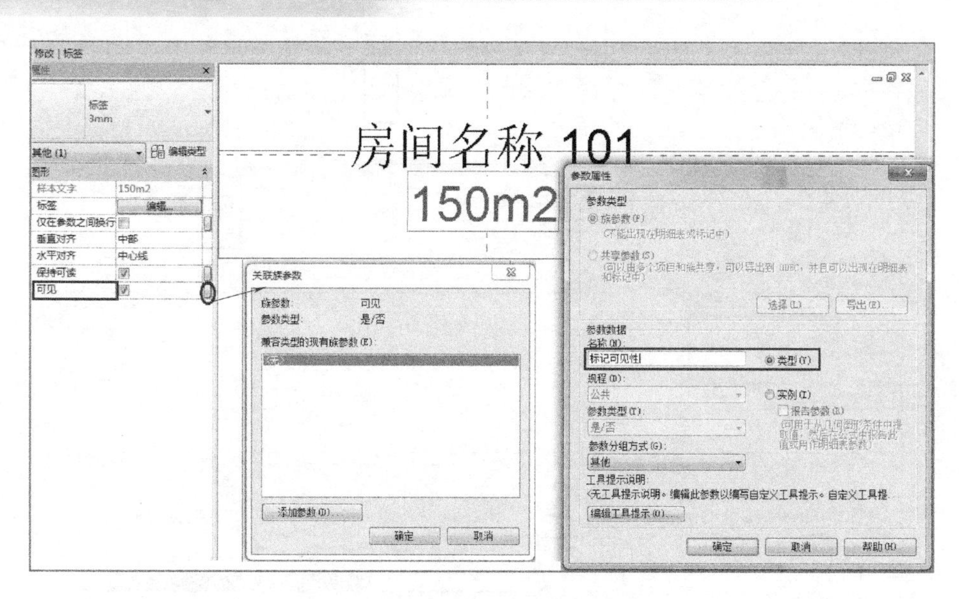

图 10-65 设置面积可见性类型参数

查看可见性参数设置。单击功能区“创建”→“属性”面板→“族类型”按钮，弹出“族类型”对话框，如图 10-66 所示，“标记可见性”呈现在“参数”栏里了。

图 10-66 查看可见性族类型参数

设置房间标记的图形和文字类型参数。单击功能区“创建”→“属性”面板→“类型属性”按钮，弹出“类型属性”对话框，如图 10-67 所示，可设置房间标记的图形和文字类型参数。

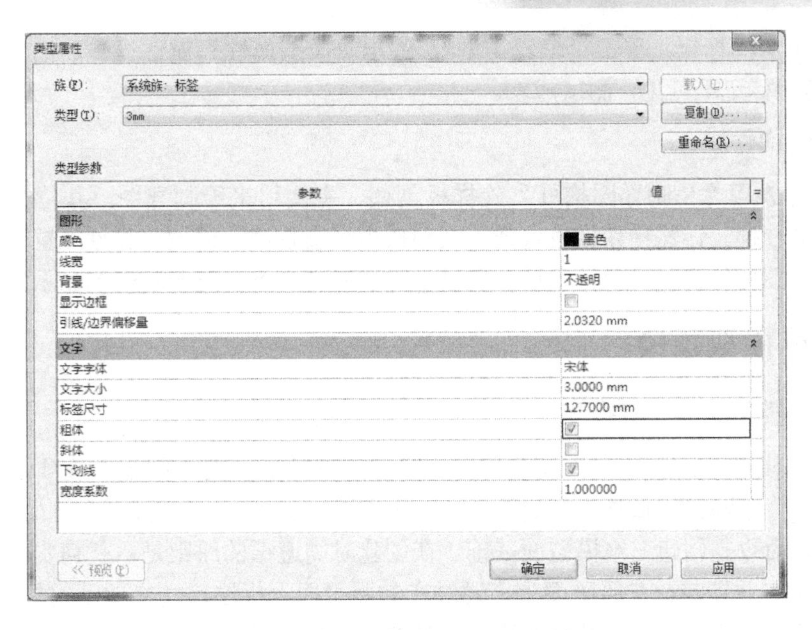

图 10-67　设置房间标记的图形和文字参数

载入项目测试。用“另存为”命令，将创建好的房间标记以“房间标记”为文件名保存。打开 Revit“验证族 - 项目”文件，进入项目的楼层平面视图，单击功能区“插入”选项卡→“从库中载入”面板→“插入族”按钮，选择“房间标记”族文件，单击“打开”，将“房间标记”载入项目中。

为房间添加标记。单击功能区“建筑”选项卡→“房间和面积”面板→“房间”按钮，如图 10-68 所示。单击房间中的一点，创建以模型图元（如墙、楼板和天花）和分隔线为界限的房间。然后，单击“标记 房间”按钮，再次单击房间中的一点，即为房间添加“房间 1　30m^2”的标记，房间编号“1”为自动编号，面积“30m^2”为房间面积自动测量值。

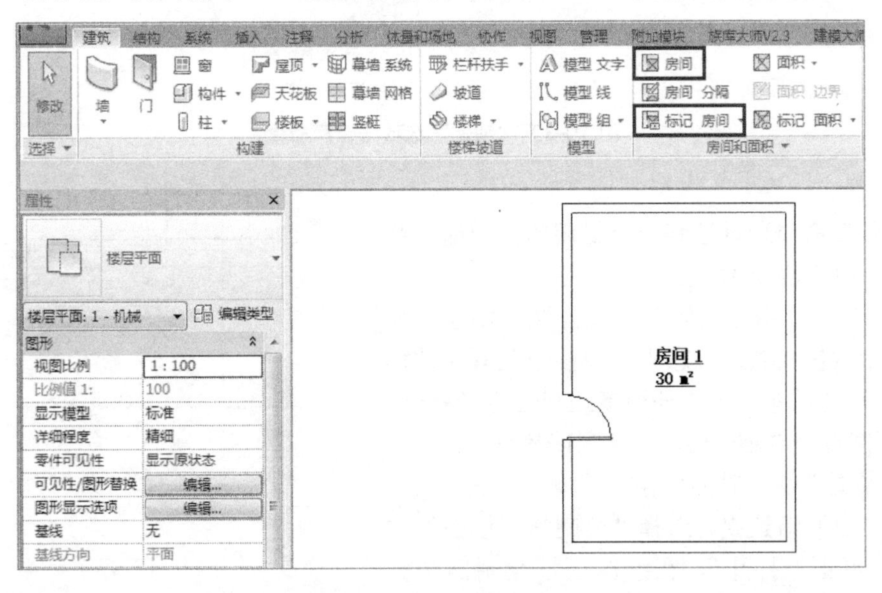

图 10-68　为房间添加标记

单击选中房间标记，单击“编辑类型”，弹出“类型属性”对话框。取消勾选“标记可见性”，则房间标记不可见，测试成功。

10.2.4 详图构件族

详图构件族用“公制详图构件”族样板创建，主要用来绘制详图，其特征和创建方式与注释族几乎一样。详图构件族也可载入其他族中嵌套使用，通过可见性设置来控制其显示与否。但是详图构件族载入项目中后，其显示大小固定，不会随着项目的显示比例而改变。

10.3 三维模型建模

10.3.1 三维模型的创建与修改

创建三维模型包括创建实体模型和空心模型。在功能区的“创建”选项卡中，提供了“拉伸”“融合”“旋转”“放样”“放样融合”和“空心形状”等建模命令，加图 10-69 所示。熟练应用这些命令是创建三维模型的基础。在创建时需遵循的原则是：任何实体模型和空心模型都尽量对齐并锁定在参照平面上，通过在参照平面上标注尺寸来驱动实体形状的改变。下面简单介绍上述建模命令以及修改编辑工具的特点和使用方法。

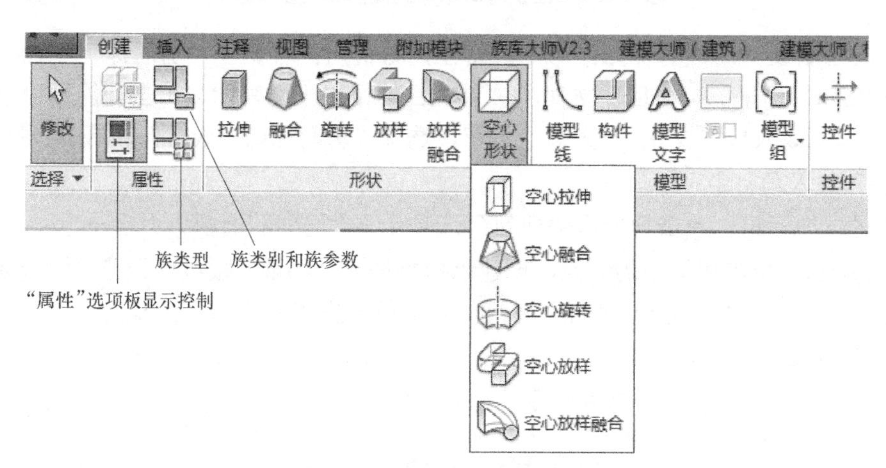

图 10-69 “创建”选项卡建模命令

1. 拉伸

“拉伸”命令通过绘制一个封闭的拉伸端面并给予一个拉伸高度来建模。

【例 10-5】 用“拉伸”建模方法，创建如图 10-70 所示六棱柱族，添加族类型参数关联尺寸标注，添加尺寸关系公式“外切多边形圆直径 d= 内接多边形圆直径 D*sin（a)”，并测试参数，将模型以“螺母螺栓”为文件名保存。

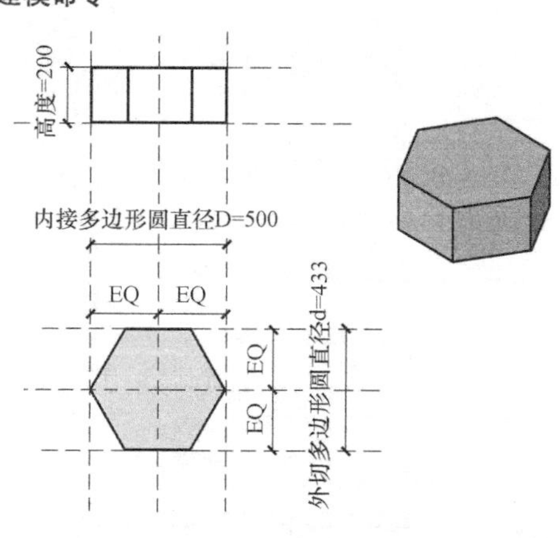

图 10-70 六棱柱族参数

【解】 1）新建族。选择“公制常规模型”样板文件，单击“打开”。在绘图区域绘制四个参照平面，并标注参照平面尺寸，关联参数，如

图 10-71 所示。

2）“拉伸”创建六棱柱模型。功能区“创建”选项卡→“形状”面板上，单击“拉伸”按钮，打开“修改 | 创建拉伸”上下文选项卡。单击选择“内接多边形”按钮，在绘图区域绘制六边形。先单击中心参照平面交点（作为内接多边形圆的中心），再单击指定六边形顶点，如图 10-72 所示，用“对齐”命令将六边形顶点与垂直参照平面对齐并锁定，将六边形水平线与上水平参照平面对齐并锁定。单击“修改 | 创建拉伸”选项卡中的“✓”按钮，即可创建深度为 250 的六棱柱模型。

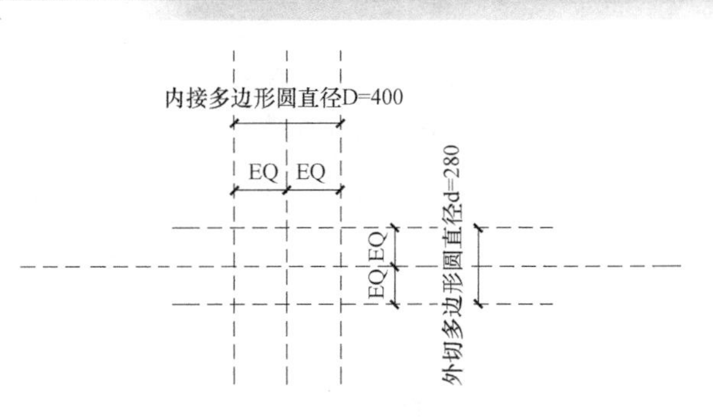

图 10-71 创建参照平面并标注尺寸参数

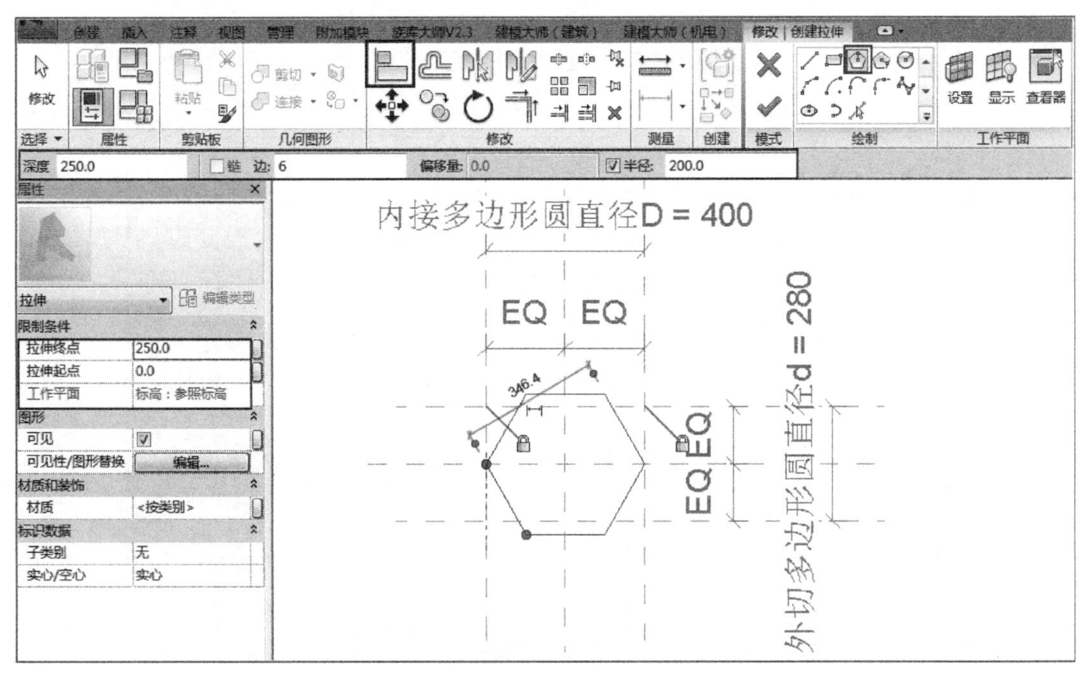

图 10-72 “拉伸”创建六棱柱模型

3）锁定六棱柱顶面和底面。单击“项目浏览器”→“立面”→“前”，转向立面视图。在绘图区域绘制一个参照平面，并标注参照平面尺寸，关联参数。然后将六棱柱顶面和底面分别与上、下参照平面对齐并锁定，如图 10-73 所示。

4）测试族类型参数。单击“族类型”按钮，弹出“族类型”对话框，如图 10-74 所示。在“尺寸标注”栏添加“a”角度参数，添加关系公式“外切多边形圆直径 d= 内接多边形圆直径 D*sin（a）”。现在可以通过改变“内接多边形圆直径 D”和“高度”参数来改变六棱柱的形状了。用“另存为”命名保存模型为“螺母螺帽 .rfa”族文件。

2. 融合

“融合”命令可以将两个平行平面上的不同形状的端面进行融合建模。

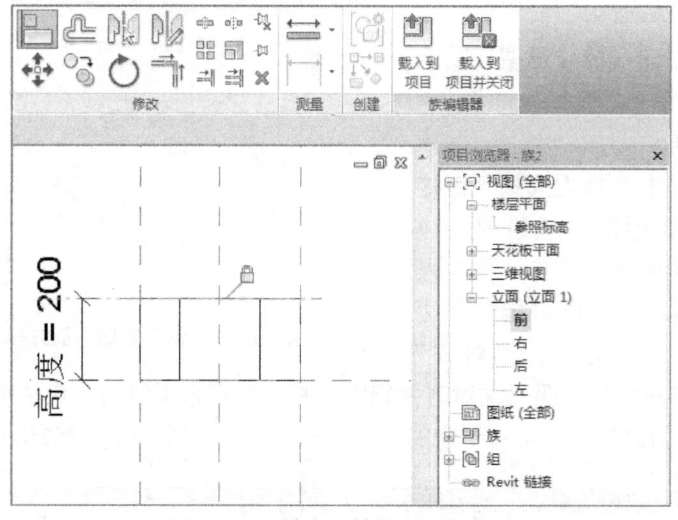

图 10-73　锁定六棱柱顶面和底面

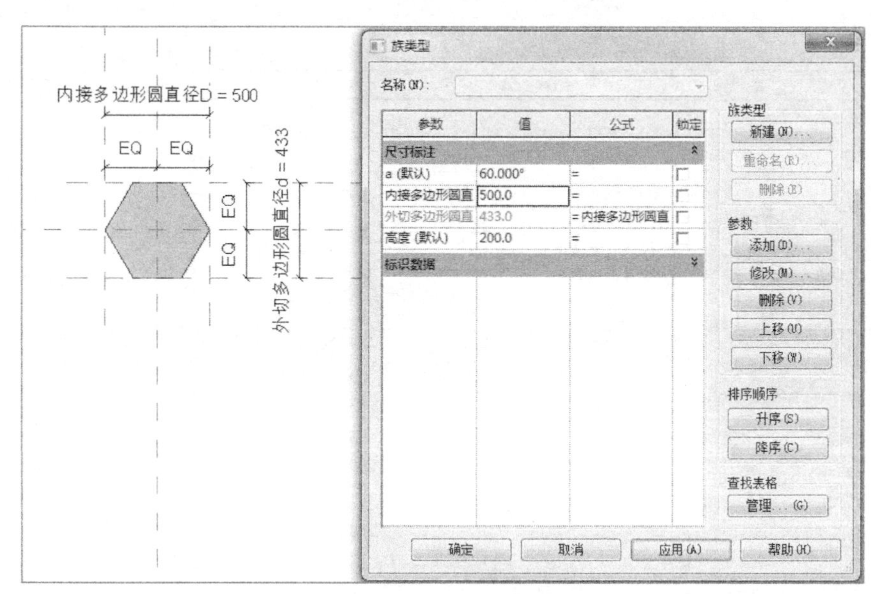

图 10-74　测试族类型参数

【例 10-6】 用“融合”建模方法，创建如图 10-75 所示模型，添加族类型参数关联尺寸标注，并测试参数。

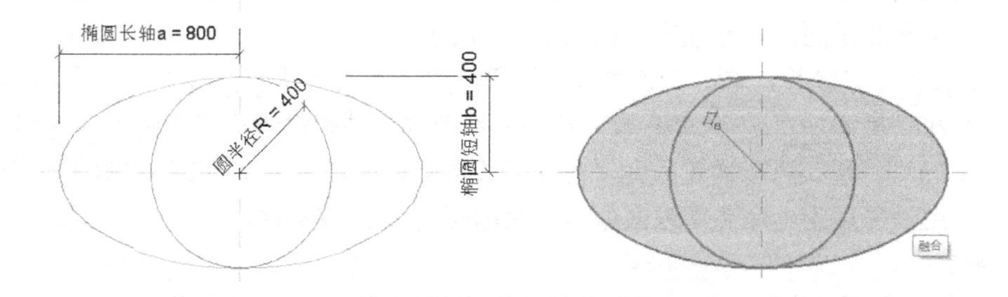

图 10-75　融合体参数

【解】1）新建族。选择“公制常规模型”样板文件，单击“打开”，创建圆 - 椭圆融合体模型。

2）绘制底部轮廓线。单击功能区“创建”选项卡→“形状”面板→“融合”按钮，打开“修改丨创建融合底部边界”上下文选项卡，如图 10-76 所示。单击“绘图”面板→“椭圆”按钮，绘制底部椭圆轮廓。单击草图尺寸使其成为永久尺寸标注，并通过选项栏“标签”下拉菜单“添加参数”关联椭圆的长轴和短轴标注尺寸。

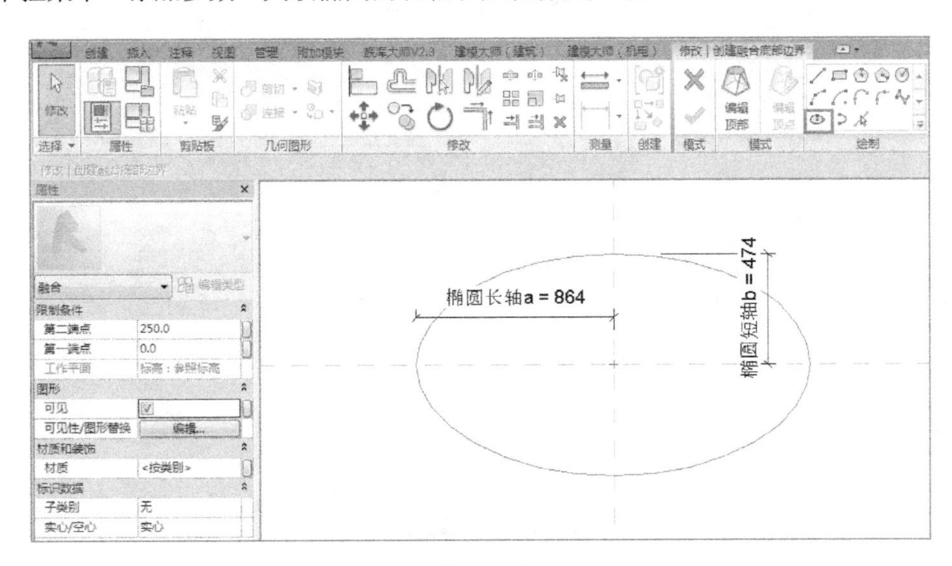

图 10-76　绘制融合模型底部椭圆轮廓

3）绘制顶部轮廓线。单击“模式”面板上的“编辑顶部”按钮，功能区上下文选项卡切换为“修改 | 创建融合顶部边界”，如图 10-77 所示。此时，单击“绘制”面板上的“圆”按钮，绘制顶部圆形轮廓。同样地，单击草图尺寸使其成为永久尺寸标注，并通过选项栏的“标签”下拉菜单“添加参数”关联圆的半径标注尺寸。

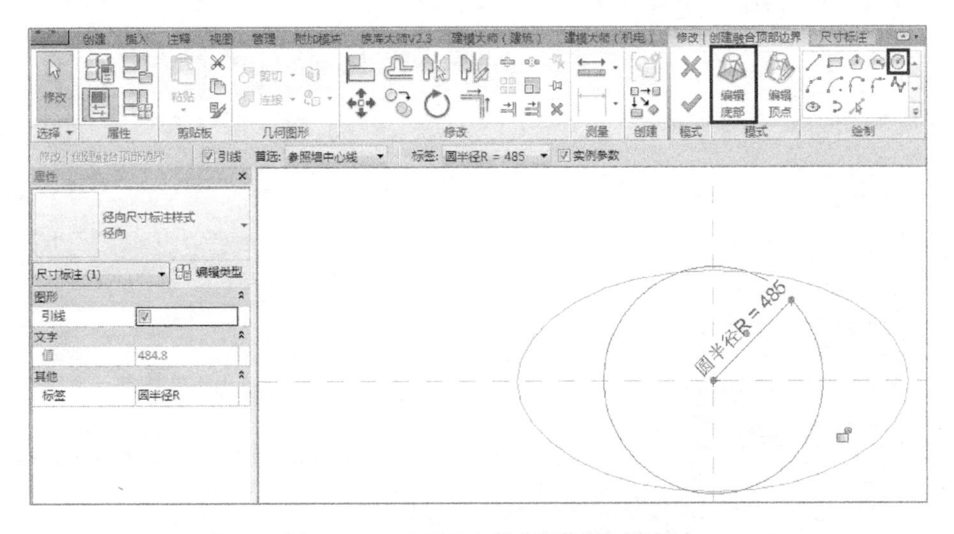

图 10-77　绘制融合模型顶部圆形轮廓

4）测试族类型参数。功能区“修改 | 创建融合顶部边界”上下文选项卡中，单击“✓”按钮，完成融合模型创建，如图 10-78 所示。单击“族类型”按钮，弹出“族类型”对话框，在“尺寸标注”栏添加关系公式“圆半径 R= 椭圆短轴 b”。现在可以通过改变顶部“圆半径 R”、底部“椭圆长轴 a”“椭圆短轴 b”，以及选项栏的“深度”改变融合体的形状了。

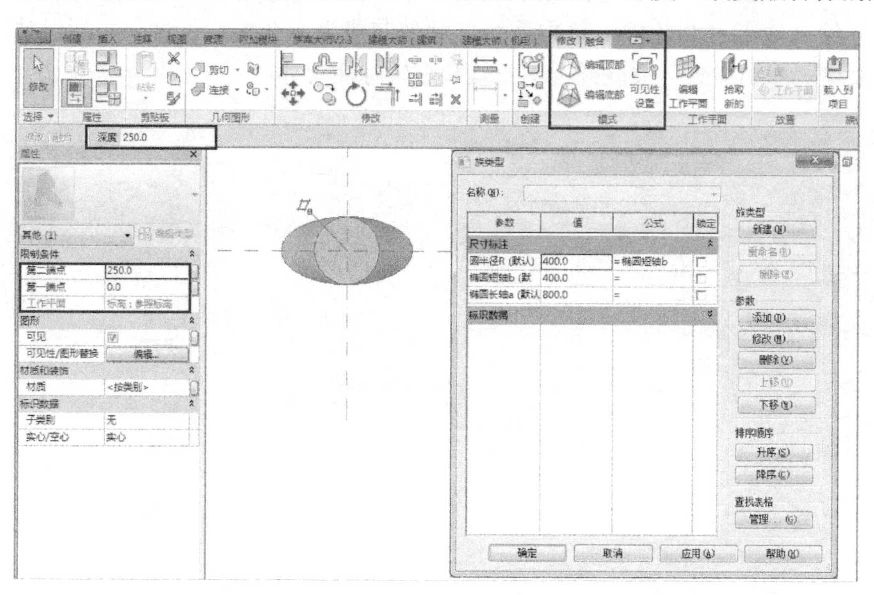

图 10-78 测试融合体参数

3. 旋转

“旋转”命令可创建围绕一根轴旋转而成的几何形状。可以绕一根轴旋转 360°，也可以只旋转 180°，或其他任意角度。其使用方法如下：

单击功能区“创建”选项卡→“绘制”面板→“旋转”按钮，打开“修改 | 创建旋转”上下文选项卡，如图 10-79 所示。默认先绘制边界线，再单击“绘图”面板上的命令，可以绘制任何形状，但边界必须是闭合的。

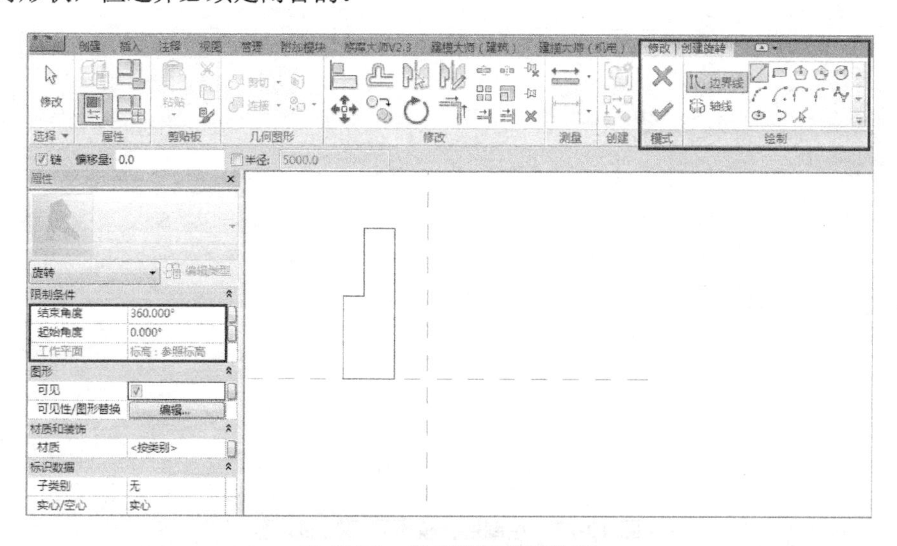

图 10-79 绘制旋转模型轮廓

单击“修改 | 创建旋转”上下文选项卡中的“轴线”按钮，绘制轴线（也可以选择已有图元轮廓直线作为轴线），单击“✓”按钮，即完成旋转建模。

用户还可以对已有的旋转模型进行编辑。单击创建好的旋转模型，在“属性”对话框中，修改“起始角度”“结束角度”，旋转模型形状随即改变。

4. 放样

“放样”是用于创建需要绘制或应用轮廓（形状）并沿路径拉伸此轮廓的族的一种建模方式。

5. 放样融合

使用“放样融合”命令，可以创建具有两个不同轮廓的合体，然后沿路径对其进行放样。其使用方法和“放样”大致一样，只是要选择 2 个轮廓面。如果在放样融合时，选择嵌套轮廓族作为放样轮廓，这时选择已经创建好的放样融合实体，那么在“属性”选项板中，可以通过更改“水平轮廓偏移”和“垂直轮廓偏移”来调整轮廓和放样中心线的偏移量，实现“偏心放样融合”。

6. 空心模型

空心模型的创建方法有两种。一种是单击功能区“创建”选项卡→“空心形状”按钮，在其下拉列表中选择“空心拉伸”“空心融合”“空心旋转”“空心放样”“空心放样融合”等命令建模。“空心形状”建模命令的使用方法与实体模型对应的创建命令基本相同。另一种是实模型和空心模型相互转换。选中实体模型，如图 10-80 所示。在“属性”选项板的“实心 / 空心”栏下拉菜单选择“空心”，即可将实体模型转换为空心模型。

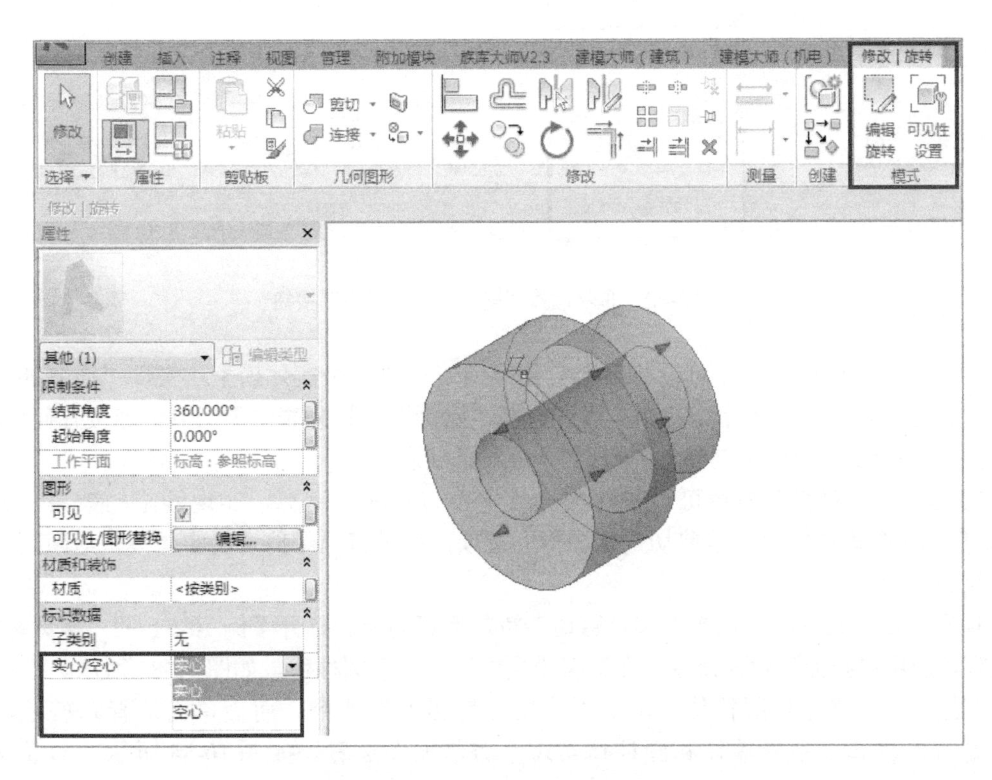

图 10-80　“实心 / 空心”模型转换

7. 修改编辑工具

三维构件族建模或项目建模时，单击选中任意一个构件（或图元），功能区出现“修改 ”上下文选项卡，其“修改”面板上显示图元修改编辑工具，如图10-81所示，包含“对齐”“移动”“复制”“旋转”“阵列”“镜像”“拆分”“修剪”“偏移”“锁定”“解锁”“删除”等编辑命令。修改编辑工具适用于项目建模和创建族模型的整个过程。

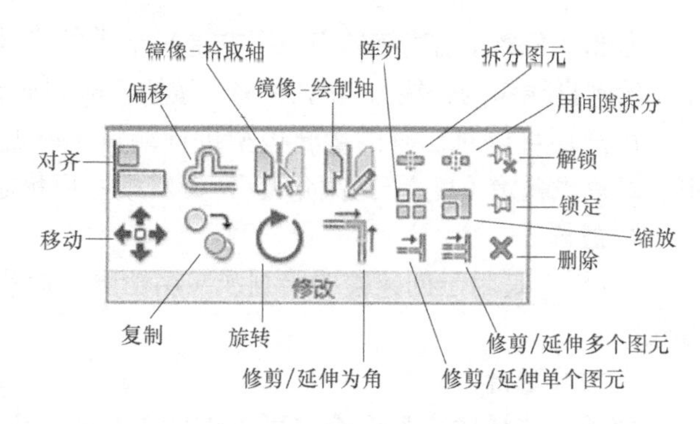

图 10-81 修改编辑工具

10.3.2 三维模型的布尔运算

Revit 三维建模的布尔运算方式主要有“连接”和“剪切”两种。可在功能区“修改”选项卡中找到相应的命令按钮，如图 10-82 所示。

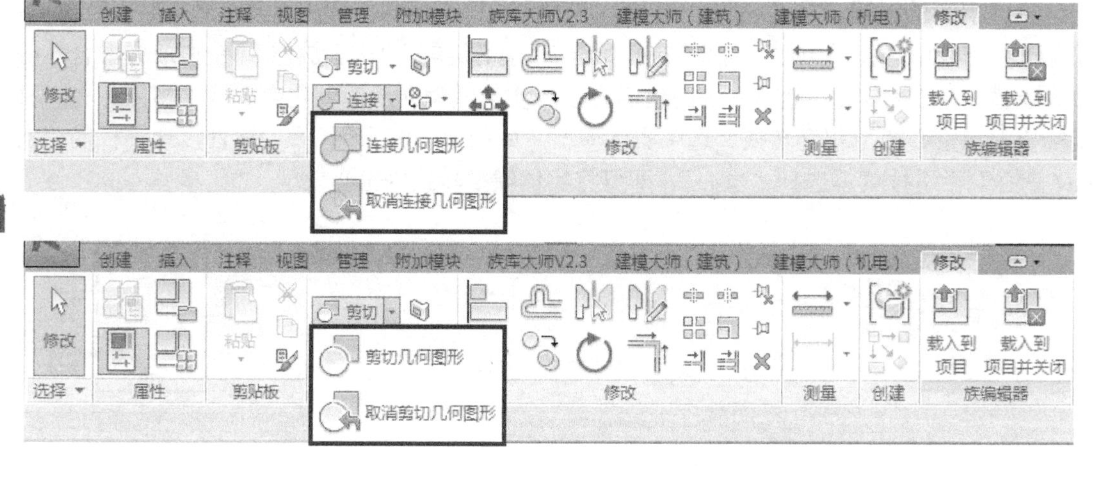

图 10-82 布尔运算“连接”和“剪切”按钮

1）连接。“连接”命令可以将多个实体模型连接成一个实体模型，实现“布尔加”运算，并且连接处产生实体相交的相贯线。选择“连接”下拉列表中的“取消连接几何图形”命令，可以将已经连接的实体模型返回到未连接的状态。

2）剪切。“剪切”命令可以进行实体模型“布尔减”运算，实现镂空的效果。选择“剪切”下拉列表中的“取消剪切几何图形”选项，可以将已经剪切的实体模型返回到未剪切的状态。

现在用案例来说明“连接”和“剪切”布尔运算功能。打开【例 10-5】的“螺母螺栓”族文件，应用“拉伸”建模命令，在原有模型中添加一个圆柱体，如图 10-83 所示。

“连接”六棱柱和圆柱体。单击“连接几何图形”命令，而后单击选择六棱柱，再单击选择圆柱体，则六棱柱和圆柱体实现“布尔加”运算，如图 10-84 所示，形成螺栓模型。

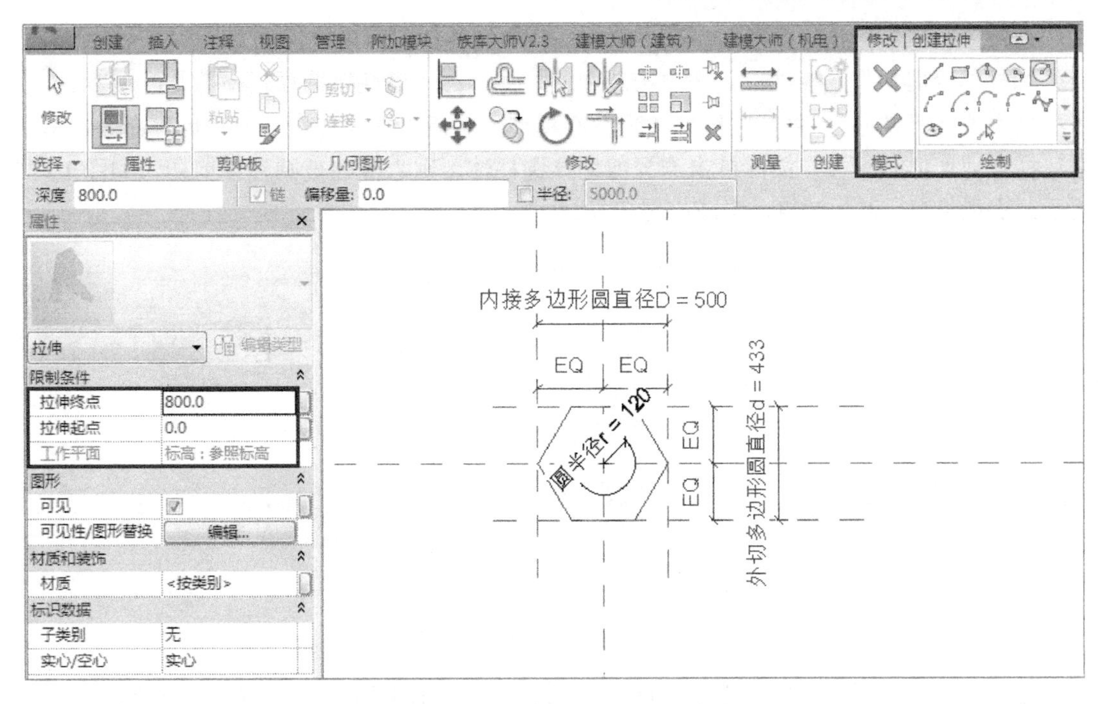

图 10-83 “拉伸”创建圆柱体

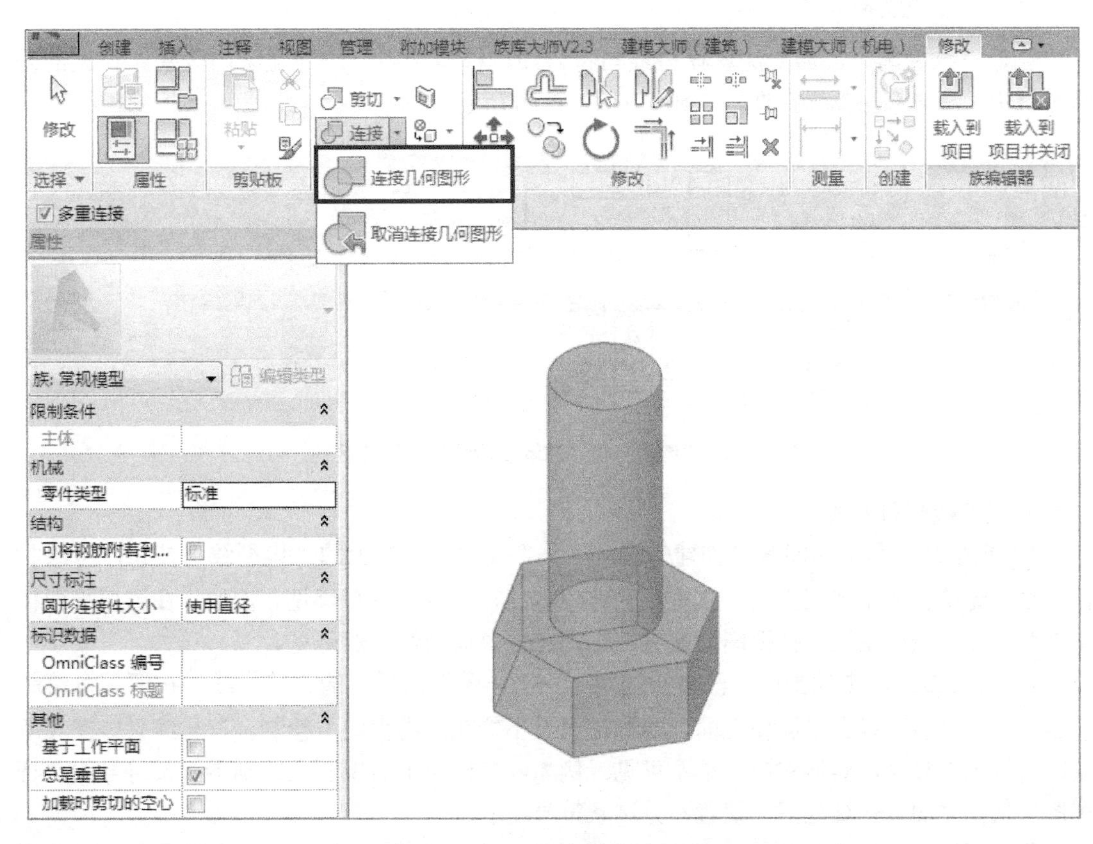

图 10-84 “连接”六棱柱和圆柱体

运用“取消连接几何图形”命令，将六棱柱和圆柱体返回未连接状态。

圆柱体“剪切”六棱柱。首先单击选中圆柱体，在“属性”选项板→“实心 / 空心”栏下拉列表选择“空心”，将圆柱体修改为空心模型，然后单击“剪切几何形体”命令，再单击选择被剪切体六棱柱，最后单击选择剪切体圆柱体，则六棱柱被圆柱体剪切，如图 10-85 所示，实现“布尔减”运算，形成螺母模型。

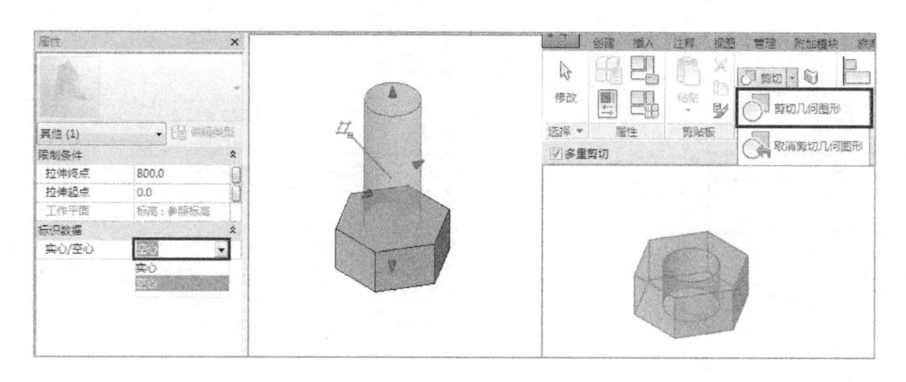

图 10-85　圆柱体“剪切”六棱柱

注意：运用“剪切”命令进行“布尔减”运算时，剪切体模型必须为空心模型。

10.3.3　三维模型符号与控件

创建三维模型时，需要注意模型线与符号线、模型文字与注释文字的区别；在族的创建过程中，有时会用到“控件”按钮，如图 10-86 所示。

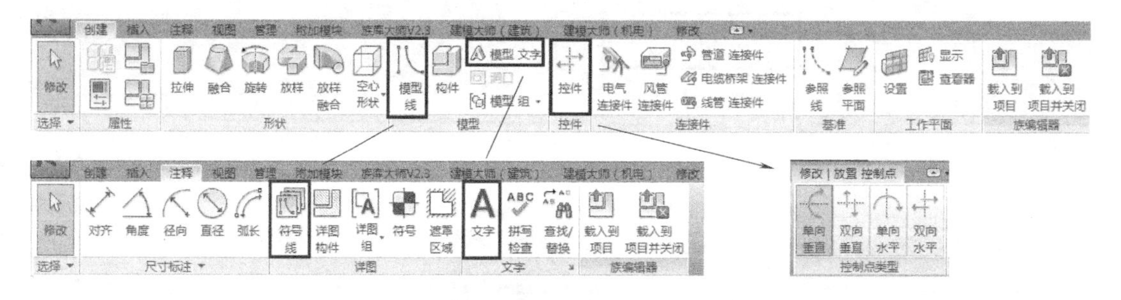

图 10-86　“创建”与“注释”命令的对比与区别

1. 模型线和符号线

1）模型线。单击功能区“创建”选项卡→“模型”面板上的“模型线”按钮，可绘制模型线。无论在哪个视图里绘制模型线，该模型线在其他视图都可见。例如，在楼层平面视图上绘制了一条模型线，把视图切换到三维视图，该模型线依然可见。

2）符号线。单击功能区“注释”选项卡→“详图”面板上的“符号线”按钮，可绘制符号线。符号线可以在平面和立面上绘制，但是不能在三维视图中绘制。符号线只能在其所绘制的视图上显示，其他的视图都不可见。例如，在楼层平面视图上绘制了一条符号线，将视图切换到立面或三维视图，就看不见这条符号线了。

符号线可以转换为模型线。单击选中符号线，弹出“修改 | 线”上下文选项卡，再单击“编辑”面板上的“转换线”按钮，即可将符号线转换为模型线。

用户可根据族构件模型显示需要，合理选择绘制模型线或符号线，使族构件模型具有多样的显示效果。

2. 模型文字和注释文字

1）模型文字。单击功能区“创建”选项卡→“模型”面板上的“模型文字”按钮，可添加模型文字。当族构件载入项目中后，在项目中模型文字可见。

2）注释文字。单击功能区“注释”选项卡→“文字”面板上的“文字”按钮，可添加注释文字。注释文字只能在族编辑器中可见；当族构件载入项目中，这些注释文字就不可见。

3. “控件”

在族的创建过程中，有时会用到“控件”按钮，它的作用是为族构件添加在项目中可以按照指定方向翻转的控件符号。具体添加和使用的方法如下：

1）单击功能区“创建”选项卡→“控件”面板上的“控件”按钮，弹出“修改 | 放置 控制点”上下文选项卡。

2）在“控制点类型”面板上单击“单向垂直”“双向垂直”“单向水平”“双向水平”其中一个命令按钮，例如“双向垂直”按钮。

3）在图元图形的右侧区域单击指定控件符号放置位置，完成一个“双向垂直”控件符号的添加。

4）将这个族构件加载到项目中，并添加到绘图区域。当单击该族时，就会出现“双向垂直”控件符号；单击该控件符号，该族构件就会上下垂直翻转。其他控件的添加和使用步骤基本与此相同。

10.4　创建风管静压箱族构件

这里以空调系统中的风管静压箱族的创建为例，使读者在使用“族编辑器”创建族过程中，深入理解“族类别”“族类型参数”“参照平面（线）”“工作平面”等重要概念，学会熟练应用“族编辑器”工具，创建三维参数化族构件。

【例 10-7】 应用 Revit 软件的“族编辑器”，创建风管静压箱族，并载入项目测试。尺寸标注和族类型参数如图 10-87 所示。尺寸限定公式：静压箱高 = 风管高 +400，静压箱宽 = 风管宽 +400，静压箱长 = 风管长 +400。

【解】 创建风管静压箱族的基本流程：新建族→选择族样板→锁定 / 隐藏参照标高→创建参照平面→“拉伸”创建三维实体形状→对齐尺寸标注和约束→添加族类型参数→添加风管连接件 / 链接连接件 / 修改风管连接件属性→修改族类别和族参数→测试族类型参数 / 添加公式限定族类型参数→添加部件材质→设置可见性→命名保存族构件/载入项目进行验证。

10.4.1　创建参照平面

1. 新建族，指定族样板文件

单击 Revit 界面左上角的“应用程序菜单”按钮，单击“新建”下拉菜单中的“族”，弹出“新族 - 选择样板文件”对话框，如图 10-88 所示。指定族样板“公制机械设备”，单击“打开”，完成族文件（.rfa）新建。

2. 锁定 / 隐藏参照标高

1）锁定参照标高。双击“项目浏览器”→“立面”→“前”，进入“立面 - 前”视图。

单击选择参照标高，再单击“修改|标高”选项卡→修改面板上的“锁定”按钮，将标高锁定。

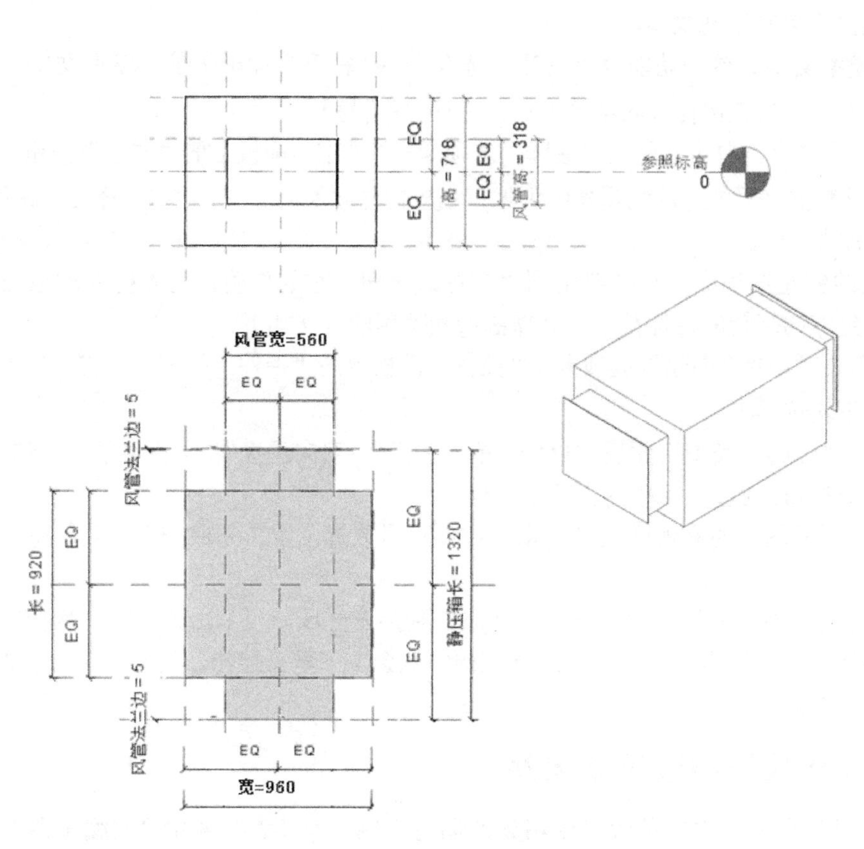

图 10-87　风管静压箱尺寸参数

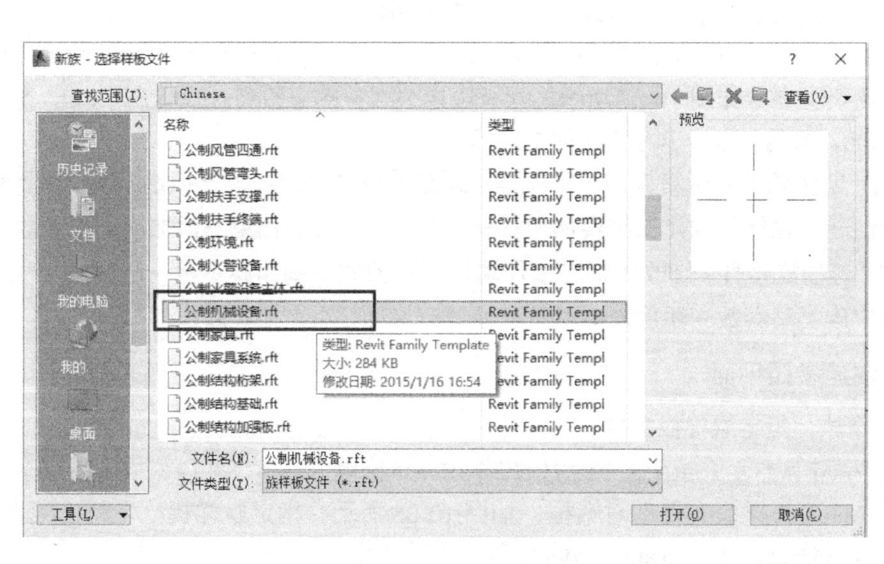

图 10-88　用族样板“公制机械设备”新建族

2）锁定参照平面。在“立面 - 前”视图中，单击选择参照平面，再单击“修改|参照

平面”选项卡→“修改”面板上的“锁定”按钮，将参照平面锁定，可防止参照平面意外移动。

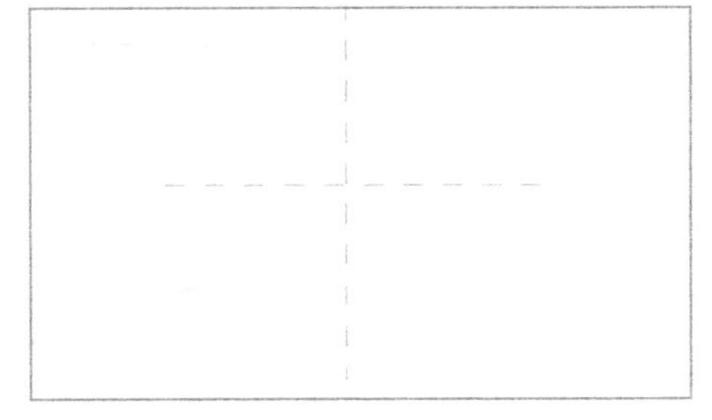

图 10-89　族样板中心参照平面

3）隐藏参照标高。键入 <VV>，弹出“可见性 / 图形替换”对话框，选择“注释类别”选项卡，取消勾选“标高”复选框，隐藏族样板文件中的参照标高（图形与符号）。

3. 添加参照平面

通过族样板创建族的时候，族样板自带 3 个参照平面，平面视图中 2 个，立面视图中 1 个，如图 10-89 所示。

创建一个矩形几何体，可以知道它有 6 个面，每一个参照平面就可以代表矩形几何体的一个面，也就是一个矩形几何体需要创建 6 个参照平面，平面视图中 4 个参照平面，立面视图中 2 个参照平面。

在原有族样板的参照平面基础上，在平面视图中新增加 4 个参照平面，如图 10-90 所示。单击功能区“创建”选项卡→“基准”面板上的“参照平面”按钮，在绘图区域单击起点和终点就可以绘制一个参照平面，就像在 AutoCad 里面绘制一条线一样。

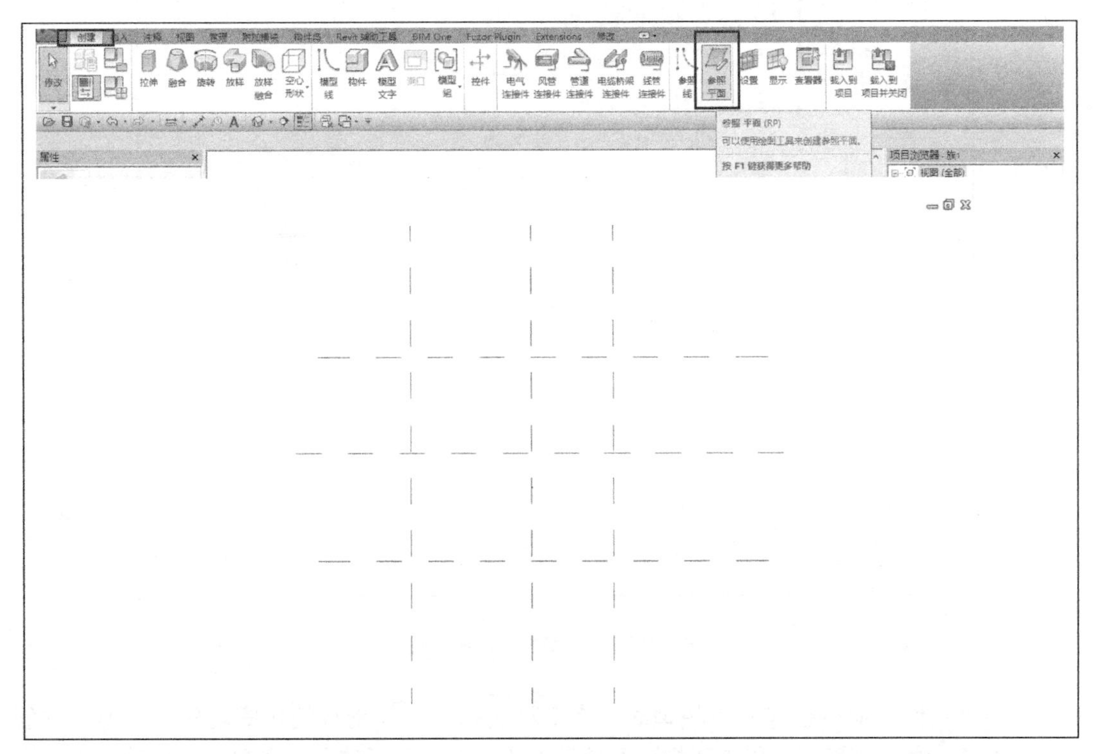

图 10-90　新增 4 个参照平面（平面视图）

在“立面 - 前”视图中新增 2 个参照平面。在“项目浏览器”中双击“立面”→“前”，进入“立面 - 前”视图，采用上述方法新创建 2 个参照平面，如图 10-91 所示。

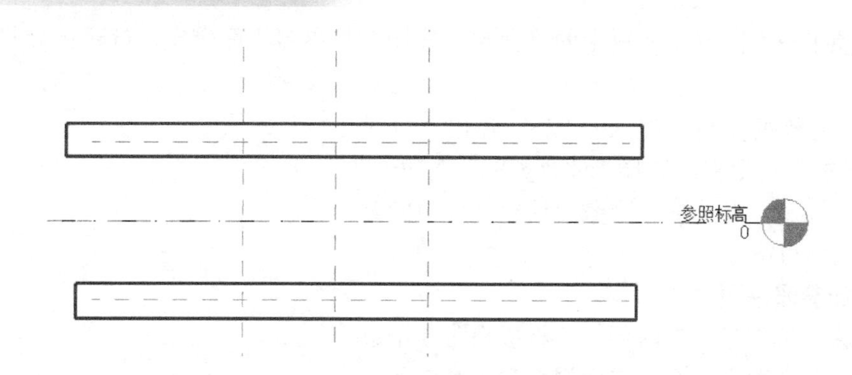

图 10-91 新增 2 个参照平面（立面视图）

10.4.2 族构件“拉伸”建模

在“项目浏览器”中双击“楼层平面”→“参照标高”，将视图切换回平面视图，然后单击功能区“创建”选项卡→“拉伸”命令，创建族构件三维模型，如图 10-92 所示。

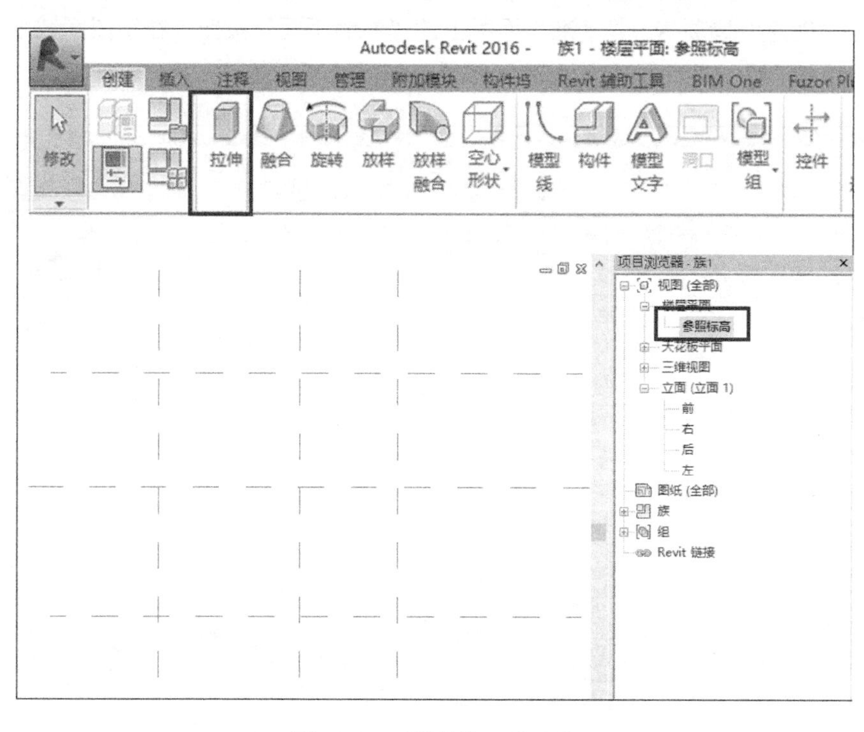

图 10-92 “拉伸”三维建模

使用“拉伸”命令创建三维模型时，有多种选择，如绘制直线轮廓创建、矩形轮廓创建或多边形轮廓创建等。现在，选择矩形轮廓创建，在绘图区域左上角参照平面的交点单击第一点，在右下角参照平面的交点单击第二点，那么基本的矩形轮廓创建完成，如图 10-93 所示。

轮廓线锁定参照平面。如图 10-94 所示，当紫色的矩形轮廓线与参照平面重合的时候，可以看到，每条线上会出现一把小锁。单击小锁，就可以把轮廓线锁定在参照平面上。锁定

轮廓后，在“属性”栏上可以查看“拉伸起点”和“拉伸终点”的参数值（不需要刻意修改）。在功能区“修改 | 创建拉伸”选项卡，单击“✓”按钮，完成“拉伸”创建，创建一个深度为 250mm 的立方体模型。

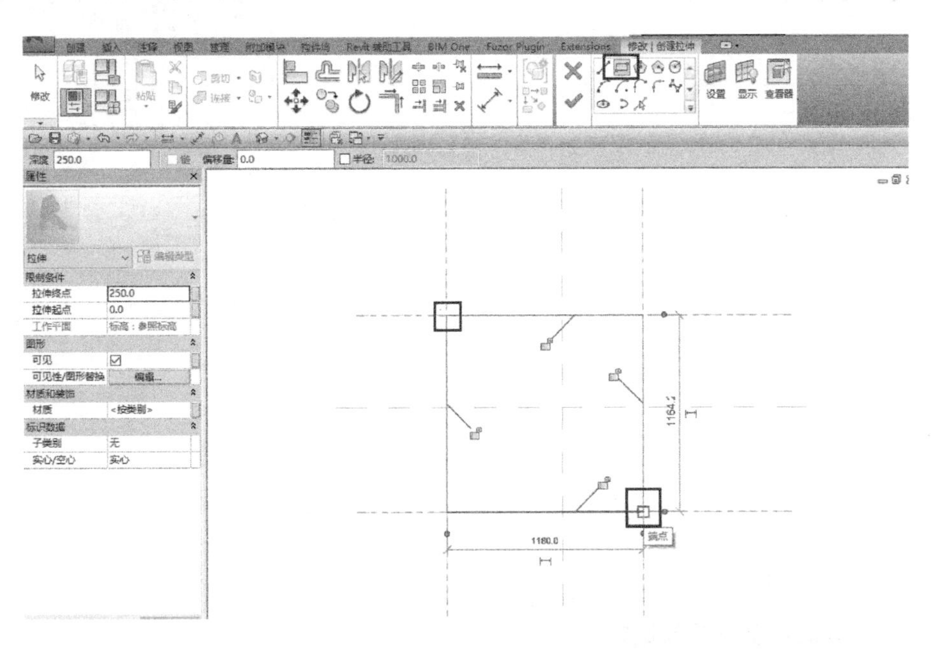

图 10-93　绘制“拉伸”建模的矩形轮廓

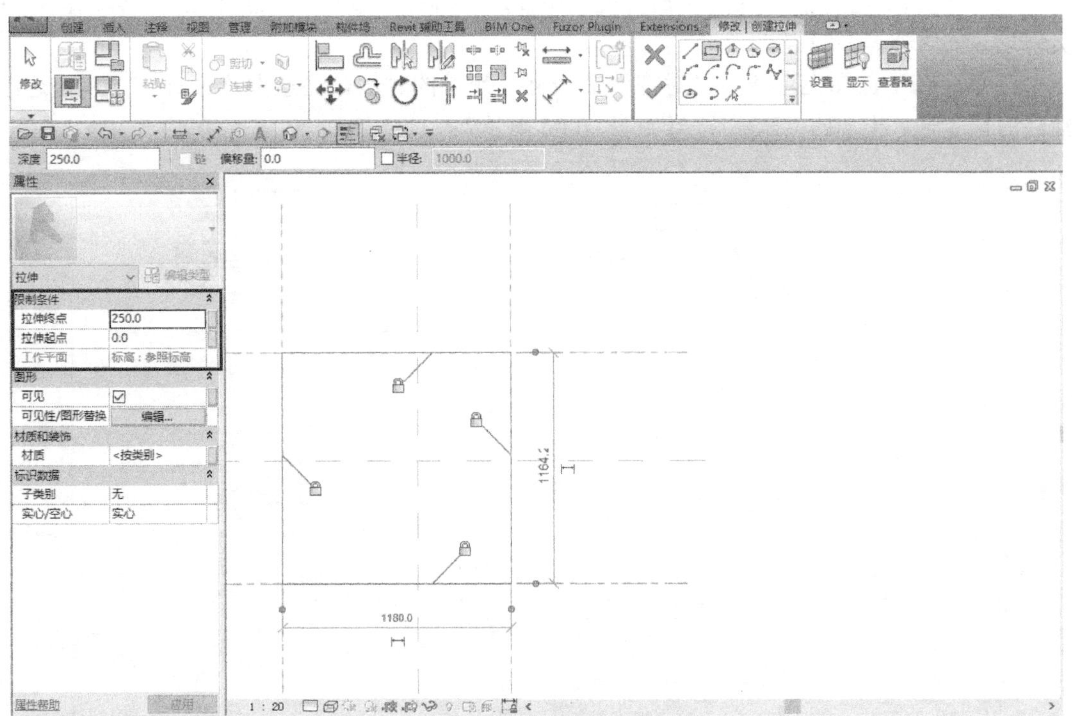

图 10-94　轮廓线锁定参照平面

在项目浏览器中，双击“三维视图”→“视图 1”，查看“拉伸”创建的立方体，效果如图 10-95 所示。

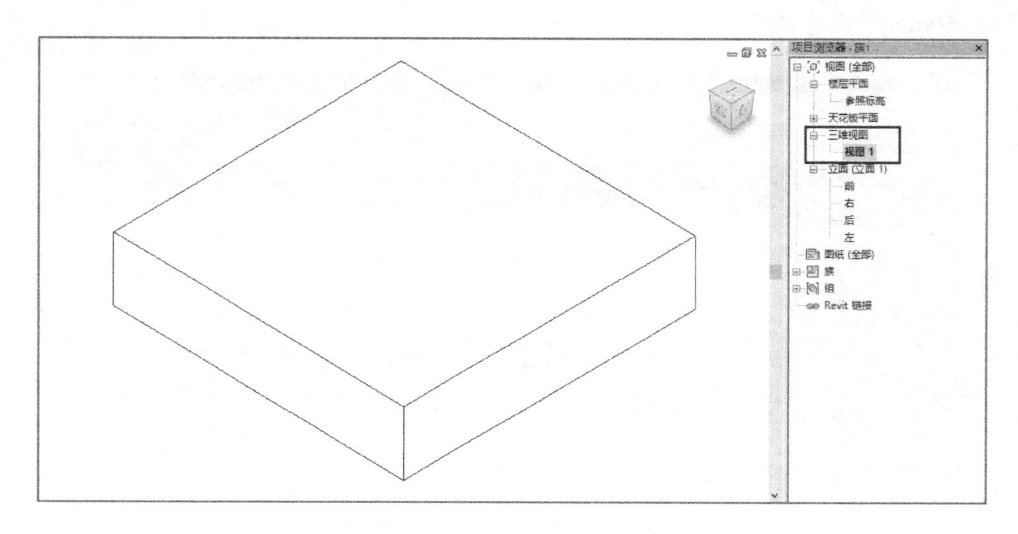

图 10-95 “拉伸”创建的立方体

10.4.3 尺寸标注和约束

1. 尺寸的对称等分标注与锁定

在平面图上，使用功能区“注释”选项卡→“尺寸标注”面板上的“对齐”命令，连续标注立方体的长和宽。在“立面 - 前”视图中使用“对齐”命令，连续标注立方体的高，并实现尺寸的对称等分锁定。

注意：在平面图上，使用“对齐”命令标注尺寸的时候，注意要连续标注。单击连续标注的尺寸时，出现的“EQ”符号如图 10-96 所示。

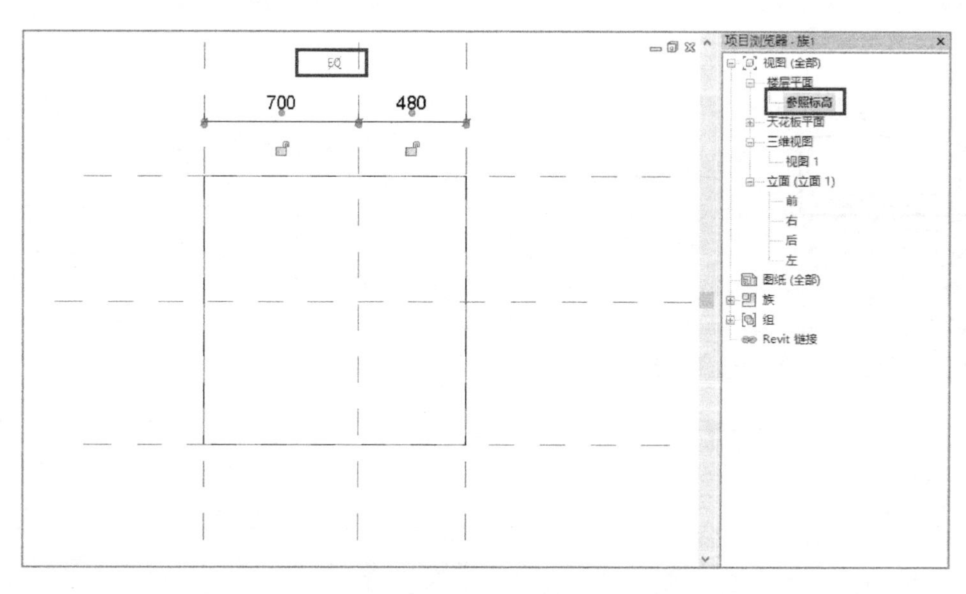

图 10-96 “对齐”连续标注尺寸

单击连续标注的“EQ”符号，可以让2个垂直参照平面之间的距离相对于中心参照平面成等分状态，即锁定2个垂直参照平面基于中心参照平面的对称关系，如图10-97所示。

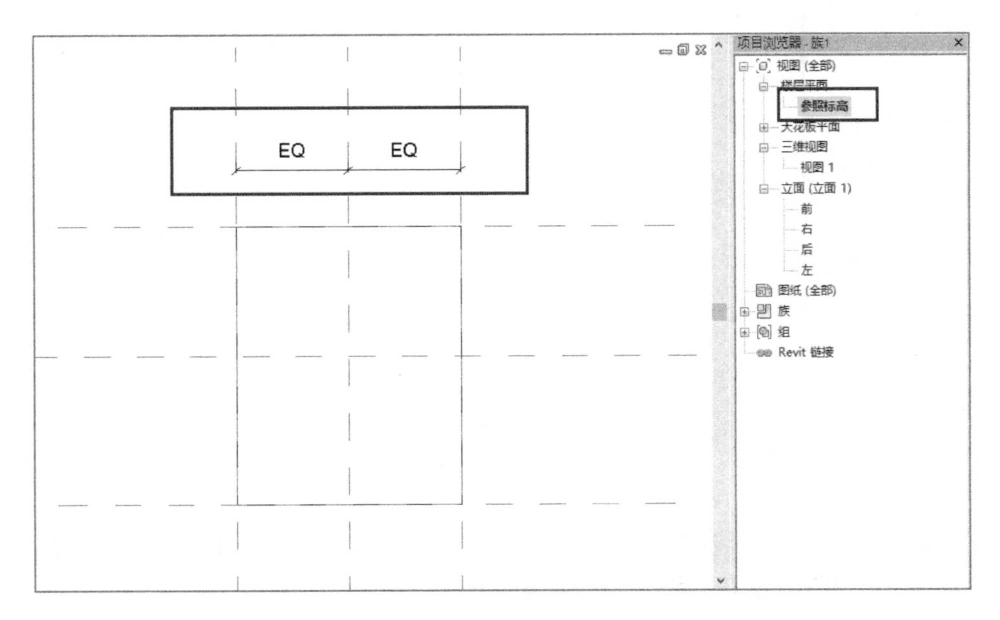

图10-97 锁定长度标注尺寸等分

相互对称的2个参照平面，在标注等分尺寸之后，还需要运用“对齐”命令标注其距离，如图10-98所示。

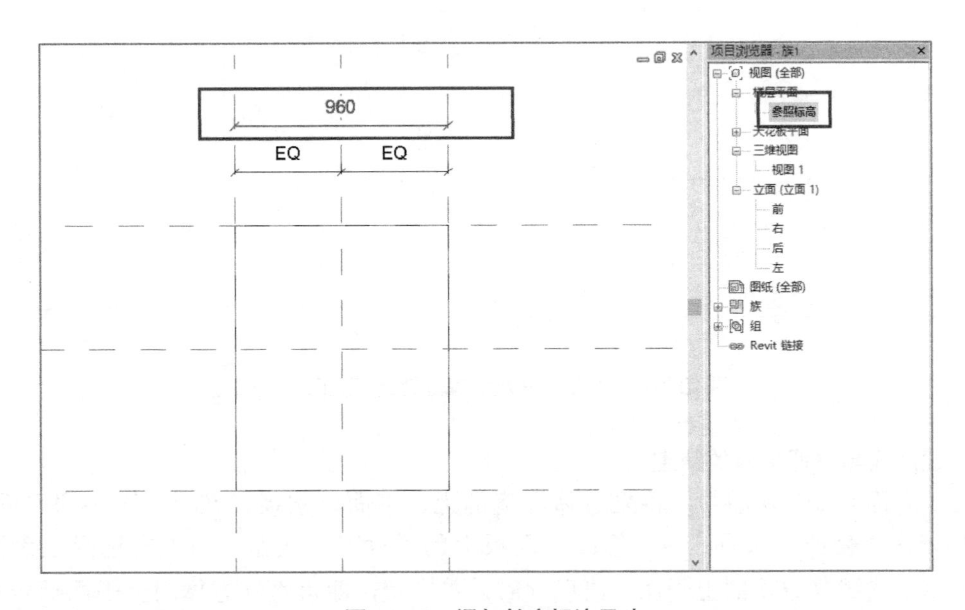

图10-98 添加长度标注尺寸

同理，使用以上操作将立方体的宽度尺寸等分标注并锁定，如图10-99所示。

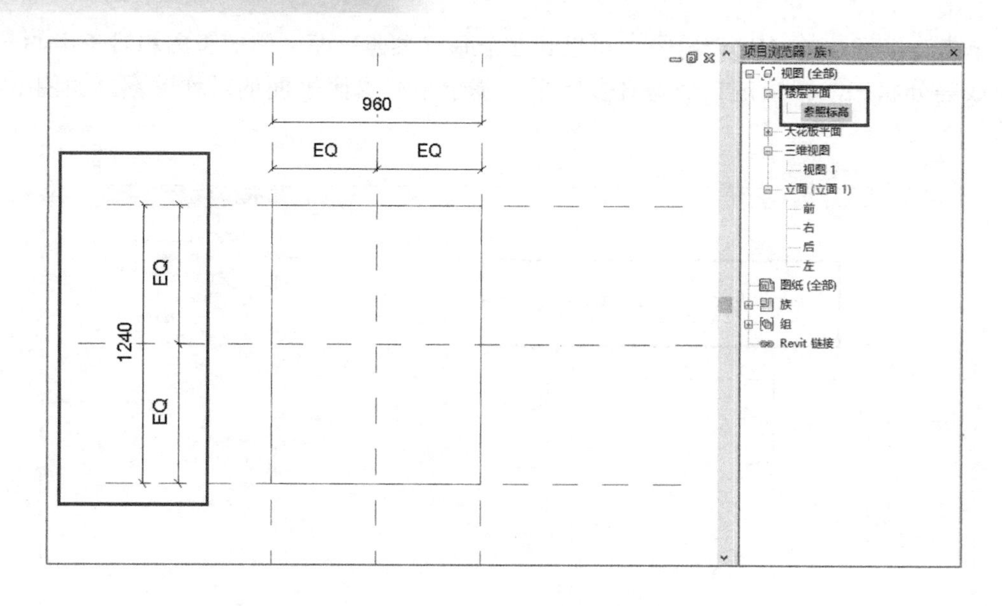

图 10-99　宽度标注尺寸等分锁定

在“立面 - 前”视图中创建 2 个参照平面，使用“对齐”尺寸连续标注，将高度尺寸等分标注并锁定，如图 10-100 所示。

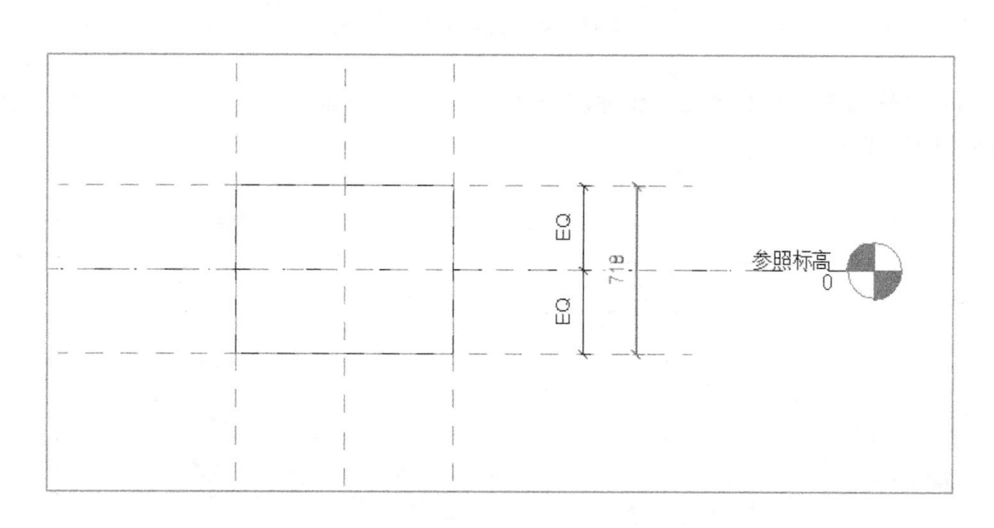

图 10-100　高度标注尺寸等分锁定（立面 - 前）

2. 轮廓线与参照平面的锁定

在“立面 - 前”视图中，将立方体高度的上、下面分别锁定在上、下参照平面上。单击功能区“修改”选项卡→“修改”面板上的“对齐”按钮，先单击选择上参照平面，再单击选择立方体的上平面，出现锁时，单击锁，即可将立方体的上平面锁定在上参照平面上，如图 10-101 和图 10-102 所示。同理，将立方体的下平面锁定在下参照平面上。

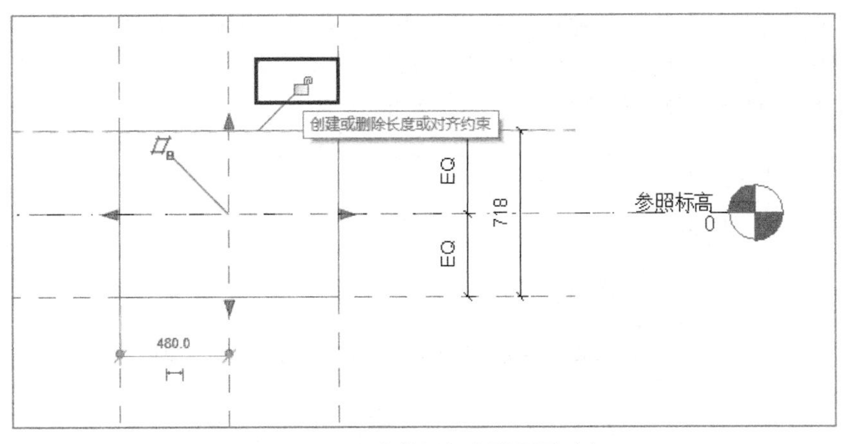

图 10-101　实体面与参照平面对齐

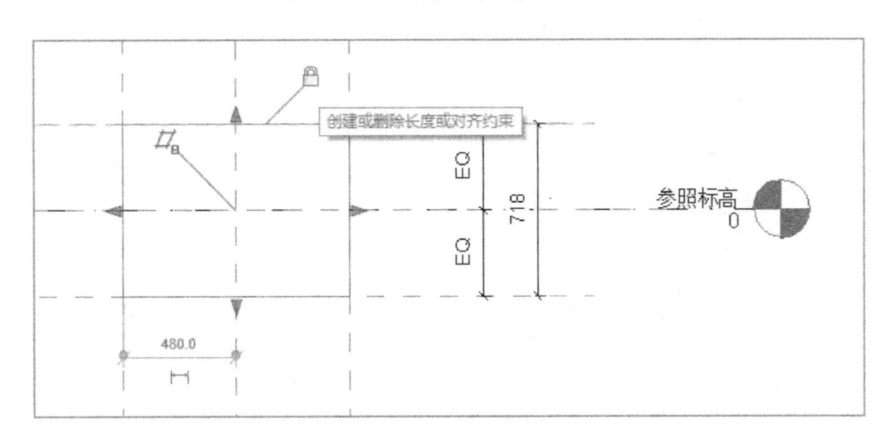

图 10-102　实体面锁定在参照平面上

10.4.4　添加族类型参数

给长、宽、高尺寸添加族类型参数。在平面视图中，单击选中长度尺寸 960，出现“修改 | 尺寸标注”选项栏，显示尺寸“标签”=“无”，如图 10-103 所示。

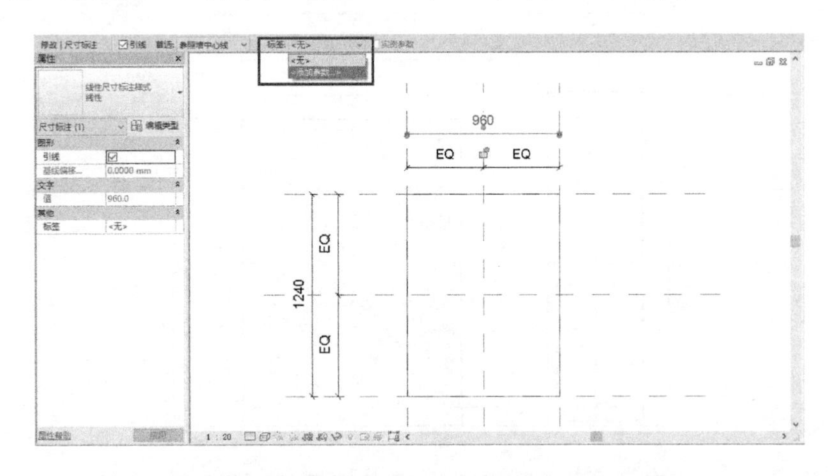

图 10-103　“修改 | 尺寸标注”选项栏的“标签”

单击“修改 | 尺寸标注”选项栏“标签”的下拉菜单，单击“添加参数”，弹出族“参数属性”对话框，如图 10-104 所示。在参数数据“名称”处输入“宽”，选中“实例”，然后单击“确定”，即完成族类型参数“宽”的添加。

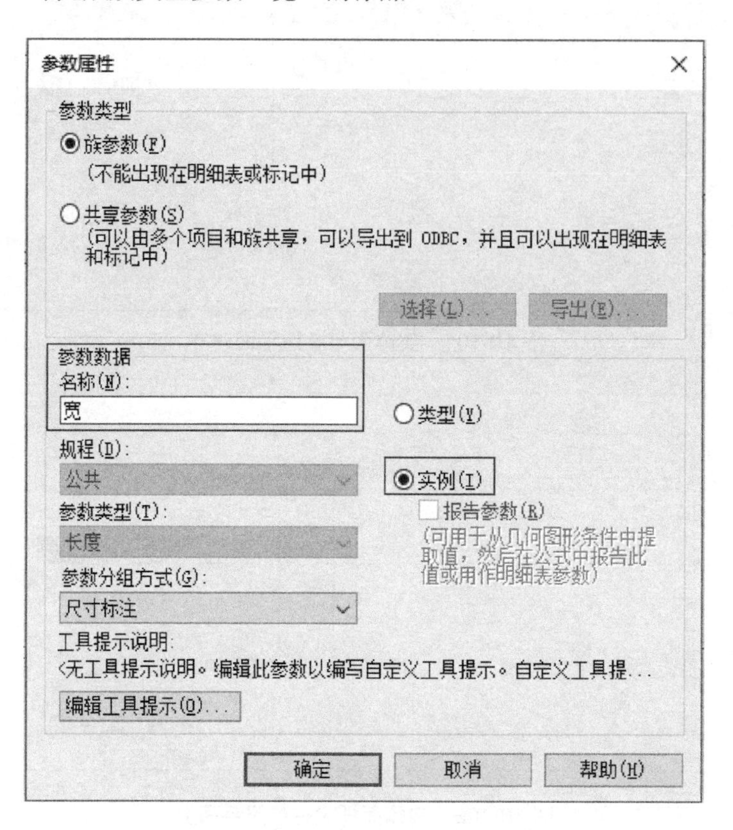

图 10-104　添加族类型参数“宽”

重复上面操作，依次添加族类型参数“长”和“高”。添加族类型参数后的长、宽尺寸标注改变如图 10-105 所示，高度尺寸标注改变如图 10-106 所示。

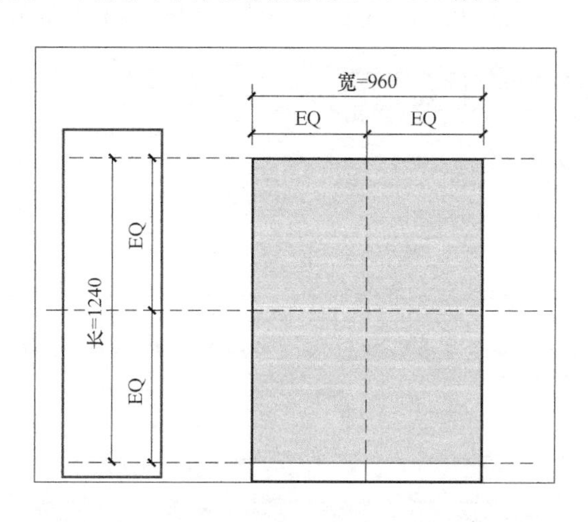

图 10-105　族类型参数“长”“宽”的尺寸标注

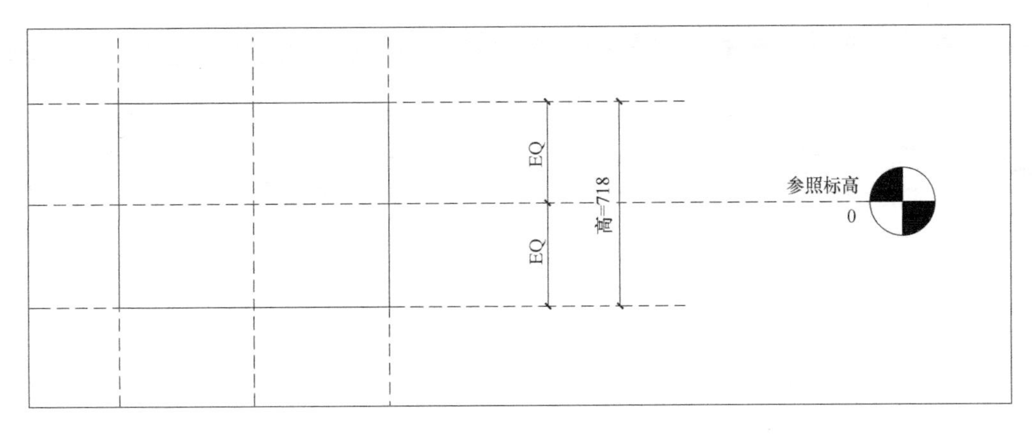

图 10-106 族类型参数“高”的尺寸标注

至此，一个参数化的立方体模型就创建好了。由于风管静压箱是由多个几何实体所构成的模型，故需要重复上述步骤，用同样的方法添加箱体形状并添加参数，如图 10-107 和图 10-108 所示。

考虑到静压箱接风管处需要安装法兰，故在风管静压箱两个侧面创建两个法兰边。可以在“立面 - 前”视图中，使用“拉伸”→创建矩形轮廓→指定深度→指定偏移量的方法创建。

单击功能区“创建”选项卡→“拉伸”按钮，再单击功能区“修改 | 创建拉伸”选项卡→“矩形”按钮，如图 10-109 所示。在“修改 | 创建拉伸”选项栏指定法兰边拉伸“深度”和拉伸“偏移量”，在绘图区域单击一点，移动光标再次单击，完成矩形拉伸创建。

再添加 4 个参照平面，法兰边轮廓对齐参照平面并锁定，标注法兰高和宽尺寸，设置尺寸等分。重复拉伸一次，保证静压箱两侧各有一个法兰边。

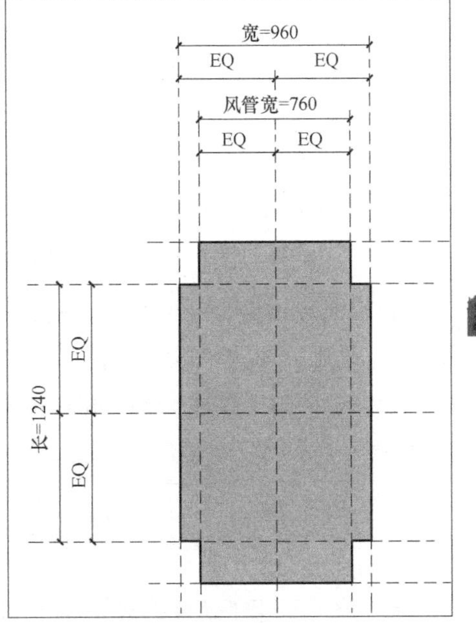

图 10-107 增加箱体模型的平面视图

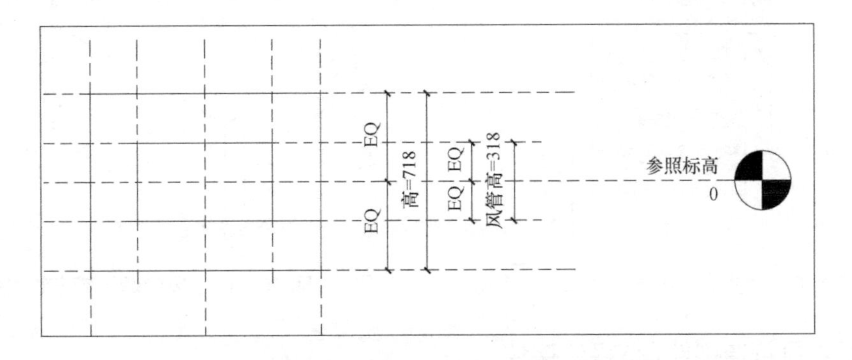

图 10-108 增加箱体模型的“立面 - 前”视图

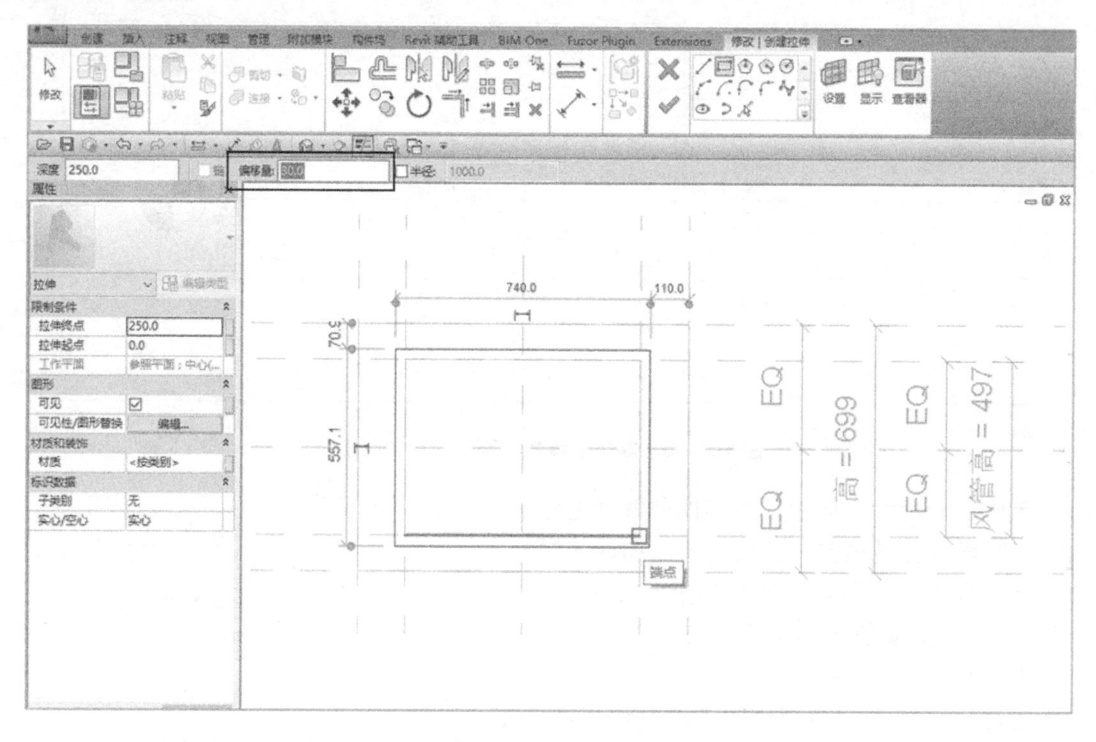

图 10-109 “立面 - 前”视图设定参数创建矩形拉伸

在平面视图添加参照平面，将法兰边锁定在风管长度参照平面上，并标注法兰边长度（深度）尺寸，“标签”关联“法兰边长 =5”参数，如图 10-110 所示。

在三维视图里查看效果，如图 10-111 所示，至此风管静压箱的参数化三维模型创建完成。

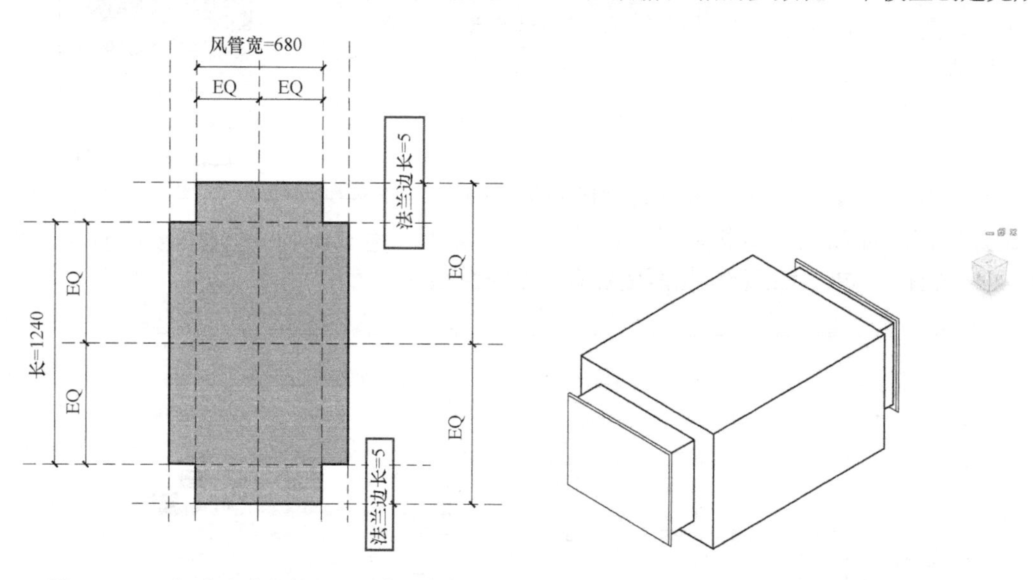

图 10-110 标注法兰边长度（深度）参数

图 10-111 风管静压箱三维模型

10.4.5 添加风管连接件 / 链接连接件

在三维视图中，功能区“创建”选项卡下，单击“风管连接件”按钮，再单击选中风管法兰边的面，风管连接件即添加到风管法兰的端面上，如图 10-112 所示。风管法兰边的两侧都需要使用同样的方法添加风管连接件。

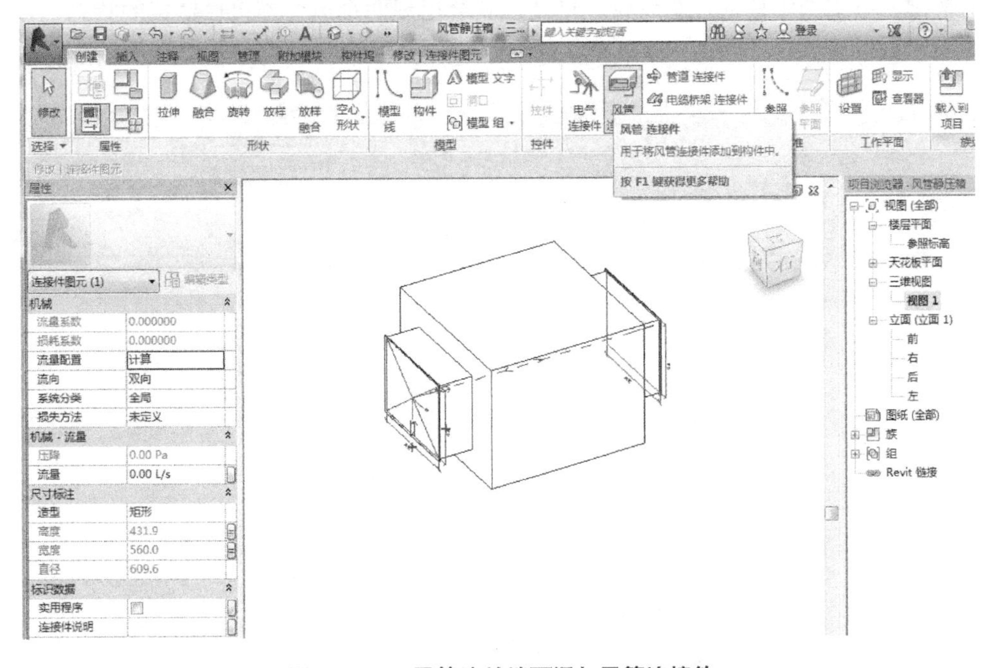

图 10-112　风管法兰端面添加风管连接件

调整风管连接件尺寸。单击选中风管连接件，可以看到风管连接件出现了“高度”和“宽度”，分别单击“高度”和“宽度”，将“高度”关联为“风管高”，“宽度”关联为“风管宽”，如图 10-113 所示，两侧的风管连接件都关联好参数。

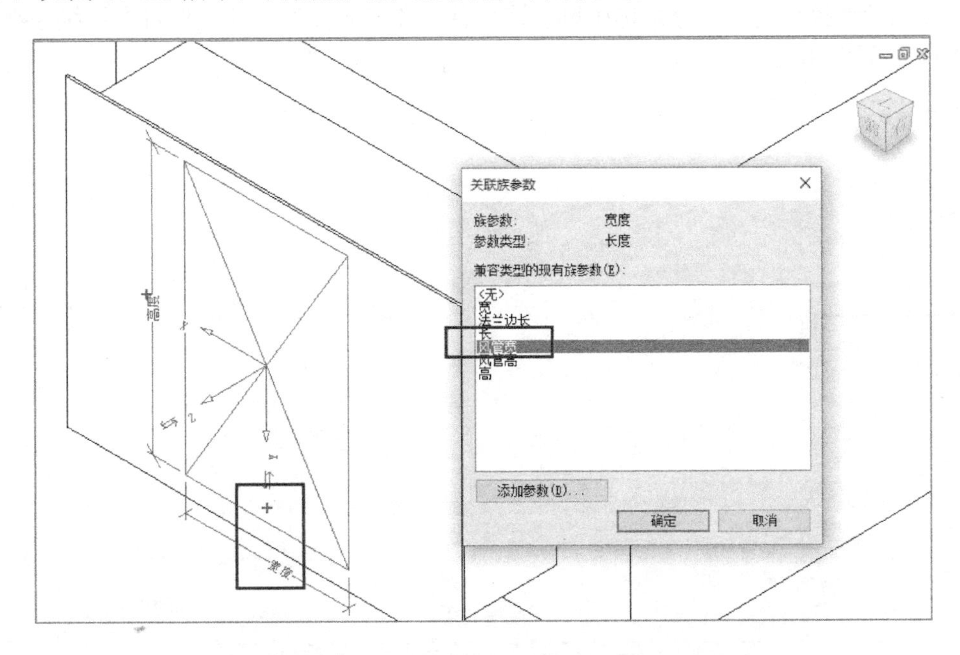

图 10-113　风管连接件尺寸关联风管高度和宽度

链接连接件。在三维视图里，单击选中一个风管连接件，再在功能区“修改 | 连接件图元”选项卡上单击“链接连接件”按钮，最后单击另外一个风管连接件，即完成两个风管连接件的链接。单击选中任何一个风管连接件，就会出现两个风管连接件链接的状态了，如图 10-114 所示。

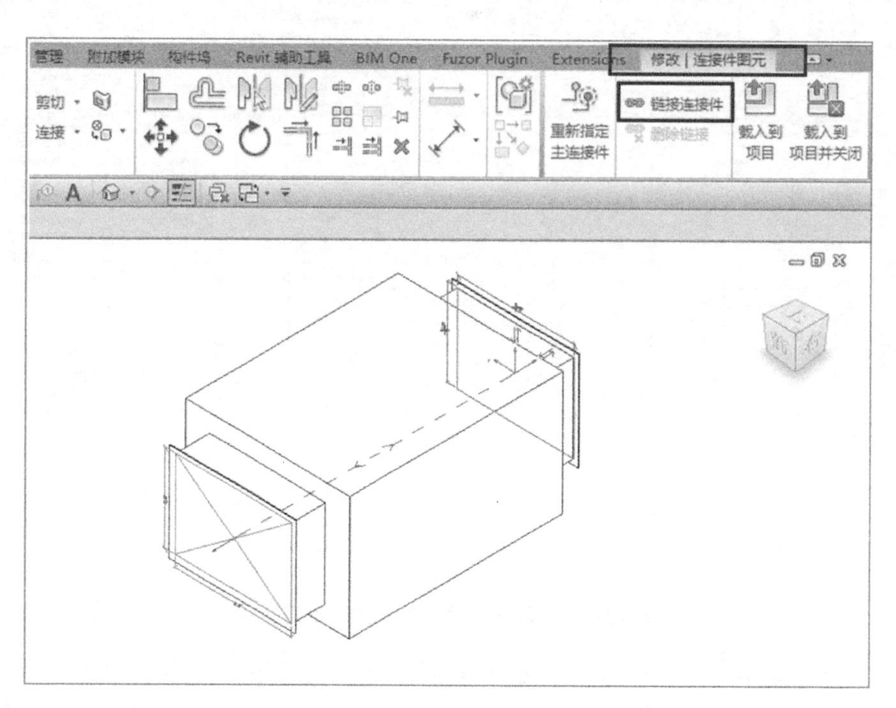

图 10-114　风管连接件链接的状态

修改风管连接件属性。分别选中风管连接件，在“属性”选项栏里将“系统分类”改为“全局”，如图 10-115 所示。

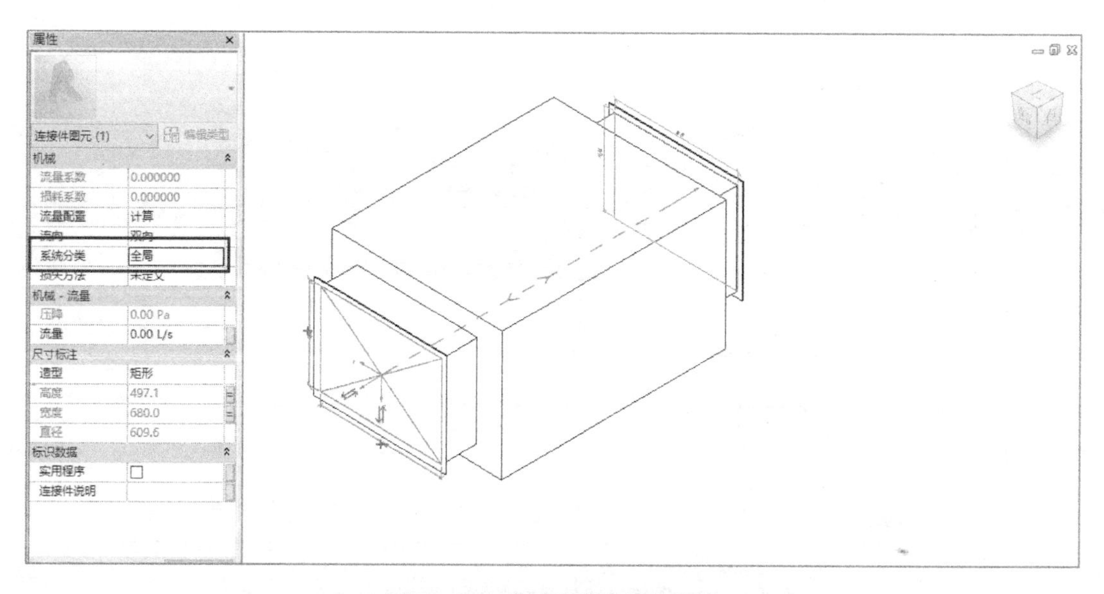

图 10-115　修改风管连接件属性

重要提示

Revit 族连接件

在 Revit 项目文件中，族连接件是系统的逻辑关系和数据信息传递纽带，也是 Revit 构件族的精华所在。Revit 共支持 5 种连接件：电气连接件、风管连接件、管道连接件、电缆桥架连接件、线管连接件，如图 10-116a 所示。

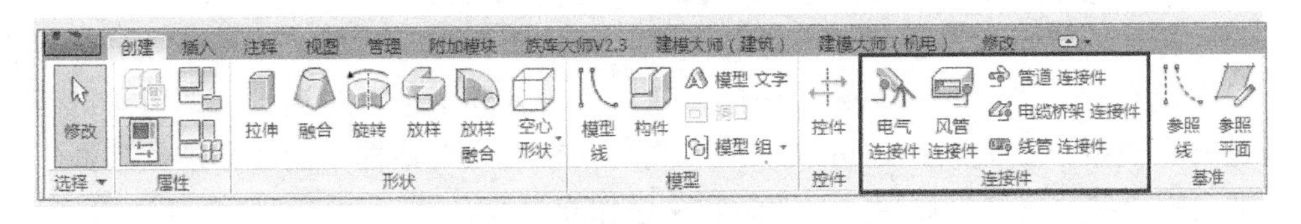

a)

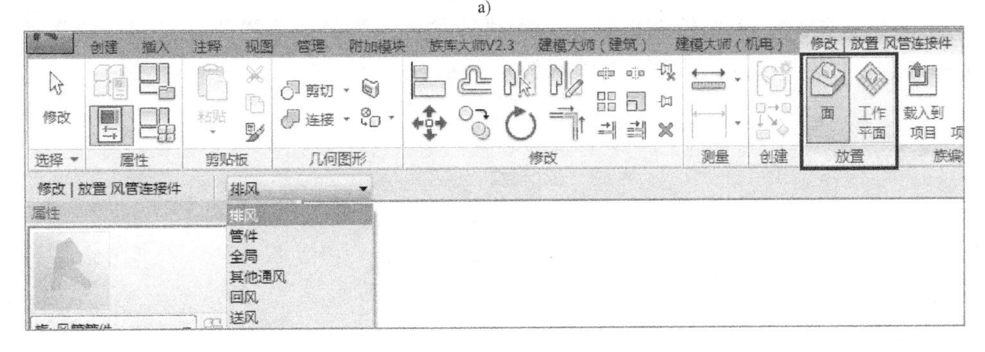

b)

图 10-116 “连接件”面板

1. 添加连接件的步骤

1）选择连接件种类。在功能区“创建”选项卡中，单击“连接件”面板上所要添加种类的“连接件”按钮。

2）选择放置面。在功能区“修改 | 放置 风管连接件”选项卡中，单击“放置”面板上的“面”或“工作平面”，将连接件放置在“面”上或“工作平面”上，如图 10-116b 所示。

3）拾取放置面。单击拾取实体的面，连接件将附着在实体面的中心。单击拾取工作平面，连接件将附着在一个工作平面的中心（工作平面可以是实体的一个面，也可以是一个参照平面）。

2. 连接件设置

放置连接件后，通过连接件的“属性”选项板设置参数。下面分别介绍风管连接件、管道连接件、电气连接件、电缆桥架连接件、线管连接件的设置。

1）风管连接件。单击绘图区域中的风管连接件，打开“属性”选项板，如图 10-117 所示设置风管连接件“属性”。主要参数含义如下。

① 系统分类：Revit 风管连接件支持 6 种系统类型，分别是送风、回风、排风、其他通风、管件、全局。根据需求可单击下拉列表为连接件指定系统类型。Revit 2016 不支持新风系统类型，也不支持用户自定义添加新的系统类型。

② 流向：定义流体通过连接件的方向。当流体通过连接件流进构件族时，流向为“进”；当流体通过连接件流出构件族时，流向为“出”；当流向不明确时，流向为“双向”。

③ 尺寸标注 - 造型：定义连接件形状。对于风管连接件，有 3 种形状可以选择，分别是矩形、圆形、椭圆形。选择矩形或者椭圆形时，需要分别对连接件的宽度和高度进行定义；选择圆形时，需要对连接件的半径进行定义。

尺寸标注参数可以与族类型参数相关联。通过单击尺寸（如“高度”“宽度”“直径”等）栏右侧的“关联族参数”按钮，弹出“关联族参数”对话框，即可选取已经定义过的族类型参数关联；还可以单击“关联族参数”对话框中的“添加族参数”按钮，弹出族“参数属性”对话框，即时定义添加族参数。

2）管道连接件。单击绘图区域中的管道连接件，打开“属性”选项板，设置管道连接件参数，如图 10-118 所示。主要参数含义如下。

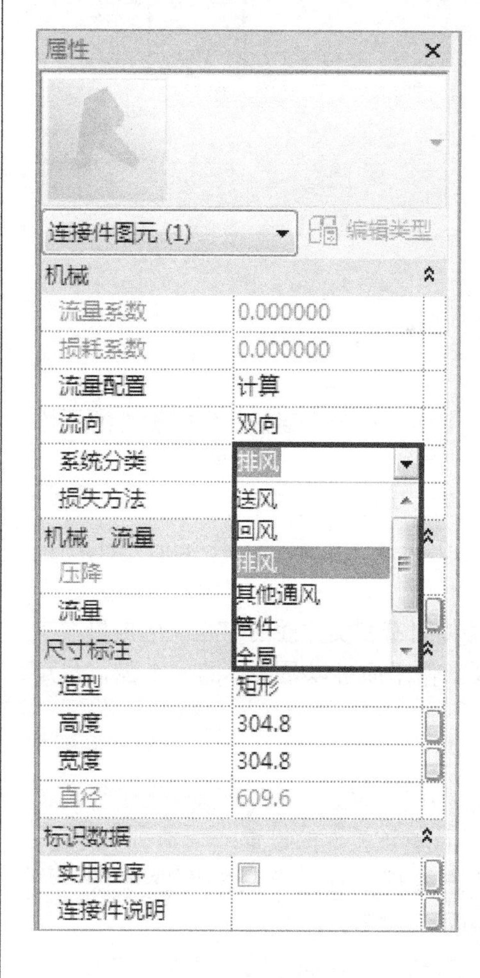

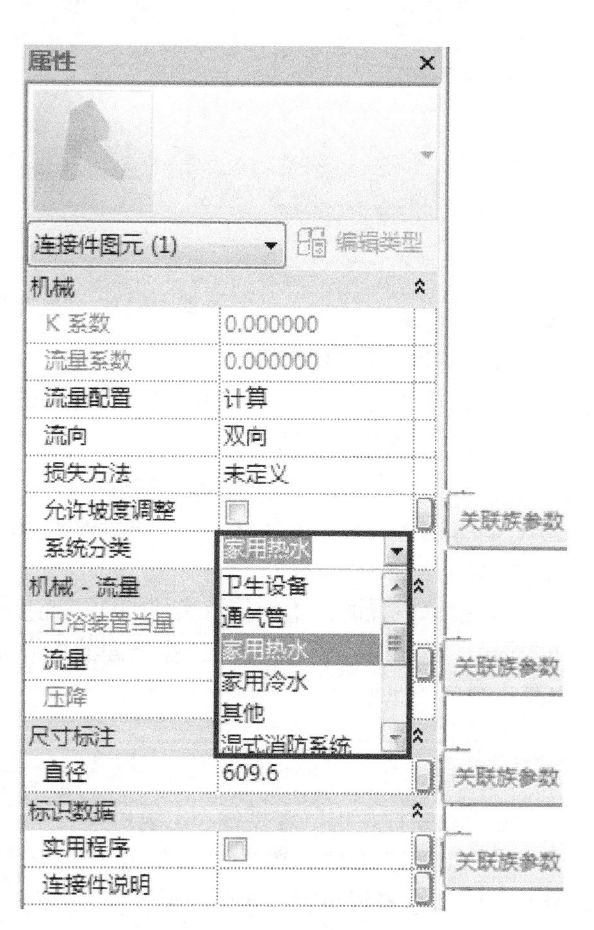

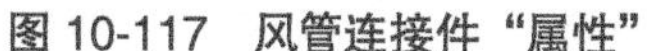
图 10-117　风管连接件“属性”　　　图 10-118　管道连接件“属性”

① 系统分类：Revit 管道连接件支持 12 种系统类型，分别是循环供水、循环回水、卫生设备、家用热水、家用冷水、湿式消防系统、干式消防系统、预作用消防系统、其他消防系统、其他、管件、全局。根据需求可单击下拉列表为连接件指定系统，Revit 2016 不支持用户自定义添加新的系统类型。

② 流向：定义流体通过连接件的方向。区分为“进”“出”“双向”。

③ 直径：定义连接件直径尺寸。可以在“直径”栏后直接输入数值定义直径；或者与“族类型”对话框中定义的尺寸参数相关联。

3）电气连接件。电气连接件支持 9 种系统类型，分别是电力 - 平衡、电力 - 不平衡、数据、电话、安全、火警、护士呼叫、控制、通信。其中电力 - 平衡和电力 - 不平衡主要用于配电系统。这两种系统的区别在于相位 1、2、3 上的“视在负荷”是否相等，相等者为电力 - 平衡系统（见图 10-119a），不相等则为电力 - 不平衡系统（见图 10-119b）。这两种系统类型对应的主要参数含义如下。

① 极数：表征用电设备所需配电系统的极数，最多 3 极。

② 功率系数的状态：提供两种选项，分别是“滞后”和“超前”，默认值为“滞后”。

③ 负荷分类和负荷子分类电动机：主要用于配电盘明细表 / 空间中负荷的分类和统计。

④ 功率系数：又称功率因数，为负荷电压与电流间相位差的余弦值绝对值，取值范围为 0 ～ 1，默认值为“1”。

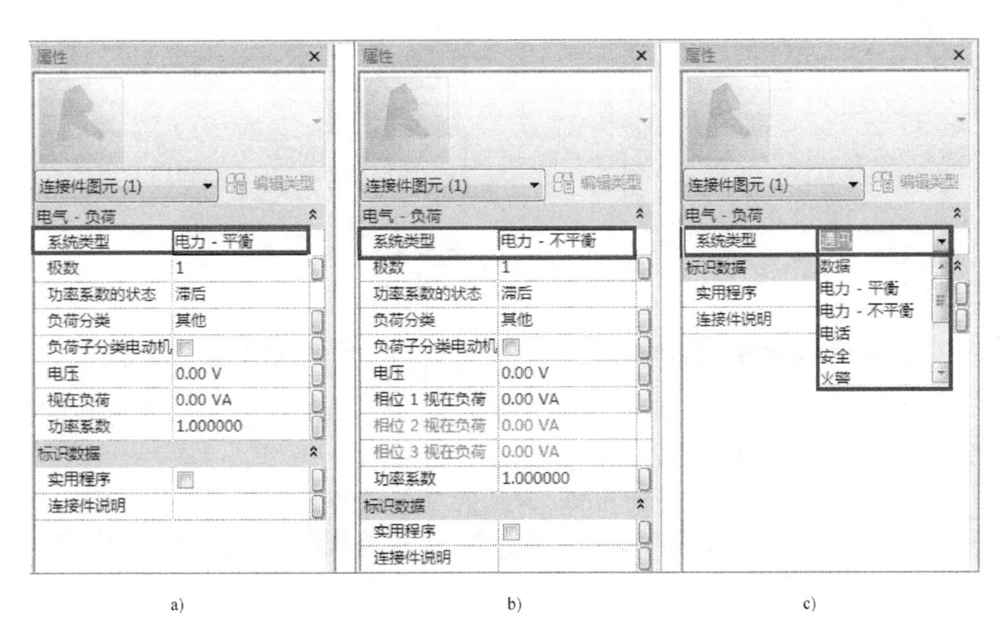

图 10-119 电气连接件“属性”

数据、电话、安全、火警、呼叫、通信和控制连接件（可用于控制开关及大型的机械设备远程控制），主要应用于建筑弱电系统。其设置相对简单，只需在“属性”选项板中选择系统类型即可（如系统类型为“数据”，见图 10-119c）。

4）电缆桥架连接件。电缆桥架连接件“属性”如图 10-120 所示，主要参数含义如下。

① 高度、宽度：定义连接件尺寸。可以直接输入数值或者与已经定义的“族类型”尺寸参数相关联，或者添加新的“族类型”尺寸参数相关联。

② 角度：定义连接件的倾斜角度，默认值为“0.000”。当连接件有角度倾斜时，可以直接输入数值或者与已经定义的“族类型”角度参数相关联，或者添加新的“族类型”角度参数相关联。

5）线管连接件。添加线管连接件时，要在“修改 | 放置 线管连接件”选项栏中选择添加“单个连接件”还是添加“表面连接件”，如图 10-121 所示。选择“单个连接件”，通过连接件可以连接一根线管。选择“表面连接件”，在连接件附着表面的任何位置可连接一根或多根线管。线管连接件“属性”选项板的各参数含义如下。

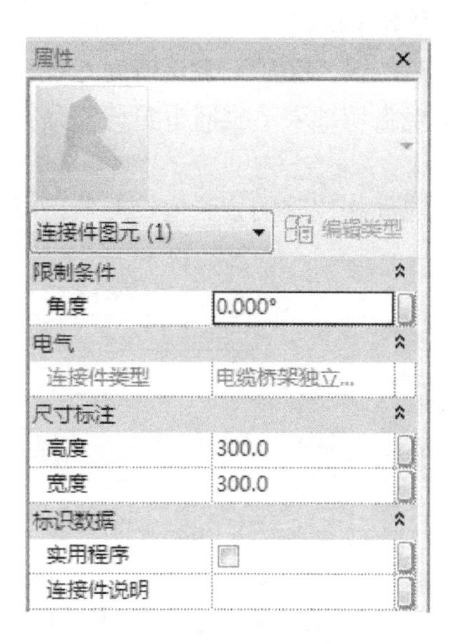

图 10-120　电缆桥架连接件属性

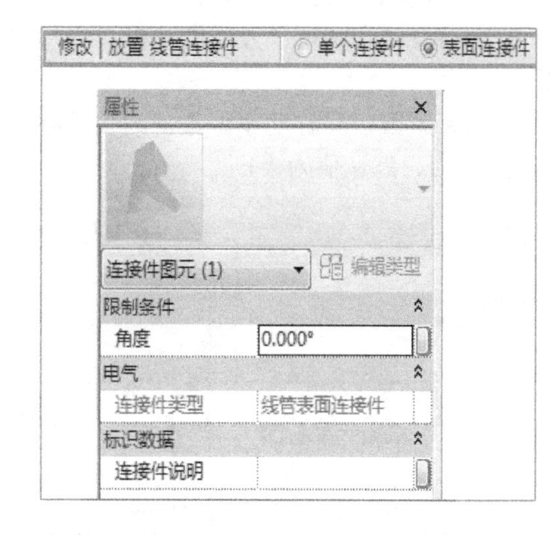

图 10-121　线管连接件选项与属性

① 半径：定义连接件尺寸。可以直接输入数值或者与已经定义的“族类型”尺寸参数相关联，或者添加新的“族类型”尺寸参数相关联。

② 角度：定义连接件的倾斜角度。默认值为“ 0.000”。当连接件有角度倾斜时，可以直接输入数值或者与已经定义的“族类型”角度参数相关联，或者添加新的“族类型”角度参数相关联。

10.4.6　修改族类别和族参数

在功能区“创建”选项卡上，单击“族类别和族参数”按钮，弹出“族类别和族参数”对话框，如图 10-122 所示。将“族类别”由原来的“机械设备”改为“风管附件”，“零件类型”改为“阻尼器”，如图 10-123 所示。

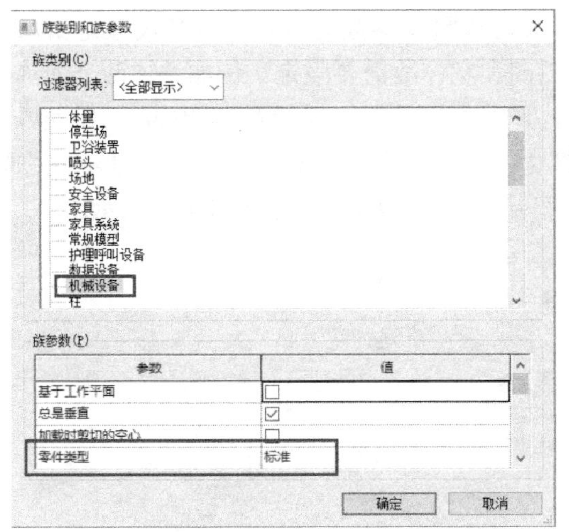

图 10-122　风管静压箱原族类别和族参数

图 10-123　修改后的风管静压箱族类别和族参数

10.4.7　测试和限定族类型参数

三维视图中，在功能区“创建”选项卡上，单击“族类型”按钮，弹出“族类型”对话框，如图 10-124 所示。在对话框中可以看到之前新建的风管静压箱的尺寸标注参数。选择一行参数测试，修改其参数值，测试三维视图中的几何外形是否发生变化。例如将“风管宽”由 560 改为 400，然后单击“应用”。依次测试各项参数，测试参数值能驱动风管静压箱几何外形。

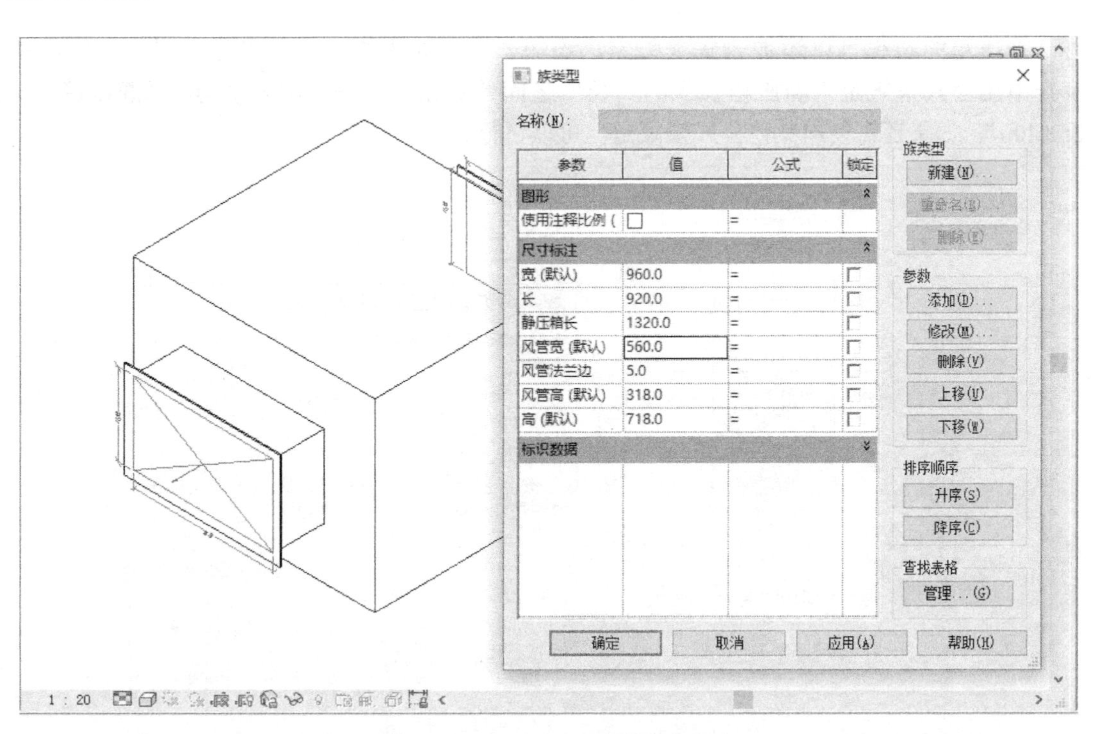

图 10-124　族类型参数测试

客观上风管静压箱几何尺寸要比风管尺寸大，按照族参数的设置，风管尺寸是由风管高和风管宽决定的，却有可能大于风管静压箱的高和宽，故需要限定。例如添加两个简单参数关系公式：风管静压箱高 = 风管高 +400mm，风管静压箱宽 = 风管宽 +400mm，保证风管静压箱高大于风管高，风管静压箱宽大于风管宽。在“族类型”对话框的“尺寸标注”栏里，输入参数关系公式：“高 = 风管高 +400”“宽 = 风管宽 +400”，如图 10-125 所示。

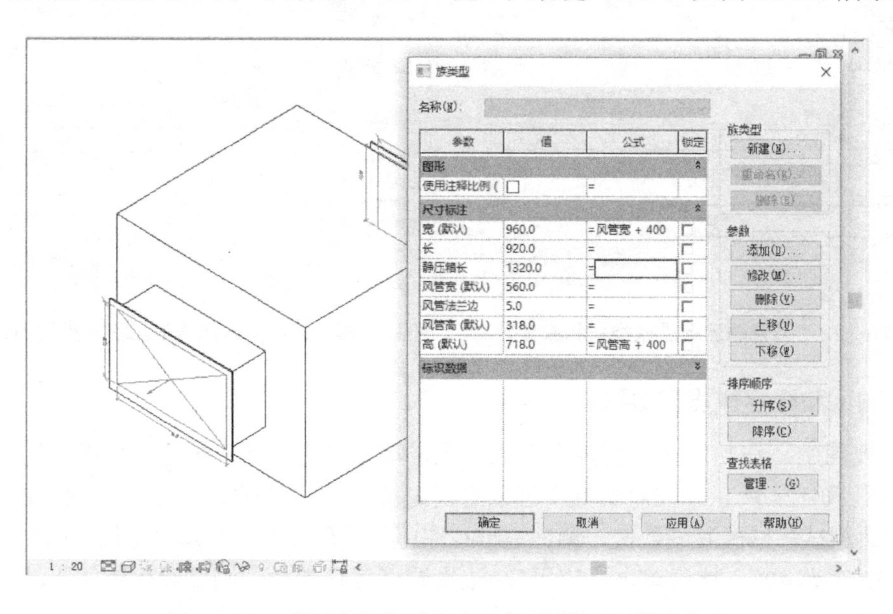

图 10-125　通过参数关系公式限定风管静压箱的高和宽

静压箱的长也可以添加公式来限定。添加一个“静压箱长”的参数，即可在族类型参数中用公式来限定“静压箱长”与“长”之间的关系。如图 10-126 所示，“静压箱长 = 长 +400”。如果还需要用其他公式来限定，可以自行尝试。

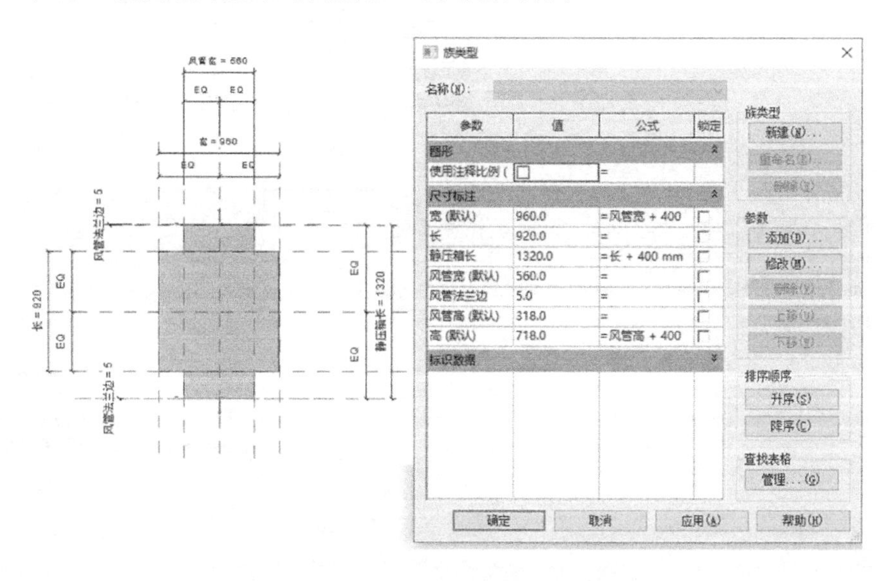

图 10-126　用公式来限定静压箱长

10.4.8　风管静压箱部件添加材质

可以知道风管静压箱由5个部件组成，在族里面，可以对这5个部件分别添加材质。三维视图中，单击选中需要添加材质的部件，在“属性”选项栏里，找到“材质和装饰”栏，单击其右侧的“关联族参数”按钮，如图10-127所示，弹出“关联族参数”对话框。单击“添加参数”按钮，弹出“参数属性”对话框。添加参数名称为“静压箱主体”，单击“确定”，在“材质和装饰”栏出现“=”的时候，材质添加成功。

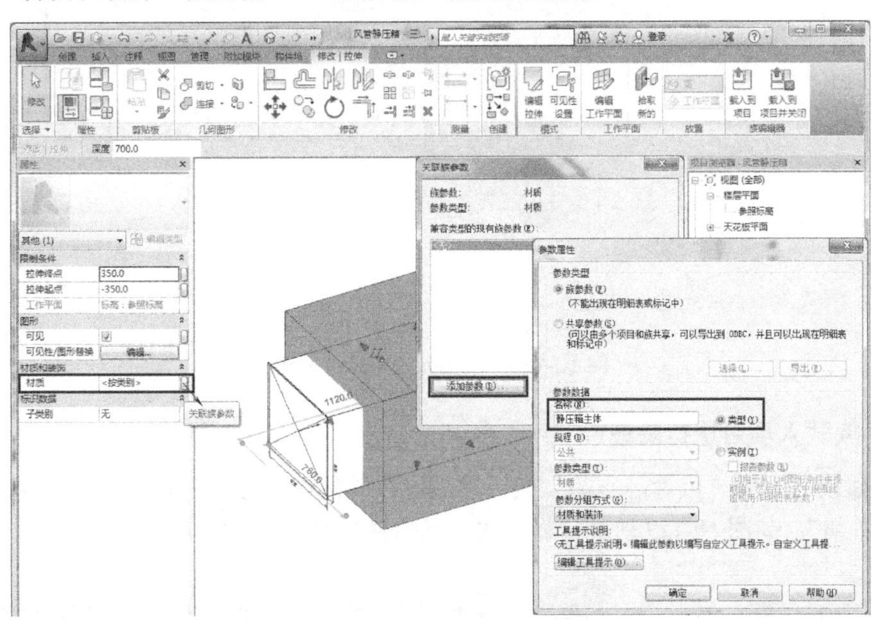

图10-127　族构件添加材质

10.4.9　族图元的可见性设置

在三维视图中，单击选中一个几何实体，在“属性”选项板的“图形”栏中有“可见”和“可见性/图形替换”属性，如图10-128所示。默认勾选“可见”复选框，如果取消勾选，那么风管静压箱族载入项目的时候，选中的几何实体不可见。

单击“可见性/图形替换”右边的“编辑”按钮，弹出“族图元可见性设置”对话框。这里可以设置族图元的“视图专用显示”，即在平面/天花板平面、前/后、左/右哪些视图中显示，哪些视图中不显示；“详细程度”项一般不做修改。

重要提示

可见性和详细程度

在族编辑器中，图元“属性”选项板上取消勾选“可见”复选框，图元显示为灰色；当族载入项目后，族图元才会完全不可见（在所有视图中）。

“族图元可见性设置”对话框中，在“视图专用显示”选项组，可以设置族图元在平面/天花板平面、前/后、左/右等视图中的可见性。例如取消勾选“左/右视图”复选框，则当族载入项目后，图元在左、右视图中不可见。

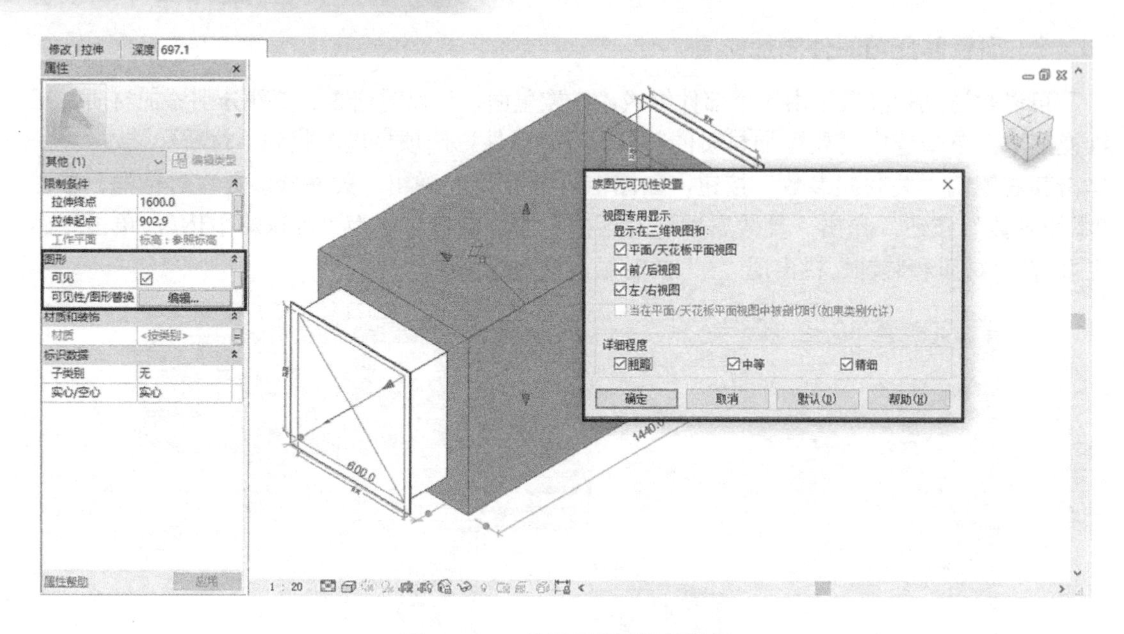

图 10-128　族图元的可见性设置

10.4.10　族载入项目进行验证

将新建族另存为“风管静压箱”族，然后，在功能区“修改”选项卡下，单击“载入到项目并关闭”，如图 10-129 所示，将族载入已经打开的项目文件中。

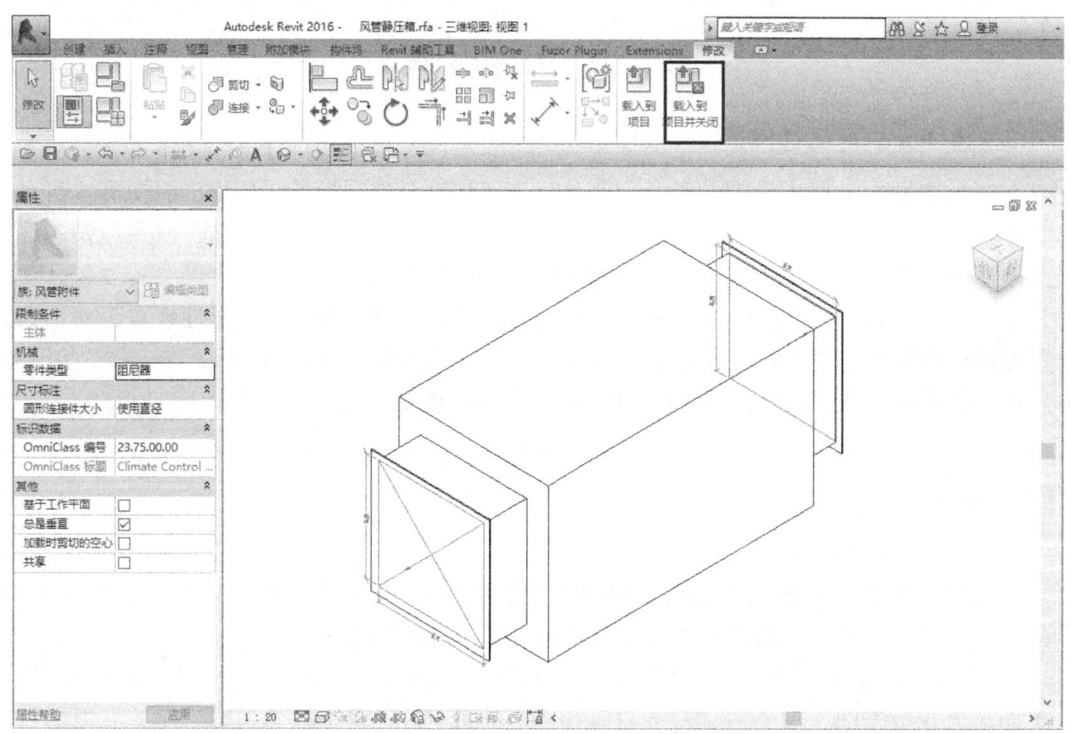

图 10-129　向项目中载入风管静压箱族

在项目中分别绘制 800×400，800×800，1200×400，1200×1200，1600×400，1600×1600 六根风管，将风管静压箱放置于六根风管上，如图 10-130 所示，测试静压箱族是否存在问题。若不存在问题，就可以正常使用了。

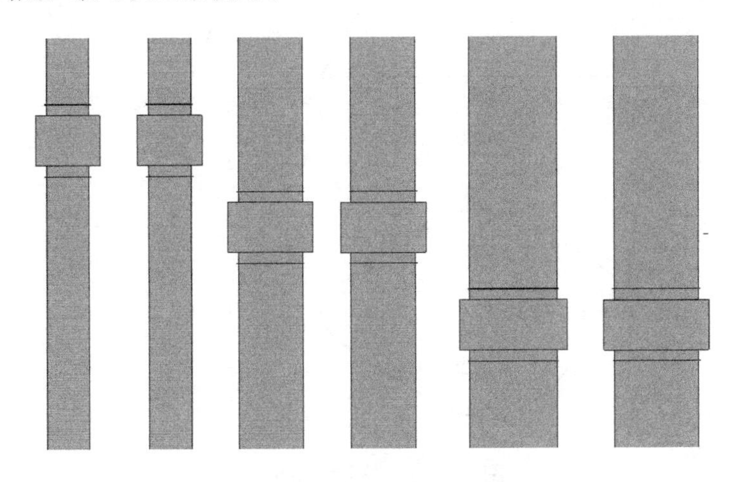

图 10-130　风管静压箱放置于风管上

练　习　题

1. 创建如图 10-131 所示的螺母模型，螺母孔的直径为 20mm，正六边形对边距 32mm，螺母高 20mm。请将模型以“螺母”为文件名保存。

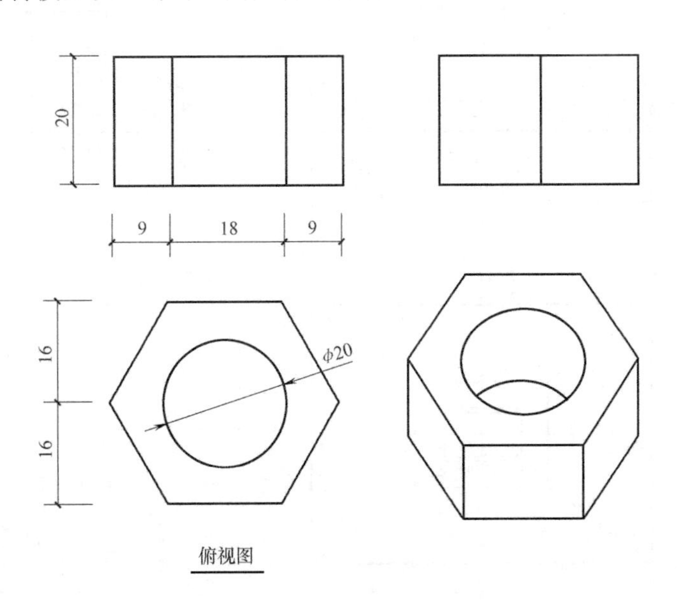

图 10-131　螺母模型尺寸

2. 根据图 10-132 给定的投影尺寸，创建形体体量模型，通过软件自动计算该模型体积为（　　）m^3，请将模型文件以“体量”为文件名保存。

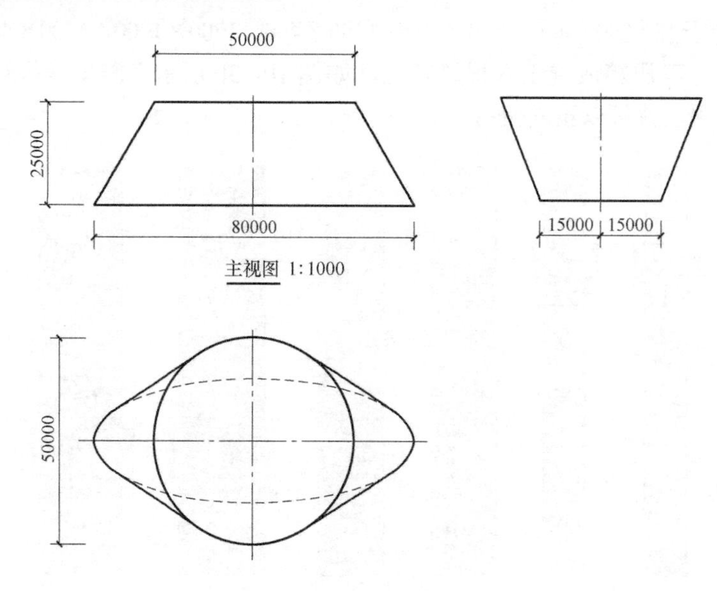

图 10-132　体量模型尺寸

3. 根据图 10-133 给定的投影尺寸，创建形体体量模型，基础底标高为 -2.1m，设置该模型材质为混凝土。请将模型体积以“模型体积”为文件名、以文本格式保存，模型文件以“杯型基础”为文件名保存。

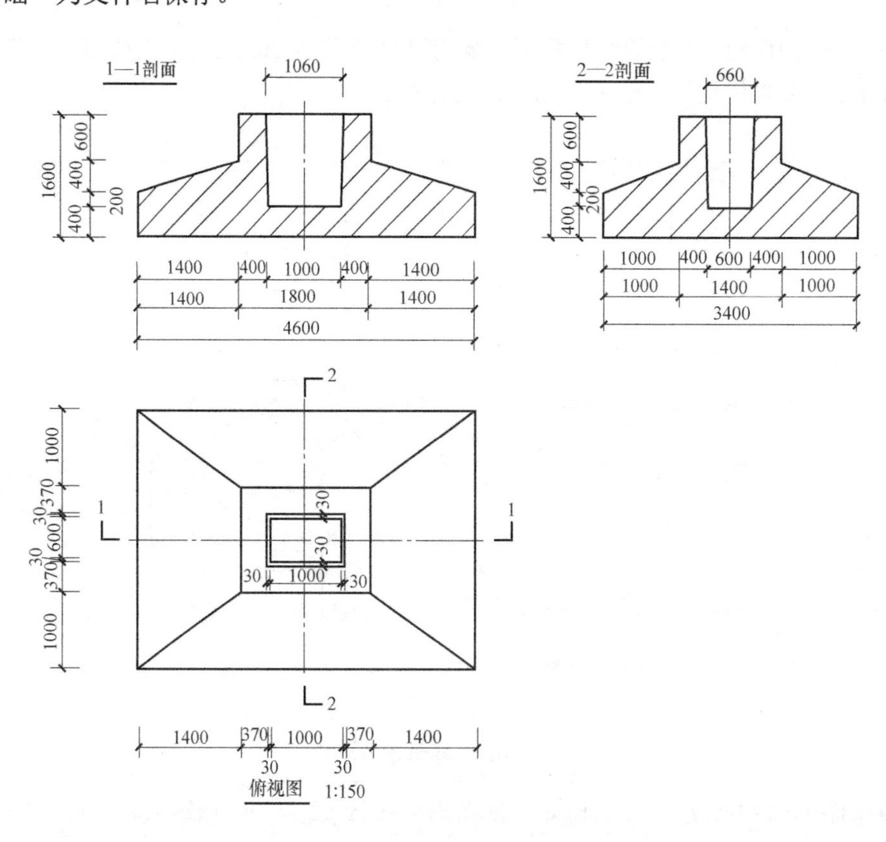

图 10-133　杯型基础模型尺寸

4. 请用“基于墙的公制常规模型”族样板，创建如图10-134所示的窗族，各尺寸通过参数控制。该窗框断面尺寸为60mm×60mm，窗扇边框断面尺寸为40mm×40mm，玻璃厚度为6mm，墙、窗框、窗扇边框、玻璃全部中心对齐，并创建窗的平、立面表达符号。请将模型文件以“双扇玻璃窗”为文件名保存。

5. 如图10-135所示，创建玻璃平开门族，墙、门框、门扇边框、玻璃全部中心对齐，要求如下。

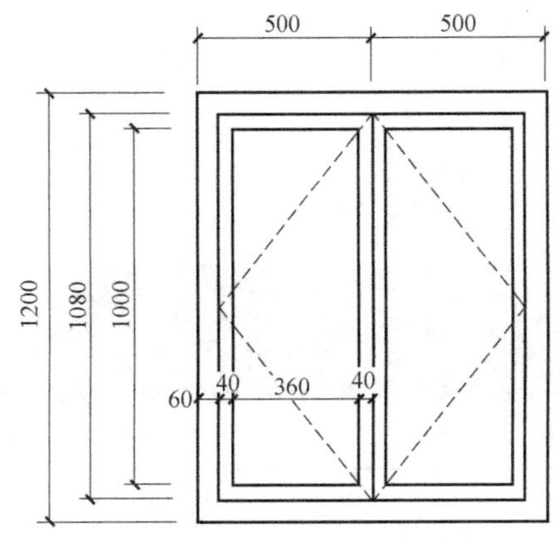

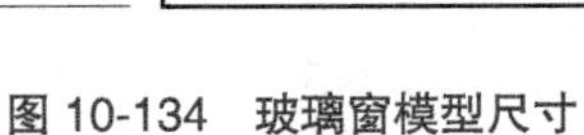

图10-134 玻璃窗模型尺寸

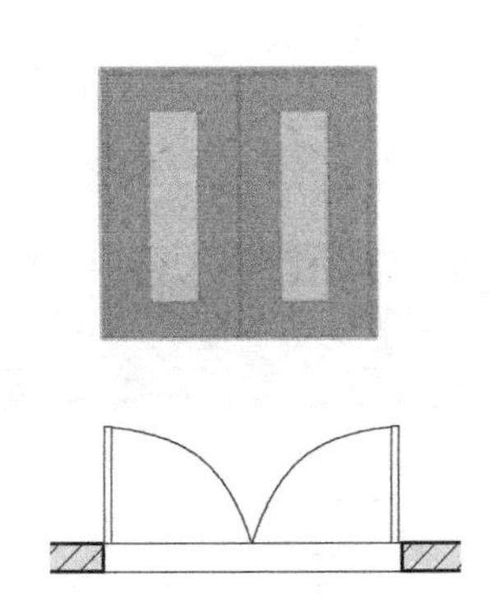

图10-135 玻璃平开门族图例

1）模型：包含门框、玻璃嵌板、门把手；门框和把手需要定义材质，尺寸、材质、把手类型随意。

2）表达符号：含平面打开符号及立面打开符号。

3）参数：门高、宽、厚，玻璃高、宽、厚，门把手长和安装高度。

4）请将模型文件以“双扇玻璃门”为文件名保存。

附录

附录 A 机电专业缩写和颜色说明

给排水			空调		
缩写	描述	颜色（RGB）	缩写	描述	颜色（RGB）
FS	消防喷淋管	255，0，255	EAD	排风管	153，038，0
FH	消防栓管	255，63，3	SAD	送风管	0，191，255
RG	热水给水管	255，127，191	SED	排烟管	255，127，0
RH	热水回水管	0，255，255	PAD	新风管 - 处理	0，191，255
LG	冷水给水管	128，0，128	FAD	新风管 - 未处理	255，0，63
LH	冷水回水管	128，0，128	KED	厨房排烟管	153，0，0
PJ	给水管	0，255，0	RAD	回风管	191，0，255
PF	废水管	157，127，255	SPD	加压送风管	255，0，255
PW	污水管	255，0，0	CWS	冷却水供水管	255，0，255
PY	雨水管	0，76，57	CWR	冷却水回水管	255，0，255
PT	通气管	255，0，191	HWS	热水供水管	128，0，64
			HWR	热水回水管	128，0，64
			CHWS	冷冻水供水管	0，0，255
			CHWR	冷冻水回水管	0，0，255
			BCHWS	冷水供水管	255，128，0
			BCHWR	冷水回水管	255，128，0
			CONE	冷凝水管	0，255，0
			STEAM	蒸汽管	255，0，0
			XY	放散管	233，255，127

（续）

电气			综合	
缩写	描述	颜色（RGB）	缩写	描述
PV CT	强电桥架	76，76，153	BL	底部标高
FS TR	消防桥架	76，76，153	TL	顶部标高
LG CT	灯桥架	76，76，153	CL	中心标高
VAV CT	加热器桥架	76，76，153		
ELV	弱电综合桥架	255，128，64		
SE TR	安防桥架	255，128，64		
BD TR	广播桥架	255，128，64		
LF TR	电梯监控桥架	255，128，64		
EQ TR	设备监控桥架	255，128，64		
CN TR	通信桥架	255，128，64		
CATV TR	有线电视	255，128，64		
PVC-XG	弱电线管	255，128，64		
注：蓝色为强电 CT，红色为弱电 TR				
CT 电缆桥架（尺寸比较大，200×100 以上）				
MR 金属线槽（尺寸比较小，200×100 以下）				

附录 B　常用命令快捷键

建模工具常用快捷键		编辑修改工具常用快捷键		捕捉替代工具常用快捷键		视图控制工具常用快捷键	
名称	快捷键	名称	快捷键	名称	快捷键	名称	快捷键
管道	PI	图元属性	PP	捕捉远距离对象	SR	区域放大	ZR
管件	PF	删除	DE	象限点	SQ	缩放配置	ZF
管道附件	PA	移动	MV	垂足	SP	上一次缩放	ZP
卫浴装置	PX	复制	CO	最近点	SN	视图窗口平铺	WT
机械设备	ME	旋转	RO	中点	SM	视图窗口层叠	WC
软管	FP	定义旋转中心	空格键	交点	SI	线框显示模式	WF
轴线	GR	阵列	AR	端点	SE	隐藏线显示模式	HL
文字	TX	镜像 - 拾取轴	MM	中心	SC	带边框着色显示	SD
对齐标注	DI	对齐	AL	捕捉到云点	PC	细线显示模式	TL
标高	LL	拆分图元	SL	点	SX	视图图元属性	VP
高程点标注	EL	修剪 / 延伸	TR	工作平面网格	SW	可见性图形	VV
绘制参考平面	RP	偏移	OF	切点	ST	临时隐藏图元	HH
按类别标记	TG	锁定位置	PP	关闭替换	SS	临时隔离图元	HI
模型线	LI	解锁位置	UP	形状闭合	SZ	临时隐藏类别	HC
详图线	DL	创建组	GP	关闭捕捉	SO	临时隔离类别	IC
		匹配对象类型	MA			重设临时隐藏	HR
		填色	PT			隐藏图元	EH
		拆分区域	SF			隐藏类别	VH
		在项目中选择全部实例	SA			取消隐藏图元	EU
		重复上一次命令	Enter			取消隐藏类别	VU
		恢复上一次选择集	Ctrl+←			切换显示 / 隐藏图元模式	RH

参考文献

[1] 柏慕进业 . Autodesk Revit MEP 2017 管线综合设计应用［M］. 北京：电子工业出版社， 2017.

[2] 黄亚斌，徐钦 .Autodesk Revit 族详解［M］. 北京：中国水利水电出版社，2013.

[3] 优路教育 BIM 教学教研中心 .Autodesk Revit MEP 管线综合设计快速实例上手［M］. 北京： 机械工业出版社，2017.

[4] Autodesk Asia Pte Ltd.Autodesk Revit MEP 技巧精选［M］. 上海：同济大学出版社， 2015.

[5] 益埃毕教育 .Revit 2016/2017 参数化从入门到精通［M］. 北京：机械工业出版社，2017.

[6] 何凤，梁瑛 . 中文版 Revit 2018 完全实战技术手册［M］. 北京：清华大学出版社，2018.

[7] Autodesk Asia Pte Ltd.Autodesk Revit 二次开发基础教程［M］. 上海：同济大学出版社， 2015.

[8] 王君峰 .Autodesk Revit 土建应用之入门篇［M］. 北京：中国水利水电出版社，2013.